四川省 2021—2022 年度重点出版规划项目

"8·8" 九寨沟地震灾区地质灾害生态化防治研究

马志刚 裴向军 胡卸文 游勇 范宣梅 董秀军 胥良 张群 著

西南交通大学出版社
·成都·

图书在版编目（CIP）数据

"8·8"九寨沟地震灾区地质灾害生态化防治研究 / 马志刚等著.—成都：西南交通大学出版社，2021.11
ISBN 978-7-5643-8341-1

Ⅰ.①8… Ⅱ.①马… Ⅲ.①九寨沟－地震灾害－灾区－地质灾害－生态防治－研究 Ⅳ.①P694

中国版本图书馆 CIP 数据核字（2021）第 220067 号

"8·8" Jiuzhaigou Dizhen Zaiqu Dizhi Zaihai Shengtaihua Fangzhi Yanjiu
"8·8"九寨沟地震灾区地质灾害生态化防治研究

马志刚　裴向军　胡卸文　游勇　范宣梅　董秀军　胥良　张群　著

责 任 编 辑	杨　勇
封 面 设 计	GT 工作室
出 版 发 行	西南交通大学出版社 （四川省成都市金牛区二环路北一段 111 号 西南交通大学创新大厦 21 楼）
发行部电话	028-87600564　028-87600533
邮 政 编 码	610031
网　　　址	http://www.xnjdcbs.com
印　　　刷	四川玖艺呈现印刷有限公司
成 品 尺 寸	185 mm×260 mm
印　　　张	19.5
字　　　数	429 千
版　　　次	2021 年 11 月第 1 版
印　　　次	2021 年 11 月第 1 次
书　　　号	ISBN 978-7-5643-8341-1
定　　　价	168.00 元

图书如有印装质量问题　本社负责退换
版权所有　盗版必究　举报电话：028-87600562

前 言

2017年8月8日21时19分46秒，四川省阿坝州九寨沟县发生里氏7.0级大地震，震中位于九寨沟县漳扎镇世界自然遗产九寨沟风景名胜区内（N33.20°，E103.82°），震源深度20 km，最大烈度为Ⅸ度，Ⅵ度区及以上总面积为18 295 km²，造成四川省、甘肃省共8个县受灾，25人死亡，525人受伤，6人失联，176 492人受灾，73 671间房屋不同程度受损，景区内发生大面积的崩塌滑坡滚石灾害，29处公路阻塞、断道，火花海钙化堤垮塌、诺日朗瀑布堆积体局部垮塌、多处崩滑体进入熊猫海，次生地质灾害严重影响了九寨沟风景名胜区游客安全和可持续发展。

秉承习近平总书记"两个坚持、三个转变"防灾减灾救灾理念，围绕"保生命、保景观、保未来"的工作目标，研究团队立足九寨沟景区地质灾害防治与生态环境保护实际需求，系统开展了现场调查、模拟试验、室内分析等工作，深入研究了地质灾害的孕灾环境、发育分布规律、隐患识别技术、监测预警方法、动态演化规律与长期效应及生态化修复防治技术等内容，构建了集"调查、监测、防治"于一体的地质灾害生态化防治理论和技术方法体系，并成功应用于九寨沟景区40处地质灾害隐患点监测预警，则查洼沟、五花海、扎如寺、诺日朗停车场、荷叶寨及老虎嘴等多处地质灾害生态化治理工程，全面指导了自然资源管理部门调查评价、专业监测预警及治理工程，有效保障了九寨沟灾后恢复重建和可持续发展，社会效益、生态效益和经济效益良好。具体包括以下几个方面的研究成果：

（1）揭示了同震地质灾害空间发育分布规律和关键控制因素，建立了九寨沟高位隐蔽性地质灾害解译标志。

（2）建立了基于点面与群专双结合的地质灾害精细化气象预警技术系统，提出了一种基于动力侵蚀的斜坡-泥石流预警模型，形成了监测预警与避险响应组合式数字化动态预案。

（3）揭示了九寨沟震后地质灾害时空演化规律，建立了震后地质灾害链物质运移时空演化规律与长期效应预测模型。

（4）自主研发了新型高分子聚合物和改性糯米灰浆两种生态化修复材料，构建了基于生态环境恢复治理的砂土斜坡生态恢复与修复技术，实现了砂土斜坡的生态化修复。

（5）提出了泥石流停淤场平面布局规划设计方法、兼顾拦挡和景观生态美化功能的停淤挡墙、生态型坝下修复加固技术、生态-岩土工程优化配置技术等系列泥石流生态化防治工程技术方法。

（6）提出了基于生态环境保护的斜坡地质灾害防治工程设计理念，创新性建立了针对高位危岩崩塌不同冲击能量的桩板拦石墙与缓冲层最佳组合结构、材质和厚度，形成了针对震裂山体及滑坡体注浆加固，桩板拦石墙外侧表部植物种植遮挡覆盖。

本书共8章，第1章介绍了九寨沟地震灾区地质灾害孕灾背景，第2章和第3章介绍了同震地质灾害空间发育分布规律与隐患早期识别技术方法，第4章介绍了景区地质灾害的监测预警技术方法，第5章阐述了震后地质灾害的动态演化规律与长期效应，第6章介绍了新型环境生态化修复材料与技术，第7章介绍了九寨沟地震灾区斜坡生态化防治技术，第8章介绍了九寨沟地震灾区泥石流生态化防治技术。

本书第1章由张群、李永建、仁青周、刘子仪等撰写，第2章由李为乐、董秀军、陆会燕、卢佳燕等撰写，第3章由董秀军、郭晨、唐荣成等撰写，第4章由马志刚、张群、陈红旗、胡凯衡、谢洪波、李俊峰、张少杰、文广超、王小东、唐得胜等撰写，第5章由范宣梅、郭晓军、李大鑫、王立娟、赵娟、陈建君、杨帆、王绚、夏冰、赵程、熊坤勇、谢睿等撰写，第6章由裴向军、袁进科、周立宏撰写，第7章由胡卸文、罗鹏、石胜伟、裴向军、张远明、何文秀、刘德兵、周立宏、梅雪峰、吴建利、杨栋、周云涛、杨浩、贾宏宏、傅籍锋、周红等撰写，第8章由游勇、柳金峰、王道杰、赵万玉、孙昊、石胜伟、黄海、杨东旭、张继、李江等撰写。最后由马志刚、胥良和张群统稿。

本项成果的顺利完成得到了四川省自然资源厅、中国科学院·水利部成都山地灾害与环境研究所、成都理工大学、西南交通大学、九寨沟风景名胜管理局、四川省国土空间生态修复与地质灾害防治研究院的大力支持，在此一并深表谢意！在项目过程中也得到了其他相关部门和单位的大力支持与帮助，在此，向他们表示衷心的感谢。

限于作者的知识面和学术水平，书中难免出现疏漏之处，敬请读者朋友批评指正。

著　者
2021年8月

目 录

1 地质灾害孕灾背景 ………………………………………001
1.1 地形地貌 ………………………………………………001
1.2 气象水文 ………………………………………………004
1.3 地层岩性与工程地质岩组 ……………………………005
1.4 地质构造 ………………………………………………009
1.5 新构造运动及地震 ……………………………………010

2 同震地质灾害特征与发育分布规律 …………………012
2.1 研究区影像数据资料收集 ……………………………012
2.2 同震地质灾害编目 ……………………………………013
2.3 同震地质灾害主要特征 ………………………………019
2.4 同震地质灾害发育分布特征 …………………………020
2.5 同震地质灾害易发性评价 ……………………………032

3 震后隐蔽性地质灾害早期识别 ………………………041
3.1 地质灾害早期识别"三查"体系 ………………………041
3.2 基于光学遥感和 InSAR 技术的地质灾害隐患普查 …046
3.3 基于机载 LiDAR 技术的地质灾害详查 ………………066
3.4 地质灾害人工地面核查 ………………………………082

4 地质灾害监测预警技术与示范 ………………………095
4.1 地质灾害监测预警需求 ………………………………095
4.2 地质灾害精细化监测技术研究 ………………………095
4.3 地质灾害点面结合预警模型研究 ……………………108
4.4 监测预警系统研发与示范应用 ………………………126

5 震后地质灾害动态演化规律与长期效应 ········· 145
5.1 震后地质灾害时空演化规律研究 ············· 145
5.2 震后地质灾害长期效应研究 ·················· 167

6 新型环境生态化修复材料与技术 ··············· 171
6.1 环境生态化修复理念和模式 ·················· 171
6.2 高分子聚合物生态化修复材料研究 ············ 172
6.3 改性糯米灰浆生态化修复材料研究 ············ 197

7 斜坡地质灾害生态化防治技术与应用 ··········· 204
7.1 斜坡地质灾害生态化防治理念和类型 ·········· 204
7.2 危岩（崩塌）与滑坡原位生态化主动加固技术 ··· 213
7.3 高位崩塌被动拦挡工程生态化处理技术 ········ 232
7.4 斜坡地质灾害生态化防治技术应用示范案例 ···· 258

8 泥石流生态化防治技术与应用 ················· 266
8.1 泥石流生态化防治的原则与目的 ·············· 266
8.2 泥石流防治工程关键参数确定方法 ············ 268
8.3 泥石流生态化防治工程技术方法 ·············· 280
8.4 泥石流生态化防治技术试验示范 ·············· 289

参考文献 ······································ 305

1 地质灾害孕灾背景

1.1 地形地貌

九寨沟景区地处青藏高原与四川盆地的大地貌单元过渡的深切割高山峡谷地带，地势上南高北低，流域面积 651.61 km²，其中森林面积 277.9 km²，占流域总面积的 42%。沟内村寨及耕地面积 6.14 km²，约占全流域面积的 1%。主沟发育于流域最南端的尕尔纳分水岭北坡，水流自南向北流，支沟大都呈东西向汇入主沟。区内流域面积最大的为则查洼沟，流域面积 219.7 km²，其次是日则沟，流域面积为 166.0 km²，海拔 4 000 m 以上山峰 68 座，主要分布在沃斯喀雄至于孜公盖一线以南，流域最高点在最南端分水岭上的尕尔纳，海拔为 4 764 m，最低点在流域最北端沟口的羊峒，海拔为 1 996 m，最大高差达 2 768 m，全流域平均高差 1 600 m以上。各主要支沟的沟口高程都在海拔 2 000 m 以上，支沟的最高山峰都在 4 000 m 以上，除荷叶沟的最大高差小于 2 000 m 外，其余都在 2 000 m 以上。流域内扎如沟、荷叶沟、黑果沟、丹祖沟、日则沟和则查洼沟等 6 条主要沟谷，谷地狭窄，其宽度都小于 200 m，最大深宽比可达 20∶1，平均为 4.5∶1。这些特征表明，九寨沟流域地貌发育正处强烈侵蚀切割阶段，高山峡谷发育。九寨沟沟域及主要沟谷特征如表 1-1。

区域地形陡峻，坡体前缘临空条件发育，表面松散物质沿与完整基岩接触面下滑的下滑分力较大，坡体稳定性较差，因此易在斜坡部位形成滑坡。在地形切割形成陡崖的地段，由于岩体卸荷常形成崩塌、危岩。坡体松散物质易沿坡面下滑的同时，在坡面洪流作用下也易发生面蚀，一定条件下易形成坡面泥石流及碎屑流，在沟谷底部附近大量积聚，为泥石流的形成提供了大量的固体物源。区内沟谷纵坡大，曲折多弯，

表 1-1　九寨沟沟域及主要沟谷特征表

参　数	沟口海拔 /m	流域内最高海拔 /m	最大相对高差 /m	沟长 /m	流域平均宽度 /m	流域面积 /km²	沟床平均比降 /‰
主沟	1 996	4 764	2 768	43 875	14 826	650.58	38.7
扎如沟	2 026	4 528	2 502	22 500	4 678	105.5	59.6
荷叶沟	2 161	4 110	1 949	9 245	2 658	24.57	144.8
黑果沟	2 180	4 354	2 174	7 605	2 861	21.76	225.2
丹祖沟	2 410	4 500	2 090	16 230	4 552	73.88	86.7
日则沟	2 410	4 668	2 258	28 500	5 814	166.00	54.5
则查洼沟	2 340	4 764	2 424	31 960	6 874	219.69	47.7

（沟名）

多裂点及跌水，纵向上沟谷纵坡变化较大，通常形成区和流通区主沟纵坡比降较大，达 200‰ 以上，而堆积区地形相对平缓，通常堆积区地形纵坡比降小于 100‰，这些地形因素导致泥石流在支沟沟口附近堆积成扇状，这些地形相对平缓的老泥石流堆积扇通常又是民居分布相对集中的区域，一旦再次发生泥石流灾害，其危害性是巨大的。

九寨沟地貌以高寒山地与峡谷为主，属白水河流域山地区，区内平均海拔 3 000 m 以上，相对高度差达 2 000 m，呈南高北低的地貌景观。区内地貌按成因类别可划分为 3 个单元小区，即藏马龙里冰蚀山地小区、则查洼岩溶流水侵蚀山地小区和荷叶流水侵蚀堆积山地小区（图 1-1）。进一步划分为高山、高中山和中山三种地貌形态类型：高山与高中山的界线为海拔 3 800 m，是九寨沟地区的森林上限；高中山与中山的界线为海拔 2 800 m，是针叶林带的下限。

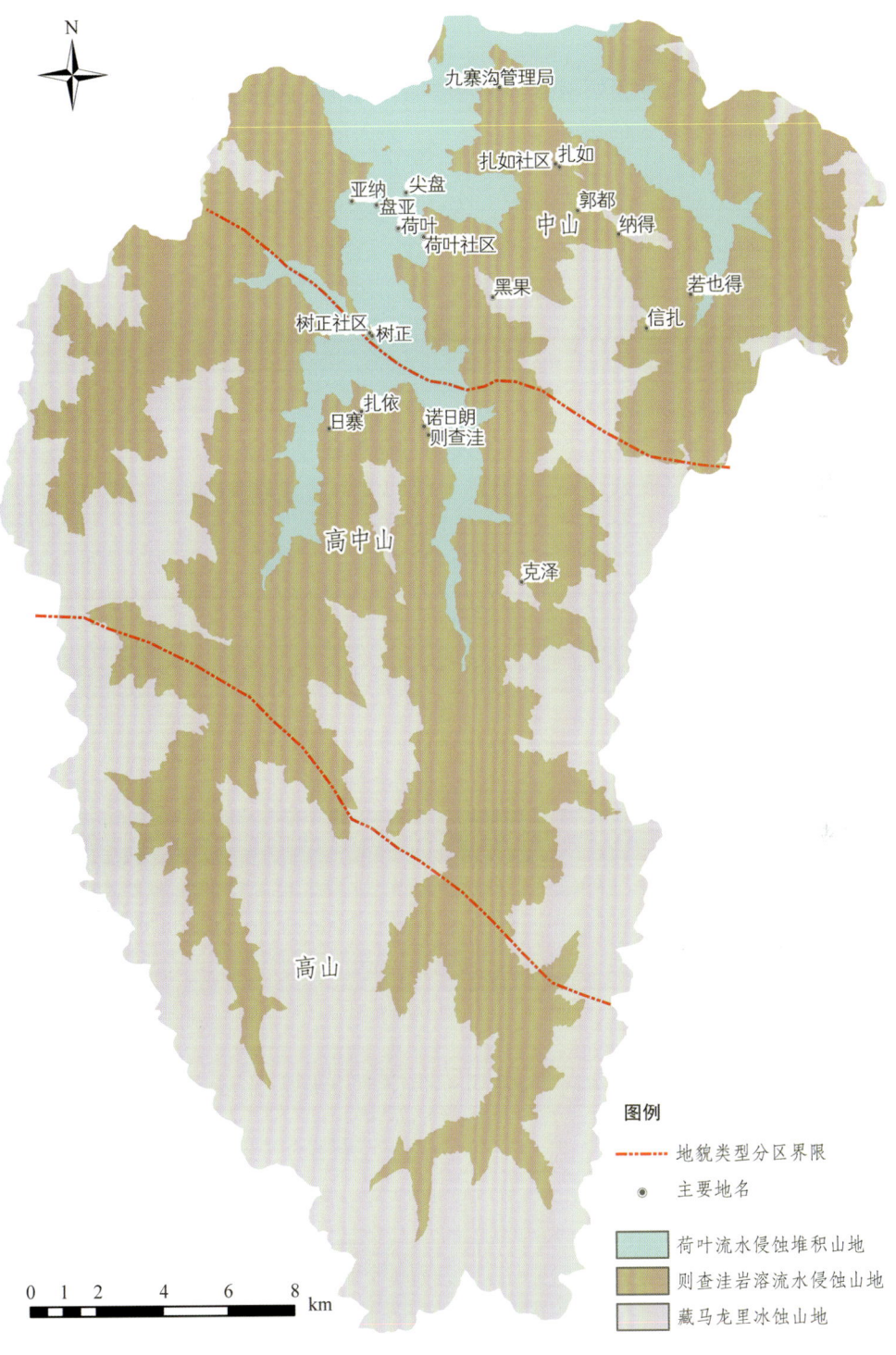

图 1-1 九寨沟景区地貌类型图

1.2 气象水文

九寨沟地处我国北亚热带半湿润区，东南受龙门山阻挡，使来自太平洋的暖湿气流多在龙门山东坡停留，故处于龙门山西坡的九寨沟区域降雨偏少，年平均降水量仅为 761.8 mm；北部有高大的秦岭山脉作屏障，大大削弱了冬季从蒙古高原来的冷高压寒流对本区域的影响，使该地区在气候上表现出气候温和、降水适中、冷凉干燥的季风气候特征。在九寨沟景区中心海拔 2 389 m 的诺日朗附近，年平均气温 7.3 ℃，各月平均气温中最高月 7 月的月均温为 16.8 ℃，最低月 1 月为 -3.7 ℃；最高日温为 32.6 ℃，最低日温为 -17.0 ℃。积雪期从每年 10 月至次年 4 月，最大积雪深度达 150 mm 以上，全年无霜期 100 d 左右。太阳总辐射量为每年 483 J/cm^2，年日照时数为 1 800 h 左右，日平均气温 ≥ 10 ℃ 的累积温度为 3 000 ~ 3 500 ℃，年平均绝对湿度为 800 ~ 1 000 Pa，相对湿度为 60% ~ 70%。年内降水集中在 5—9 月，常以暴雨的形式出现，实测 24 h 最大暴雨量 50 mm，降水的年变化率比较小，一般为 10% ~ 15%，降水量随海拔的增高而增加，而气温则随海拔的增加而显著降低（表 1-2、1-3）。多年平均水面蒸发量约 1 300 mm，实测最大年水面蒸发量为 1 500 mm 左右，蒸发量大于降水量。

表 1-2 九寨沟各月平均气温统计表

月 份	1	2	3	4	5	6	7	8	9	10	11	12
月均温/℃	-3.7	-1.0	3.9	8.7	11.8	14.3	16.8	16.4	12.4	7.8	2.3	-2.7

表 1-3 九寨沟流域不同高程气候变化

地 点	沟口	扎如	荷叶	树正	诺日朗	日则	长海
海 拔/m	1 996	2 026	2 161	2 270	2 400	2 650	3 100
年平均气温/℃	9.4	9.3	7.8	7.2	7.3	4.8	3.6
1 月极端最低气温/℃	-16.0	-16.4	-19.2	-20.4	-20.2	-24.9	-27.2
7 月极端最高气温/℃	32.6	32.4	31.3	30.3	30.7	27.9	26.8
年平均降水量/mm	696.6	706.7	771.3	800.6	761.8	906.5	957.5

九寨沟为嘉陵江支流白水河的主要支流，属三级沟谷，于羊峒处汇入白水河，其流域面积 655.49 km^2，由扎如沟、树正沟、荷叶沟、黑果沟、丹祖沟、悬泉沟、藏马龙里沟、日则沟和则查洼沟等主要沟谷组成。其中最大的一条为东支的则查洼沟，长约 32 km，流域面积 221.10 km^2。其次是西支的日则沟，沟长约 28.55 km，流域面积 245.88 km^2。诺日朗瀑布至羊峒的主沟段为树正沟，长约 13.4 km。则查洼沟、日则沟和树正沟在平面上呈"Y"字形展布，形成一个完整的树枝状水系，九寨沟的"层湖叠瀑"、钙华景观主要分布在则查洼沟、日则沟和树正沟中。

1.3 地层岩性与工程地质岩组

九寨沟位于四川盆地向青藏高原过渡地带,其西南为康藏歹字形构造体系,向东为华夏和新华夏构造体系组成的龙门山褶皱带。沟内出露地层为一套由中泥盆系(D_2)到中三叠系(T_2)的海相碳酸盐岩层,岩性主要为质纯层厚的灰岩、白云岩、生物碎屑灰岩等,总厚度为 4 000 m 左右,见表 1-4。

表 1-4 景区出露地层岩性特征表

界	系	统	组	地层代号	地层特征简述
中生界	三叠系	中统	祁让沟组	T_{2q}	灰色中厚层状灰质白云岩,间夹泥质灰岩及生物碎屑灰岩
			扎尕山群	T_{2zg}	上部砂、灰岩互层;下部为砂、板岩之间,偶夹灰岩透镜体
		下统	红星岩组	T_{1h}	灰色泥质白云岩间夹少量灰岩,中部常夹有角砾状灰岩
			波茨沟组	T_{1b}	灰岩、板岩不成比例的组合,岩层均为薄层状
			罗让沟组	T_{1l}	泥质灰岩、间夹钙质页岩、顶部为浅紫红色含铁砂质灰岩
古生界	二叠系	上统	长兴组	P_{2c}	浅灰色中厚层状石灰岩
			龙潭组	P_{2l}	深灰—黑色页岩、含炭质页岩夹硅质灰岩、砂质灰岩
		下统	茅口组	P_{1m}	灰色—浅灰色中厚层状致密灰岩为主,顶部为燧石灰岩夹燧石薄层
			栖霞组	P_{1q}	深灰—灰黑色薄—中层状沥青质灰岩,夹少量页岩及生物碎屑灰岩
	石炭系	上统	尕海群	C_{3gh}	浅灰色薄—厚层状致密灰岩夹白云岩和含铁黏土岩
		中统	岷河群	C_{2mn}	浅灰色致密灰岩,鲕状灰岩、结晶灰岩
		下统	略阳组	C_{1l}	上部浅色灰岩段:浅灰色薄—中厚层状纯灰岩、生物灰岩、白云质灰岩、白云岩互层;下部深色灰岩夹页岩段:深灰色薄—中厚层间块状碎屑灰岩、生物灰岩等及大量深灰色黏土页岩
			益哇组	C_{1y}	上段为深灰色中厚层—块状致密灰岩,顶部夹砂质灰岩及砂质页岩;下段为深灰色薄—中厚层状间块状致密灰岩、底部含黑色燧石条带及团块

地层岩性是地质灾害发育的物质基础条件,不同的岩石性质及其组合关系,直接制约地质灾害发育类型与规模,对斜坡的变形破坏起着重要的作用。九寨沟景区在人口主要集中的河(沟)谷沟口、坡脚及半山斜坡地带,第四系松散堆积物十分丰富,特别容易产生滑坡、崩塌和不稳定斜坡等地质灾害,滑坡等发生在沟谷内又易形成泥石流松散固体物源,又为泥石流的形成提供了物质基础。地层岩性是九寨沟地质灾害发育的重要条件。根据区域地质资料及本次野外调查,区内出露的地层主要有寒武系—三叠系地层以及第四系(Q)(见图 1-2 九寨沟景区地层岩性分布图)。

根据各类岩体的物理力学性质及其完整性、坚硬程度、岩性等进行对比,将出露地层划分为松散岩类岩组、碳酸盐类岩组、碎屑岩岩类岩组、变质岩类岩组等 4 个工程地质岩组,结合岩土体物理力学性质、岩体结构、胶结程度等特征,将岩体划分为 9 个工程地质分类。

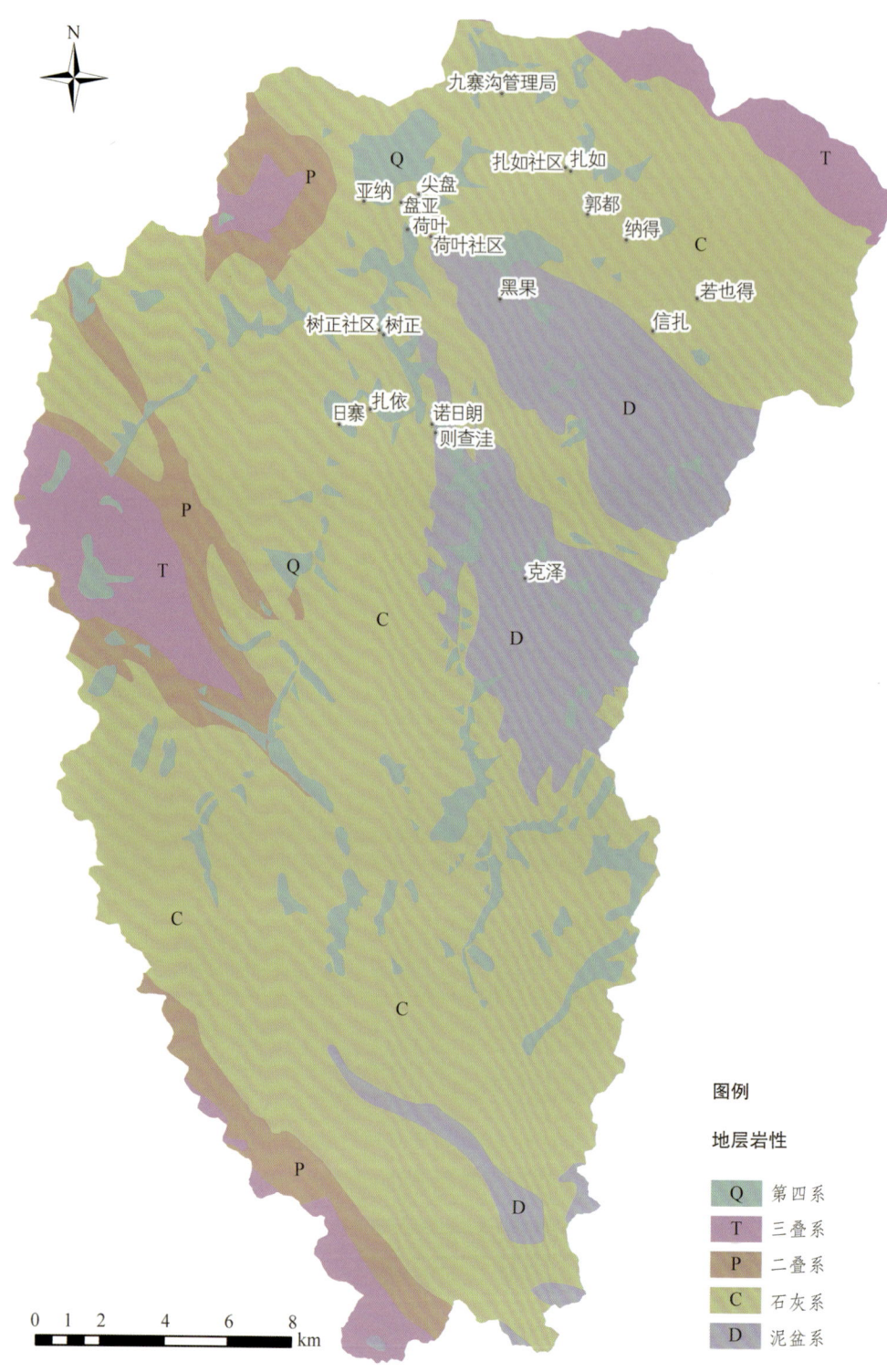

图 1-2　九寨沟地层岩性分布图

（1）松散岩类工程地质岩组（Ⅰ）。主要分布于九寨沟及各支沟沿岸一带及其两侧斜坡地带，为出露最为广泛的一个岩组。成因类型多样，有全新世冲洪积、残坡积、崩积、崩坡积、泥石流堆积、风积黄土等。一般为砂卵石、碎块石或碎块石混粉黏粒组成，因其结构较松散，物理力学强度低，遇水易软化，在不利的地形条件或人工扰动下易形成滑坡、不稳定斜坡，其规模一般较小，多为泥石流的重要物源。

（2）碎屑岩岩类工程地质岩组（Ⅱ）。该类工程地质岩组在流域内零星分布，岩性以砂岩、石英岩、角砾岩为主。

（3）变质岩岩类工程地质岩组（Ⅲ）。该岩类以板岩、片岩、变质砂岩等为主。板岩、片岩较软，抗风化能力弱，易于崩解软化。变质砂岩致密坚硬，抗压强度高，受构造改造影响节理裂隙发育，当存在倾向临空面的不利组合条件时易产生崩塌。

（4）碳酸盐岩岩类工程地质岩组（Ⅳ）。可分为以下4个亚类：

（a）坚硬碳酸盐岩与坚硬—较坚硬变质岩互层工程地质岩组（Ⅳ1）。该岩类广泛分布于沟域内，岩性以灰岩、白云岩、白云质灰岩、泥灰岩夹泥岩、板岩、变质板岩等为主，灰岩质脆、坚硬致密，抗压强度高，受构造改造，垂直层面节理裂隙较发育。泥岩等抗风化能力弱，易于崩解软化。当存在倾向临空面的不利组合条件时易产生崩塌，该地层分布区由于含有软弱夹层，在顺向坡时容易发生滑坡。

（b）坚硬碳酸盐岩夹坚硬—较坚硬变质岩或碎屑岩工程地质岩组（Ⅳ2）。该岩类岩性为灰岩、白云岩、白云质灰岩、泥灰岩夹泥岩、板岩、变质板岩等为主，灰岩质脆、坚硬致密，抗压强度高，受构造改造，垂直层面节理裂隙较发育。泥岩等抗风化能力弱，易于崩解软化。当存在倾向临空面的不利组合条件时易产生崩塌，该地层分布区由于含有软弱夹层，在顺向坡时容易发生滑坡。

（c）坚硬夹较坚硬碳酸盐岩工程地质岩组（Ⅳ3）。该岩类以石炭系、泥盆系地层为主，岩性为灰岩、白云岩、白云质灰岩、泥灰岩等为主，灰岩质脆、坚硬致密，抗压强度高，受构造改造，垂直层面节理裂隙较发育。当存在倾向临空面的不利组合条件时易产生崩塌。

（d）坚硬碳酸盐工程地质岩组（Ⅳ4）。该岩类以石炭系、泥盆系地层为主，岩性为灰岩、白云岩、白云质灰岩、泥灰岩等为主，灰岩质脆、坚硬致密，抗压强度高，受构造改造，垂直层面节理裂隙较发育。当存在倾向临空面的不利组合条件时易产生崩塌。

九寨沟工程地质岩组图如图1-3。

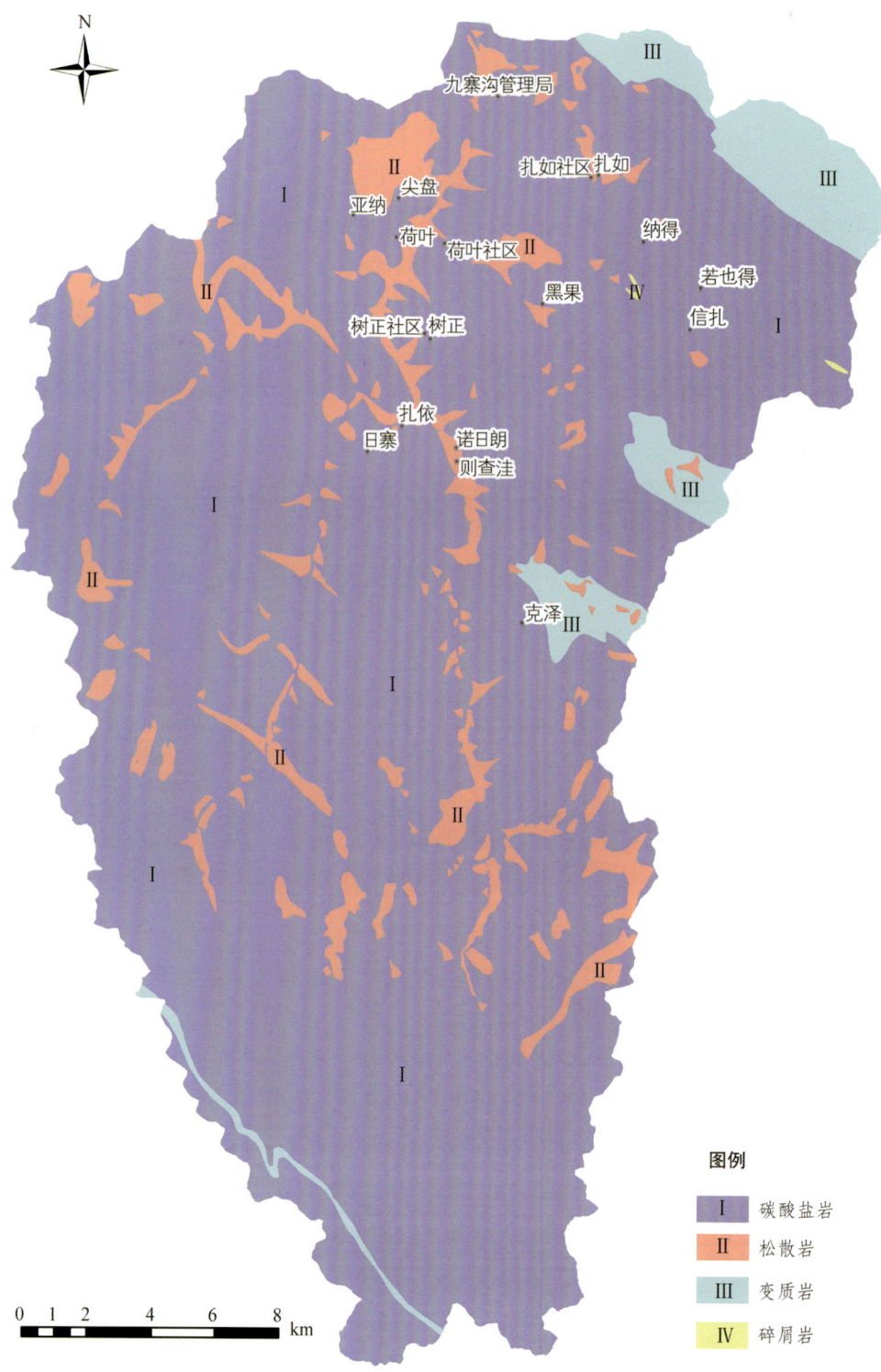

图 1-3 九寨沟工程地质岩组图

1.4 地质构造

1. 区域地质构造背景

九寨沟景区处于青藏高原东缘地形陡变带向四川盆地过渡地带，位于岷江、塔藏和虎牙等全新世断裂带附近（图1-4为研究区所处大地构造位置图）。根据研究区的地质演化、沉积建造、变形特征、变质作用及地貌形态的差异，将九寨沟、黄龙地区划分为南坪褶皱推覆构造岩片、塔藏构造带、九寨沟褶皱推覆构造岩片、岷江断裂带、雪宝顶褶皱推覆岩片、雪山断裂带等6个构造单元，构成"三带三片"的区域构造格局。风光秀丽的九寨沟和黄龙风景区横跨九寨沟岩片、雪山断裂带和雪宝顶岩片等3个构造单元，九寨沟即位于九寨沟岩片上，其物质组成为古生界及三叠系碳酸盐岩建造，厚约4 000 m，其构造线呈北西—南东向。由于地处摩天岭地块的边缘，受不同方向、不同应力的作用，产生叠加变形，显示出叠加褶皱的特征。并发育北东向、北西向、南北向及东西向的四组断裂构造。景区所处的大地构造背景不仅控制景区地层的展布特征和构造的发育形式，而且这种构造格局决定了九寨沟地质系统的相对独立性和稳定性，对于其景观的形成和发展具有重要的意义。

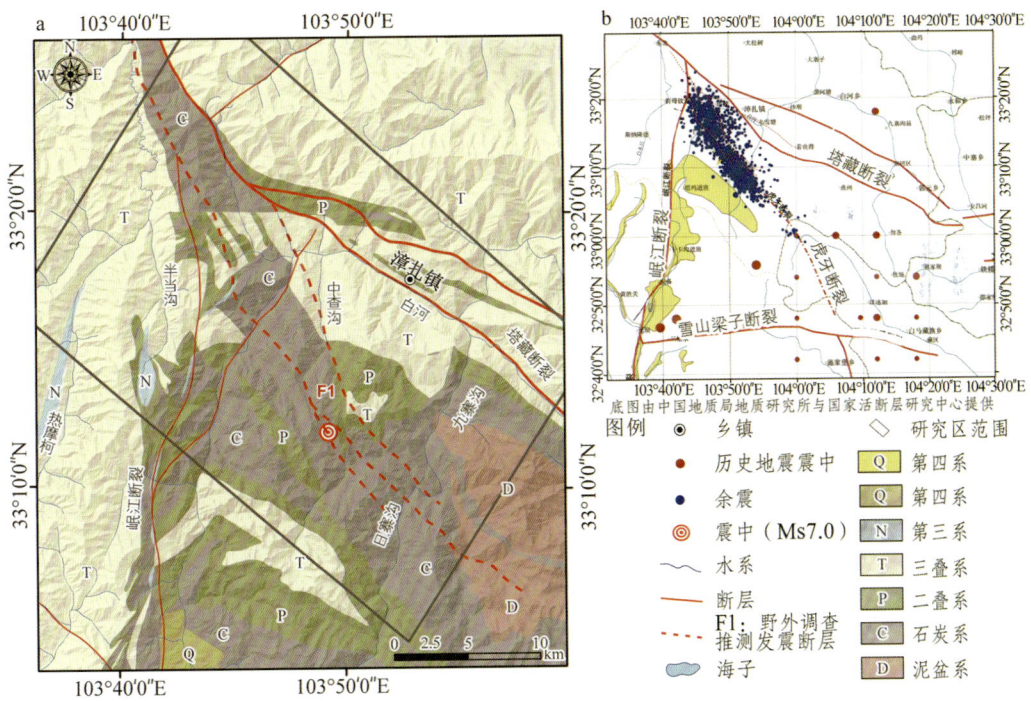

图1-4 研究区所处大地构造位置图（引自戴岚欣，范宣梅等，2017）

九寨沟景区内主要地质构造包括：①虎牙断裂。虎牙断裂是岷山断块的东部边界断裂，呈北北西—南北向延伸，断面西倾，显示为上冲兼左旋走滑，全长约80 km。②塔藏断裂。塔藏断裂位于东昆仑断裂东段，总体呈NW走向，西起若尔盖盆地北缘，以 NWW 向延伸至下黄寨村，向东转为 NW 向，经东北、塔藏、九寨沟，至马家磨转为 NWW 向至沙尕里以东，总体近反"S"形，全长约 140 km。

2. 断　层

九寨沟地区构造作用复杂，断裂发育，以脆性剪切形变为主导，表现为逆断层、正断层和平移断层，主要有四组断层，即北西向逆断层及平移断层、南北向逆断层和北东向正断层，从断层的切割关系来看，北西向断层形成时间相对比较早，北东向及东西向断层较晚。对现代地貌具有重要影响的主要是晚新生代以来强烈活动的北西向和北东向断层，不均匀的抬升和部分构造线弯曲，造成南高北低的阶梯状地形，控制了区内地表水、地下水总的流向。九寨沟断裂、则查洼断裂是区内对地貌发育起明显控制作用的两条近南北向主干断裂，这两条断裂的右行张扭特征明显，富水性强，区内主要的湖泊（海子）、溪流等大体上都沿这两条断裂分布。北西向的长海—悬泉沟断裂、鹰爪洞断裂、丹祖沟—五花海断裂、五花海—镜海断裂和扎如沟断裂等大都呈断崖地貌，为右行扭压性，垂直构造线方向透水性较差，但九寨沟地区主要含水层为脆性的碳酸盐岩，在构造应力作用下断层影响带岩层破碎，裂隙发育，并有一定优势方向。特别是断层上盘的影响带，在应力反弹放作用下裂隙由压性变为张性，地下水的渗入与溶蚀作用使裂隙进一步扩大，促进了地下水的循环交替，因此地下水沿断裂带可以表现出集中排泄。一些规模较小的东西向断层、北东向断层、北西向断层，其影响带的，岩层破碎、裂隙发育，对裂隙—岩溶水的运移和富集都起到了很好的作用，如楼板沟断层和五彩池西侧断层等。当断裂切割了褶皱，两种构造有机地集合起来，形成褶皱—断裂复式蓄水构造，更有利于裂隙岩溶水的运移和富集，九寨沟的主要泉群、地下水溢出带都与褶皱加断裂复式构造有密切的关系。

1.5　新构造运动及地震

九寨沟景区从第四纪以来的新构造运动就十分强烈，同时由于新构造运动存在间歇性的抬升期，故而景区内部形成三、四级夷平面，如树正沟、则查洼沟等沟谷皆出现了多级的跌水和瀑布。同时，九寨沟景区由于近期新构造运动强烈抬升，使得沟谷的下蚀作用十分强烈，进而形成了纵比降较大的"V"形沟谷。九寨沟及邻近区域由于受地质构造条件的影响，在历史上曾发生了多次的强烈地震，是为地震活动频繁区域（高路，2011）。根据《中国地震动参数区划图》（GB18306—2015）显示，景区内部的地震动反应谱特征周期为 0.45 s，地震动峰值加速度为 0.20g。研究区地震基本烈度为 7、8、9 度。

九寨沟 Ms 7.0 地震的震中位于岷江断裂、塔藏断裂和虎牙断裂的交汇区。岷江断裂带位于该震中的西侧，总体走向为南北向，断面倾向西，显示为上冲兼左旋走滑作用，表明岷江断裂不是此次地震的发震断裂；但其对此次地震的余震、地表变形和地震滑坡分布的西界具有一定的限制作用。塔藏断裂位于该震中的北侧，总体走向为北西西向,断面倾向北东,倾角为50°~60°,显示为上冲兼左旋走滑作用,表明塔藏断裂不是此次地震的发震断裂,但其对此次地震的余震、地表变形和地震滑坡分布的北界具有一定的限制作用。因此,认为此次地震的发震断裂只能是虎牙断裂。九寨沟景区地震烈度如图1-5。

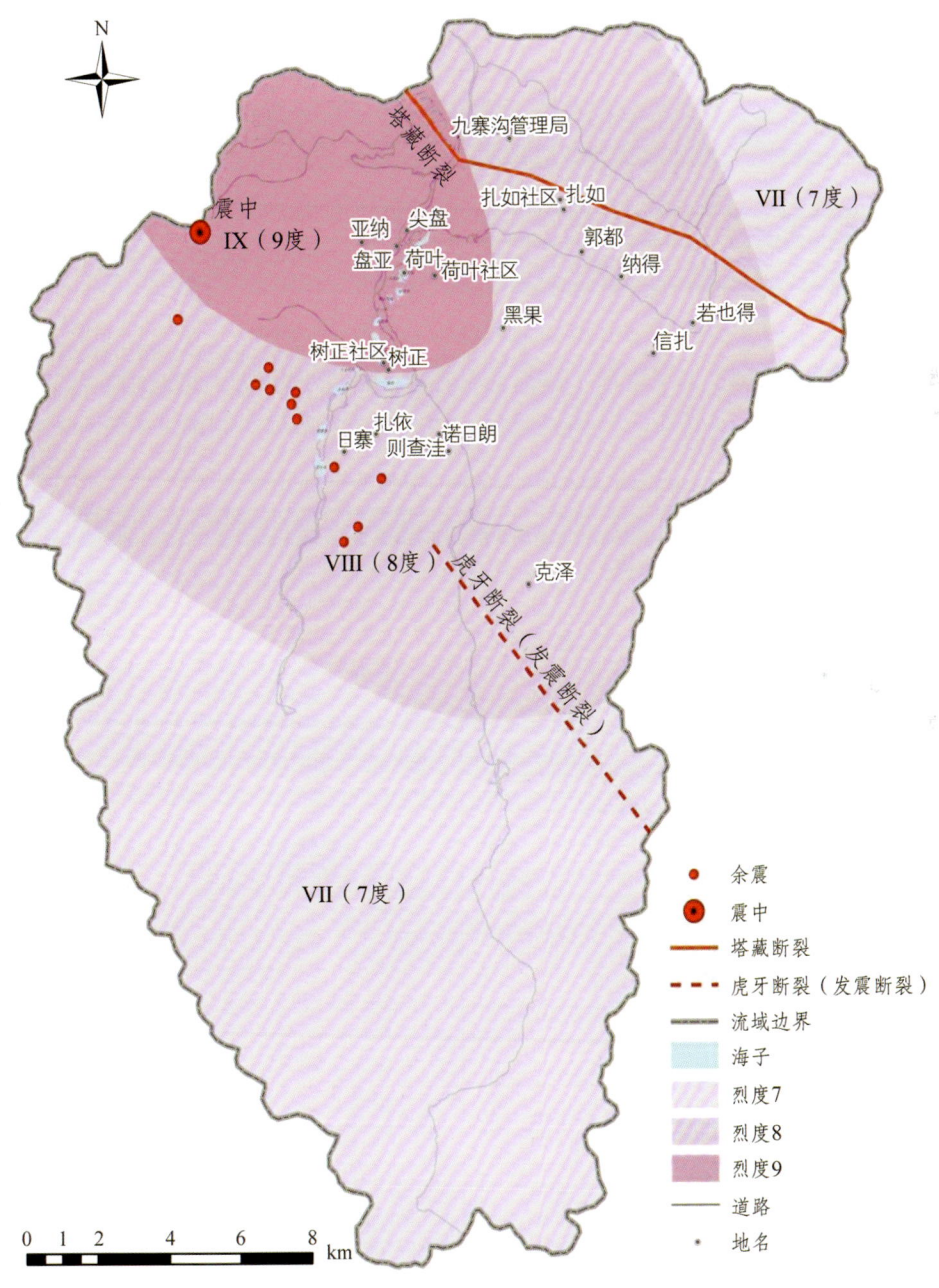

图1-5 九寨沟景区地震烈度图

2 同震地质灾害特征与发育分布规律

2.1 研究区影像数据资料收集

九寨沟地震发生后，为了掌握九寨沟地震诱发地质灾害的数量、规模和空间分布特征，研究团队第一时间收集了震前、震后高分辨率卫星影像和无人机航拍影像进行同震地质灾害遥感解译，并进行野外调查验证，相关数据如表2-1和图2-1所示。

表 2-1 遥感影像及其他基础地理和地质数据

数据类型	获取时间	数据源	分辨率/m
影像数据	20151021	Spot5	2.5
	20151207	Spot5	2.5
	20170811	无人机正射影像	0.2
	20170809	高分2号	1.0
	20170816	高分1号	2.0
	20180605	Planet	3.0
	20180717	Planet	3.0
	20180908	Planet	3.0
	20181121	无人机正射影像	0.2
	20190522	高分一号B	2.0
	20190725	高分二号	1.0
	20190415	高分一号B	2.0
	20190522	高分一号B	2.0
	20190725	高分二号	1.0
	20190816	高分一号	2.0
	20191110	高分一号	2.0
	20190516—20190522	无人机航拍	0.25
	20191129—20191205	无人机航拍	0.25
地形数据（DEM）	震前	四川省测绘局	5.0
基于机载LiDAR数据的DEM	震后	四川省测绘局	0.5
地质图	震前	四川省地质局	1∶20万
地震数据	20170809	中国地震台网中心	—

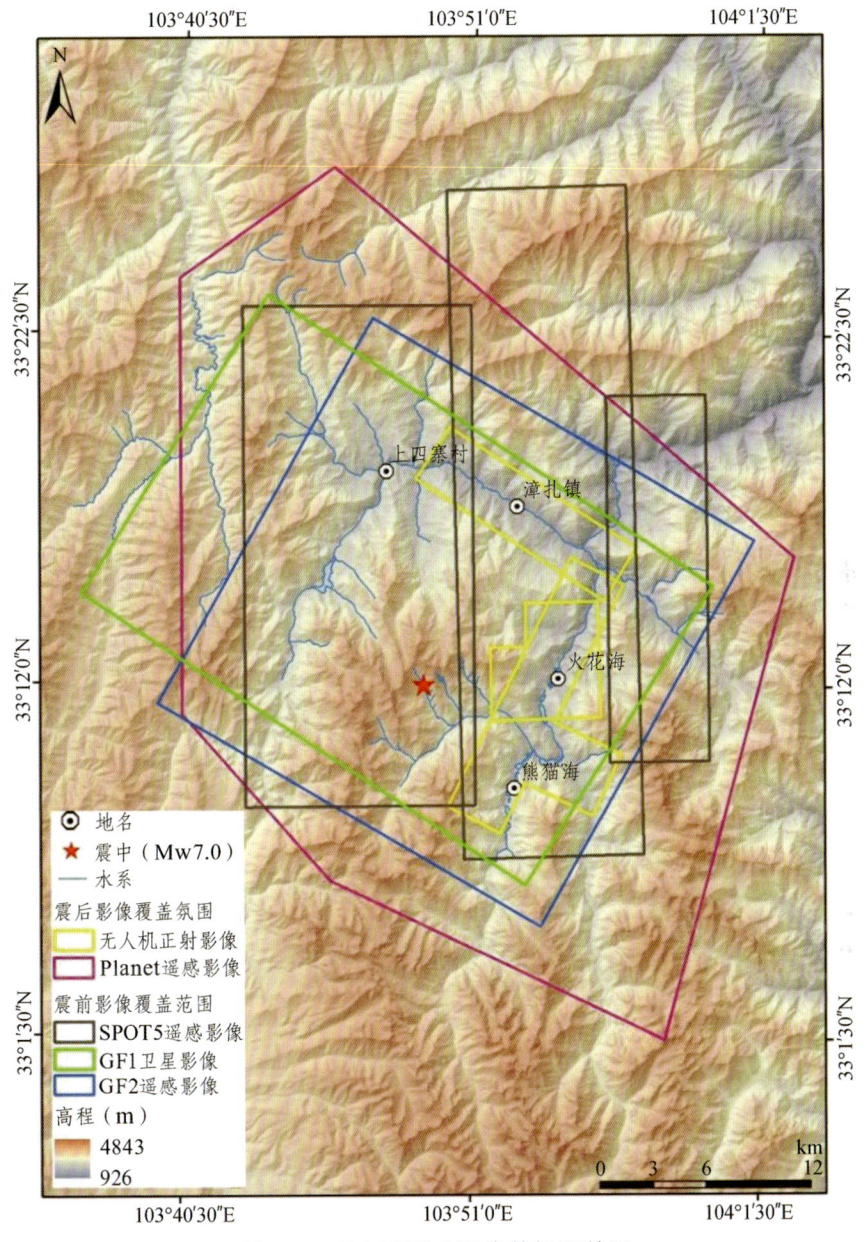

图 2-1 研究区遥感影像数据覆盖图

2.2 同震地质灾害编目

基于震前及震后高分辨率遥感影像,研究团队成员在震后 48 小时内开展了同震地质灾害多期遥感影像初步解译工作,完成了震中附近同震崩塌滑坡的解译编录工作,发现震中附近共发生 1 883 处同震崩塌滑坡,总面积约 8.11 km²,为震后救援和地质灾害治理提供了重要基础数据(图 2-2)。

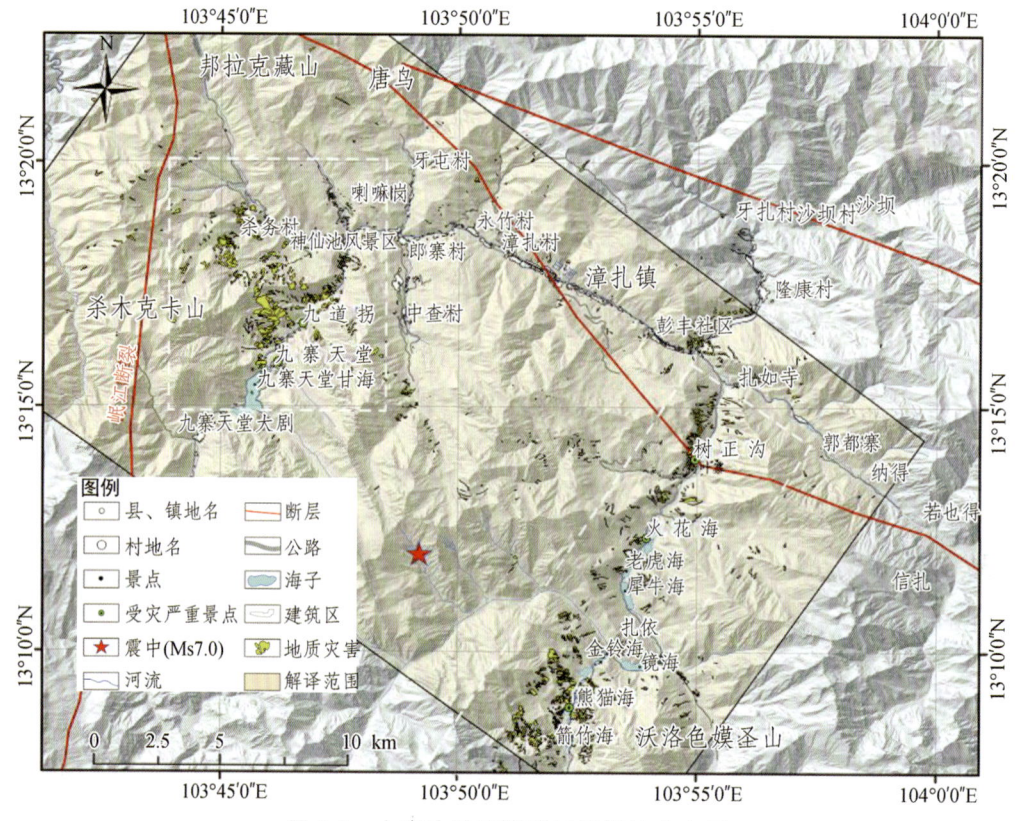

图 2-2 九寨沟地震诱发同震滑坡分布图

之后研究团队结合高精度卫星影像和高精度无人机影像,对整个震区范围开展进一步的详细解译,共解译"8·8"九寨沟地震同震崩塌滑坡 5 646 处,总面积 12.2 km²,其中九寨沟核心景区内有同震崩塌滑坡 3 552 处,总面积 6.93 km²。据初步估算,九寨沟地震诱发的同震崩塌滑坡总方量约为 $26.2 \times 10^6 \sim 28.9 \times 10^6$ m³,主要以中小型浅层滑坡和崩塌为主,主要分布在九道拐和九寨沟景区周围。特别是在九寨沟景区从熊猫海到树正沟,以及景区外的九寨天堂段较为发育(图 2-3 和图 2-4)。

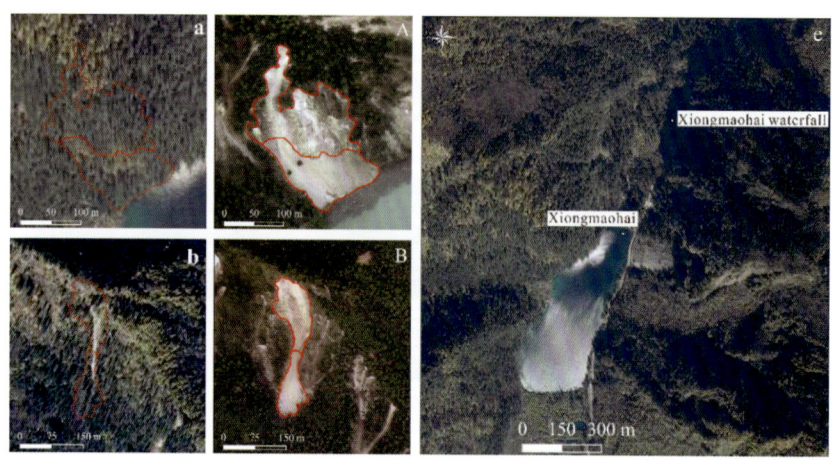

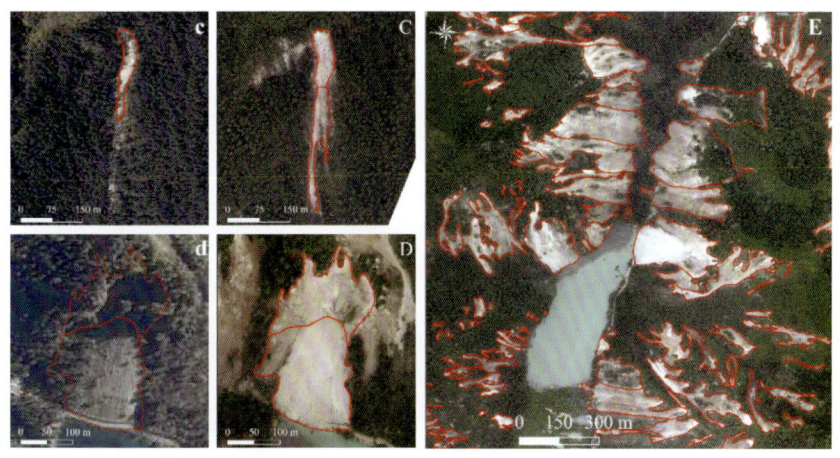

图 2-3 基于震前和震后高精度遥感影像的同震灾害解译实例（熊猫海附近）

图 2-4 典型同震地质灾害滑坡前后影像和现场调查照片

利用 ARCGIS 10.3 软件平台的空间数据库管理模块，基于 File Geodatabase 数据库标准，构建了九寨沟地震同震地质灾害空间数据库，数据库格式为.gdb 格式（图 2-5~2-7）。数据库包含了矢量空间数据和栅格空间数据以及各数据管理的属性数据。其中，矢量数据图层包含：乡镇驻地、行政村驻地、水系等基础地理底图和震中位置、地震烈度、地震峰值加速度、地层岩性、断层等基础地质图，以及遥感解译同震地质灾害等矢量数据。栅格数据图层包含：1∶50 000 数字高程模型（DEM）、山体阴影图、坡度图、坡向图、斜坡结构分级图等专题图层。

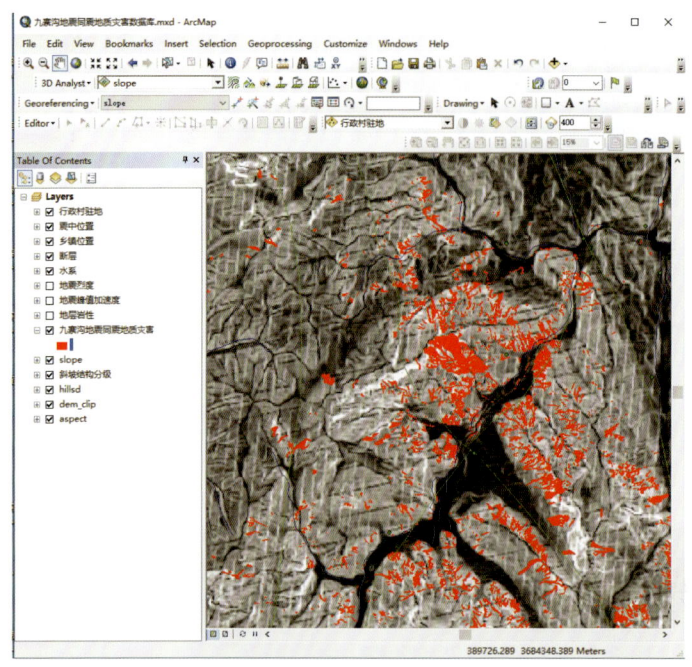

图 2-5　九寨沟地震同震地质灾害空间数据库建设

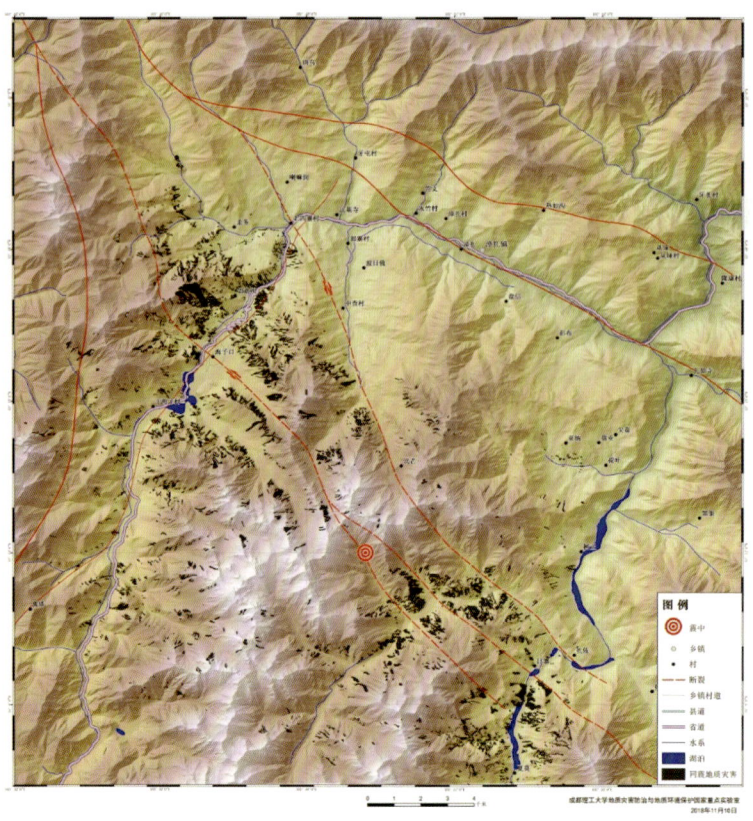

图 2-6　2017 年 8 月 8 日九寨沟 Ms7.0 级地震同震地质灾害空间分布图

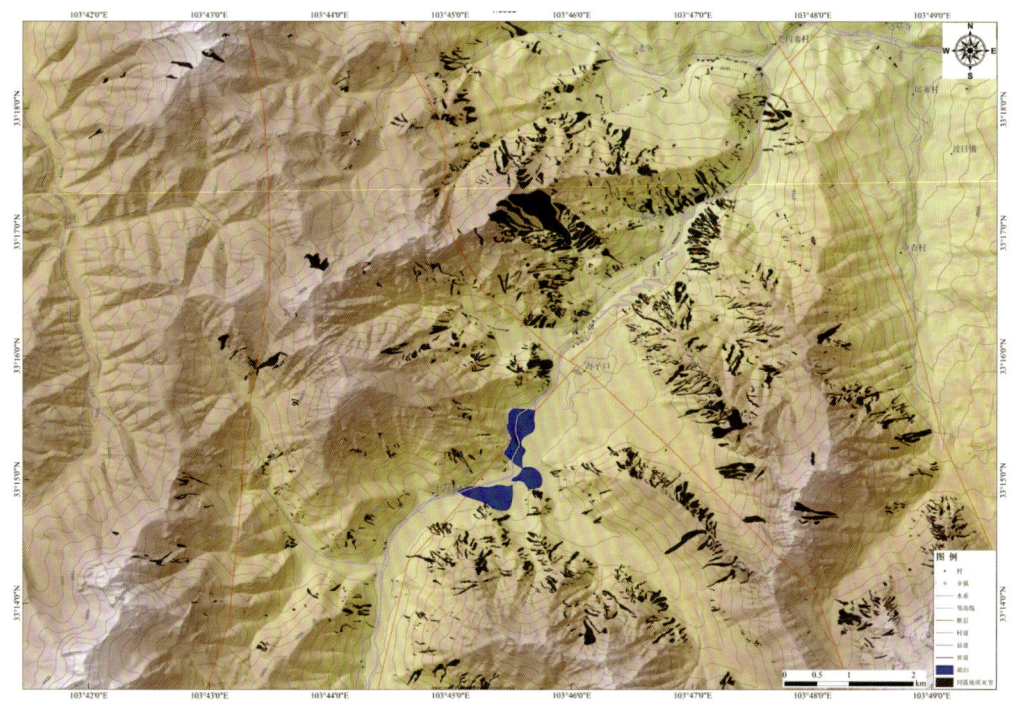

（a）2017年8月8日九寨沟Ms7.0级地震海子口重点区同震地质灾害分布图

（b）2017年8月8日九寨沟Ms7.0级地震漳扎镇重点区同震地质灾害分布图

（c）2017年8月8日九寨沟Ms7.0级地震普塔重点区同震地质灾害分布图

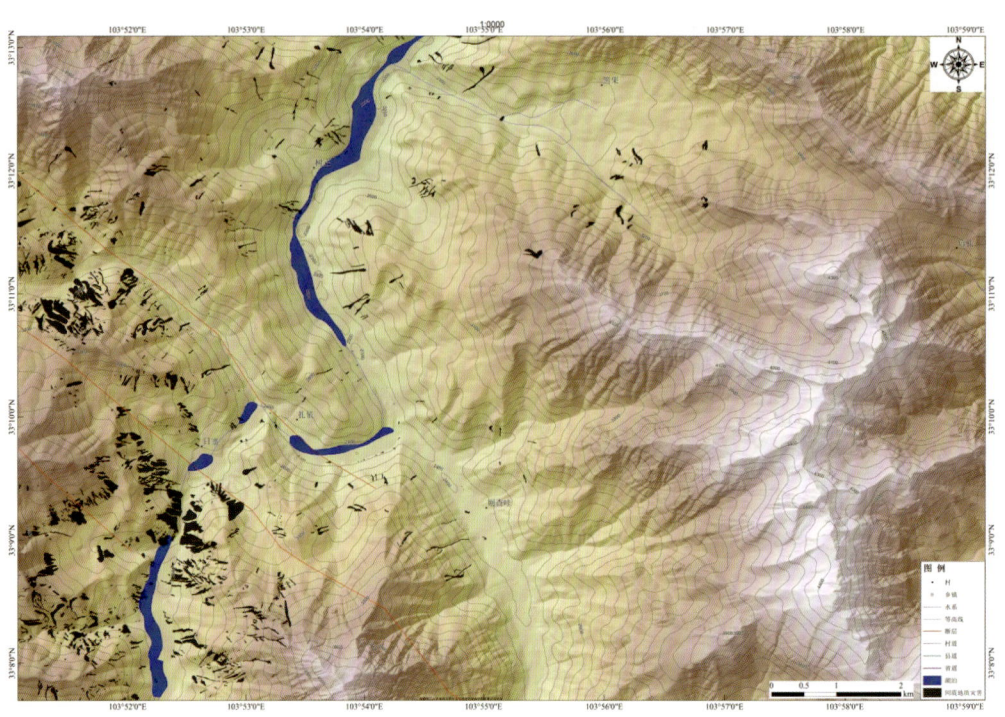

（d）2017年8月8日九寨沟Ms7.0级地震九寨沟核心景区重点区同震地质灾害分布图

图 2-7　九寨沟地震重点区同震地质灾害 1∶10 000 比例尺空间分布图

2.3 同震地质灾害主要特征

强烈地震往往会触发大量地质灾害的发生，这些地质灾害空间分布又常遵循一定的规律，主要受地震因素、地形因素和地质因素三大类因素控制（黄润秋等，2008；Keefer，2000；许强等，2010a，2010b；许冲等，2013a，2013b；Fan et al.，2017）。2008年"5·12"汶川大地震具有震级高、震源浅、破坏性强等特点，触发了近20万处地质灾害（许冲等，2013a），在国内外有详细数据统计的地震地质灾害中，数量最多。同震地质灾害主要有以下几点分布规律（黄润秋等，2008；许强等，2010a，2010b；王佳运等，2013；许冲等，2013a）：

（1）同震地质灾害在区域上具有沿发震断裂带呈带状分布和沿河流水系成线状分布的特点。

（2）同震地质灾害分布具有距离效应。汶川地震约80%的大型滑坡集中分布于发震断裂表破裂带两侧5 km的范围内，距离越远，滑坡分布数量越少；2010年"4·14"玉树地震地质灾害主要分布于距主震断裂2 km以内的北盘区域。

（3）同震地质灾害分布具有上、下盘效应，断层上盘地质灾害的发育密度要远远高于下盘。1999年我国台湾集集Mw7.6级地震、2005年巴基斯坦Kashmir Mw7.6级地震、2008年汶川Ms8.0级地震、2010年玉树Ms7.1级地震、2013年芦山Ms7.0级地震的地质灾害统计结果均表明此效应的存在。

（4）地形坡度是同震地质灾害发育的控制性因素之一。同震地质灾害在汶川地震中集中在坡度20°~50°的范围内，玉树地震集中在25°~40°内，芦山地震集中在30°~50°内。

（5）同震地质灾害与高程和微地貌具有很好的对应关系。汶川地震地质灾害大部分发生在高程1 500~2 000 m的峡谷段，尤其是峡谷段的上部（即宽谷向峡谷的转折部位），单薄山脊以及孤立或多面临空的山体对地震波最为敏感，具有显著的放大效应，这些部位崩塌、滑坡最为发育；玉树地震集中在高程3 800~4 000 m内；芦山地震集中在高程1 500~2 000 m内。

（6）不同的岩性与地质灾害的发育虽然没有显著的对应关系，但决定了地质灾害的类型。通常情况下，滑坡多发生在软岩中，而硬岩中多发生的是崩塌。

（7）同震滑坡灾害具有锁固段效应。汶川地震大型滑坡灾害主要集中分布在映秀—北川断裂带的局部错列、转折以及断裂活动的末端部位。这些断裂的转折和错列部位是断层的局部"锁固段"，它们在地震过程中，由于断层整体的错动而被进一步剪断、破裂，从而释放出更多的能量，产生局部更为强烈的震动，形成次级"震源"，并成为大型滑坡的集中发育部位。

（8）同震滑坡灾害具有方向效应，主要包括背坡面效应和断层错动方向效应。背坡面效应指在与发震断裂带近于垂直的沟谷斜坡中，在地震波传播的背坡面一侧的滑坡发育密度明显大于迎坡面一侧。滑坡除主要沿斜坡面和垂直沟谷走向发生滑动和运动外，确实有一定比例的滑坡，尤其是规模较大的滑坡，其滑动方向与断层走向近于平行,表现出断层错动方向效应。

通过现有的研究资料表明,九寨沟地震地质灾害发育分布也具备以上的诸多共性特点(戴岚欣,范宣梅等,2017),但同时也表现出一些特性,还需深入分析和研究。

2.4 同震地质灾害发育分布特征

2.4.1 与海拔高程的关系

利用九寨沟测绘地理信息局提供的 1:50 000 和 1:10 000 地形图等高线分别生成了研究区 DEM 数据(高程范围 1 700~4 600 m),将研究区海拔高程分为<2 000 m、2 000~2 500 m、2 500~3 000 m、3 000~3 500 m、3 500~4 000 m、>4 000 m 六个区间,分别统计不同高程范围内同震地质灾害面积和面积密度(图 2-8、2-9)。

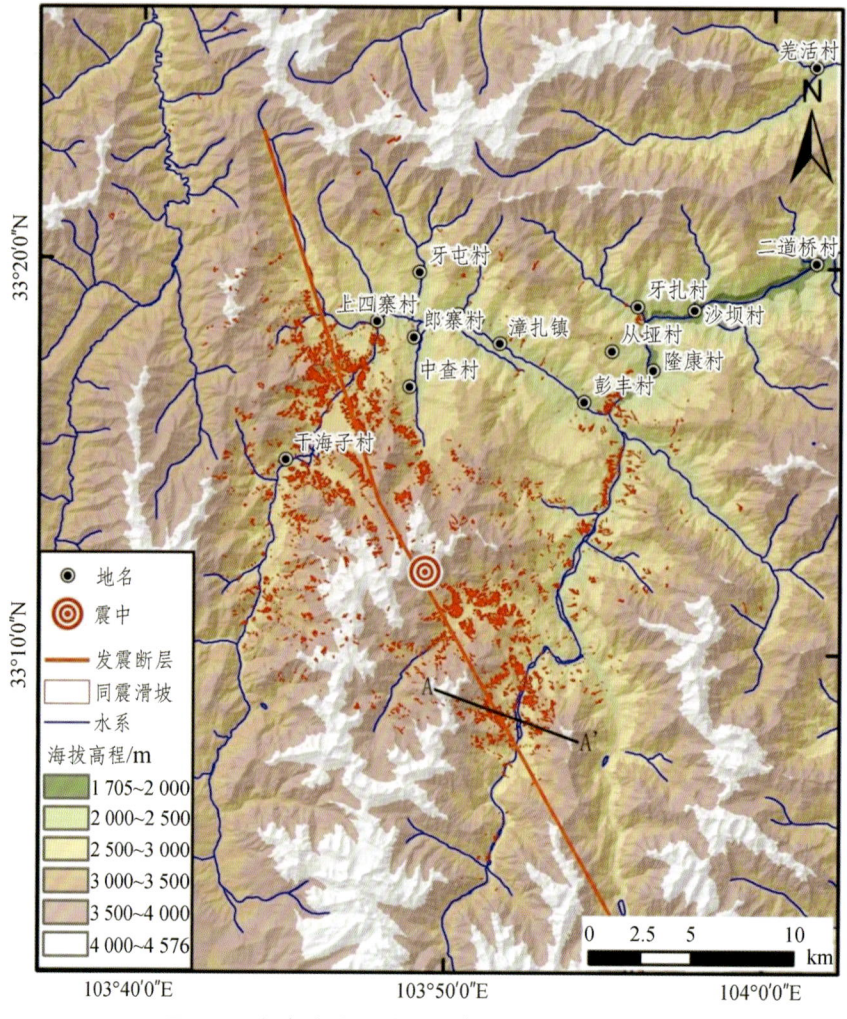

图 2-8 九寨沟地震地质灾害分布与海拔高程图

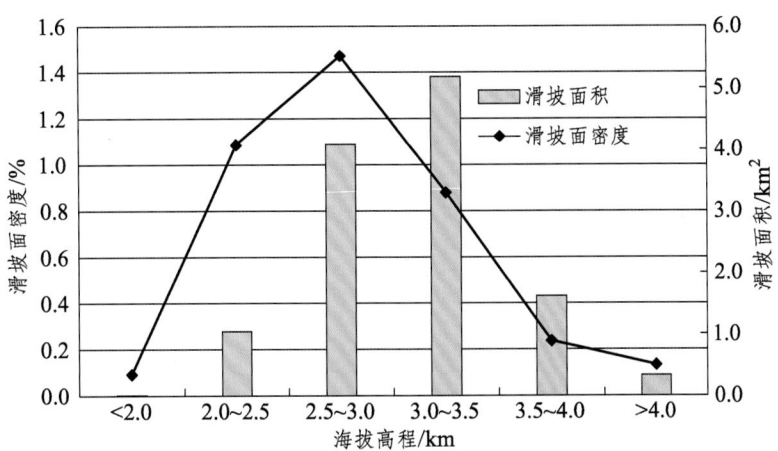

图 2-9 九寨沟地震地质灾害与海拔高程统计关系图

统计分析发现,约有 33.3% 的同震地质灾害分布在 2 500~3 000 m 高程范围,42.2%分布在 3 000~3 500 m 高程范围。2 500~3 500 m 高程范围的同震地震灾害占总数的 75.6%,是此次地震同震地质灾害主要分布高程。此外,同震地质灾害发育面密度先随高程增加而增大,2 500~3 000 m 高程范围达到最大,随后逐渐减小。图 2-10 为图 2-8 中 A—A′ 剖面主要滑坡分布高程位置,可见,3 000~3 500 m 高程范围为该区域河谷由下部峡谷向上部宽谷过渡区域。

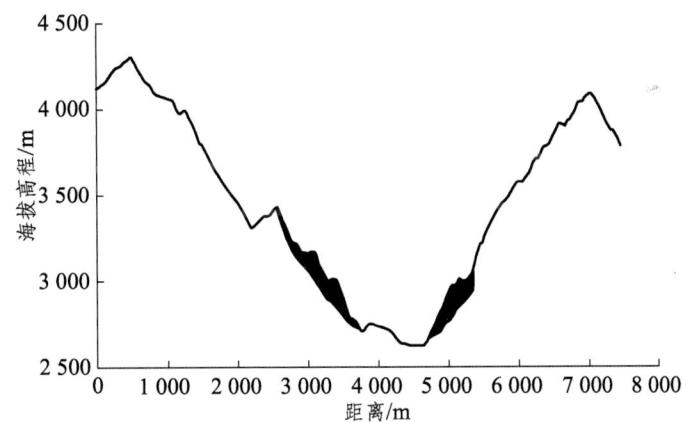

图 2-10 A—A′ 剖面图与剖面上的滑坡分布示意图

2.4.2 与坡度的关系

将研究区地形坡度分为<15°、15°~25°、25°~35°、35°~45°、45°~55°、>55°六个区间,分别统计不同地形坡度范围内同震地质灾害面积和面积密度(图 2-11、2-12)。统计分析发现,约有 39.3% 的同震地质灾害分布在 35°~45° 坡度范围,32.1%的同震地质灾害分布在 45°~55° 坡度范围。35°~55° 坡度范围的同震地震灾害占总数的 71.4%,是此次地震同震地质灾害主要分布坡度,较汶川地震等同震地质灾害主要分布坡度范围要大，可能主要是九寨沟地震主要触发的是小规模崩塌，而汶川地震同时触发了大量大规模滑坡的缘故。此外，同震地质灾害发育面密度先随地形坡度增大显著增大，符合同震地质灾害分布一般统计规律。

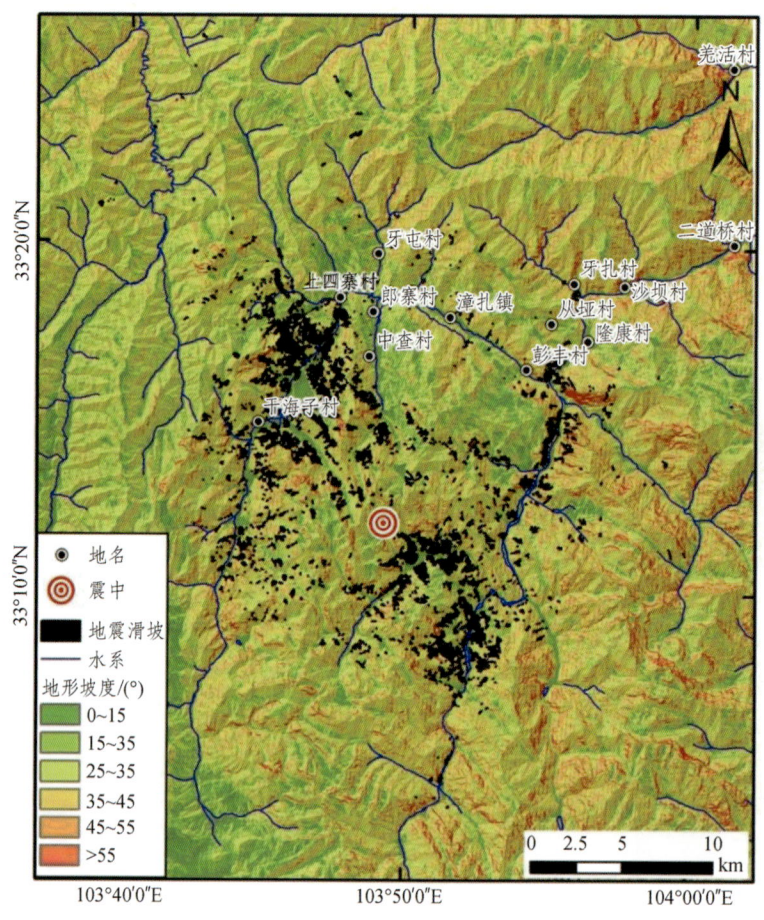

图 2-11　九寨沟地震地质灾害分布与地形坡度图

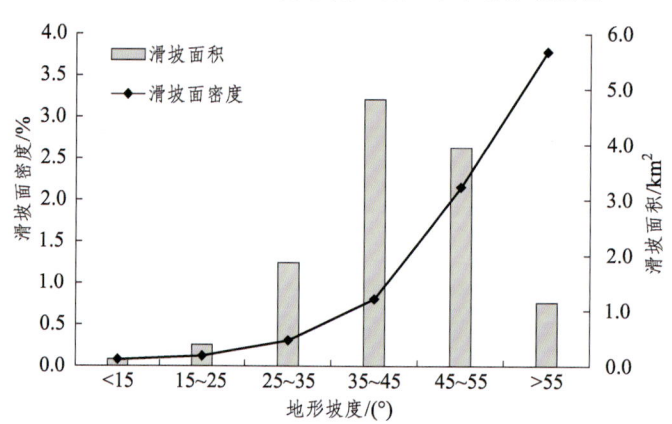

图 2-12　九寨沟地震地质灾害与地形坡度统计关系图

2.4.3 与坡向的关系

将斜坡坡向分为北、北东、东、南东、南、南西、西、北西 8 个方向区间，分别统计不同坡向内同震地质灾害面积和面积密度（图 2-13、2-14）。统计分析发现，此次地震同震地质灾害总体上方向效应不是特别显著，但东、北东方向分布滑坡发育面积和面积密度均略高于其他坡向（图 2-14），是本次地震滑坡发生的优势坡向。

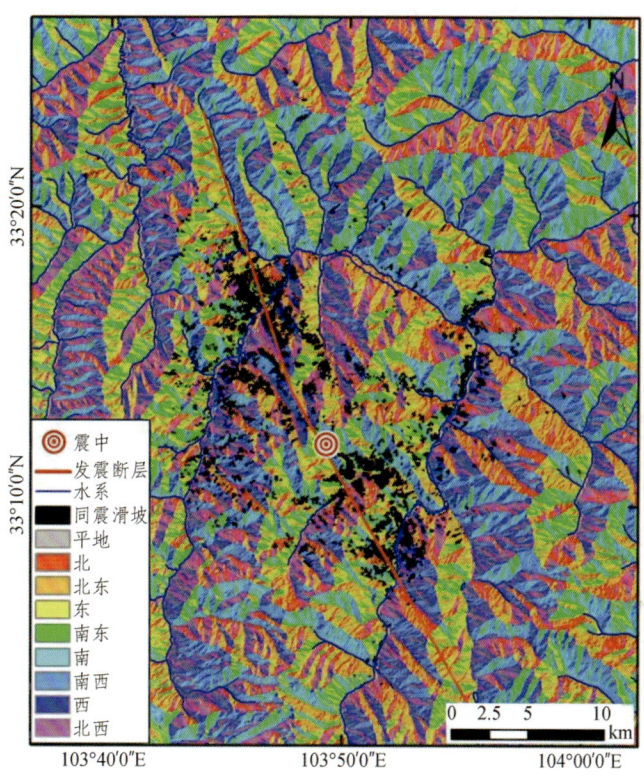

图 2-13　九寨沟地震地质灾害分布与斜坡坡向图

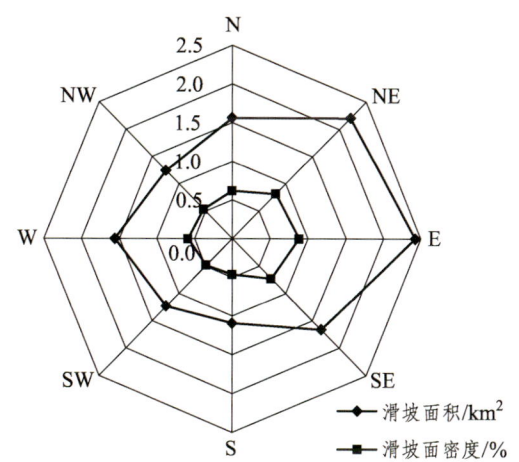

图 2-14　九寨沟地震地质灾害与坡向统计关系图

2.4.4 与地层岩性的关系

根据 1：50 000 区域地质图，研究区主要出露第四系（Q_4）土层，古近系热鲁组（E_r）砂岩、泥岩，三叠系上统杂谷脑组（T_{3z}）石英砂岩，三叠系上统侏倭组石英砂岩（T_{3zh}），三叠系中统扎尕山组（T_{2zg}）变质砂板岩，三叠系下统菠茨沟组（T_{1b}）变质凝灰质砂岩，三叠系（T_{yo}）斜长花岗岩，二叠系中统大石包组、菠茨沟组并层（P_{2d-b}）凝灰质砂岩，二叠系三道桥组、大石包组并层（P_{sd-d}）变质灰岩、基性火山岩，石炭系中统黄龙组（C_{2h}）灰岩、白云岩，石炭系总长沟组、黄龙组并层（C_{z-h}）灰岩、白云岩，泥盆系中统养马坝组（D_{2y}）石英砂岩等地层岩性（图 2-15）。图 2-16 为不同地层岩性上滑坡面积和面积密度统计结果。统计分析发现，约有 65.7% 同震地质灾害集中分布在石炭系总长沟组、黄龙组并层（C_{z-h}）灰岩、白云岩中。此外，约有 16.9% 同震地质灾害分布在三叠系中统扎尕山组（T_{2zg}）变质砂板岩中，约有 10.5% 同震地质灾害分布在二叠系中统大石包组、菠茨沟组并层（P_{2d-b}）凝灰质砂岩中，其他地层中同震地质灾害分布较少。结果野外调查，发现此次地震同震地质灾害主要分布在灰岩、白云岩等硬岩中，其类型主要为中小规模崩塌。

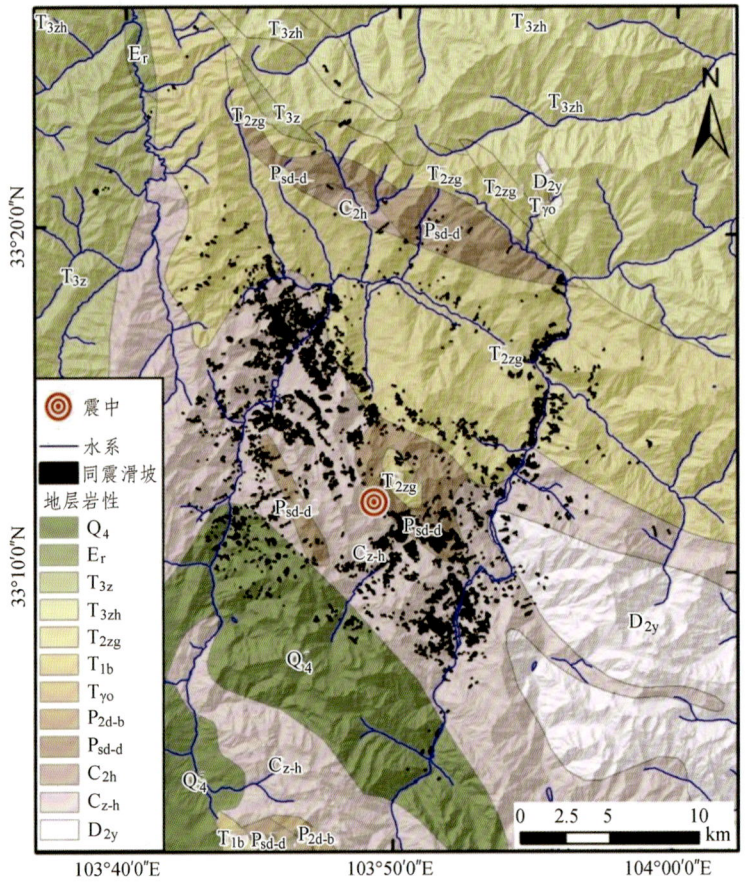

图 2-15 九寨沟地震地质灾害分布与地层岩性图

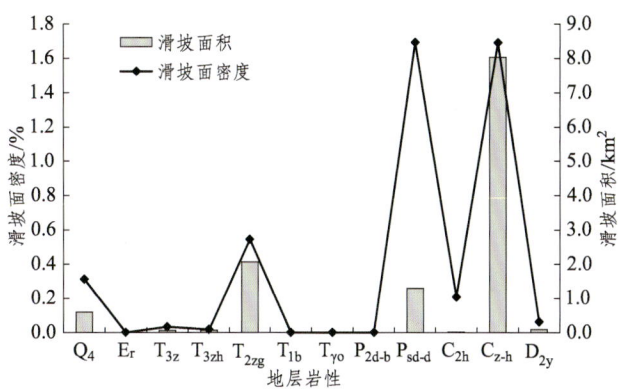

图 2-16 九寨沟地震地质灾害与地层岩性统计关系图

2.4.5 与距离水系距离的关系

以 500 m 为间隔生成研究区距水系距离图，分别统计不同距水系距离范围内同震地质灾害面积和面积密度（图 2-17、2-18）。统计分析发现，在距水系 0～2 000 m 范围内，同震地质灾害面积和面积密度均随距水系距离增大而减小，说明水系对地震地质灾害空间分布有一定的控制作用，但>2 000 m 区域的同震地质灾害面积和面积密度出现了增高，说明水系对同震地质灾害的影响范围是有限的。距水系距离>2 000 m 的区域同震地质灾害主要受其他影响因素控制。

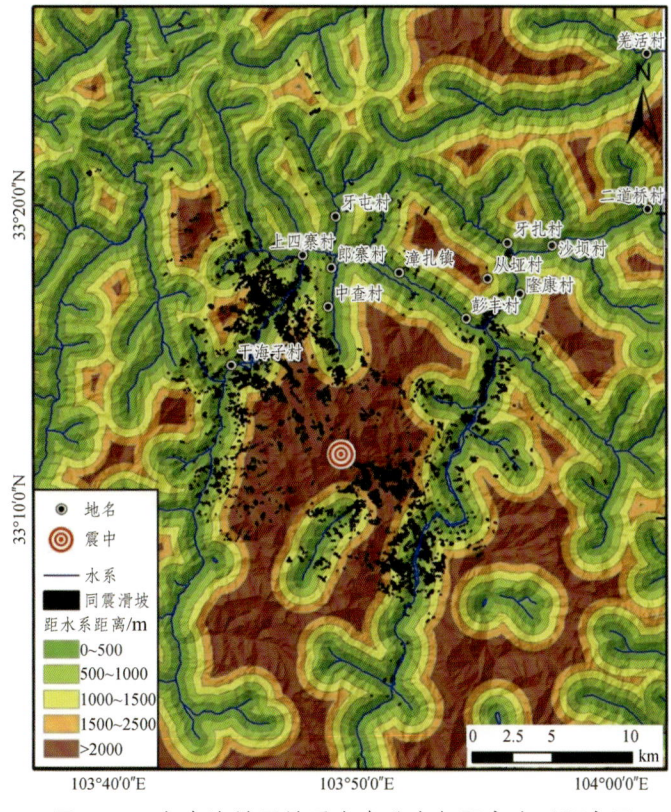

图 2-17 九寨沟地震地质灾害分布与距水系距离图

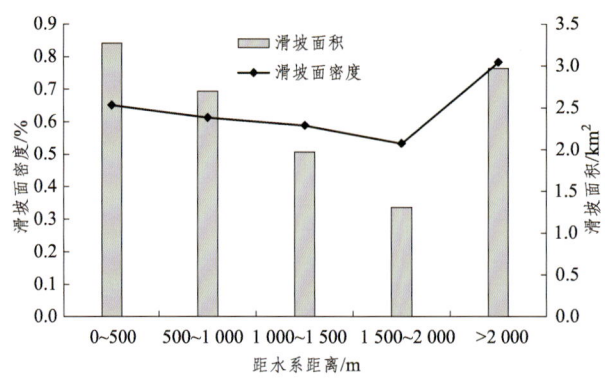

图 2-18　九寨沟地震地质灾害与距离水系距离统计关系图

2.4.6　与地震峰值加速度的关系

基于美国地质勘探调查局（USGS）发布的地震峰值加速度（PGA）数据（0.08g~0.26g），统计不同地震峰值加速度区内同震地质灾害的面积和发育面密度（图 2-19、2-20）。统计分析发现，一共约有 74.3% 的同震地质灾害分布在 PGA 为 0.2g 和 0.24g 区域内，16.8% 分布在 0.26g 区域内，仅有 7.3%、1.5% 和 0.1% 分布在 0.16g、0.12g 和 0.08g 区域内。可见，当 PGA≥0.2g 时便可触发大量同震地质灾害。此外，同震地质灾害发育面密度随 PGA 增大而显著增加，符合地震地质灾害空间分布一般规律。

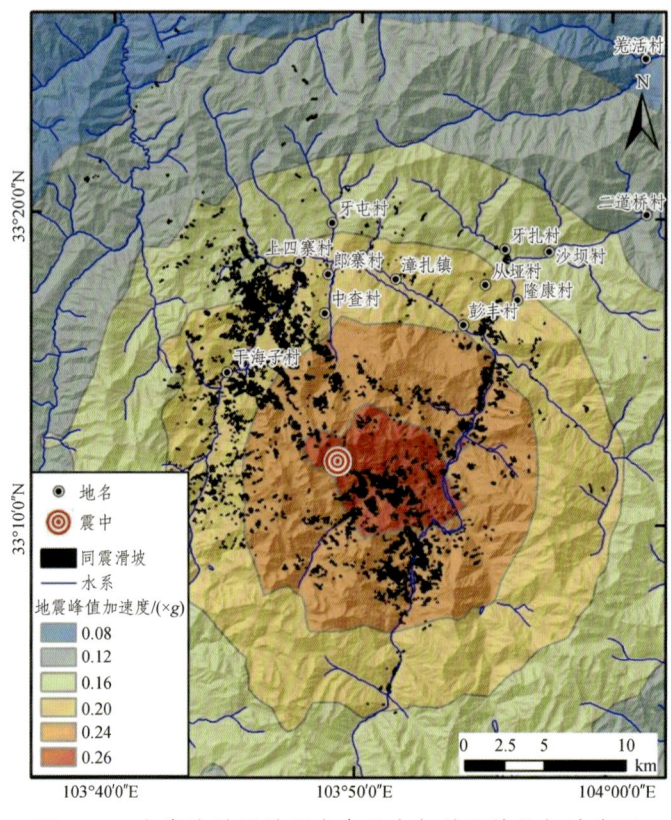

图 2-19　九寨沟地震地质灾害分布与地震峰值加速度图

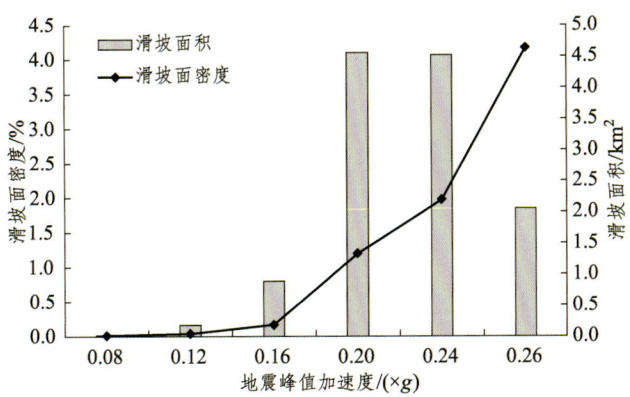

图 2-20　九寨沟地震地质灾害与地震峰值加速度统计关系图

2.4.7　与地震烈度的关系

基于中国地震局发布的九寨沟地震烈度图，分别统计不同地震烈度区同震地质灾害面积和发育面密度（图 2-21、2-22）。统计分析发现，约有 75.5% 的同震地质灾害分布在Ⅷ度区，22.8% 分布在Ⅸ度区，仅有 1.6% 分布在Ⅶ度区。同震地质灾害发育面密度随地震烈度增加而增加，符合地震地质灾害一般规律。

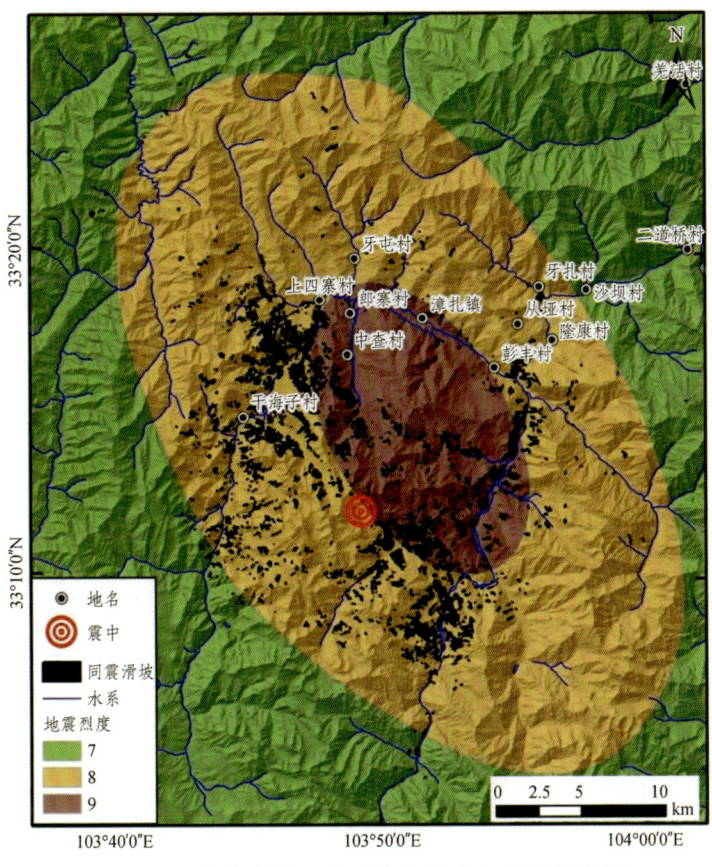

图 2-21　九寨沟地震地质灾害分布与地震烈度图

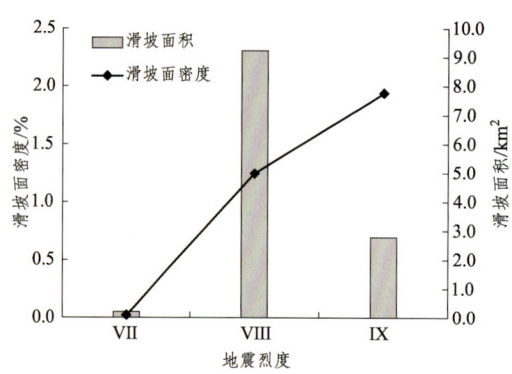

图 2-22　九寨沟地震地质灾害与地震烈度统计关系图

2.4.8　与发震断层距离的关系

结合季灵运等（2017）InSAR 地震反演结果，认为九寨沟地震发震断层为新发现的树正断裂，属于左旋走滑断层（图 2-23）。本研究对发震断层以 2 km 为间隔建立缓冲区，分别统计距发震断层不同距离内同震地质灾害面积和面积密度（图 2-24）。统计分析发现，约有 51.2% 的同震地质灾害分布在距离发震断裂 0～2 km 范围内，23.1% 分布在 2～4 km 范围内。分布在发震断裂两侧 0～4 km 范围的同震地震灾害占总数的 74.3%。此外，同震地质灾害发育面密度随距发震断层距离增大而显著降低，符合地震地质灾害普遍规律。综上，此次地震同震地质灾害受发震断层的控制作用明显，也反过来证明了季灵运等（2017）利用 InSAR 地震反演得出的发震断层位置是比较可信的。

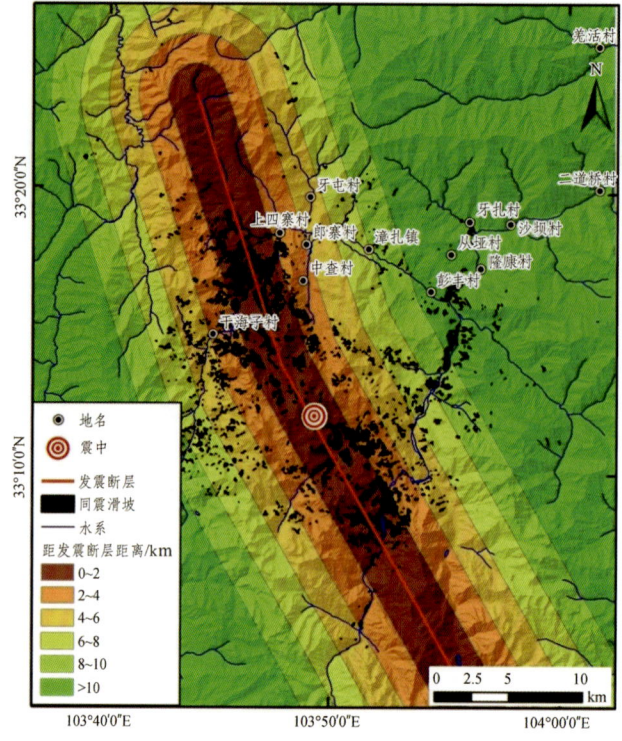

图 2-23　九寨沟地震地质灾害分布与距发震断层距离图

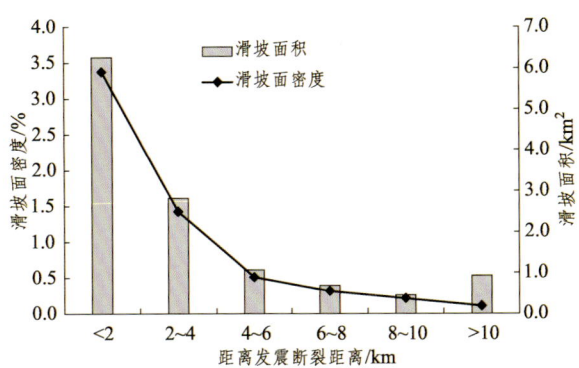

图 2-24　九寨沟地震地质灾害与距发震断层距离统计关系图

2.4.9　与斜坡结构的关系

斜坡结构主要考虑斜坡的坡度、坡向与岩层的倾角、倾向之间的关系,据此可将斜坡结构分为如下几类:顺向坡、顺斜坡、横向坡、逆斜坡、逆向坡和块状岩体(图2-25)。其中,块状岩体指岩浆岩的斜坡结构类型。统计分析发现,同震滑坡在横向坡里面分布面积最大,约 4.3 km², 占整个滑坡面积的35%,其他几类斜坡结构中分布面积差异不大。就滑坡分布面密度而言,块状岩体中同震滑坡发育密度最大,达1.5%,其他几类斜坡结构中同震滑坡分布面积密度差异不大(图2-26)。

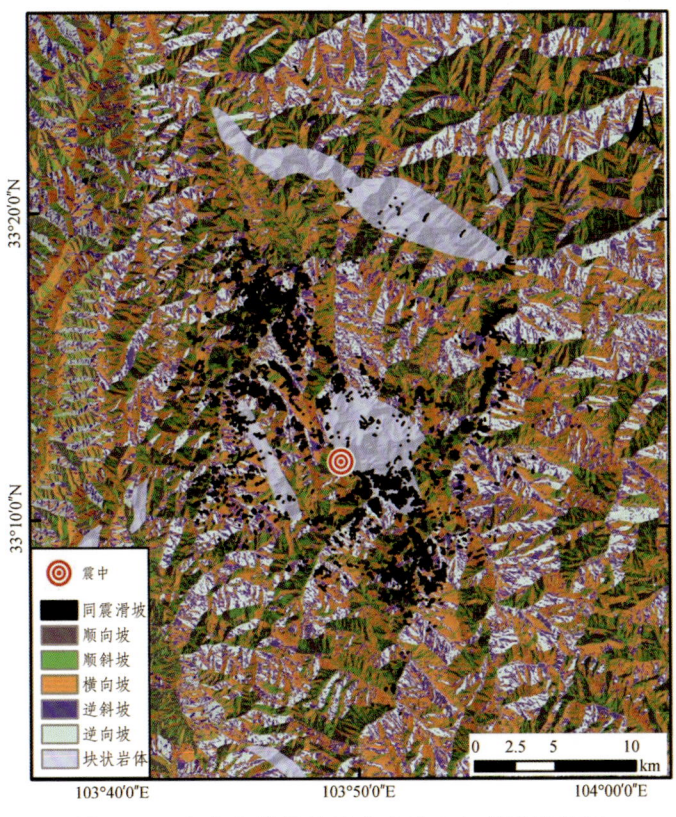

图 2-25　九寨沟地震地质灾害分布与斜坡结构图

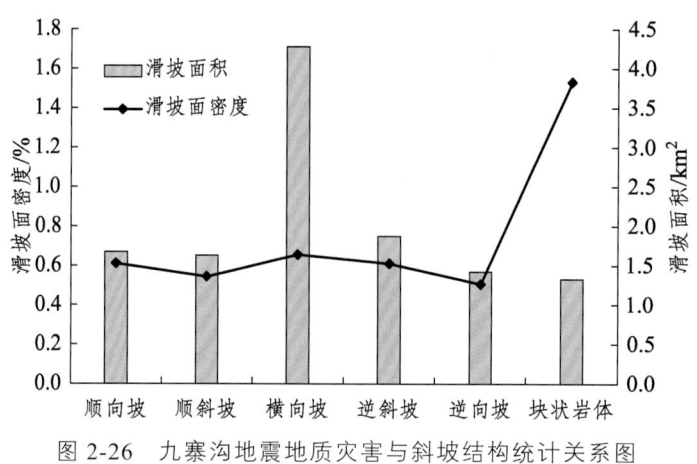

图 2-26 九寨沟地震地质灾害与斜坡结构统计关系图

2.4.10 空间分布规律小结

1. 同震地质灾害数量、规模与分布范围对比分析

表 2-2 为汶川地震、芦山地震、鲁甸地震、九寨沟地震、米林地震、北海道地震和帕卢地震 7 次强震同震地质灾害数量、面积和分布范围统计数据。7 次地震震级范围 Mw 6.2（鲁甸地震）~ Mw 7.9（汶川地震），其中 4 次地震发震断层为逆冲型，3 次为走滑型。同震地质灾害数量最多为 59 108 处（汶川地震），最少仅有 1 052 处（鲁甸地震）。同震地质灾害总面积最大 811.0 km²（汶川地震），最小 5.5 km²（鲁甸地震）。同震地质灾害分布范围最大 47 484 km²（汶川地震），最小 675 km²（鲁甸地震）。

表 2-2 不同强震同震地质灾害数量、面积和分布范围

地震	震级（Mw）	断层性质	灾害数量	灾害面积 /km²	地质灾害分布范围 /km²	备 注
汶川	7.9	逆冲	59 108	811.0	47 484	Dai et al., 2011
芦山	6.6	逆冲	22 538	18.9	5 400	Xu et al., 2015
鲁甸	6.2	走滑	1 052	5.5	675	本研究
九寨沟	6.5	走滑	5 655	12.2	1 478	本研究
米林	6.4	逆冲	1 844	33.0	902	本研究
北海道	6.6	逆冲	5 258	18.0	1 317	本研究
帕卢	7.5	走滑	7 632	22.5	12 313	本研究

图 2-27（a）为同震地质灾害分布范围面积与震级关系图，可见同震地质灾害分布范围面积与震级有较好的幂函数关系，其中九寨沟地震同震地质灾害分布范围面积位于拟合曲线之下，说明其同震地质灾害分布范围面积略小于同震地质灾害分布范围平均水平。

图 2-27（b）为同震地质灾害数量与震级关系图，可见同震地质灾害数量与震级关系规律性较差，说明同震地质灾害数量不仅受到地震震级影响，还受到其他因素的

影响。Gorum（2013）认为发震断层性质（逆冲/走滑）、断层产状（倾角）、震源深度、断层是否产生地表破裂等因素都对同震地质灾害数量和空间分布特征有重要影响。一般来说，相同震级条件下，逆冲断层型地震同震地质灾害数量要多于走滑型地震。此外，相同震级条件下，断层倾角越大同震地质灾害数量越多。九寨沟地震发震断层主要以走滑运动为主（李渝生等，2017），其同震地质灾害数量位于拟合曲线之上，说明其同震地质灾害数量略大于同震级其他地震。

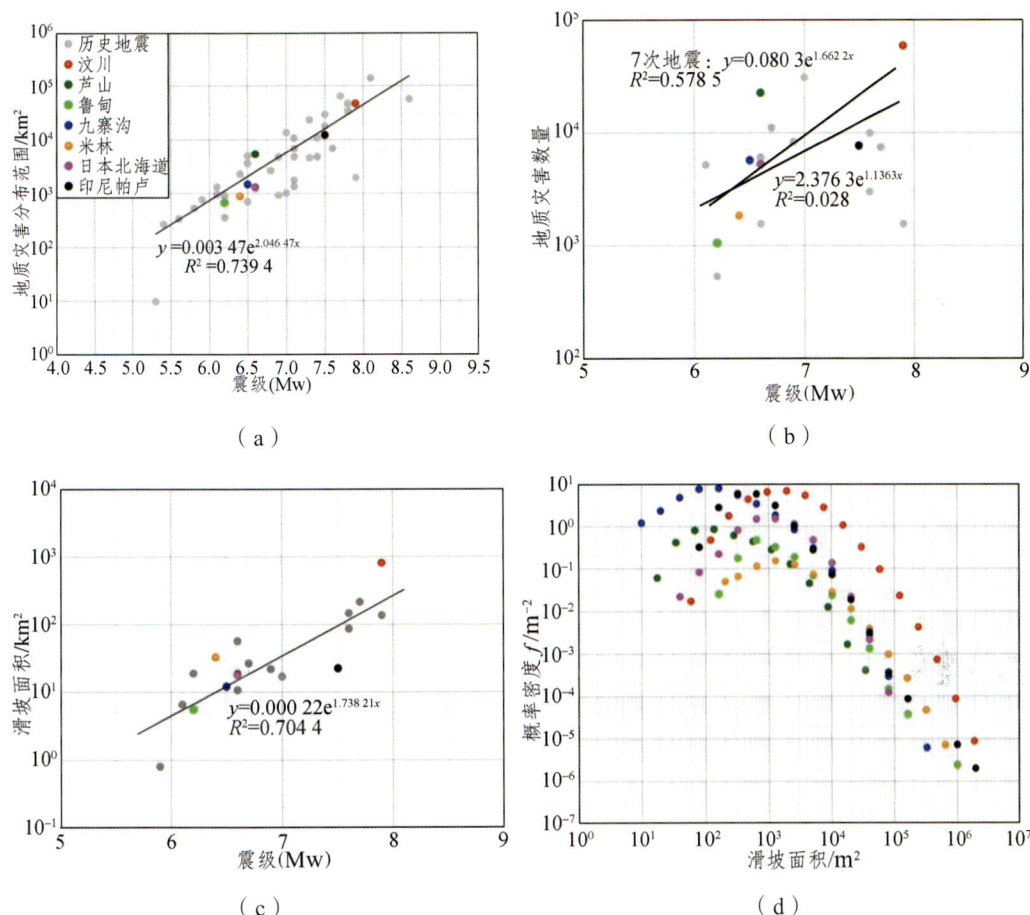

图 2-27　同震地质灾害数量、面积和分布范围与震级关系图以及面积概率密度图
（a.同震地质灾害分布范围与震级关系图，b.同震地质灾害数量与震级关系图，c.同震地质灾害面积与震级关系图，d.同震地质灾害面积概率密度图，历史地震数据引自 Zhao et al., 2019）

图 2-27（c）为同震地质灾害总面积与震级关系图，可见同震地质灾害总面积与地震震级整体呈现幂函数关系，其中汶川地震和米林地震（均为逆冲型地震）位于拟合曲线以上，说明其同震地质灾害总面积要显著大于相同震级地震地质灾害总面积水平。帕卢地震（走滑型地震）位于拟合曲线以下，说明其同震地质灾害总面积要明显小于相同震级地震地质灾害总面积水平。九寨沟地震位于拟合曲线附近，说明其同震地质灾害总面积属于正常水平。

图 2-27（d）为同震滑坡面积密度概率曲线图，该图表示的是不同面积滑坡发生的频率，用来表征一次强震事件触发的同震地质灾害的规模特征（Tanyaş et al., 2019a）。一般规律为同震滑坡面积密度概率先随面积增大而增大，到达转折点（rollover point）后，同震滑坡面积密度概率则随面积增大而逐渐减小。达转折点常被用来区分一次地震中同震地质灾害规模的标志，面积小于转折点对应面积的同震地质灾害被划分为该次地震中的小型地震灾害，反之，面积大于转折点对应面积的同震地质灾害被划分为该次地震中的中、大型地质灾害。一般认为达转折点对应的面积越大，则该次地震同震地质灾害的规模越大（戴岚欣等，2017；Zhao et al., 2019；Tanyaş et al., 2019a）。由图 2-27（d），可知 7 次强震地质灾害规模，汶川地震>米林地震>鲁甸、北海道地震>帕卢地震>九寨沟地震>芦山地震。

2. 同震地质灾害空间分布规律

通过上述同震地质灾害与海拔高程、坡度、坡向、地层岩性、水系距离、地震峰值加速度、地震烈度、发震断层距离、斜坡结构等影响因子的统计分析，可见九寨沟同震地质灾害空间分布主要受到地震因素、地形因素和地层岩性三类因素的共同作用和影响。其中，地震烈度、地震峰值加速度、距发震断层距离等地震因素主要控制同震地质灾害的宏观分布规律，地形坡度、坡向、距水系距离、斜坡结构等地形因素主要控制同震地质灾害的微观分布规律（具体发生部位），而地层岩性因素主要控制同震地质灾害的类型。九寨沟地震同震地质灾害空间分布宏观上主要受到发震断层控制，整体沿发震断层 NW-SE 向展布，具体有震中东南方向的五花海周边和北西方向九道拐周边区域两个集中分布区。同震地质灾害主要以小规模崩塌为主，且主要分布于黄龙组并层（C_{z-h}）灰岩、白云岩等硬岩中，在五花海和九道拐两个集中分布区同震地质灾害规模相对较大。

2.5 同震地质灾害易发性评价

强震地质灾害空间分布受到地震参数、斜坡地形、地质条件共同作用影响，符合一定的分布规律，其空间分布可能性可以通过地质灾害易发性（susceptibility）评价图进行预测。本小节首先利用多元统计方法建立了九寨沟地震同震地质灾害易发性评价逻辑回归模型（logistic regression），绘制了九寨沟地震同震地质灾害易发性评价图。

2.5.1 评价模型

地质灾害易发性评价方法模型众多，总的来说可以分为定性和定量方法两类（Aleotti and Chowdhury, 1999；Ayalew and Yamagishi, 2005）。其中定性评价方法主要依赖于专家经验，如层次分析法（Saaty, 1980；Barredol et al., 2000）、加权线性组合法（Ayalew et al., 2004a, b）。定量方法则主要基于数据驱动，主要通过定量分析地质灾害与其因素之间的关系建立评价模型，主要包括确定性定量模型和统计模型两类（Ayalew and Yamagishi, 2005）。确定性定量模型主要基于以安全系数表征的边坡极限平衡原理，如被广泛使用的 Newmark 模型。确定性定量模型具有一定物理意义，但需要大量精确的边坡参数数据，主要用于小范围地质灾害易发性评价（Bernknopf et al., 1988；Dai et al., 2001；Ayalew and Yamagishi, 2005），而对大区域地质灾害易发性评价主要利用统计模型。逻辑回归模型是目前最常用且最有效的区域地质灾害易发性评价方法，被广泛用于同震地质灾害易发性评价（Ayalew and Yamagishi, 2005；Jessee et al., 2014；Tanyas et al., 2019b）。故本研究也采用逻辑回归模型对九寨沟地震同震地质灾害易发性进行评价。

逻辑回归模型是一种预测性建模技术，其基本原理为利用回归分析方法研究因变量（目标）和自变量（预测器）之间的关系，由一个或多个滑坡影响因素（自变量）来判定一滑坡（自变量）是否发生（0 或 1）的概率。地质灾害易发性逻辑回归评价模型可以表示为：

$$Y = \text{Logit}(P) = \ln[P/(1-P)] = C_0 + C_1 X_1 + C_2 X_2 + \cdots + C_n X_n \tag{2-1}$$

$$P = 1/(1 + e^{-Y}) \tag{2-2}$$

式中：Y 为二元值（0 或 1），表征滑坡发生与否，发生滑坡 $Y=1$，不发生 $Y=0$；P 为滑坡发生概率；$X_1, X_2, \cdots, X_n$ 为各评价因子；C_0 为常量，$C_1, C_2, \cdots, C_n$ 为各评价因子系数。

2.5.2 评价因子选择与量化

利用 SPSS 软件对海拔高程、坡度、坡向、地层岩性、水系距离、地震峰值加速度、地震烈度、发震断层距离、斜坡结构等影响因子进行相关性分析，得出地震峰值加速度（PGA）、距发震断层距离、海拔高程、地形坡度、地层岩性、距离水系距离 6 个因子为显著相关因子。因此，本研究将地震峰值加速度（PGA）、距发震断层距离、海拔高程、地形坡度、地层岩性、距离水系距离 6 个因子作为九寨沟地震同震地质灾害易发性评价因子。各评价因子子类划分见表 2-3，并利用公式 2-3 对各评价因子子类进行量化赋值：

$$V_{ij} = D_{ij} / \sum D_{ij} \tag{2-3}$$

式中：V_{ij} 为各评价因子子类量化值；D_{ij} 为各评价因子子类中同震地质灾害面密度；$\sum D_{ij}$ 为各评价因子子类中同震地质灾害面密度之和。

表 2-3 九寨沟地震地质灾害易发性评价指标量化表

评价因子	评价因子子类	地质灾害面密度	子类量化值
PGA /（×g）	0.08	0.0	0.001 1
	0.12	0.0	0.004 6
	0.16	0.2	0.021 8
	0.20	1.2	0.158 3
	0.24	2.0	0.261 4
	0.26	4.2	0.552 8

续表

评价因子	评价因子子类	地质灾害面密度	子类量化值
发震断层距离 /km	<2	3.4	0.568 3
	2~4	1.4	0.239 6
	4~6	0.5	0.085 8
	6~8	0.3	0.052 8
	8~10	0.2	0.035 6
	>10	0.1	0.017 9
海拔高程 /km	<2.0	0.1	0.023 7
	2.0~2.5	1.1	0.278 8
	2.5~3.0	1.5	0.377 2
	3.0~3.5	0.9	0.225 5
	3.5~4.0	0.2	0.060 6
	>4.0	0.1	0.034 2
地层岩性	Q_4	0.3	0.068 2
	E_r	0.0	0.000 0
	T_{3z}	0.0	0.007 2
	T_{3zh}	0.0	0.003 8
	T_{2zg}	0.5	0.119 4
	T_{1b}	0.0	0.000 0
	$T_{\gamma o}$	0.0	0.000 0
	$P_{2d\text{-}b}$	0.0	0.000 0
	$P_{sd\text{-}d}$	1.7	0.371 3
	C_{2h}	0.2	0.045 4
	$C_{z\text{-}h}$	1.7	0.370 9
	D_{2y}	0.1	0.013 8
距离水系距离 /m	0~500	0.7	0.205 5
	500~1 000	0.6	0.193 4
	1 000~1 500	0.6	0.185 8
	1 500~2 000	0.5	0.168 3
	>2 000	0.8	0.247 0
地形坡度 /(°)	<15	0.1	0.010 4
	15~25	0.1	0.016 5
	25~35	0.3	0.042 2
	35~45	0.8	0.111 1
	45~55	2.1	0.297 1
	>55	3.8	0.522 7

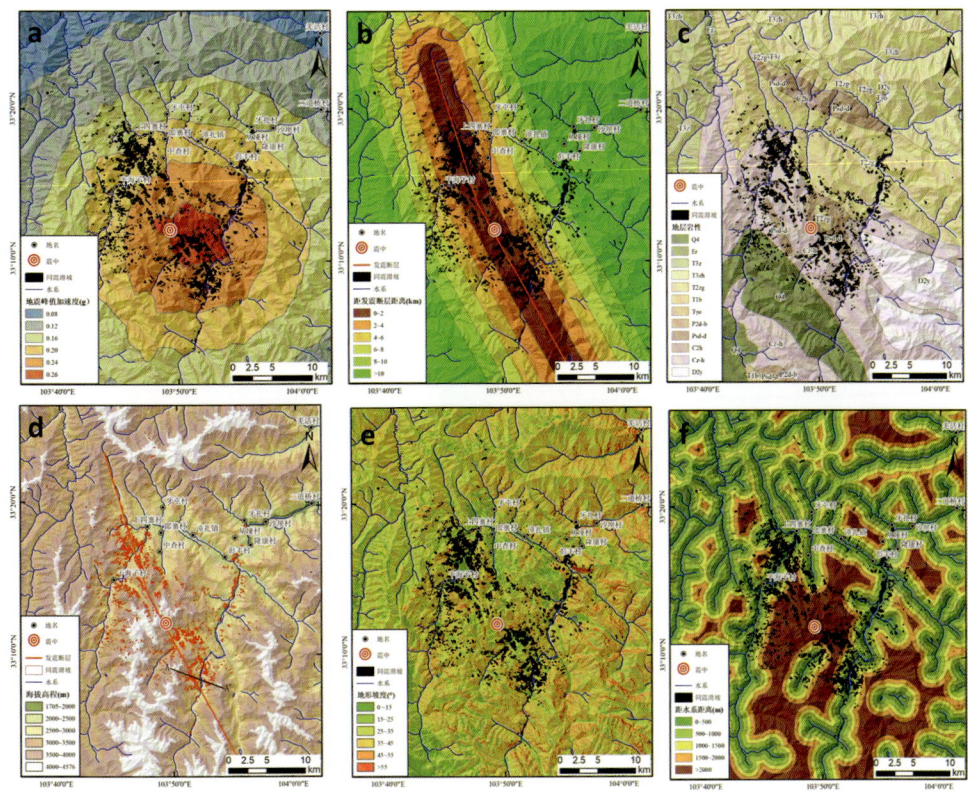

图 2-28 九寨沟地震地质灾害易发性评价因子
(a.同震灾害分布与PGA关系，b.同震灾害分布与发震断层距离关系，c.同震灾害分布与海拔高程关系，d.同震灾害分布与地层岩性关系，e.同震灾害分布与距离水系距离关系，f.同震灾害分布与地形坡度关系)

2.5.3 回归分析

1. 训练样本选取

逻辑回归分析中重要的一步是训练样本选取，一般建议选取数量相等的滑坡点（1）和非滑坡点（0）进行回归分析（Ohlmacher and Davis, 2003; Ayalew and Yamagishi, 2005）。本研究在遥感解译的同震滑坡源区选取3 000个滑坡点，并在非同震滑坡覆盖区域随机选3 000个非滑坡点作为逻辑回归模型训练样本。随后将6 000个训练样本分布与上述6个评价因子图层在ARCGIS软件里进行叠加分析，获取每个训练样本点位置各个评价因子的值，并存储到训练样本点文件属性中，同时将每个训练样本点是否为滑坡点（0或1）单独作为一列属性值。

2. 回归分析

回归分析利用专业统计分析软件SPSS实现。将每个训练样本点属性表中各个评价因子的值以及是否是滑坡（0或1）输出为EXCEL表格导入SPSS软件进行回归分析，得到回归模型中各个评价因子系数，如表2-4所示。可见所有因子系数均为正数，说明这些因子与地质灾害发生概率均是正相关的。其中，地形坡度因子系数最大，是对九寨沟地震地质灾害空间分布影响最大的因素，PGA 次之。通过上述分析，建立九寨沟地震同震地质灾害评价模型［公式（2-4）］：

$$P = 1/(1 + e^{1.784 - 4.585d - 9.165\alpha - 6.710p - 1.173l - 2.364r - 2.662h})$$ （2-4）

式中：P 为同震地质灾害发生概率，取值范围为 0~1；d 为距发震断层距离因子；α 为地形坡度因子；l 为地层岩性因子；r 为距水系距离因子；h 为海拔高程因子；p 为地震峰值加速度因子。

表 2-4 回归分析得到的评价因子系数

评价因子	因子系数
距离发震断裂距离	5.585
地形坡度	9.165
岩性	1.173
高程	2.662
PGA	6.710
水系距离	2.364
常数项	-1.784

表 2-5 训练样本自身预测准确率，可见滑坡点（3 000 个）和非滑坡点（3 000 个）分别有 667 处和 707 处预测错误，综合准确率为 77.1%，这是可以接受的水平（Süzen and Doyuran，2004）。表 2-6 为 SPSS 软件提供的逻辑回归模型检验参数。其中，模型卡方值（χ^2）主要检验模型参数选择的合理性，其值越大，说明回归模型参数选择越合理，本研究得出的模型卡方值（χ^2）为 2 756.532，足以说明本研究选择的评价因子是合理的。参数 Cox & Snell R^2 和 Nagelkerke R^2 主要用于检测回归模型对训练样本的预测能力，一般其值>0.2 便可认为评价模型具有较好的预测能力（Ayalew and Yamagishi，2005）。本研究得到的 Cox & Snell R^2 和 Nagelkerke R^2 值均大于 0.2，可见建立的逻辑回归模型是可靠的。

表 2-5 训练样本自身预测准确率

实际值	预测值		准确率
	1	0	
1（滑坡）	2 333	667	77.8
0（非滑坡）	707	2 293	76.4
综合值			77.1

表 2-6　回归模型检验参数

统计量	值
对数似然值 $-2\ln L$（L = likehood）	5 561.234
模型卡方值（χ^2）	2 756.532
Cox & Snell R^2	0.368
Nagelkerke R^2	0.491

2.5.4　易发性评价结果与精度评价

建立逻辑回归模型后，便将各评价因子栅格化后的图层在 ARCGIS 软件利用空间分析模块里面的栅格图层计算工具进行计算，得到九寨沟地震同震地质灾害发生概率图。并利用自然断裂法（natural breaks）对同震地质灾害发生概率进行分级（表 2-7），将同震地质灾害易发性分为非常低、低、中等、高、非常高 5 个等级（图 2-29）。图 2-30 为灾害重点区易发性评价结果。

采用相对操作特征曲线（ROC）对评价结果精度进行评定。ROC 分析首先需要选取一定数量的检验样本，并获取每个样本点位置的同震地质灾害发生概率值和其实际值（是滑坡为 1，非滑坡为 0），将每个点地质灾害发生概率值和实际值做成一个 2 列多行的表格，导入 SPSS 软件，利用其 ROC 分析工具便可得到 ROC 曲线。ROC 曲线利用曲线下面积（AUC）来评定评价模型的预测能力。AUC 值的范围为 0.5~1.0，其中 0.9~1 表示预测水平完美（excellent），0.8~0.9 表示预测水平非常好（very good），0.7~0.8 表示预测水平较好（good），0.6~0.7 表示预测水平一般（average），0.5~0.6 表示预测水平差（poor）（Yesilnacar and Topal，2005；Ayalew and Yamagishi，2005）。

分别选取 2 000 处滑坡点和 2 000 处非滑坡点进行 ROC 分析，得到 ROC 曲线如图 2-31 所示。AUC = 0.806 证明本研究建立的逻辑回归模型具有较好的预测能力。另外，将遥感解译的同震地质灾害数据与易发性评价结果图进行叠加，发现 45.2% 的同震地质灾害位于易发性非常高的区域，28.1% 的同震地质灾害位于易发性高的区域，17.7% 的同震地质灾害位于易发性中等区域，仅有 9% 的同震地质灾害位于易发性低和非常低的区域，同样也证明本研究的评价结果精度较高。

表 2-7　九寨沟地震地质灾害易发性分级标准、面积比例和各区地质灾害点比例

地质灾害发生可能性	易发性分级	易发性分区面积比例/%	同震地质灾害点所占比例/%
0~0.065 3	易发性非常低	80.4	2.3
0.065 3~0.193 2	易发性低	11.6	6.7
0.193 2~0.379 1	易发性中等	4.2	17.7
0.379 1~0.642 5	易发性高	2.3	28.1
0.642 5~1	易发性非常高	1.6	45.2

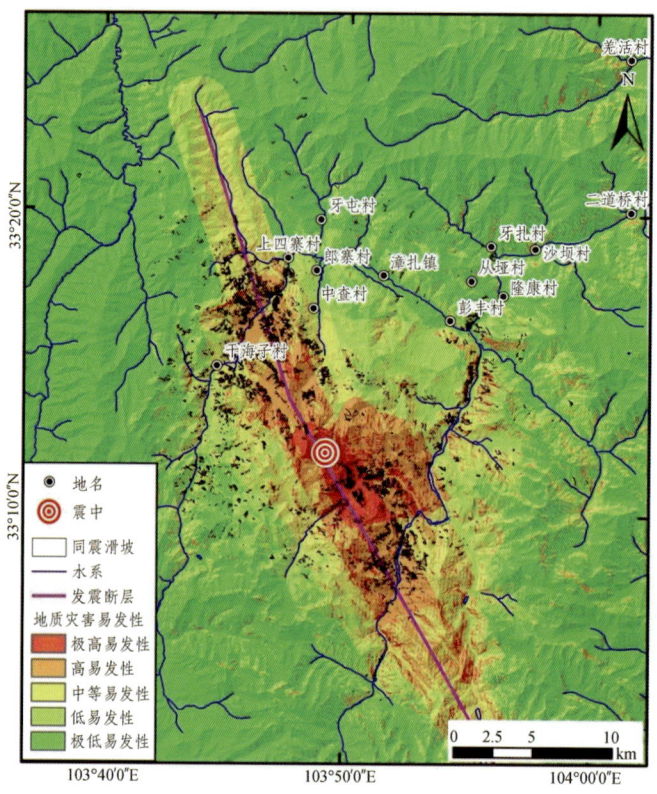

图 2-29 九寨沟地震地质灾害易发性评价结果图

(a) 2017 年 8 月 8 日九寨沟 Ms7.0 级地震海子口重点区同震地质灾害易发性分区图

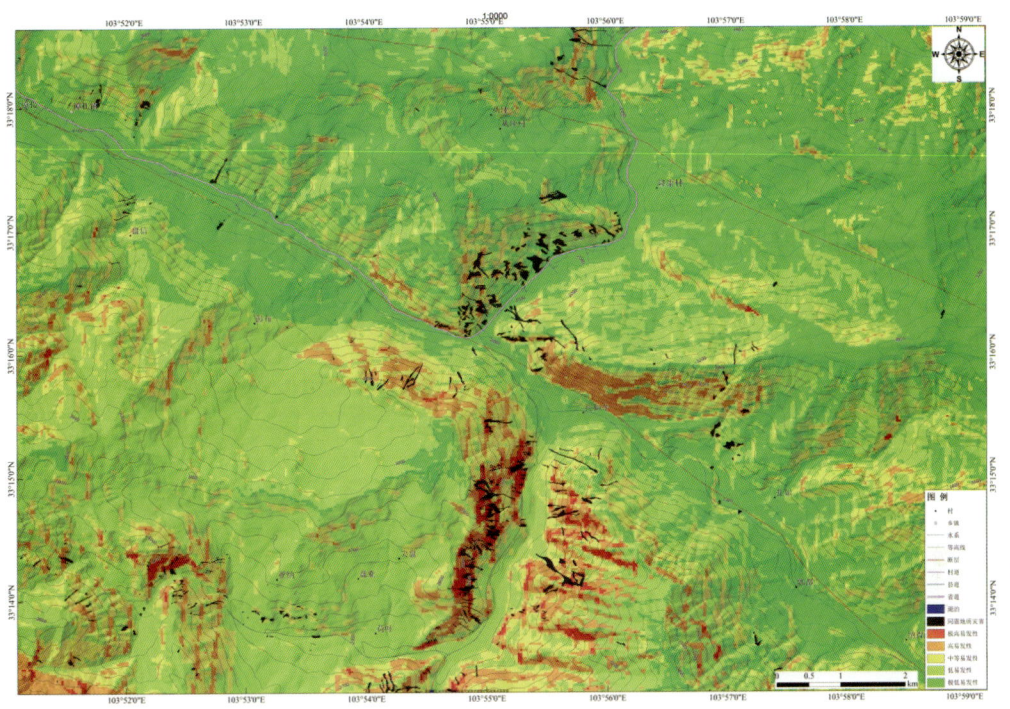

(b) 2017年8月8日九寨沟Ms7.0级地震漳扎镇重点区同震地质灾害易发性分区图

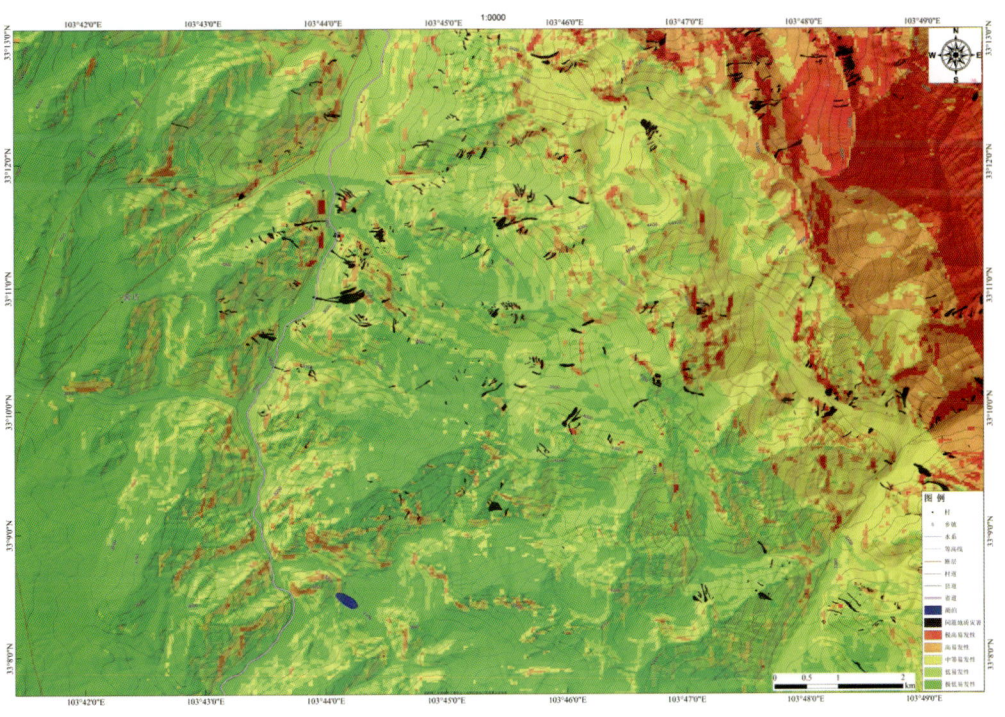

(c) 2017年8月8日九寨沟Ms7.0级地震普塔重点区同震地质灾害易发性分区图

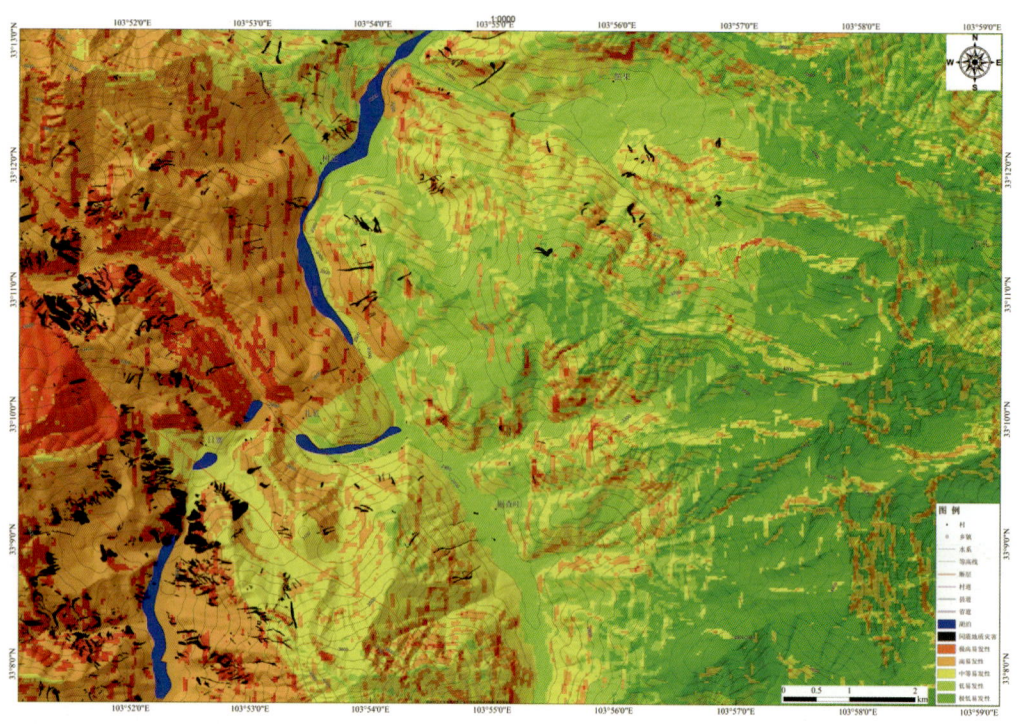

(d) 2017年8月8日九寨沟Ms7.0级地震九寨沟核心景区同震地质灾害易发性分区图

图2-30 九寨沟地震地质灾害重点区1:10 000比例尺易发性评价结果图

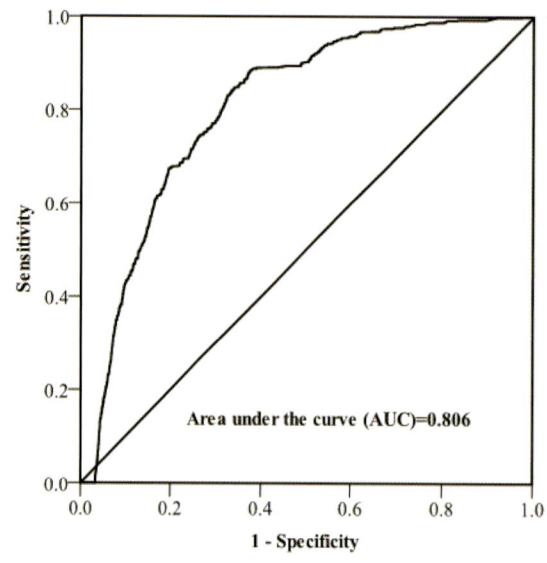

图2-31 九寨沟地震地质灾害易发性评价ROC曲线图

3 震后隐蔽性地质灾害早期识别

3.1 地质灾害早期识别"三查"体系

我国地质灾害隐患点多面广,且往往地处高位和被植被覆盖,传统人工调查排查已很难发现。为了突破传统人工调查和排查的局限,针对于九寨沟地质灾害的特点,提出可通过构建基于星载平台[高分辨率光学+合成孔径雷达干涉测量技术(Interferometric Synthetic Aperture Radar,InSAR)]、航空平台[激光雷达测量技术(Light Laser Detection and Ranging,LiDAR)+无人机摄影测量(Unmanned Aerial Vehicles,UAV)]、地面平台(斜坡地表和内部观测)的天-空-地一体化的多源立体观测体系,进行重大地质灾害隐患的早期识别。具体地讲,首先,借助于高分辨率的光学影像和InSAR识别历史上曾经发生过明显变形破坏和正在变形的区域,实现对重大地质灾害隐患区域性、扫面性的"普查";随后,借助于机载LiDAR和无人机航拍,对地质灾害高风险区、隐患集中分布区或重大地质灾害隐患点的地形地貌、地表变形破坏迹象乃至岩体结构等进行详细调查,实现对重大地质灾害隐患的"详查";最后,通过地面调查复核以及地表和斜坡内部的观测,复核、甄别并确认或排除"普查"和"详查"结果,实现对重大地质灾害隐患的"核查"(图3-1)。地质灾害隐患识别的"三查"体系,类似于医学上大病检查和确诊过程,先通过全面体检筛查出重大病患者,再通过详细检查和临床诊断,确诊或排除病患。

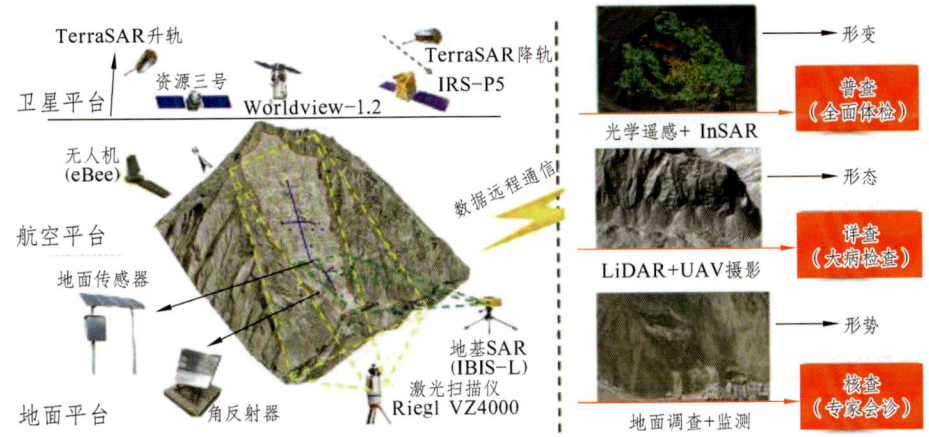

图 3-1 天-空-地一体化的多源立体观测体系与地质灾害隐患早期识别的"三查"体系
(许强等,2019)

"三查"体系倡导和强调多种技术手段的综合应用,其原因在于任何一种技术手段只会在某些方面的功能具有先进性和独特性,同时其一定会存在特定的适用范围和局限性。比如 InSAR 技术,其大范围持续观测地面变形的功能是一般技术手段所不具备的,但在实际应用中也还存在不少的问题和局限,但 InSAR 的局限和问题可通过 LiDAR、光学遥感等来弥补和校正。因此,我们只能通过多种技术手段的综合应用,一方面通过发挥各种技术手段的优势和某些独特功能(如 LiDAR 的植被去除功能),实现对灾害隐患最全面的搜索和识别,另一方面通过由多种技术手段所获结果的相互比对、补充、检验和校核,最终实现对地质灾害隐患的全面而准确的识别。

光学遥感影像具有直观、形象、清楚等特点,是一线地质调查人员最容易看懂的遥感成果,尤其是高清、高分辨率、三维立体影像更是为地质灾害调查评价提供了重要依据。利用不同时段和期次光学遥感影像的光谱和纹理差异,结合地形地貌特征,人工就能较容易地识别出历史上曾经发生过的古老滑坡体和具有明显变形迹象的区域,而这些部位往往就是最大的隐患点。同时,卫星遥感影像覆盖范围大,通过重访可对同一区域做周期性持续观测。因此,光学遥感技术在区域性大范围地质灾害调查和排查方面具有独特的能力,其行为和作用相当于医学上的定期全面体检,称之为"普查"。

InSAR 通过对重复轨道观测获取的多时相雷达数据,集中提取到具有稳定散射特性的高相干点目标上的时序相位信号进行分析,反演研究区域地表形变平均速率和时间序列形变信息,能获取厘米级甚至毫米级的形变测量精度。InSAR 最大的长处是能对地表正在发生的大范围持续缓慢变形进行有效识别和持续监测。InSAR 可有效弥补那些地质调查人员难以到达的高处或人迹罕至区域的地质灾害隐患识别和提前发现。因为有免费的 InSAR 数据可供使用(如哨兵 Sentinel),可用其对一些地质灾害频发区或其他重要区域进行长期持续的形变观测,并通过对某些关键点变形的时间序列分析,判定相关区域当前所处的变形阶段,评估其危险性和风险。这一点对日常防灾减灾具有非常重要的作用。但高精度卫星遥感也具有一些自身不可回避的缺点和局限,主要表现在以下几方面:

(1)星载光学遥感会受卫星重访周期和气候条件的限制。同一区域卫星的重访周期一般为数天至近一月。在地质灾害频发的西部山区云雾天气较为常见,而地质灾害又往往发生在雨季尤其是强降雨期间,往往难以获取真正有用的遥感影像。长重访周期和受天气影响的问题在重大灾害发生后的应急处置阶段尤显突出。同时,不少卫星的影响分辨率也难以满足地质调查评价的实际需求。

(2)InSAR 技术虽然具有全天候、全天时、覆盖范围广等优点,适宜于开展大范围地质灾害普查与长期持续观测,同时也存在一定的技术局限性,并不能适用于所有场景的隐患早期识别与探测,主要表现在:① SAR 是利用电磁波相位相干性原理来解算地表形变,但茂密的植被覆盖和快速大变形(如滑坡产生突发性滑动)都会使前后两期监测数据失去相干性,从而使形变监测能力失效。② 卫星雷达发射的电磁波穿过大气层时会导致电离层和对流层延迟,因此在做 SAR 数据分析处理时必须做大气改（校）正。但山区的大气对流往往复杂多变，很容易影响 InSAR 结果准确性，甚至得到错误的分析结果。③ SAR 的斜视成像机制使其在地形复杂山区的几何成像方面存在距离压缩、阴影和叠掩等问题，从而导致某些区域或方向的坡面变形要么根本就观测不到，要么存在较大误差甚至错误结果。④ 在地形起伏较大的区域，地形效应会直接影响解算结果的精度，由于 SAR 卫星侧式成像的固有特点，在地形起伏较大的区域伴随有阴影、叠掩等现象，无法有效地对这些区域进行隐患探测与识别。针对这个问题，目前常用的解决方法为融合多平台、多轨道的观测数据进行探测识别，而地质灾害频发的西部山区一般地形起伏都较大，由此影响 InSAR 的观测精度。基于以上原因，InSAR 在西部地形起伏大、植被覆盖好的山区，其变形观测效果一般并不太好，在植被覆盖茂密地区，雷达波难以穿透植被获取地面的有效测量信号，将引起植被去相干现象从而导致该区域隐患无法被探测。我国西南地区植被资源丰富，植被去相干现象往往是制约 InSAR 技术在该地区有效应用的首要限制条件，目前较为有效的解决方法主要是采用长波长的雷达数据（如 L 波段 ALOS-2 数据），在一定程度上能有效抑制植被去相干现象。⑤ 雪山冰雪覆盖也在一定程度上影响了 InSAR 技术在九寨沟等高海拔地区的应用，高海拔区域常年积雪覆盖导致雷达波无法有效穿透，同时积雪厚度随季节的变化也在一定程度上影响了 InSAR 的观测结果。⑥ 受卫星分辨率的限制，卫星遥感只适用于较大面积的目标观测，对于那些通过人工排查发现的小型地质灾害隐患，尤其是平面投影面积很小的灾害点，将失去其辨识能力。以上几方面可能是导致某些地区 InSAR 识别结果与人工排查结果重合度相对较低的原因。

同时，InSAR 数据的分析处理相对较专业，非专业人员的分析处理质量可能会大打折扣，因此，不能拿那些分析处理质量差的结果来轻易否定 InSAR 在地质灾害形变观测和隐患早期识别的作用和优势。总而言之，InSAR 技术并不能适用于所有场景的隐患早期识别与探测，有其技术局限性，在植被覆盖稀少、地形起伏较小的区域表现优异，能够有效探测地表隐患；在植被覆盖较密、地形起伏较大的区域，需要有针对性地制定合适的数据处理策略；而对植被覆盖茂密或常年积雪覆盖的区域，InSAR 技术无法有效探测这些区域的地质灾害隐患，需要其他技术手段补充联合探测。

通过星载光学遥感和 InSAR 完成区域扫面性"普查"后，基本可圈定地质灾害重点区段和重大隐患，然后再利用基于航空平台的三维摄影测量和三维激光扫描（LiDAR）对重点区段和重大隐患实施"详查"。在航空平台层次观测方面，无人机已逐渐成为地质灾害调查评价和应急处置的重要手段与"常客"。通过无人机三维摄影测量已可快速获取高分辨率的三维立体影像，既直观形象，可看清相关区域各种地物特征和坡体变形迹象，又可快速形成地形图、量测各种参数（如滑坡的几何尺寸、结构面产状等）。此外，通过不同期次影像数据的差分分析，可圈定变形区，量化各区的动态变化情况，量测滑坡前后各部位地形和体积变化，快速准确计算滑坡方量等。近年来，无人机摄影测量已为多次重大地质灾害应急处置提供了重要的科技支撑。

利用机载 LiDAR 可获取厘米级分辨率的数字地表模型（Digital Surface Model，DSM）。LiDAR 最独特和实用的功能是植被去除，形成裸露地面的数字高程模型（Digital Elevation Model，DEM）。通过裸露地面可轻易识别山体已有的"损伤"，不仅可在光学影像解译的基础上进一步通过去除植被后的地形地貌特征辨识历史上的古老灾害体、未彻底破坏的变形体、地震导致的震裂山体，以及潜在不稳定斜坡，同时还可识别规模较大的山体裂缝和松散堆积体，从另一视角发现和识别灾害隐患。这对于植被茂密、地形起伏大的西部山区尤其有用。此外，通过 LiDAR 数据解译可获取相关区域植被、建构筑物等各种地物的三维表面数据，其在城市建筑 BIM 建模、电力巡线、林业资源量化评价、矿山开采进度评价与调度等方面已得到广泛应用。但是，机载 LiDAR 必须要用飞机（直升机或专业航测飞机）或载荷量较大的无人机作为作业平台，需要专业技术人员作业，目前还难以在一线地质调查工作中普遍推广使用。不少国家（如日本、意大利等）和地区（如我国香港、台湾）已完成了全域范围的 LiDAR 飞行，并将相关数据提供给不同部门使用，产出了很好的成果和效益。我国大陆现阶段开展全域范围的 LiDAR 数据获取还不现实，但应尽快开展地质灾害高风险山区、重要城镇、重大工程区等的 LiDAR 数据获取和示范应用，为自然资源的调查评价、国土空间规划、生态环境评价与保护、地质灾害防治等提供基础数据和科技支撑。

LiDAR 与普通微波雷达相比，LiDAR 由于使用的是激光束，工作频率较微波高了许多，因此带来了很多优点，主要有：

（1）分辨率高。LiDAR 可以获得极高的角度、距离和速度分辨率。通常角分辨率不低于 0.1mard，也就是说，可以分辨 3 km 距离上相距 0.3 m 的两个目标（这是微波雷达无论如何也办不到的），并可同时跟踪多个目标；距离分辨率可达 0.1 m；速度分辨率能达到 10 m/s 以内。距离和速度分辨率高，意味着可以利用距离——多谱勒成像技术来获得目标的清晰图像。分辨率高，是激光雷达的最显著的优点，其多数应用都是基于此。

（2）隐蔽性好、抗有源干扰能力强。激光直线传播、方向性好、光束非常窄，只有在其传播路径上才能接收到，因此敌方截获非常困难，且激光雷达的发射系统（发射望远镜）口径很小，可接收区域窄，有意发射的激光干扰信号进入接收机的概率极低；另外，与微波雷达易受自然界广泛存在的电磁波影响的情况不同，自然界中能对激光雷达起干扰作用的信号源不多，因此激光雷达抗有源干扰的能力很强，适于工作在日益复杂和激烈的信息战环境中。

（3）低空探测性能好。微波雷达由于存在各种地物回波的影响，低空存在有一定区域的盲区（无法探测的区域）。而对于激光雷达来说，只有被照射的目标才会产生反射，完全不存在地物回波的影响，因此可以"零高度"工作，低空探测性能较微波雷达强了许多。

（4）体积小、质量轻。通常普通微波雷达的体积庞大，整套系统质量数以吨计，光天线口径就达几米甚至几十米。而激光雷达就要轻便、灵巧得多，发射望远镜的口径一般只有厘米级，整套系统的质量最小的只有几十千克，架设、拆收都很简便。而且激光雷达的结构相对简单，维修方便，操纵容易，价格也较低。

LiDAR 同时也存在一些先天性的缺点。首先，工作时受天气和大气影响大。激光一般在晴朗的天气里衰减较小，传播距离较远。而在大雨、浓烟、浓雾等坏天气里，衰减急剧加大，传播距离大受影响。如工作波长为 10.6 μm 的 CO_2 激光，是所有激光中大气传输性能较好的，在坏天气里的衰减是晴天的 6 倍。地面或低空使用的 CO_2 激光雷达的作用距离，晴天为 10~20 km，而坏天气则降至 1 km 以内。而且，大气环流还会使激光光束发生畸变、抖动，直接影响激光雷达的测量精度。其次，由于激光雷达的波束极窄，在空间搜索目标非常困难，直接影响对非合作目标的截获概率和探测效率，只能在较小的范围内搜索、捕获目标，因而激光雷达较少单独直接应用于战场进行目标探测和搜索。

值得强调的是，无论采用的技术如何先进，获得的观测数据有多么好，最终还得依靠地质工作者通过对这些多源观测数据和专业解译分析结果进行综合研判，现场调查复核，进行最终的确认或否定，这就是"三查"体系中的"核查"工作。核查类似于医学上的临床诊断和针对重大疑难杂症的专家会诊。就像门诊医生通过对 CT、B 超以及其他测试化验结果实施综合诊断一样，地质人员通过对光学影像、InSAR、LiDAR 等的综合分析、相互比对和校验、现场调查复核，来最终确定是否为真正的地质灾害隐患。

利用现代遥感和测绘技术可从更宏观的角度、宽广的视野，从上往下以"俯视"的角度来搜索、识别具有典型特征的大型地质灾害隐患。当然，其识别的重点主要为高位、隐蔽性、平面投影面积相对较大、某方面特征显著的灾害隐患；而传统调查排查则主要通过实地考察、肉眼亲见来搜寻、发现和确认地质灾害隐患，其排查的重点为人类日常活动区域内变形特征明显且对人民生命财产安全构成威胁的各类（包括小型）地质灾害隐患点。两者排查识别的对象虽有较多交集，但并不会完全重合。因此，地质与测绘应通力合作，"人防"与"技防"有机结合，相互补充和校验，才能最大限度地识别出已存在的灾害隐患。

综上所述，多学科交叉融合、跨界合作已是社会进步的必然趋势，也是科学研究的新范式，要解决地质灾害隐患早期识别这类复杂问题尤应如此。地质灾害隐患早期识别涉及地质学、工程地质学、水文地质学、地理学等传统学科，以及摄影测量与遥感技术、大地测量技术、电子与通信技术、人工智能、大数据等现代技术学科，只有通过多学科交叉融合、多种技术综合应用、各行业和部门跨界合作与相互协作，以数据导向为基础，做好综合性研判，才能真正提高地质灾害早期识别能力和水平，突破相关技术瓶颈，解决相关难题。

"三查"技术体系的核心理念和观点就是通过多学科交叉融合、多部门跨界合作、多种技术手段的综合应用，以及多部门的协同创新，共同破解地质灾害隐患早期识别难题。具体地讲，"三查"体系强调和突出了"四多"：

（1）多学科交叉融合。工程地质学、摄影测量与遥感技术、电子与通信技术等多个学科交叉融合。

（2）多层次立体观测。以卫星为主的天基层次，以有人机和无人机为主的航空层次，以人工调查和专业监测为主的地面层次，由此构成天-空-地一体化的多元立体观测体系。

（3）多技术综合应用。光学遥感、三维摄影测量、InSAR、LiDAR、地面勘探和监测等多种技术手段的综合利用。

（4）多时序持续监测。不仅可通过调取历史存档数据了解过去，也可通过实时监测掌握现状，还可通过长期持续监测分析预测发展趋势，由此形成多时序观测数据。

综上所述，只能通过多种技术手段的综合应用，一方面通过发挥各种技术手段的优势和某些独特功能（如 LiDAR 的植被去除功能），实现对灾害隐患最全面的搜索和识别，另一方面通过多种技术手段所获结果的相互比对、补充、检验和校核，最终实现对地质灾害隐患的全面而准确的识别。

3.2 基于光学遥感和 InSAR 技术的地质灾害隐患普查

3.2.1 基于光学遥感的地质灾害隐患普查

1. 基于光学遥感的地质灾害隐患普查概述

卫星光学遥感技术因其时效性好、宏观性强、信息丰富等特点，已成为重大自然灾害调查分析和灾情评估的一种重要技术手段。早在 20 世纪 70 年代，Landsat（分辨率 30～80 m）、SPOT（分辨率 10～20 m）等中等分辨率的光学卫星影像便被用于地质灾害探测分析。20 世纪 80 年代，黑白航空影像被用于单体地质灾害探测。20 世纪 90 年代以后，Ikonos（分辨率 1.0 m）、Quickbird（分辨率 0.60 m）等高分辨率的卫星影像被广泛用于地质灾害探测与监测。目前，光学遥感正朝着高空间分辨率（商业卫星分辨率最高为 Worldview-3/4 0.3 m）、高光谱分辨率（波段数可达数百个）、高时间分辨率（Planet 高分辨率小卫星的重返周期可小于 1 d）的方向发展。光学遥感技术在地质灾害研究中的应用逐渐从单一的遥感资料向多时相、多数据源的复合分析发展，从静态地质灾害辨识、形态分析向地质灾害变形动态观测过渡。地表变形会导致光谱特性变化，由此可利用光学遥感的颜色变化来有效识别地表变形，从而圈定潜在的地质灾害隐患。图 3-2 为通过多期次遥感影像观测到 2017 年九寨沟理县通化乡西山村滑坡的动态演变过程。

随着光学遥感影像分辨率的不断提高以及卫星数目的不断增多，观测的精度将不断提高，获取影像的时间间隔也将大大缩短，不远的将来就可实现任一地点每天都有一次的卫星影像覆盖，对地质灾害隐患的早期识别和应急抢险将大有裨益。

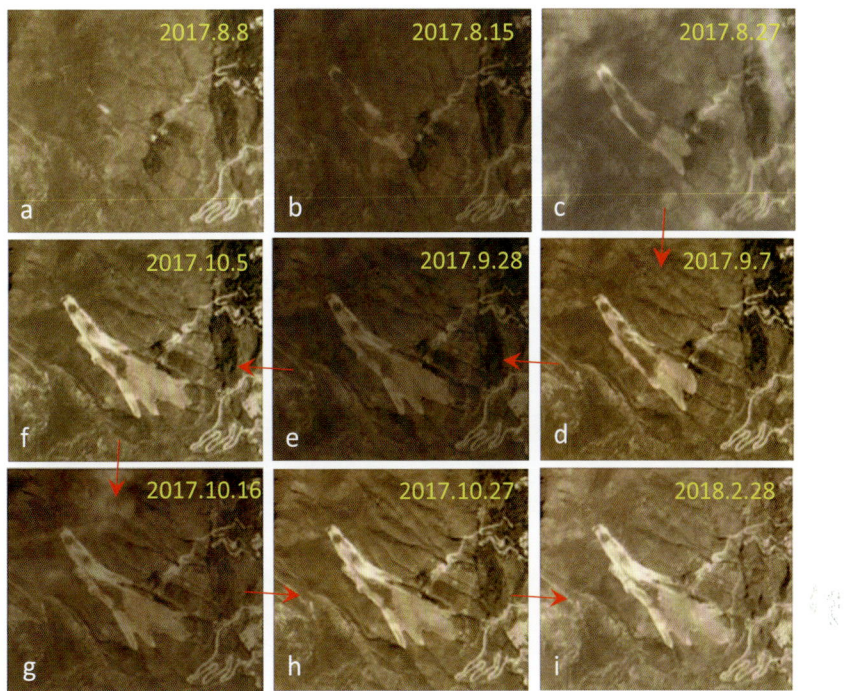

图 3-2　2017 年九寨沟理县通化乡西山村堆积层滑坡动态演变（Planet 卫星数据）

2．基于光学遥感的地质灾害隐患解译标志

1）滑坡的判释

滑坡的解译主要是通过形态、色调、纹理等特征进行。典型的滑坡在影像上一般呈簸箕形（舌形、似"V"字形、不规则形等）的平面形态，个别滑坡可以见到滑坡壁、滑坡台阶、滑坡舌、滑坡鼓丘、封闭洼地等。最明显的特征是滑坡体与后壁、两侧壁构成的圈椅状地形（图 3-3）。判释时除对滑坡体本身进行判释外，还要对其周边的地质环境，如地层岩性、地质构造、地下水露头、植被发育程度、水系等方面进行判释。

（1）形态特征：典型的滑坡体在卫星影像上一般呈簸箕形、马蹄形、弧形或不规则形。在高分辨率影像上滑坡壁、滑坡台阶、滑坡舌、滑坡鼓丘和封闭洼地等清晰可见。活动滑坡坡体地表破碎，起伏不平，斜坡表面有不均匀陷落的局部平台，斜坡较陡且长，有向下缓倾的现象；古滑坡滑坡后壁一般较高，坡体较缓，坡体规模较大，外表平整，无明显沉陷不均现象，滑坡台阶宽大且已夷平。

（2）色调特征：新滑坡坡体色调与周围稳定地形有明显的差别，刚发生不久的滑坡，坡体大多由松散的堆积物质组成，表面具有较强的波谱反射能力，在影像上呈现明显的浅色调；处于变形阶段的滑坡，滑体周缘常具有相比滑坡平面形态色调较浅的色环，或在后缘出现浅色线条甚至坡体前缘出现局部坍塌现象；古滑坡坡体上大多因开垦为耕地，整体上显示浅色调。

（3）纹理特征：活动滑坡，因坡体地形破碎，地表起伏不平使得各部位反射光谱的能力不同，影像上纹理比较粗糙，有的岩质滑坡影像上可见到大的粗粒状、斑状块体;古滑坡,因坡体外表平整,土体密实,使得影像上纹理相对比较细腻,有的仅在前缘迎河部分出现大孤石,坡体上耕地、道路等纹理清晰。

(4)植被特征:活动滑坡,坡体上无巨大直立树木,可见小树木或醉汉林;古滑坡,坡体上长满树木,有的形成"马刀树"。

(5)其他特征:活动滑坡地表湿地、泉水发育,坡体上有新的冲沟发育;古滑坡,滑坡舌已远离河道,滑坡两侧的自然沟切割很深,有时会出现双沟同源现象。

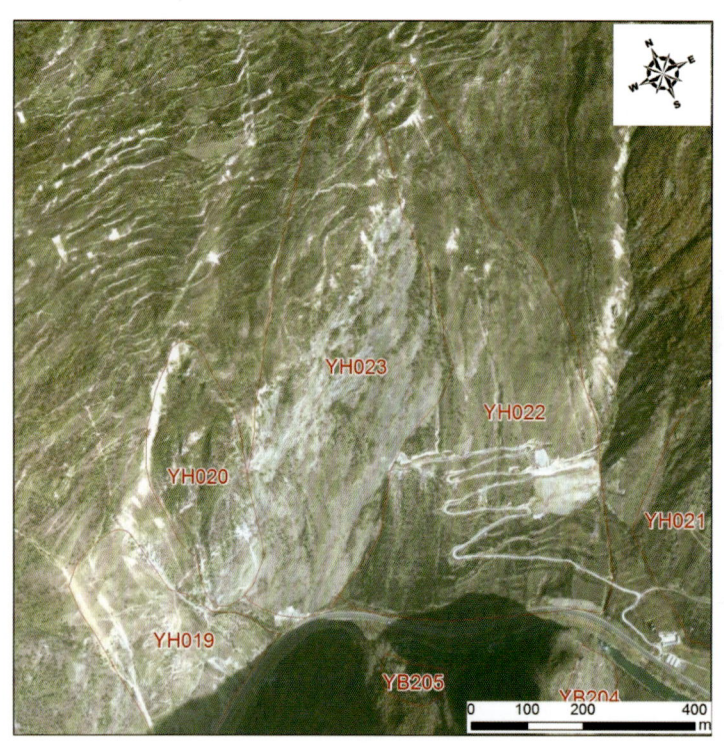

图 3-3 研究区典型滑坡卫星影像图

2)崩塌的判释

崩塌一般发生在由节理裂隙发育的坚硬岩石组成的陡峻山坡与峡谷陡岸上,这类厚层坚硬性岩石能形成高陡的斜坡,在岩石中往往发育两组或两组以上陡倾节理,其中与坡面平行的一组常演化为张裂隙。此时裂隙的切割密度对崩塌块的大小起着控制作用。在遥感图像中,可见陡峭的斜坡岩层中,不同方向的节理裂隙呈浅色色调,直线状相互交错、切割岩体,将岩体切割为棱形块状。新生的崩塌陡崖色调浅,老的陡崖色调深。跟滑坡一样,地形、地质构造、地层岩性也是崩塌发育形成的三个基本条件,判释时应重点从这三个基本条件入手,进行重点分析。研究区崩塌灾害点在影像上清晰可见,比较容易识别(图3-4)。总的来说主要从色调、发育位置、纹理等方面进行判释。

(1)色调特征:崩塌在遥感影像上,因遥感影像类型不同,所呈现的颜色具有较大差异,尚在发展或发生不久的崩塌点,影像上呈浅色色调;趋于稳定的崩塌,其色调相对灰暗一些，但整体上仍以浅色调为主。

（2）发育位置特征：崩塌一般发育在陡峻的山坡地段，一般在 50°～70° 的陡坡前易发生，上陡下缓，崩塌体堆积在谷底或斜坡平缓地段，有时出现巨大的石块影像。

（3）纹理特征：崩塌体表面坎坷不平，具粗糙感，有时可出现巨大块石影像，上部外围有时可见到张节理形成的裂缝影像。

（4）崩塌轮廓线明显，崩塌壁一般为陡峻的岩壁，其颜色与岩性有关，但多呈浅色或接近灰白色，不长植物。

（5）部分崩塌体上部外围可见张节理形成的裂缝。

（6）崩塌堆积物多呈锥状堆积于坡脚（谷底），多为大小不一的碎块石。因此，新鲜的堆积体上没有或少有植被，若崩塌体规模较大，且整体性保存较好，则在堆积体上可见杂乱、歪斜植被。

（7）有时巨大的崩塌体堵塞河谷，在崩塌处上游易形成堰塞湖，而崩塌处的河流则形成一个具有瀑布状的峡谷，若崩塌体部分进入河谷挤压河道，则流水出现异常水花。

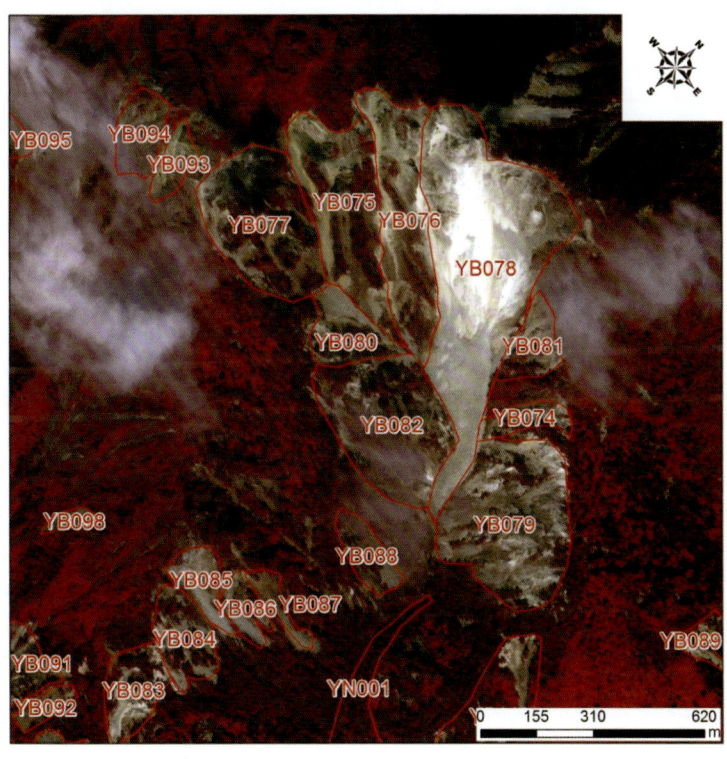

图 3-4　研究区典型崩塌卫星影像图

3）泥石流的判释

泥石流在高分辨率卫星影像或航片上极易辨别。通常标准的泥石流沟可以看到三个区的情况，判释时主要从三个形成条件入手，对三个区进行分区判释，其判释特征一般具有以下特点：

（1）形成区：在遥感影像上，泥石流的形成区一般呈瓢形、栎叶形、桃叶形或斗状圈谷，岩石风化严重，谷坡上有大量松散固体物质，崩塌、滑坡和岩堆等现象发育，影像纹理粗糙，植被覆盖较差，可见斑状或片状植被破坏区，坡度较陡，谷坡两侧阴影色调反差明显。

（2）流通区：在卫星影像上，泥石流的流通区常呈瓶颈状或喇叭状，谷坡陡，沟床纵比降大，有时可见到陡坎或台阶。在影像图上可以看到流通区沟道在色调上跟两岸明显不同，一般呈灰白色、灰黑色或者红褐色，主要取决于泥石流流体的颜色。

（3）堆积区：多位于沟口，纵坡平缓，堆积扇多呈扇形或锥形，新近发生的泥石流这种形状更加明显；如果有多期的泥石流活动，可见后期的泥石流堆积于老泥石流堆积扇上；色调上呈浅色调，纹理细腻，河流在此处多弯曲通过。一些老堆积扇上，可见到房屋、小路和开垦的农田。如图 3-5。

图 3-5　研究区典型泥石流堆积区卫星影像图

4）堆积体的判释

堆积体是斜坡松散砂石和土体在重力作用与水力作用下不间断地堆积于坡脚的一种地质现象。堆积体一般整体较稳定，但如果遭受人为活动影响，如坡脚开挖等，则容易引发堆积体变形失稳。总的来说主要从色调、发育位置、纹理等方面进行判释。如图 3-6。

（1）色调特征：堆积体在遥感影像上，因遥感影像类型不同，所呈现的颜色具有较大差异，尚在发展或形成不久的堆积体，影像上呈浅色调；趋于稳定的堆积体，其色调相对灰暗一些，但整体上仍以浅色调为主。

（2）发育位置特征：溜砂坡一般发育在陡峻的山坡地段，上陡下缓，在谷底或斜坡平缓地段，有时出现巨大的石块影像。

（3）纹理特征：堆积体上部表面坎坷不平，具粗糙感，有时可出现巨大块石影像，有时可见到张节理形成的裂缝影像。堆积体下部一般纹理细腻。

（4）堆积体轮廓线明显，一般呈现三角状。

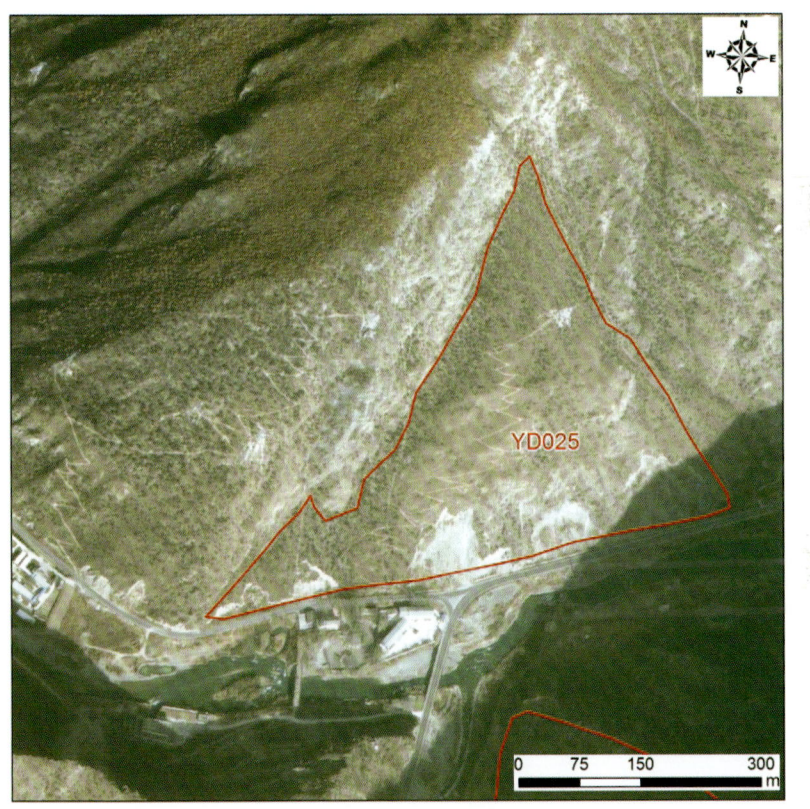

图 3-6　研究区典型堆积体卫星影像图

3.2.2　基于卫星 InSAR 技术的地质灾害隐患普查

九寨沟地质环境复杂，构造活动频繁，传统的基于人工调查的地质灾害隐患排查方法工作强度大，效率低，需要发展新技术方法以应对复杂山区隐蔽性地质灾害隐患的早期识别。基于 InSAR 技术的滑坡地灾普查，具有全球覆盖、工作效率高、成本低等优点，InSAR 所具有的大范围连续跟踪微小形变的特性，使其成为地质灾害隐患早期识别和监测的全新技术与重要手段。协同获取多平台、多轨道、多角度星载雷达观测数据，采用常规的差分干涉测量技术（DInSAR）和 Stacking InSAR 技术，开展大范围地灾隐患应急响应的快速普查，筛查地灾隐患重点区。

1. 基于常规 DInSAR 技术的地质灾害隐患快速普查方法

InSAR 技术主要由合成孔径雷达（Synthetic Aperture Radar，SAR）系统和干涉（Interferometry）方法两部分组成。SAR 系统是一种主动式的微波成像系统，可以在一个二维平面内记录观测对象的复数信号，并且通常由幅度和相位来表达。幅度反映的是地球表面的电磁特性，而相位则可以用来量测观测目标和传感器之间的距离，但是需要对两幅 SAR 影像进行干涉处理。对于大范围的地质灾害隐患普查，关键在于高效准确地探测识别隐患，常规的 DInSAR 技术可以捕获两景雷达影像覆盖期间地质灾害隐患体表面的微小形变信息，且相对时间序列 InSAR 技术更加高效简单，适合开展大范围的地质灾害隐患早期识别与探测。

基于常规 DInSAR 技术识别和探测地质灾害隐患，主要是利用 DInSAR 技术可以捕获地质灾害隐患在雷达视线（Line of Sight，LOS）方向上的微小形变信号这一特点，进行快速的大范围隐患探测。在重轨 InSAR 系统中，假设获取同一地区的两幅 SAR 单视复数影像，由于重复轨道观测获取的两幅影像的成像几何相似，因此可以通过配准重采样并共轭相乘形成干涉图。这幅干涉图是地面上所有观测点的干涉相位测量值的集合，其中每个干涉相位包含这个点相对于参考点的高程信息和地表形变信息。然而在实际应用中，两幅 SAR 影像观测获取时在空间和时间上的环境条件差异会对干涉相位产生一定影响，并导致对测量地表高程或者形变有用的干涉相位被干扰甚至掩盖。因此，对任意一个干涉像元而言，其干涉相位可以写成如下公式的形式：

$$\Delta\varphi_{\text{int}} = \left(-\frac{4\pi}{\lambda}\right)\cdot B_{\parallel} + \left(-\frac{4\pi}{\lambda}\right)\cdot\frac{B_{\perp}h}{R_0\sin\theta} + \left(-\frac{4\pi}{\lambda}\right)\cdot d_{\text{los}} + \Delta\varphi_{\text{atmo}} + \Delta\varphi_{\text{noise}} + 2\pi k$$

式中：R_0 表示雷达传感器与观测点之间的距离；λ 表示雷达波长；θ 表示该点目标的局部雷达入射角；$B_{\parallel}$ 与 $B_{\perp}$ 则分别表示两幅 SAR 影像获取时传感器空间位置之间的距离 B 的平行和垂直分量，一般称之为平行基线和垂直基线。

上式右边的第一项代表的是干涉相位中的平地相位分量，它是由 SAR 影像对之间的相对基线引起的，在不考虑地形起伏的情况下，与像素的位置呈一个系统性的函数关系。第二项代表的是干涉相位中的地形相位分量，其中 h 为该观测点对应的高程。第三项代表的是形变引起的干涉相位分量，d_{los} 为在 SAR 影像对的获取时间间隔内观测目标在 LOS 方向上的形变量，其中正值代表这个观测点相对于参考点沿着朝向传感器的方向运动，而负值则代表这个观测点相对于参考点沿着远离传感器的方向运动。除此之外，上式右边还包括 $\Delta\varphi_{\text{atmo}}$ 与 $\Delta\varphi_{\text{noise}}$ 两项，分别代表干涉相位中的大气相关分量和噪声相位，最后一项则代表的是干涉相位的缠绕部分，其中 k 为整周模糊度。

由干涉相位表达公式可知，对于以形变监测为目的的 DInSAR 技术而言，即如何准确提取由地表形变 d_{los} 造成的形变分量并去除或提前结算出其他分量。星载 SAR 系统在运行过程中一般会提供其轨道信息，可以获取其两幅 SAR 影像成像瞬间的轨道位置，从而计算出干涉图的基线 B，在已知目标高程信息 h 时，干涉相位 $\Delta\varphi_{\text{int}}$ 中的平地相位分量和地形相位分量可以被很好地估计并从干涉相位中剔除。噪声分量 $\Delta\varphi_{\text{noise}}$ 可以通过各种滤波方法和多视操作来抑制，尽可能削弱噪声的影响，大气相位分量 $\Delta\varphi_{\text{atmo}}$ 可以通过外部大气数据计算，或者根据大气延迟的时空特点进行抑制消除。而整周模糊度 k 也可以利用目前发展的二维空间解缠方法进行估计。通过上述一系列操作，就可以很好地从干涉相位 $\Delta\varphi_{\text{int}}$ 中解算出地表形变 d_{los}，从而进一步利用地质灾害隐患表现出的形变信号识别隐患。图 3-7 为 DInSAR 技术的基本流程。

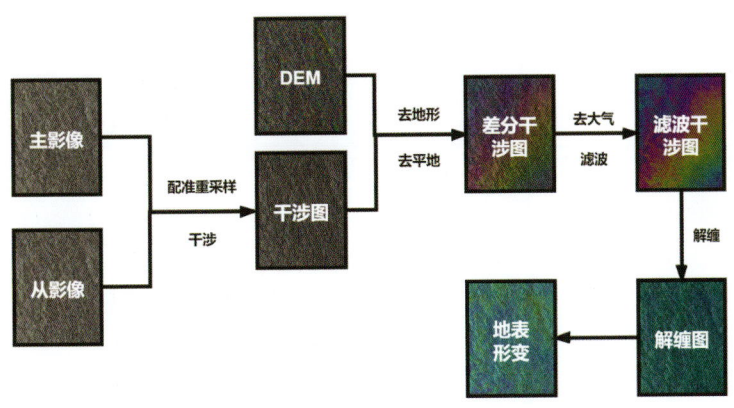

图 3-7　DInSAR 获取地表形变流程图

常规 DInSAR 技术相比于人工隐患排查方法，其优点显而易见，DInSAR 技术不仅可以进行大范围普查，且工作效率高、成本低等，但其本身仍存在一定的局限性。常规 DInSAR 技术在实际应用中会受到大气延迟、时空失相干和 DEM 误差等各种因素的制约，在一定程度上影响最终的形变测量结果精度，并在低相干区域一定程度上影响普查结果。

2．基于 Stacking InSAR 技术的地质灾害隐患快速普查方法

干涉图叠加（Stacking InSAR）方法在常规 DInSAR 技术上发展而来，通过多幅差分干涉图的线性叠加，达到提高形变信息对大气扰动的相对精度目的的一种方法。这种方法同样不需要大量的复杂计算，可以相对快速高效地获取地表的形变信息，探测地质灾害隐患造成的地表微小形变，从而对大范围地区的地质灾害隐患进行识别。

Stacking InSAR 技术的基本假设前提是，大气扰动相位在时间上是随机的，而地表形变信号在时间上是相关的且可以近似看作线性变化。通过叠加不同时间的多幅差分干涉图对应的解缠相位，可以抑制大气扰动相位，从而提高形变相位的测量准确性。假设有 N 幅干涉对进行叠加解算，将两次成像时间间隔的平方设为权因子，单幅干涉图相位变化速率的标准差与成像时间间隔成反比，即：

$$\text{std}(V_j) = \text{std}(\varphi_j)/\Delta t_j$$

式中：$\text{std}(V_j)$ 为单幅差分干涉图相位变化速率标准差；V_j 为解缠后第 j 个干涉对的相位变化速率；φ_j 为第 j 个干涉对的解缠相位值；Δt_j 为第 j 个干涉对的成像时间间隔。

由上式可知随着影像获取时间间隔 Δt_j 的增加，相位变化速率标准差 $std(V_j)$ 逐渐减小，即相位稳定性逐渐增加。通过对差分干涉图叠加而获取的相应平均相位变化速率为：

$$V = \sum_{i=1}^{N} \Delta T_i^2 \cdot ph_i / \sum_{i=1}^{N} \Delta T_i^2$$

其中 ph_i 表示第 i 个差分干涉图的解缠相位，ΔT_i^2 表示第 i 个差分干涉图的权，则相位变化速度的标准差为：

$$std(V) = \operatorname{sqrt}\left(\frac{1}{N} \cdot \sum_{i=1}^{N} \Delta T_i^4 \cdot \frac{\left(\frac{ph}{\Delta T} - V\right)^2}{\sum_{i=1}^{N} \Delta T_i^4}\right)$$

相位的标准差为：

$$std(ph) = \operatorname{sqrt}\left(\frac{1}{N} \cdot \sum_{i=1}^{N} (ph_i - V \cdot \Delta T_i^2)^2\right)$$

Stacking InSAR 技术是在常规 DInSAR 技术得到差分干涉图的基础上进行的，其具体流程如图 3-8 所示，通过多个时间序列上的干涉图叠加，在一定程度上抑制了大气扰动相位，有助于提高地表形变测量的准确性，进而提高地质灾害隐患大范围普查的准确性。Stacking InSAR 技术无需大量的复杂计算，相较常规 DInSAR 技术具有更高的测量精度，同时兼具高效快速的特点，因此同样适合用于初步的区域隐患普查。

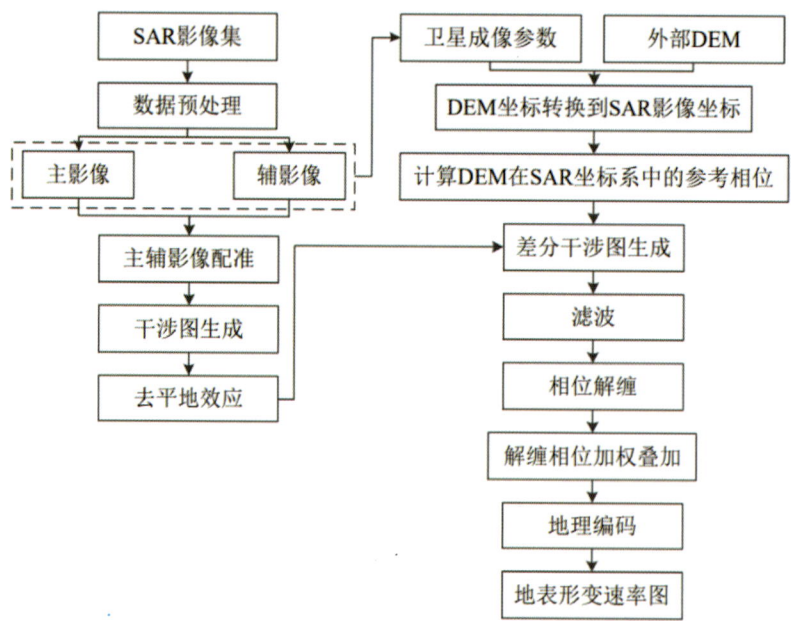

图 3-8　Stacking InSAR 处理流程

3. 基于时间序列 InSAR 技术的地表形变提取方法

常规 DInSAR 与 Stacking InSAR 技术适用于开展大范围地灾隐患应急响应的快速普查，其无法获取目标区域沿时间维的详细演化情况，且应用效果仍然受到时空去相干、大气延迟等影响，无法对隐患表面形变进行高精度的测量。时间序列 InSAR 技术是在 DInSAR 基础上进一步发展而来，突破了 DInSAR 面临的时空去相干等瓶颈问题，可获得厘米甚至毫米级精度的时间序列形变信息。时间序列 InSAR 技术利用重复轨道观测获取的同一区域多幅 SAR 影像，对时间序列上相对稳定的目标进行精确分析，通过数据处理方法抑制消除大气延迟和时空失相干等影响，进而有效提高 InSAR 测量精度。

如上节所述，常规 DInSAR 技术受失相干、DEM 误差、轨道误差和大气延迟等影响，为了将形变相位 φ_{defo} 从上述综合成分中准确提取出来，近年来发展了一系列基于目标分析的时间序列 InSAR 技术，这些方法在选点策略、解算模型上虽然存在一定差异，但它们的基本思路是一致的：利用覆盖同一地区的多景 SAR 影像，通过统计方法分析这些时间序列 SAR 影像上幅度和相位的稳定性，探测受空间和时间去相干影响小的象元，对这些象元的相位成分进行联合建模并逐一分离，以此达到高精度获取地表形变信息的目的。时间序列 InSAR 技术最具代表性的为永久散射体干涉测量技术（Persistent Scatter Interferometry，PSI）与小基线集技术（Small Baseline Subsets InSAR，SBAS），其中：永久散射体（Persistent Scatter，PS）主要存在于城市区域，如建筑物、桥梁等，在山区等自然场景较为少见，因此 PSI 技术在城市应用更为广泛；SBAS 技术主要是针对分布式散射体（Distributed Scatterers，DS）提出的一种数据处理方法，分布式散射体广泛存在于自然场景中，如裸地、草地等。由于地质灾害隐患主要位于山区，因此主要以分布式散射体为主，下面主要介绍以 Hooper 等人提出的 StaMPS 算法应用于斜坡表面形变高精度提取方法。

设有 M 幅 SAR 影像，假设通过设置合适的时空基线获取 N 对干涉对，然后采用幅度离差法筛选出 SDFPc（Slowly-Decorrelating Filtered Phase candidate），其去除地平相位、地形相位之后的第 i 幅干涉图上第 x 个 SDFPc 的干涉相位 $\varphi_{x,i}$ 可以表示为：

$$\varphi_{x,i} = W\{\varphi_{D,x,i} + \varphi_{A,x,i} + \Delta\varphi_{S,x,i} + \Delta\varphi_{\theta,x,i} + \varphi_{N,x,i}\}$$

式中：$\varphi_{D,x,i}$ 为地表形变相位，$\varphi_{A,x,i}$ 是大气相位，$\varphi_{S,x,i}$ 代表轨道误差相位，这三者具有较强的空间相关性；$\Delta\varphi_{\theta,x,i}$ 是由地形误差及强散射点与像元中心不一致引起的视角误差相位，具有部分空间相关性；$\varphi_{N,x,i}$ 为噪声相位，在时间和空间上随机分布。$W\{\}$ 为缠绕运算。

根据上式相位的组成，空间相关相位 $\tilde{\varphi}_{x,i}$ 可以通过自适应带通滤波器进行估计并去除：

$$W\{\varphi_{x,i} - \tilde{\varphi}_{x,i}\} = w\{\Delta\varphi_{\theta,x,i}^u + \varphi_{N,x,i}^u + \varphi_{D,x,i}^u + \varphi_{A,x,i}^u + \Delta\varphi_{S,x,i}^u\}$$
$$= w\{\Delta\varphi_{\theta,x,i}^u + \varphi_{N,x,i}^u + \delta_{x,i}\}$$

式中，u 上标表示空间非相关。因为形变相位、大气相位与轨道误差相位具有较强的空间相关性，因此 δ 值很小，且空间非相关的视角误差 $\Delta\phi^u_{\theta,x,i}$ 与垂直基线 $B_{\perp,x,i}$ 相关，即：

$$\Delta\phi^u_{\theta,x,i} = \frac{4\pi}{\lambda} B_{\perp,x,i} \Delta\theta^u_x$$

因此可以构建时态相干因子 γ_x：

$$\gamma_x = \frac{1}{N}\left|\sum_{i=1}^{N}\exp\{j(\phi^u_{N,x,i}+\delta_{x,i})\}\right| = \frac{1}{N}\left|\sum_{i=1}^{N}\exp\{j(\varphi_{x,i}-\tilde{\varphi}_{x,i}-\Delta\phi^u_{\theta,x,i})\}\right|$$

由于 δ 值很小，所以 γ_x 可以反映 SDFPc 受噪声影响程度，γ_x 值越大表明 SDFPc 的相干质量越高。在初选 SDFPc 的基础上利用 γ_x 精化 SDFPc，选取出最终的 SDFPc。

估计出 $\Delta\phi^u_{\theta,x,i}$ 并将其去除后，采用时空三维相位解缠算法进行相位解缠，并采用最小二乘算法将解缠相位由多主影像转为单主影像，即：

$$\phi_{x,i} = \phi_{D,x,i} + \phi_{A,x,i} + \Delta\phi_{S,x,i} + \Delta\phi^c_{\theta,x,i} + \Delta\phi_{N,x,i} + 2k_{x,i}\pi$$

主影像对 $(\phi_{A,x,i}+\Delta\phi_{S,x,i})$ 的贡献在多有干涉对上表现为一常数 $(\phi^m_{A,x}+\Delta\phi^m_{S,x})$，辅影像的贡献 $(\phi^s_{A,x,i}+\Delta\phi^s_{S,x,i})$ 在时间上随机分布，且均值为 0。将形变相位 $\phi_{D,x,i}$ 看作有线性形变与非线性形变组成，并且以线性形变为主，则上式可以转化为如下表达式：

$$\phi_{x,i} = (\phi^m_{A,x}+\Delta\phi^m_{S,x}) + \frac{4\pi}{\lambda} B_{\perp,x,i}\Delta\theta^u_x + v_x \cdot t_i + \Delta\varphi_{res,x,i}$$

其中 v_x 和 t_i 分别表示线性形变速率以及干涉对的时间基线，且

$$\Delta\varphi_{res,x,i} = \Delta\phi_{N,x,i} - (\phi^s_{A,x,i}+\Delta\phi^s_{S,x,i}) + \phi^{nl}_{D,x,i}$$

通过最小二乘算法解算出 $(\phi^m_{A,x}+\Delta\phi^m_{S,x})$ 与非线性形变相位 $\phi^{nl}_{D,x,i}$，并从上式中去除然后构建三角网络，相邻的两个 SDFP 相位做差可得：

$$\Delta^{x_2}_{x_1}[\phi_{x,i}-(\phi^m_{A,x}+\Delta\phi^m_{S,x})-\Delta\phi^c_{\theta,x,i}] = \Delta^{x_2}_{x_1}\phi_{D,x,i} + \Delta^{x_2}_{x_1}\Delta\phi_{N,x,i} - \Delta^{x_2}_{x_1}(\phi^s_{A,x,i}+\Delta\phi^s_{S,x,i})$$

式中：

（1）$\Delta^{x_2}_{x_1}\phi_{D,x,i}$ 具有较强的时间相关性，$\Delta^{x_2}_{x_1}\Delta\phi_{N,x,i} - \Delta^{x_2}_{x_1}(\phi^s_{A,x,i}+\Delta\phi^s_{S,x,i})$ 在时间域上则不相关。

（2）$\Delta^{x_2}_{x_1}(\phi^s_{A,x,i}+\Delta\phi^s_{S,x,i})$ 在一定的空间距离内具有较强的空间相关性，$\Delta^{x_2}_{x_1}\Delta\phi_{N,x,i}$ 表现为随机噪声。

根据上述特性，可以通过时间上、空间上的滤波分离 $\Delta^{x_2}_{x_1}\phi_{D,x,i}$ 和 $\Delta^{x_2}_{x_1}(\phi^s_{A,x,i}+\Delta\phi^s_{S,x,i})$，最后反向积分求取每个 SDFP 的 $\phi_{D,x,i}$ 与 $(\phi^s_{A,x,i}+\Delta\phi^s_{S,x,i})$，从而获得该 SDFP 的精确形变序列。

时间序列 InSAR 技术可以在一定程度上克服 DInSAR 技术的缺陷，提高形变测

量精度，并且可以获得地质灾害隐患的详细时空演化特征。在地质灾害隐患监测与预警中，地表形变量比深部位移量获取相对更为简便，又可直接反映隐患体的状态，因此在实际应用中广泛利用形变监测来评估隐患体的安全状况。利用时间序列 InSAR 技术对地质灾害隐患形变进行持续性的监测，可以客观真实地记录坡体变形的演变过程，对了解掌握坡体的现状以及准确预测坡体形变的发展趋势具有重要意义。

4. 基于联合对流层大气延迟改正方法的高精度时间序列 InSAR 技术

时间序列 InSAR 技术在缓慢形变滑坡监测方面具有较大的优势，但是，对流层大气延迟相位会干扰形变信息的准确提取。特别是在高山峡谷地区，地形陡峭，与地形相关的垂直分层大气延迟表现出季节性波动趋势。如上节所述，常规时间序列 InSAR 技术可以有效去除随机分布的湍流混合延迟，但是无法消除垂直分层延迟。在常规时间序列 InSAR 技术基础上，加入垂直分层大气延迟改正模块，该模块联合数值气象模型、经验模型和迭代线性估计模型，以进一步改善数据序列 InSAR 数据解译精度。

1) 经验模型

经验法利用干涉图中大气延迟相位的时空分布特性，通过建立相位-高程模型来反演对流层延迟相位。最简单常用的是线性相位-高程模型：

$$\Delta\phi_{\text{topo}} = K_{\Delta\phi}h + \Delta\phi_0$$

式中：h 为高程；$K_{\Delta\phi}$ 为转换系数；$\Delta\phi_0$ 为全局常熟偏移项，可以忽略。为了避免形变信号的干扰，一般选取非形变局部区域来求解上述线性模型，然后用于改正整个区域的大气延迟相位。该线性相位-高程模型有两个缺点：

第一，必须事先知道非形变区域，为了解决这个问题，Lin 等提出了高斯带通滤波器将差分干涉相位和地形分解为空间多个尺度，再求解线性相位-高程模型。尽管该方法可有效地排除形变信号的影响，但是带通尺度选择非常关键，不恰当的选择可能会导致完全错误的估计。

第二，忽略了对流层延迟的空间变化。幅宽上百千米的干涉图通常会跨越不同气候区域，仅采用单一转换系数是不合理的。因此，Bekaert 等人提出了一种新的对流层大气改正方法：幂律模型。该方法采用多窗口策略将干涉图划分为多个重叠区域，以顾及相位-高程关系的空间变化。同时，使用了更加准确的幂律相位-高程模型，其表达式为：

$$\Delta\phi_{\text{topo}} = K'_{\Delta\phi}(h_0 - h)^\alpha + \Delta\phi_0, \text{ for } h < h_0$$

式中：$K'_{\Delta\phi}$ 为转换系数；α 为幂律指数，可由研究区域的探空气球数据或者气象再分析资料求得；h 为研究区域表面高程；h_0 为参考高程，且大于参考高程的气象参数变化可以忽略不计；$\Delta\phi_0$ 为常数偏移相位。该方法也采用了带通滤波方法来消除形变区域影响。

2）基于数值大气模型的改正方法

基于数值大气模型的改正方法是利用全球气象再分析资料，包括温度、气压、湿度、位势等信息，计算 SAR 影像采集时刻的大气延迟量。由于气象再分析资料的持续发展和全球覆盖，基于数值大气模型的对流层延迟改正受到了广泛关注。用欧洲中期天气预报中心 ECMWF 提供的气象再分析资料，具体有 TRAIN/ERA-I 和 GACOS 两种实现形式：

（a）TRAIN/ERA-I：TRAIN（Toolbox for Reducing Atmospheric InSAR Noise）由英国利兹大学 David Bekaert 博士开发的大气延迟改正 Matlab 开源工具包，包括多种对流层延迟改正方法，且与 StaMPS 软件兼容，详细介绍可参考软件开发者 David Bekaert 个人主页。使用 TRAIN 软件中由 ERAInterim 产品计算出的静力学延迟、湿延迟和总延迟。TRAIN 采用垂直方向样条插值和水平方向双线性插值将格网点上的大气延迟插值到每个 SDFP 点。

（b）GACOS（Generic Atmospheric Correction Online Service for InSAR）是由英国纽卡斯尔大学李振洪教授团队提供的在线大气延迟改正服务，只需要提交研究区域范围及 SAR 影像采集时刻即可获得对流层大气绝对延迟量。GACOS 采用 ITD（Iterative Tropospheric Decomposition）模型从对流层延迟中分离垂直分层和湍流混合延迟，并插值到 DEM 格网点（Yu, et al., 2017）。不同于 TRAIN/ERA-I，GACOS 采用了高分辨率近实时的 ECMWF 气象模型产品（HRES-ECMWF），空间分辨率为 $0.125°\times 0.125°$（约 16 km）。

3）迭代线性估计模型

针对单体隐患小范围形变提取，为了避免形变 SDFP 点对模型解算的影响，提出垂直分层延迟迭代线性相位-高程关系模型分离对流层分层延迟。迭代线性模型的核心思想是：提出存在形变的 SDFP 点，保留非形变 SDFP 点来解算经验线性模型。具体迭代流程如下：

（a）从所有 SDFP 点的解缠相位中减去垂直分层延迟相位 $\Delta\phi_{topo}$，计算临时线性形变速率 V。

（b）基于某一形变速率阈值 σ_v 筛选非形变 SDFP 点。

（c）适用（b）中非形变 SDFP 点求解线性相位-高程关系模型参数 $K_{\Delta\phi}$。

（d）计算所有 SDFP 点垂直分层延迟相位 $\Delta\phi_{topo}$。

（e）重复（a）~（d）直至迭代收敛，收敛条件为相邻两次迭代计算的延迟相位之差的均方根误差 δ_{RMS} 小于某个非常小的正数 ε，即 $\delta_{RMS}<\varepsilon$，ε 通常设置为 0.1 弧度。

第一次迭代计算时，所有 SDFP 点的垂直分层延迟相位设为零，形变速率阈值 σ_v 的选择取决于雷达波长、研究区域和数据噪声等。

最后，采用 StaMPS 中的 SBAS 算法作为基础，将该联合对流层大气延迟改正方法与 StaMPS 算法进行融合，在提取形变速率和形变时间序列前，加入该联合垂直分层延迟改正模块,其具体流程如图 3-9 所示。

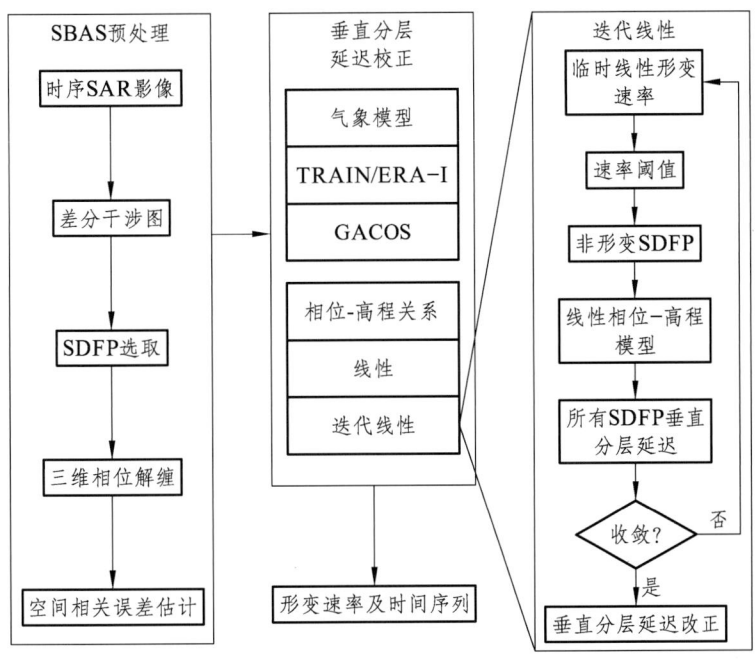

图 3-9　集成垂直分层延迟改正时间序列 InSAR 分析方法

3.2.3　基于光学遥感和 InSAR 技术的地质灾害隐患普查结果

1．基于光学遥感的地质灾害隐患普查结果

研究团队对九寨沟震后灾害进行持续追踪,通过收集到的遥感影像,开展了震后多期遥感影像解译工作。共解译了自 2017 年 12 月至 2019 年 10 月 7 期遥感数据,解译震后研究区内发生的地质灾害共 489 处,灾害总面积约为 2.62 km^2,震后灾害主要以中—小型浅层滑坡、崩塌为主(详见第 5 章)。

2．基于 InSAR 技术的地质灾害隐患普查结果

研究团队利用 InSAR 技术对九寨沟地区开展潜在滑坡隐患早期识别与探测研究,通过常规差分干涉测量 DInSAR 技术处理分析 6 景 ALOS-2 PALSAR-2 升轨数据,对研究区域进行了灾害隐患快速普查;然后,利用时间序列 InSAR 技术处理震前和震后 Sentinel-1 升降轨数据和 ALOS-1 PALSAR-1 数据,对重点区域进行精细详查分析。

1)九寨沟震后滑坡灾害隐患分布概况

通过联合常规 DInSAR 技术快速普查和时序 InSAR 技术精细详查的滑坡隐患识别策略,本书在九寨沟地区总计探测识别到 16 处滑坡隐患,对该 16 处滑坡进行编号 L1 至 L16,其具体位置分布如图 3-10 所示。表 3-1 列出了各滑坡隐患的相关特征信息。

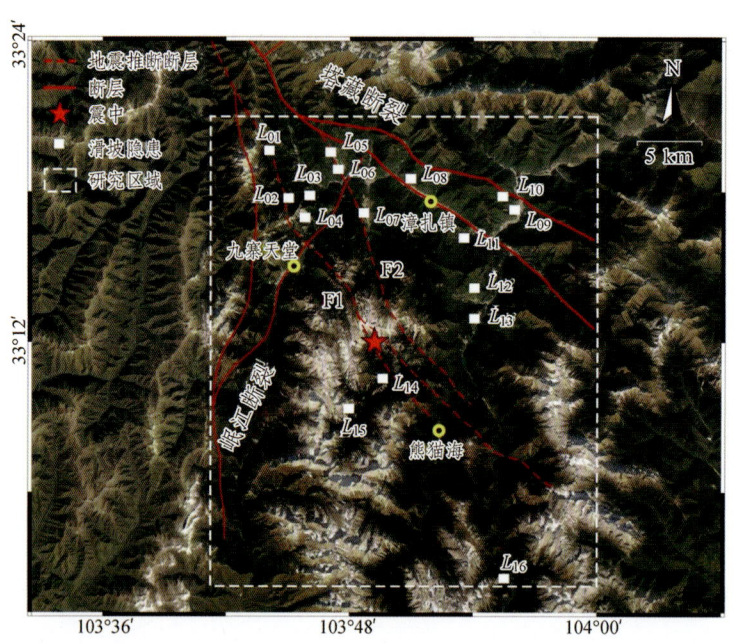

图 3-10 九寨沟震后滑坡分布图（红色五角星表示震中，白色方形表示滑坡隐患）

表 3-1 九寨沟震后滑坡基本特征属性表

编号	滑坡名称	位置	面积/km²	高程/m	距震中距离/km	滑动方向	最大探测速度/(cm/a)
L_{01}	杀务1号滑坡	103°44′9.22″ 33°19′37.56″	0.03	3 334	16.30	NW-SE	5.4（S-a）
L_{02}	杀务2号滑坡	103°44′54.01″ 33°17′49.83″	0.13	3 348	12.51	W-E	N/A
L_{03}	杀务3号滑坡	103°46′9.91″ 33°18′5.77″	0.13	2 643	12.24	W-E	N/A
L_{04}	如意坝滑坡	103°45′46.19″ 33°17′10.86″	0.17	3 237	10.73	NW-SE	5.9（S-a）
L_{05}	喇嘛岗滑坡	103°47′17.45″ 33°19′13.58″	0.03	2 481	13.89	NW-SE	4.1（S-a）
L_{06}	上四寨滑坡	103°47′31.56″ 33°18′42.36″	0.09	2 349	12.89	W-E	5.8（S-a）
L_{07}	中查沟滑坡	103°48′40.19″ 33°17′28.75″	0.96	2 492	10.24	W-E	10.4（S-a）
L_{08}	漳扎1号滑坡	103°50′54.55″ 33°18′27.76″	0.21	2 339	12.17	N-S	2.5（S-a）
L_{09}	隆康社区滑坡	103°56′1.99″ 33°17′20.15″	0.15	2 092	14.42	W-E	13.6（S-a）
L_{10}	丛牙村滑坡	103°55′48.59″ 33°17′57.94″	0.18	2 202	14.99	W-E	10.5（S-d）
L_{11}	漳扎2号滑坡	103°53′14.91″ 33°15′14.91″	0.91	2 487	9.92	SW-NE	5.6（S-d）
L_{12}	盘牙寨滑坡	103°53′55.72″ 33°14′9.80″	0.41	2 562	8.39	NW-SE	12.7（S-a）
L_{13}	芦苇海滑坡	103°54′5.68″ 33°12′55.60″	0.05	2 275	7.99	W-E	N/A
L_{14}	丹祖沟1号滑坡	103°49′38.11″ 33°10′33.18″	0.10	3 230	2.76	NW-SE	1.9（S-a）
L_{15}	丹祖沟2号滑坡	103°47′50.20″ 33°9′22.57″	0.16	3 777	5.31	W-E	5.1（S-a）
L_{16}	长海子滑坡	103°55′38.57″ 33°2′26.04″	0.07	3 272	20.32	W-E	N/A

从地理位置来看，滑坡隐患主要集中分布于漳扎镇周围，其中 8 处毗邻居民区，对当地人民群众生命财产安全构成直接威胁；5 处位于九寨沟景区重要景点，对自然景观恢复与重建具有重要影响；其中 5 处属于山体高位滑坡，主要是由于高位山体垮塌形成的沉积碎屑滑动。从滑动方向来看，主要为自西向东（9 处）或自西北向东南（5 处），只有 L13 滑坡位于北坡自北向南滑动，这一现象与吴玮莹等人的研究结论相符合，2017 年九寨沟地震属于右旋走滑地震，本研究探测识别到的滑坡隐患基本都位于向东运动的东北盘（L12 滑坡除外），受地震波传播方向的影响，东、东南向是地震滑坡较易发生的坡向。从滑坡后缘位置高程来看，主要分布在 2 200~2 600 m 这一区间，此外 5 处滑坡高程均超过 3 000 m。

为了验证 InSAR 技术识别潜在滑坡隐患的准确性与可靠性，对该地区进行了实地考察。结果表明，除几处滑坡隐患由于地处高位视线受阻或林木密布道路不通无法到达实地考察外，其余从 InSAR 处理结果识别出的潜在滑坡隐患均具有显著的空间分布特征，对于重点滑坡隐患如 L1、L4、L5、L6 等，均发现了明显的地面拉裂缝或错台等现象。通过实地考察核实，验证了本章联合采用常规 DInSAR 快速普查、时序 InSAR 精细详查的滑坡隐患识别策略的有效性与可靠性，表明了 InSAR 技术在大范围滑坡灾害隐患识别与监测中的应用潜力。

2）重点滑坡隐患时间序列 InSAR 分析解译

根据前文对九寨沟地区已探测的 16 处滑坡隐患分析，通过实地调查验证，进一步结合滑坡隐患的位置、地形、地质条件等因素，选取了其中潜在威胁较大的 3 处隐患作为重点进行详细分析。

（1）隆康社区滑坡与丛牙村滑坡

隆康九寨沟县漳扎镇隆康社区西面山坡上，301 省道经过该滑坡坡底，该滑坡直接威胁坡底隆康社区多处居民楼，距离九寨沟地震震中约 14.4 km。该滑坡的活动部分长约 0.7 km，覆盖面积约为 0.15 km²。该滑坡活动部分宽度从上往下逐渐减小，呈现为一梯形，滑动方向大约为从西往东滑动。滑坡表面高程一般为 1 990~2 260 m，滑坡整体坡度一般为 18°~28°。丛牙村滑坡于位于九寨沟县漳扎镇丛牙村，隆康滑坡以北约 1.2 km，301 省道西侧，滑坡底部为丛牙村，有多处居民楼位于坡底，距离九寨沟地震震中约为 15 km。该滑坡长约 0.8 km，覆盖面积 0.18 km²，其宽度从上往下表现为先增大再减小的趋势。该滑坡高程一般为 1 970~2 270 m，地形整体坡度一般为 16°~28°，自西向东滑动。隆康社区滑坡与丛牙村滑坡表面被茂密植被覆盖，主要是泥质堆积体，质地疏松。下面就两处滑坡利用时间序列 InSAR 技术具体分析其时空演化特征及九寨沟地震对两处滑坡运动特征的影响。

图 3-11 展示了隆康社区滑坡与丛牙村滑坡自九寨沟地震震前震后的年平均 LOS 向形变速率图，其中 Sentinel-1 升轨数据覆盖的时间为 2017 年 7 月 18 日至 2019 年 6 月 26 日，ALOS-1 PALSAR-1 升轨数据覆盖时间为 2007 年 1 月 16 日至 2011 年 3 月 14 日。由于该区域植被覆盖茂密，Sentinel-1 升轨数据仅能获得少量 SDFP 点，特别是丛牙村滑坡；降轨数据相干性相对较好，能够获得较多的有效测量点。如图 3-11 所

示,"8·8"九寨沟地震后隆康社区滑坡 Sentinel-1 降轨数据测量得到的最大 LOS 向形变速率约为 9.2 cm/a(升轨最大形变速率:-13.6 cm/a);Sentinel-1 降轨震前最大 LOS 向形变速率约为 5.7 cm/a(升轨最大形变速率:-5.6 cm/a)。丛牙村滑坡 Sentinel-1 降轨数据测量得到的最大 LOS 向形变速率约为 10.5 cm/a;Sentinel-1 降轨震前最大 LOS 向形变速率约为 4.8 cm/a。此外,根据 ALOS PALSAR 数据集时间序列 InSAR 分析表明:隆康社区滑坡在 2007 年至 2011 年期间已经处于活跃状态,最大形变速率约为 7 cm/a,说明隆康社区滑坡具有较长的活动历史且已经滑动数十年;而丛牙村滑坡在此期间处于稳定状态,其初始活动时间为 2011 年至 2014 年期间。

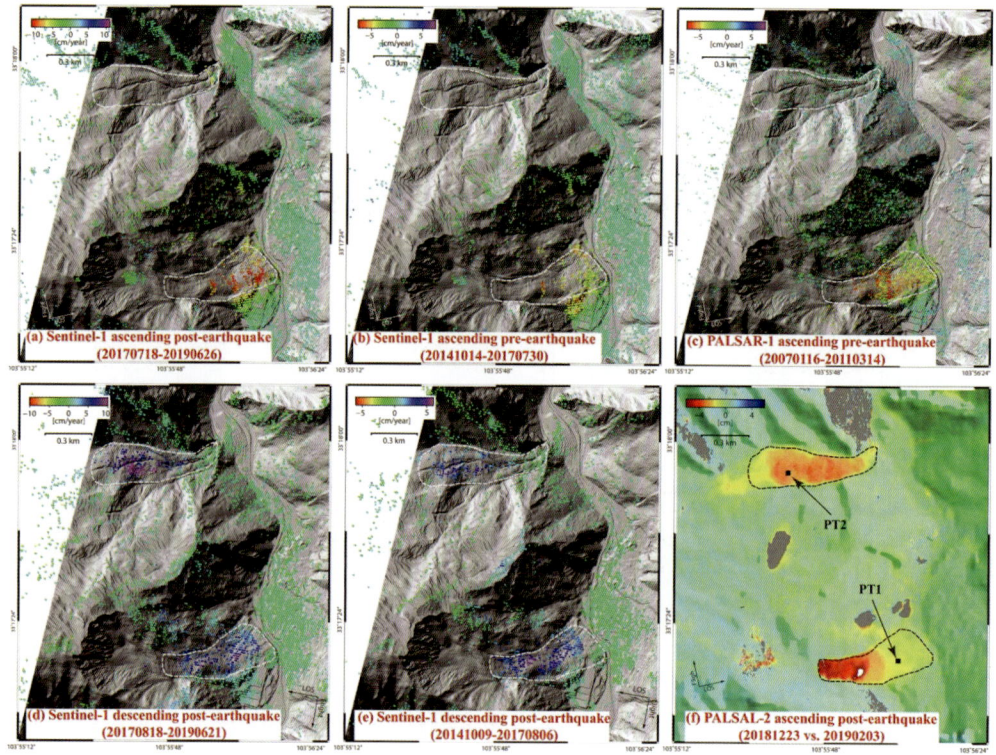

图 3-11　隆康社区滑坡与丛牙村滑坡震前震后年平均 LOS 向形变速率图
(a)、(b) Sentinel-1 升轨震前、震后形变速率分布图;(c) PALSAR-1 升轨震前形变速率分布图;(d)、(e) Sentinel-1 降轨震前、震后形变速率分布图;(f) PALSAR-2 震后 DInSAR 形变测量结果。

为了定量分析隆康社区滑坡与丛牙村滑坡震前震后的运动状态变化,从滑坡体上选取两点 PT1(隆康社区滑坡)和 PT2(丛牙村滑坡)获取其累积形变时间序列,如图 3-12 所示。结果表明隆康社区滑坡点 PT1 震前 Sentinel-1 降轨形变速率约为 3.1 cm/a (Sentinel-1 升轨:3.9 cm/a),震后 Sentinel-1 降轨形变速率约为 6.8 cm/a (Sentinel-1 升轨:3.9 cm/a)。这表明隆康社区滑坡在地震前后形变速率显著增加,该位置降轨震后形变速率与震前形变速率之比大约为 2.2,升轨震前震后速度之比约为 2.5。丛牙村滑坡点 PT2 在九寨沟地震前后同样有急剧增加现象,由震前约 3.6 cm/a 增长至震后约

8.7 cm/a，震后形变速率与震前形变速率之比约为 2.4，接近隆康社区滑坡 PT1 的震后震前速率之比，这表明 2017 年九寨沟地震对隆康社区滑坡和丛牙村滑坡具有相似的影响，因为这两处滑坡具有相似的地形坡度，与九寨沟震中距离同样接近。

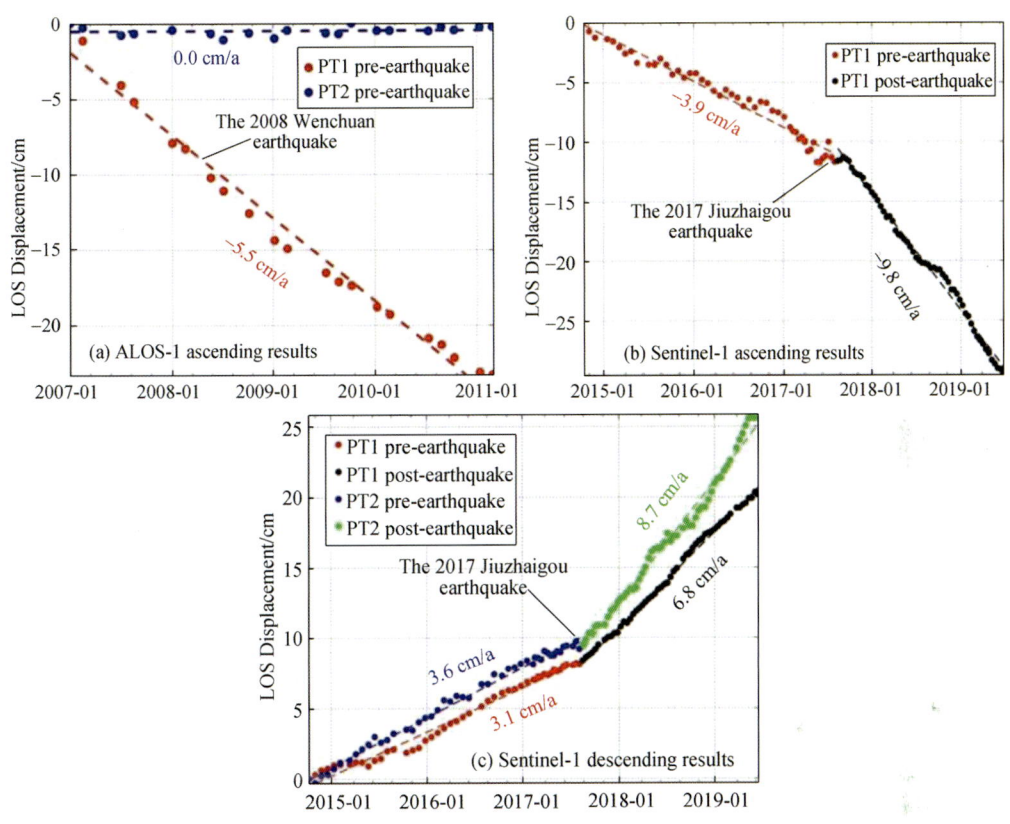

图 3-12　隆康社区滑坡（PT1）与丛牙村滑坡（PT2）震前震后 LOS 向累计形变时间序列图

注：红色和黑色圆点分别代表点 PT1 震前、震后 LOS 向累计形变序列；
蓝色和绿色圆点分别代表点 PT2 震前、震后 LOS 向累计形变序列。

如图 3-13（a）所示，隆康社区滑坡作为一个整体大型滑坡包含两部分：稳定部分（红色虚线）与活动部分。其中活动部分位于上方稳定部分的底部。根据时间序列 InSAR 分析表明隆康社区滑坡作为一个古滑坡，其稳定部分在过去数十年一直处于不活跃状态，而下方的部分则一直处于活跃状态。由于该滑坡表面被茂密植被覆盖，实地考察过程中并未发现该滑坡活跃部分的前缘迹象。然而 LiDAR 图像获取的高分辨率地形图显示在活跃部分与稳定部分交界处有一系列张性断裂［图 3-13（a）黑色方框］。此外，在丛牙村滑坡头部同样可以观察到一些张性裂缝，特别是在快速滑动的起源处。在滑坡中部分布有一系列台阶，图 3-13（b）展示了实地调查中拍摄的该滑坡台阶的照片。一条溪流纵向穿过丛牙村滑坡，常年伴随有地表径流，根据时间序列 InSAR 分析结果表明该滑坡初始滑动时期为 2011 年至 2014 年之间，但在这段时间该地区并未出现强烈的地震或明显的人类活动，因此我们推测降雨和地表径流可能是触发该滑坡的主要因素之一。

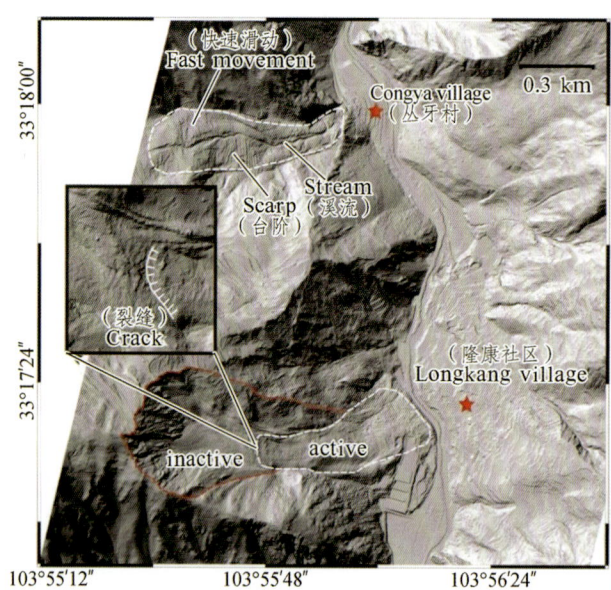

（b）丛牙村滑坡台阶实地考察照片

（a）隆康社区滑坡与丛牙村滑坡 LiDAR 地形图　　（c）隆康社区滑坡底部挡墙裂缝

图 3-13　隆康社区滑坡与丛牙村滑坡 LiDAR 与实地调查图

（2）盘牙寨滑坡

盘牙寨滑坡属于被九寨沟重新激活的古滑坡，该滑坡位于九寨沟地震震中东北方向约 8.4 km，滑坡长约 1.2 km，占地面积约为 0.41 km²。滑坡表面高程一般为 2 400 ~ 2 700 m，表面坡度一般为 15° ~ 20°。盘牙寨滑坡上部滑动方向为自西北向东南，从上往下滑坡滑动方向逐渐转化为自北向南。在该滑坡附近分布有两个村庄，其中盘牙寨位于滑坡体中部，荷叶村位于滑坡底部，这两个村庄受到该滑坡的直接威胁，特别是盘牙寨滑坡位于滑坡体中部滑动最快的部分。

图 3-14 展示了盘牙寨滑坡九寨沟地震前后年平均 LOS 向形变速率分布情况，根据滑坡速度的分布情况将该滑坡分为 A、B 两个部分。在滑坡头部由于茂密植被覆盖，相干性较差，无法获取足够的有效测量点，滑坡边界根据 ALOS-2 PALSAR-2 数据差分干涉结果确认。如图 3-15，时间序列 InSAR 分析表明盘牙寨滑坡在九寨沟地震发生以前，基本处于稳定状态，九寨沟地震后滑坡开始处于活跃状态，震后滑坡年平均 LOS 向形变速率最大处位于滑坡中部，Sentinel-1 降轨最大约 17 cm/a，滑坡速度从上方 A 部分到下方 B 部分显著减小，造成这一现象的原因主要有两个：一是滑坡自上往下滑动，驱动力逐渐减小，因此滑坡下部滑动速度减小；二是滑坡的滑动方向从上部的自西北向东南滑动变化到下部的自北向南滑动，而 InSAR 获取的形变为 LOS 向投影，与南北向夹角较小对南北向形变不敏感，因此 LOS 向速度减小。分别从滑坡上方 A 部分和下方 B 部分选取两点 PT1 与 PT2 分析其震前震后 LOS 向累积形变序列，结果表明在震前这两处位置形变量一直在 0 值附近波动，基本处于稳定状态，在九寨沟地

震后迅速出现滑动迹象，点 PT1 震后升轨 LOS 向年平均速率约为 12.7 cm/a，点 PT2 震后升轨 LOS 向年平均速率约为 3.1 cm/a，形变趋势都基本呈线性。

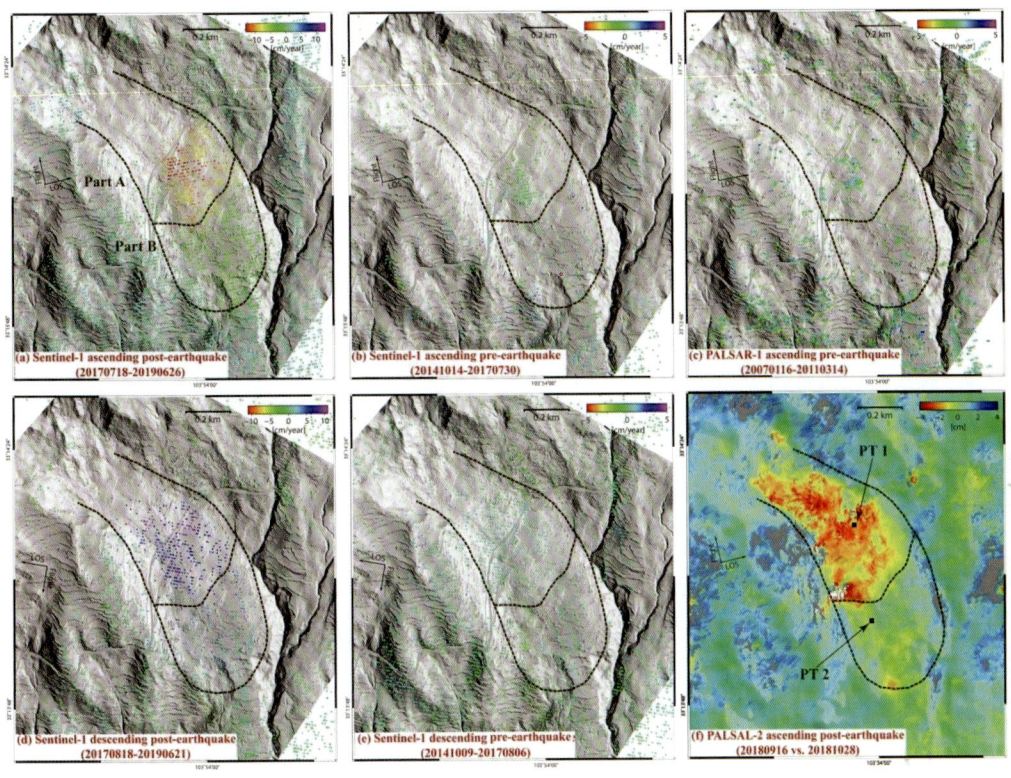

图 3-14　盘牙寨滑坡震前震后年平均 LOS 向形变速率图

（a）、（b）Sentinel-1 升轨震前、震后形变速率分布图；（c）PALSAR-1 升轨震前形变速率分布图；
（d）、（e）Sentinel-1 降轨震前、震后形变速率分布图；（f）PALSAR-2 震后 DInSAR 形变测量结果。

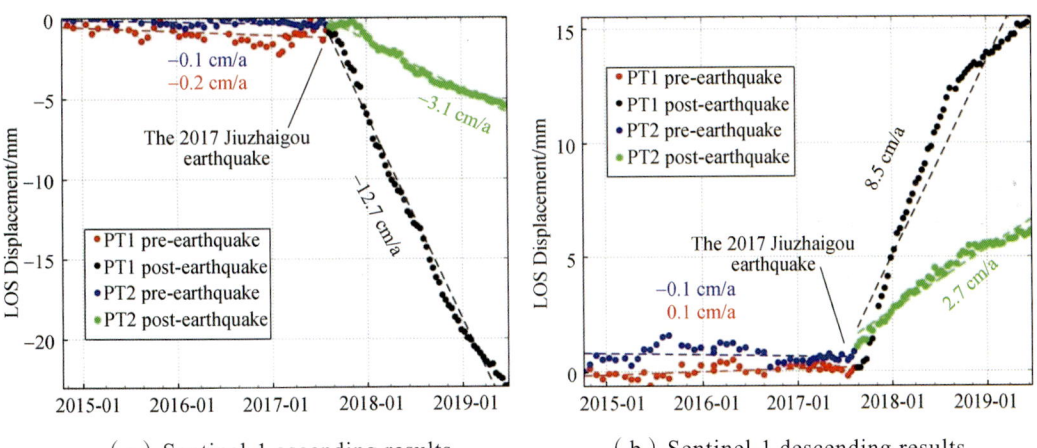

（a）Sentinel-1 ascending results　　　（b）Sentinel-1 descending results

图 3-15　盘牙寨滑坡中部（PT1）与下部（PT2）震前震后 LOS 向累积形变时间序列图
红色和黑色圆点分别代表点 PT1 震前、震后 LOS 向累计形变序列；
蓝色和绿色圆点分别代表点 PT2 震前、震后 LOS 向累计形变序列。

图 3-16 展示了盘牙寨滑坡 LiDAR 获取地形图和实地考察照片，从 LiDAR 地形图上并未发现明显的张性断裂，但实地考察过程中在滑坡顶部发现了大量张性断裂[图 3-16（b）]。在滑坡中间区域，在 LiDAR 地形图上和实地考察都发现有大量台阶。如前文所述，盘牙寨位于滑坡中间快速滑动区域，实地考察发现由于地震和滑坡威胁，大量当地居民已经搬离盘牙寨，但仍有部分村民留守。此外，我们发现一条近期修建的公路横穿该滑坡中段，并推测这条公路是造成该滑坡在 2018 年下半年出现明显减速[图 3-16（c）]的原因。这条公路经过加固重修并铺盖水泥路，一定程度上加固了该滑坡并造成了滑坡速度出现一个减速现象。

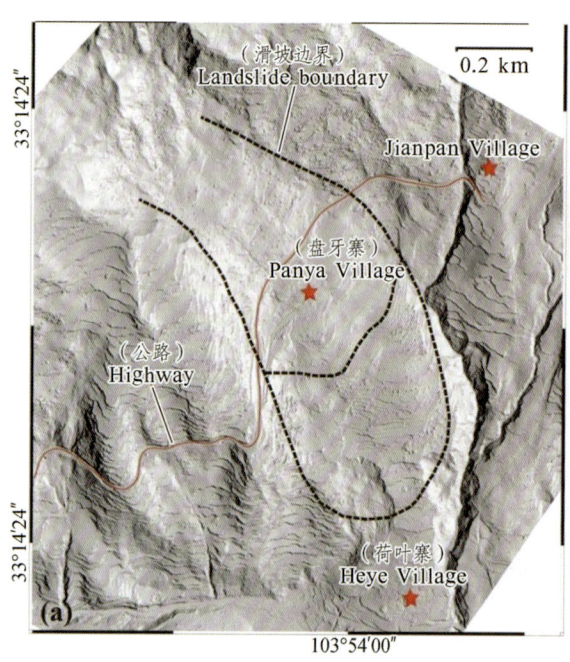

（a）LiDAR 获取地形图

（b）顶部张性断裂实地照片

（c）中部台阶实地考察照片

图 3-16　盘牙寨滑坡 LiDAR 与实地调查图

3.3　基于机载 LiDAR 技术的地质灾害详查

3.3.1　机载 LiDAR 识别解译基本方法

遥感解译从广义上讲，即运用远距离勘测和感应物体的技术手段获取地表物体在可见光波段范围内的地表三维空间信息，并对这些信息进行分析与研究，在不直接接触到物体的前提下，通过远距离的探测器来勘测、接收来自地表物体的信息，再通过对其进行信息的传输、处理分析，来揭示地物的特征性质与其变化规律的技术手段。遥感构建了一个从地到空的，通过对地的探测，亦即从远处的一定高度的平台上利用探测器，接收地表各类地物对被动能量如光或者主动能量如激光的反射信息，基于此，再对各类信息进行传输、处理以及判别分析，是一种对地球环境和资源进行勘测和监察的集成技术。从对信息的采集、处理到判别分析及应用，到对全球地表信息勘测与监察的多层次、多角度与多领域的探测系统，是提取地球环境和资源信息的主要技术手段。遥感解译不但需要按照这些信息本身的属性特征进行分析，而且需要按照系统间的相互联系从整体上的认知、系统的分析来做出解译判断。

机载 LiDAR 作业时可以同时同轴挂载光学相机，因而既能获取激光点云，又能获取光学影像，通过数据处理后可以得到测区高分辨率的 DOM、DSM、DEM。机载 LiDAR 数据能够获得测区地形信息，同时这种主动遥感技术能够在一定程度上穿过表面植被，获取真实地面信息；除了光谱特征外，机载 LiDAR 数据同光学影像数据一样具有几何纹理特征。遥感数据能够客观地记录地表地物的多种特征，其所记录的这些信息特征，是遥感数据判译的基础。遥感数据判译就是依据我们对客观事物所掌握的实践经验，通过各种手段和方法，对遥感数据反映的地面信息进行辨认，从而识别关注对象的内容及含义的过程。

遥感数据的地质判释是建立在地壳表面各种地质体具有不同特征的基础上的，如 LiDAR 数据的多回波特征、山地阴影特征和粗糙度特征，以及如光学影像的光谱特征和几何纹理特征。当我们运用地学原理对遥感图像上所记录的地质信息进行分析研究，从而识别各种地质体和地质现象的过程，即称之为遥感数据的地质判释。遥感地质解译与地面地质工作区别最大的是，遥感数据更能反映地表地质特征的全貌，对地质现象的判译更加全面，不受地面视角的限制，但同时已解译的相关信息仍需地面调查进行核对。具体而言，从数据源来讲，本次调查以 LiDAR 数据为主，光学影像为辅的多源遥感数据解译结合了光学反射的彩色波谱信息和激光反射的地形波谱信息，是对研究区各类地质信息更全面的展示；从解译方法上来讲，从 LiDAR 数据中可以得到无遮挡地面损伤情况，从光学影像的地物类别上可对这些损伤区域进行一定程度的验证；同时在对区域地质构造及长大泥石流灾害的解译时，卫星光学影像可对通过 LiDAR 数据解译的结果进行延展，提高无 LiDAR 数据区域的地质现象的判识准确度。

3.3.2 机载 LiDAR 识别解译程序及要求

1. 机载 LiDAR 识别程序概述

基于机载 LiDAR 数据（Point cloud、DSM、DEM、DOM）资料，结合区域地质、气象水文等资料，初步建立典型地质灾害解译标志，并对已有的各种资料进行分类整理和综合分析，在野外踏勘基础上修正解译标志，充分理解工作区地质、地理背景，建立工作区地质灾害解译标志卡片，开展地质灾害解译识别工作；地质灾害解译方法及程序，采用三维模型、二维影像相结合的遥感解译技术方法，基于地质灾害发育原理及特征进行地物识别及定性和空间分析，获取灾害及其发育地质环境信息。

基于团队自主研发的地质灾害解译软件 Geo-LiDAR360，将 DOM、山体阴影、区域地质图、已知灾害点坐标数据等各种数据进行坐标统一或坐标配准后输入软件平台，利用人机交互的方式在此三维环境中开展地质解译。为了图表的规范化，后期出图成图采用 ArcGIS 软件进行图件的绘制工作。

遥感解译是一个初步解译—野外验证—详细解译的综合、反复过程。室内解译工作以机载雷达数据，结合光学影像分析成果为依据。室内解译主要采用以目视解译为主，初步解译与详细解译相结合、室内解译与野外调查验证相结合的工作方法。解译时应采用从已知到未知、从区域到局部、从总体到个别、从定性到定量，按先易后难、循序渐进、不断反馈和逐步深化的方法进行工作。对于测区附近，机载 LiDAR 未能获取数据的范围，通过高精度卫星光学影像获取研究区总体地貌特征，尤其分析多时序卫星影像，搜索大范围区域可能存在的工程地质问题。

2. 地质灾害识别内容及精度

1）识别内容

包括：地质信息（岩层产状、地层分界线等）；地质构造（断层、断裂、褶皱等）；地质灾害（滑坡、崩塌、错落、危岩体、岩堆、岩屑坡、碎屑流、泥石流等）；其他潜在威胁对象。解译采用 1∶10 000 比例尺。

（1）地质构造判译

区内明显地质构造的走向等。

（2）地质灾害隐患判译

① 滑　坡

滑坡体所处位置、地貌部位、前后缘高程、沟谷发育状况、植被发育状况等；滑坡体范围、形态、坡度、总体滑动方向，滑坡与重要建筑物的关系及影响程度等。

② 崩　塌

崩塌所处位置、形态、分布高程；崩塌堆积体的面积、坡度、崩塌方向、崩塌堆积体植被类型。

③ 泥石流

泥石流流域的边界、面积、形态、主沟长度、主沟纵降比、坡度；物源区水体分布、集水面积、地形坡度、岩层性质，区内植被覆盖程度、植物类别及分布状况，断裂、滑坡、崩塌、松散堆积物等不良地质现象，可能形成泥石流固体物质的分布范围；流通区沟床的纵横坡度和冲淤变化以及泥石流痕迹，阻塞地段堆积类型，以及跌水、急弯、卡口情况等。

④ 危岩体

危岩体一般发生在节理裂隙发育的坚硬岩石组成的陡峻山坡与峡谷陡岸上，它在航片上显示得较清楚。一般位于陡峻的山坡地段，一般在 55°～75° 的陡坡前易发生，上陡下缓，表面坎坷不平，具粗糙感，有时可出现巨大块石影像；危岩体上部外围有时可见到张节理形成的裂缝影像。

2）识别精度

解译出的地质灾害，崩塌、滑坡、泥石流的最小上图精度为 4 mm²。图上面积大于最小上图精度的，应勾绘出其范围和边界，小于最小上图精度的用规定的符号表示。定位时，滑坡点定在滑坡后缘中部，崩塌点定在崩塌发生的前沿，泥石流点定在堆积扇扇顶，地面塌陷和地裂缝定在变形区中部。

3. 识别解译成果外业复核要求

在遥感调查成果的基础上，按照 DZ/T0261—2014《滑坡崩塌泥石流灾害调查规范（1:50 000）》规范规定的一般区调查要求执行开展调查区地质灾害调查复核。调查的主要内容包括地质灾害区调查、地质灾害体调查、成因调查、危害情况调查及防治情况调查等。

1）地质灾害区调查内容

（1）灾害地理位置、地貌部位、斜坡形态、地面坡度、相对高度，沟谷发育、河岸冲刷、堆积物、地表水以及植被。

（2）灾害体周边地层及地质构造。

（3）水文地质条件

2）地质灾害体调查内容

（1）形态与规模：灾害体的平面、剖面形状，长度、宽度、厚度、面积和体积。

（2）边界特征：后壁的位置、产状、高度及其壁面上擦痕方向；两侧界线的位置与性状；前缘出露位置、形态、临空面特征及剪出情况；露头上滑床的性状特征等。

（3）表部特征：微地貌形态后缘洼地、台坎、前缘鼓胀、侧缘翻边埂等，裂缝的分布、方向、长度、宽度、产状、力学性质及其他前兆特征。

（4）变形活动特征：访问调查滑坡发生时间，目前的发展特点（斜坡、房屋、树木、水渠、道路、坟墓等变形位移及井泉、水塘渗漏或干枯等）及其变形活动阶段（初始蠕变阶段、加速变形阶段、剧烈变形阶段、破坏阶段、休止阶段），滑动方向、滑距，分析滑坡的滑动方式、力学机制和目前的稳定状态。

3）灾害体成因调查

（1）自然因素：降雨、地震、洪水、崩塌加载等。

（2）人为因素：森林植被破坏、边坡不合理开挖、切坡等。

（3）综合因素：人类工程经济活动和自然因素共同作用。

4）危害情况调查

（1）滑坡发生发展历史，破坏地面工程、环境和人员伤亡、经济损失等现状。

（2）分析与预测滑坡的稳定性和滑坡发生后可能成灾范围及灾情。

5）灾害防治情况调查

调查地质灾害勘查、监测、工程治理措施等防治现状及效果。

3.3.3 机载 LiDAR 解译标志

1. 地质构造判译及标志

在基于 LiDAR 的三维实景模型与数字高程模型上,可以发现地质构造的各种特征,按照其特点可分为如下几类。

1)直接解译标志

在三维模型上,突然出现了中断或者错位的岩性标志、地层标志,或者发现模型数据上出现地层重复或缺失的不连续地层,即岩性、地层、岩石的不连续性可作为该处有断层通过的证据。同时,如果沿某一界面,出现了构造形迹的中断或者突变的现象,则可视为构造不连续。对于断层而言,可以通过对地层的缺失,走向不连续使岩层走向斜交,也可作为明显的构造标志。

2)间接解译标志

(1)色调标志

主要通过色调异常在 DEM 山体阴影影像上出现直线状的标志来指示,在遥感解译中,是常用到的非常直观的标志。在构造地貌中,断裂的出现使得断裂两侧出现的地物颜色深浅发生变化或者色调出现异常,通过色调的变化可以直观地指示断裂的存在。

(2)地貌标志

断裂的地貌标志在三维影像上可解译出的有:① 断层破碎带,是由断层造成的岩石强烈破碎的地段;② 断裂控制的山脊线发生错动;③ 断层三角面,是由断层破碎带发育而成的近三角形坡面,一般呈直线状锯齿状的断续延伸,个别可能发展成断层崖,断层三角面是断层活动的标志,在构造运动强烈的山区或者山地与盆地平原地貌的分界处较为常见。

2. 地质灾害判译及标志

1)滑 坡

自然界中的斜坡变形千姿万态,特别是经历长期变形的斜坡,往往是多种变形现象的综合体,这对已改造老滑坡特别是古滑坡尤其是巨型古滑坡来说,其特有的形态特征破坏殆尽,判释的难度更大。因此,在判释滑坡之前首先应对滑坡的形成规律进行研究,以避免判释时的盲目性,使判释工作更容易开展。不过对大部分滑坡来说,根据其独特的滑坡地貌,是比较容易辨认的。典型的滑坡在三维模型上的一般判释特征包括簸箕形(舌形、不规则形等)的平面形态、滑坡壁、滑坡台阶、滑坡舌、滑坡裂缝、滑坡鼓丘、封闭注地等。除了局部识别外,还应从大范围的地貌形态进行判断,如滑坡多在峡谷中的缓坡、分水岭地段的阴坡、侵蚀基准面急剧变化的主支沟交会地段及其源头等处发育。

在此次的调查中,大部分滑坡形态均相对完整,部分改造主要发生在堆积体区域。如图 3-17 所示是研究区域中相对典型的滑坡形态。图 3-17(a)是九寨沟某滑坡的三维实景模型,从模型地物表面形态及光谱信息来看,该处滑坡植被覆盖率较高,滑坡整体边界不太清晰，仅滑源区稍稍可见。在基于 LiDAR 点云并做植被房屋的滤波处理后，获得了如图 3-17（b）所示的数字高程模型，模型中滑源区的物质损失与堆积区的物质增加构成了滑坡最明显的特征，滑源区圈椅状形态、堆积区边界地形变化、滑源区表面光滑等均是该区域滑坡判释的典型标志。

 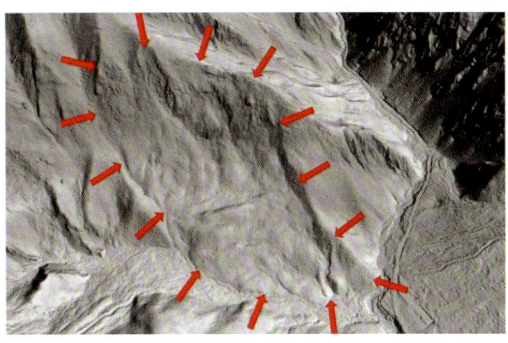

（a）三维实景模型　　　　　　　　　（b）数字高程模型

图 3-17　测区滑坡（HP03）三维模型

从上述解译典型实例来看，三维实景模型已经兼顾了二维影像和三维地形的特点，比单纯的影像能提供更多的信息，对于如九寨沟景区某滑坡而言，植被较多，无法进行滑坡识别；此时滤波之后的数字高程模型则能够去除掉表面的干扰信息，很好地表达滑坡滑源区物质损失和堆积区物质增加，滑源区圈椅状地貌、滑坡下错迹象、滑坡表面粗糙度差异，进而由此构成滑坡边界十分清楚，这是机载 LiDAR 数据区别于传统影像滑坡解译的优势所在。

2）崩　塌

崩塌在三维影像上的一般表现为：上部地形陡立、坡表岩体破碎、粗糙不平、基岩多裸露、堆积呈现三角锥形、处于地形低处、有颗粒分选。尚在发展的崩塌在岩块脱落山体的槽状凹陷部分色调较浅，且无植被生长，其上部较陡峻，有时呈突出的参差状，有时崩塌壁呈深色调，是崩塌壁岩石色调本身较深所致。趋向于稳定的崩塌，其崩塌壁色调呈灰暗灰色调，或在浅色调中具浅色斑点，生长少量植物，其上方陡坡仍明显存在，崩塌体以粗颗粒碎石土为主；稳定的崩塌，其崩塌壁色调较深，植被生长较密，其上方陡坡已明显变缓，崩塌体岩层主要为细颗粒土组成，植被生长较密，有时开辟为耕地。崩塌纵坡大都是直线形或回形，坡表生长较稀植物，且坡体色调较浅而均一，具粗糙感及深色点状感，物质组成以碎石和大块石为主。崩塌堆积单个出现时，其平面形态多呈舌形、梨形等，稳定岩堆多呈崩塌裙；其表面色调较深，呈不均匀色调及斑点；纵断面呈直线形和凹形，横断面突起不明显，崩塌边界受植被覆盖而不清楚，是渐过渡状态。

本次研究区为典型的高山峡谷地貌，崩塌灾害多发育在地形陡峭之处。在图 3-18 （a）所示的崩塌三维实景中可以看到崩塌坡体陡峭有部分内凹，同时堆积区坡度变缓，坡度变化交界明显；在 3-18（b）中堆积区更加明显，堆积表面粗糙度更大，颗粒感突出，但由于单个测区投影面积较小，机载 LiDAR 采集数据时落在陡立面上的点通常较少，同时无法测得内凹地形，在室内处理点云数据构建 DEM 时，地形较陡部位往往由于点数量较少或没有会出现拉花现象。

（a）三维实景模型　　　　　　　　　（b）数字高程模型

图 3-18　测区崩塌（BT40）三维模型

从上述崩塌解译实例来看，调查区的崩塌发育的位置一般发育在陡峭山体处，其崩塌源区与堆积区交接处明显。在 LiDAR 数据上的表现则是滑源区坡度较大并可能伴随局部拉花，向堆积区过渡时则坡度突然变缓，有明显的陡缓交界线；堆积区呈现三角锥形或梨形，处于地形低处，表面粗糙度特征与环境差异较大，但新近堆积粗糙度大颗粒感明显，古老堆积则粗糙度小较光滑。

3）泥石流

由于遥感图像记录了地表瞬时的真实情况，尤其是曾经暴发过泥石流的沟谷，都能逼真地显示在图像上。典型的泥石流沟道特征明显，地形上具有一定坡度，堆积体多呈扇形分布，发育沟口部位。一般只要发现沟口有明显的泥石流堆积扇，则可明确判别其为泥石流沟。但有些泥石流沟流入大河，其堆积物大部分被河水带走，未保留扇形地貌，这并不说明该沟不是泥石流沟。此时，应对流域内与泥石流有关的因素进行详细的判释，如山坡坡度、沟谷纵坡、岩性、断层、不良地质、松散固体物质、植被、人类活动造成的环境破坏情况等等进行判释，经综合分析后，确定是否为泥石流沟，同时还应做必要的实地调查访问。泥石流三维模型如图 3-19。

（a）三维实景模型　　　　　　　　　（b）数字高程模型

图 3-19　测区泥石流（NSL18）三维模型

基于 LiDAR 的泥石流灾害解译，主要从泥石流发育地形、堆积扇和沟道范围内的不良地质体做人工判识，综合这三方面的结果进行最终判断。泥石流沟在地形上是有利于降雨汇聚入沟的平面负地形；同时沟道内不良地质体的存在为泥石流提供可流动物源；在一定降雨条件下可流动物源在沟道内汇聚，高速流向沟口形成堆积扇。因此，泥石流解译的最主要的判别对象是堆积扇与不良地质体。

3.3.4 基于机载 LiDAR 技术的地质灾害详查结果

1. 地质构造解译

九寨沟地处九寨沟西部地槽区岷山山脉北段的复背斜上，其西、北、南三面均有明显的断裂带，构成复杂，属新构造运动强烈区，由一系列复背斜或复向斜构成，形成了一系列北东向和南北向的构造体系。该区位于秦岭东西向构造带南缘，松潘—甘孜褶皱系东侧，南与龙门山北东向构造带相邻，三级不同方向构造线形成向南凸出的弧形弯曲，而九寨沟即处在构造线弯曲的顶端，并主要受南北向构造断裂控制。区内构造总体上表现为形态较复杂的复向斜构造。区内岩层褶曲强烈，岩层破碎，构造裂隙发育。

研究区内原始森林覆盖植被茂密，传统的光学遥感和地面的构造调查都存在较大困难，对于机载激光雷达技术，利用其激光多回波技术，有效剔除地表植被影响，清晰准确地反映地面三维形貌特征，对于区域构造断裂的识别效果佳，可以有效识别大、中、小型各类地质构造问题，弥补光学遥感难以识别小型构造的缺陷。利用机载雷达激光点云生成的数字高程模型（DEM）确定构造的类型、位置和性质、破裂带规模等，可以大大提高识别准确性和效率。构造判译过程遵循先宏观后微观，光学影像与 DEM 融合识别。需注意构造与地层关系，特别关注岩层层序和连续性，以便识别岩层的不整合接触关系及褶皱构造，本次研究区范围较小褶皱等构造现象不发育，主要以断裂构造判译为主。断裂构造形态判译标志一般呈条带状展布，这些线性构造的形态特征大多可直接作为判译标志，但有些情况只能作为间接标志，也需根据经验具体判断。

本次九寨沟测区断裂构造形态直接判译特征主要包括：① 破碎带迹象明显。在 DEM 三维影像中形态明显与周围山体基岩区别，其由于风化剥蚀的物理作用，多呈负地形具粗糙感，具有一定宽度。由于九寨沟区域植被遮挡，光学影像判译上存在一定困难。② 地质体不完整被切断或者错开，表现在岩层、岩脉、褶皱、不整合面、侵入体等迹象。另外，断裂活动往往造成两侧地层牵引错动、河流转向，这也是反映断裂活动、构造应力特征的主要表征。③ 在沉积岩地区，岩层的重复或者缺失也是断层判译的重要标志。④ 断裂构造形态的间接构造标志较多，需要细心甄别。比如线性负地形出现，断层三角面、断层崖、断层垭口、串珠状盆地等间接地面形态，这些特征往往具有明显的方向性和延续性，而且与附近的地形和水系不相协调，岩层产状沿着特定方向剧烈变化，沉积岩岩相的线性突变，侵入体、松散沉积物等线性或带状分布，山脊线、夷平面错动、水系变化及串珠状泉水发育等等。本次依据以上方法主要解译明显断裂带 26 条（图 3-20）。其光学影像和机载激光雷达数字格网模型影像对比如图 3-21 所示。

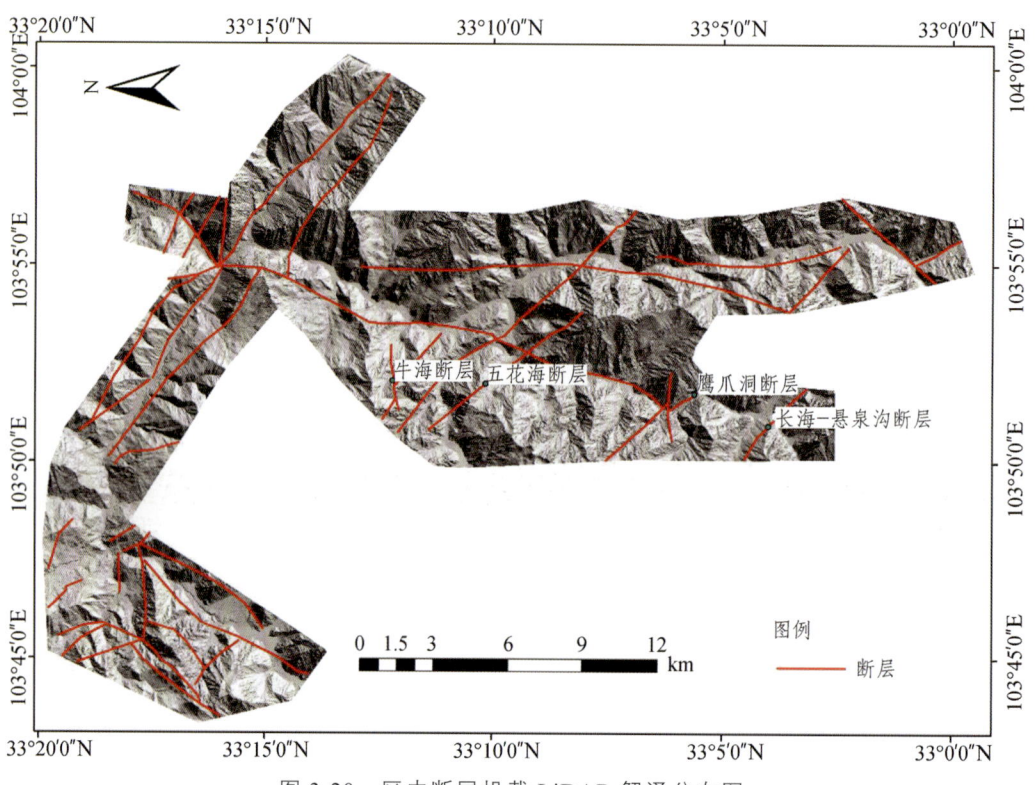

图 3-20 区内断层机载 LiDAR 解译分布图

（a）断裂构造光学影像特征

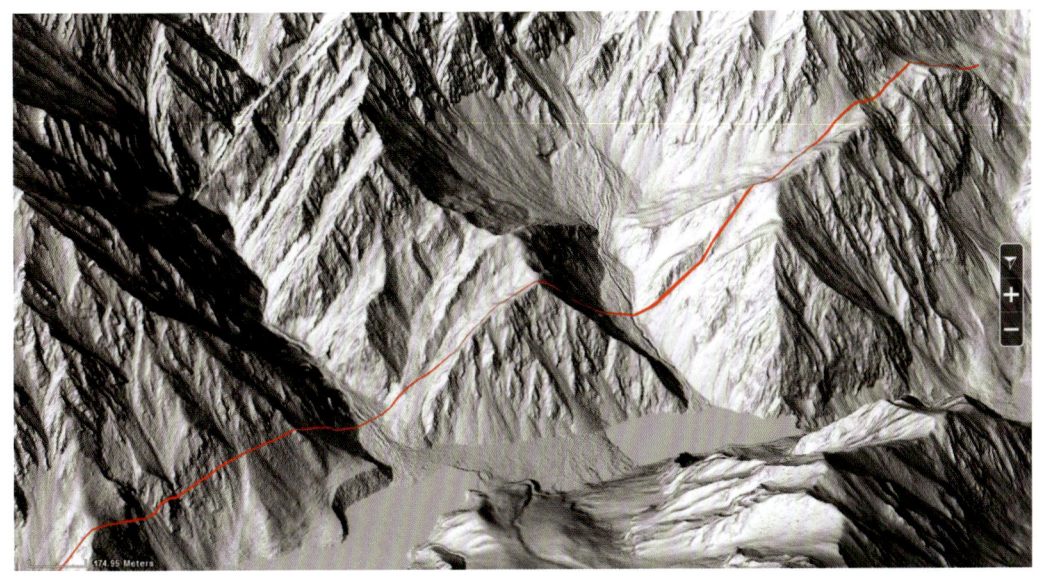

(b) 断裂构造激光雷达数据影像特征

图 3-21　断裂构造解译特征

2. 地层岩性解译

本区域地层岩性解译确实存在较大困难，最主要原因是茂密植被遮挡，裸露地面非常少。而且地层岩性遥感判译本身就存在随机性、模糊性和多解性。岩性判译标志变化主要决定于内在因素和外在因素两种。内在因素主要为岩石地层的成分、结构和构造。成分较大程度上决定了岩石地层的颜色和风化剥蚀作用特征。岩石地层的结构和构造，如颗粒大小、均匀度、有无定向或层理构造，这些将影响岩石地层的抗风化能力，是影响微地貌发育的一个重要因素。影响岩石地层判译的外部因素包括岩体结构产状、裂隙、人类活动、气候条件、水流冲刷等。

通过机载 LiDAR 遥感影像、区域地质资料以及现场复核，解译出区域内主要地层岩性为：泥盆系益哇沟组生物碎屑灰岩（D_{cy}），石炭二叠系大关山组灰岩（C_{pd^2}），石炭系岷江组灰岩与板岩互层（C_{m^2}），二叠系上统叠山组灰岩（P_{ds}），三叠系二叠系塔藏岩组板岩变质砂岩硅质岩（P_{Tt}），三叠系罗让沟组灰岩（T_{1l}），三叠系扎尕山组绢云母板岩变质砂岩（T_{2zg}）。解译过程主要是先通过数字高程模型（DEM）分析沉积岩的岩层层面特征，由此确定该区域地质沉积规律，进而判定岩层界限分布形态，再由植被发育、地貌陡缓变化、光学影像色彩和区域地质图中给出的地层界限，综合修定和确定岩层分界线。其解译成果如图 3-22 所示。

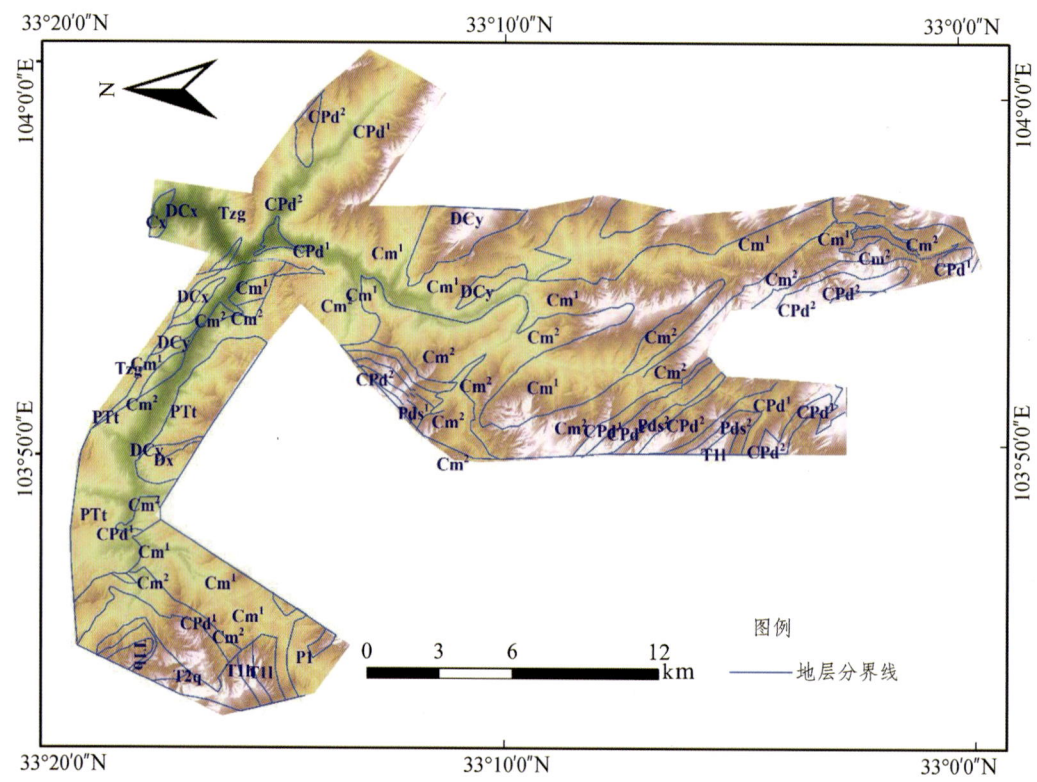

（Cpd¹：石炭二叠系大关山组一段；Cpd²：石炭二叠系大关山组一段；Pds¹：二叠系上统叠山组上段；Pds²：二叠系上统叠山组中段；PTt：三叠系二叠系塔藏岩组板岩变质砂岩硅质岩；T₂zg：三叠系扎尕山组绢云母板岩变质砂岩；T₁l：三叠系罗让沟组；Cm¹：石炭系岷河组一段；Cm²：石炭系岷河组二段）

图 3-22　区内地层岩性解译图

3. 岩体结构特征解译

岩体是指由岩块和分割它们的不连续面或结构面组成的地质体。而岩体结构是结构面在空间分布与产出状态的组合。岩体结构表征了边坡的地质性质和力学性状，是岩质高边坡工程地质问题的重要控制因素。在传统的卫星光学影像遥感解译中，岩体结构的解译往往定性成分居多，而对于机载激光雷达技术而言，可以在很大程度上实现岩体结构的定量提取。当然无人机倾斜摄影测量和近景摄影测量也可以进行定量的裸露岩体结构调查分析，植被遮挡下无法开展相关工作。显而易见，当遥感技术能够获取高分辨率的三维空间影像后，岩体结构的调查就变得简单而且快捷。三维空间数据"刻画"客观世界物体特征，其是带有灰度信息（或彩色信息）的海量点坐标。在点云或网格模型数据中岩体结构面被抽象为数以百万计的三维坐标点或者面，其空间几何特征信息赋存其中，这些三维信息包含着岩体结构几乎所有的外部几何特征，但又有别于原型。需要对点云数据所重建的虚拟岩体结构面进行识别与提取。对于岩体结构面的判识要根据数据质量、岩体结构面发育特征综合分析，要有针对性地采用直接判识和间接判识相综合的办法。能够进行直接判识的岩体结构面，其三维特征明显、结构面平直产状稳定，几何特征上常常表现为一个规整的平面，易于在三维空间图像上进行准确识别［如图 3-23（a）所示］。需要间接判识的结构面三维数据中几何特征不明显、出露迹线规模一般较小、结构面闭合、产状有一定变化，地表出露的"面"较小或没有。这类结构面需要仔细观察，可以根据成组出现的特征进行对比分析，根据特征明显的结构面对其进行类比判识［如图 3-23（b）所示］。

（a）结构面直接判识

（b）结构面间接判识

图 3-23　结构面判识

结构面除人工目视解译识别外，也可以通过相关分析程序自动或者半自动完成，比如 Maptek I-Site_Studio 激光点云分析软件，其针对矿山调查开发的岩体分析包就可以实现结构面的自动提取与分析。本次九寨沟区域在山体顶部陡崖段有部分完整的结构面出露，剩余大部分区域植被覆盖、坡积物发育，很少有基岩出露，鉴于岩体主要为灰岩，结构面出露特征明显，因此采用软件自动提取分析功能完成岩体结构调查。结构面识别提取时只需人工选择代表性的某组结构面中的一条，程序会自动根据人工交互参数将其余本组结构面搜索识别出来，本研究区岩体结构识别准确率非常高，至少能达到 90% 左右。然后人工选择另外一组结构面依次进行，直至所有结构面完成搜索识别。这些识别出来的结构面，程序可以自动计算每条结构面产状，也可以进行优势产状的统计分析，包括地质上常用的走向、倾斜坡块花图，结构面的赤平投影图等，由此可以便捷快速地获得该区域岩体结构的发育分布特征，分析得到准确的岩体结构面优势产状数据，甚至还可以分析每组结构面平均间距。这些基础数据可以为地质灾害识别分析提供基础资料，为危岩体体积方量预测、控制边界的评价提供支撑。如图 3-24、图 3-25 所示。

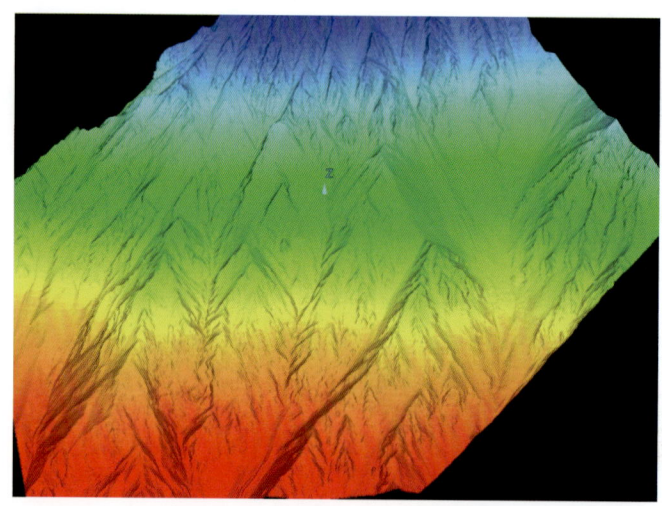

图 3-24　岩体结构三维格网模型

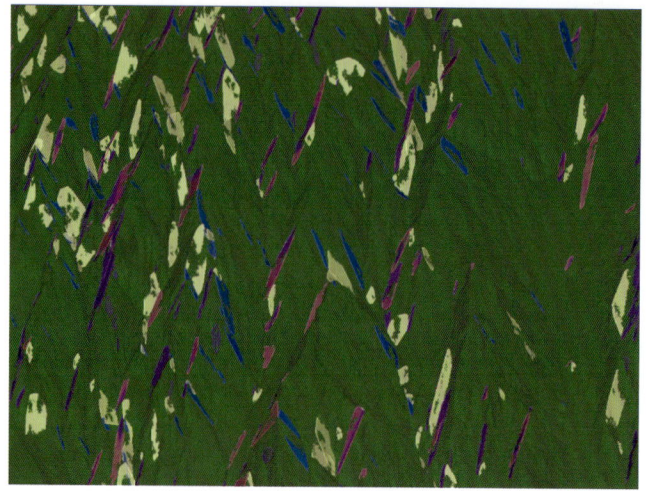

图 3-25　结构面自动识别

4. 地质灾害解译

通过对区域地质与地貌条件解译分析，了解了地层岩性和区域构造的发育分布规律，对九寨沟核心景区的区域孕灾地质条件背景有了一定的认识，明确了区域构造的应力和岩体结构面切割组合关系，为精细识别和解译地质灾害提供地质背景条件，尤其是灾害隐患识别过程中，需利用这些基本认识对灾害发展趋势进行判断。本次主要利用机载激光数据和同轴光学相机影像联合解译地质灾害，根据九寨沟地震区地质灾害发育特点，本次解译工作主要分为三个层次：① 利用优于 0.2 m 高分辨率光学影像识别同震地质灾害，由于"8·8"九寨沟地震诱发的灾害新近发生，灾害边界特征在光学影像中清晰明确易于识别，主要以中小型崩滑灾害为主；② 利用激光雷达的植被"穿透"能力，主要识别已经发生的不良地质现象，如古滑坡堆积体、崩塌堆积体、泥石流物源；③ 综合应用卫星 InSAR、激光雷达、光学影像联合解译重大地质灾害隐患，这些隐患在地震中虽未失稳或发生明显形变迹象，但其具备发生大型灾害的基本地质条件和明确的威胁对象，有进一步发展的潜在趋势。

不良地质现象的解译主要以崩滑堆积体和泥石流物源为主。崩塌一般发生在陡峻山崖或者斜坡上部，多由节理裂隙发育的坚硬岩体组成，崩塌失稳后堆积于斜坡坡脚平缓地段，往往表面植被发育。其解译标志主要包括：多呈锥状、楔形、三角形、舌形等堆积于坡脚，表面坡度一般为 30°～40°；纵断面沿斜坡坡向成凹形、直线形等带状展开，横断面呈凸起状，光学特征往往表现灰白色、浅灰色，如有植被发育较周边环境相对要矮小均匀。研究区内典型崩塌堆积体特征如图 3-26 所示。综合应用遥感解译数据可以识别滑坡位置、边界、规模、失稳模式、稳定性状态，可以提取滑坡岩体结构组合特征、植被、水系等环境因素。滑坡是斜坡变形现象判译中最复杂的，自然界中的斜坡形变复杂且又经过地质历史长期改造，更增加了判译难度。因此，滑坡解译需要了解其形成的规律及演变地质历史。但对于大多数古滑坡而言，综合光学影像和三维空间格网数据，根据其独特的地貌形态还是比较容易辨识。滑坡堆积体的判译特征总结如下：三维形态多呈现舌形、圈椅状，其滑坡要素包括滑坡壁、滑坡台坎、滑坡舌、后缘和侧缘裂缝、后缘洼地、前缘鼓丘等迹象。滑坡堆积体特征如图 3-27 所示。另外，光学影像上面的一些马刀树、醉汉林也是识别的重要标志。还有山区中垄丘、洼地和阶地错断或者不连续、谷坡不对称、沟槽改道、沟谷断头或者地形异常起伏，这些也是解译过程中滑坡存在的重要提示信息。还有就是历史悠久的古滑坡，往往由于长期的剥蚀、夷平改造作用，原有的滑坡要素部分缺失或者模糊不清，需要细致甄别。比如滑坡后壁较高，坡体纵坡较缓，外表平整且土体密实，无明显裂缝，滑坡台坎宽大，坡体冲沟发育，往往具有双沟同源迹象，前缘如有河道，常有孤石分布或者河道弧形分布。泥石流的发生需要汇水区内丰富的松散固体物质、陡峻的地形和沟床纵坡、足够的汇水面积和集中降雨、急骤的冰雪融化、水体溃决等要素。泥石流物源受地形地貌、岩性、构造、地表物质组成、植被、不良地质现象等因素影响。泥石流沟及物源识别的标志如下：地貌上形成区往往成瓢形，山坡陡峻，坡表或沟道松散物质丰富，沟谷两侧斜坡往往是崩滑堆积体，表部植被茂密需要结合激光雷达数据仔细分辨，其堆积特征与山体陡峭基岩存在明显区别。泥石流堆积体特征如图3-28所示。流通区沟道平直，纵坡较形成区要平缓，但较下部堆积区要陡，沟道相对较窄。堆积区多位于沟口出口部位呈扇形散开，堆积物质轮廓明显，光学影像多为灰白色，植被发育相对较少。本次通过机载激光雷达DEM和光学数据资料，采用岩体结构面组合分析及类比等方法，解译历史已发生地质灾害共有165处。

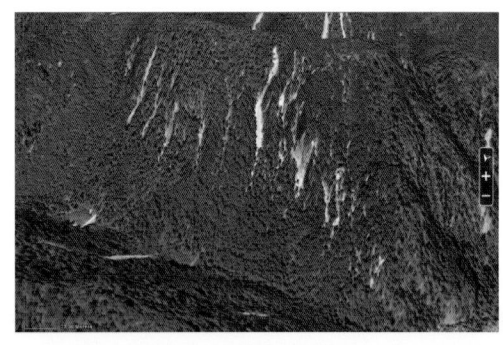

（a）三维实景模型　　　　　　　（b）三维数字高程模型

图3-26　典型崩塌堆积体判译标志

（a）三维实景模型　　　　　　　（b）三维数字高程模型

图3-27　典型古滑坡判译标志

（a）三维实景模型　　　　　　　（b）三维数字高程模型

图3-28　典型泥石流堆积体判译标志

地质灾害隐患是指具备孕灾条件、已有一定形变迹象和直接威胁对象的还未发生的潜在地质灾害。这类灾害在山区往往具有分布位置高、植被遮挡隐蔽性强、规模大危害强等特点，传统的地质调查方法和群测群防难以发现。这些灾害隐患是群死群伤灾难性事件的重要风险源，灾害隐患的识别是防灾减灾工作中亟需解决的技术瓶颈，仅仅通过人工调查或者单一技术识别困难，灾害隐患发育是一个极为复杂的物理演化过程，加上其形成条件、地质过程和诱发因素的复杂多样性和随机性，使得其在灾变早期识别面临技术难题。结合前期卫星 InSAR 地表形变监测结果，同时机载激光雷达（LiDAR）技术在高植被覆盖区有独特技术优势，可对灾害隐患识别具有重要参考价值。崩滑灾害隐患识别过程中，应充分分析灾害孕灾背景条件，如考虑岩性条件、岩体结构发育特征、切割组合关系，不良地质现象控制性边界等，同时应参考周边同等地质条件下的已经发生灾害区域的地形地貌特点，进行类比分析。还应注意光学影像和激光雷达数字高程模型的融合解译分析，充分发挥各遥感技术特点和优势，注重裂缝、下错台坎等形变细节的特征。图 3-29 影像中部明显已发生过一次滑坡灾害，地貌上形成了一个类似于"圈椅"形态的滑床形貌，通过激光雷达影像不难看出在这个已发生灾害的两侧同样具备相同的岩体构造条件，而且在图像右侧坡体具备更为不利的临空条件，在陡倾结构面的切割下前缘岩体已然下错失稳，形成了新的陡坎及临空，在中等倾向坡外结构面作为底滑面及近于垂直侧边界结构面相互切割组合下，形成新的崩滑灾害隐患。另外，本次研究区发育有多条泥石流沟，这些泥石流沟道植被发育，坡面堆积物源不易发觉，林下地表侵蚀也十分严重，加之本次地震造成大量山体松动，众多震裂碎屑物质堆积于坡表和山麓沟谷处，这些沟域汇水面积大、沟道高陡，物源丰富，具备低频泥石流沟发育特征，一旦爆发泥石流其破坏力巨大。本次通过卫星 InSAR 形变监测结果以及机载激光雷达 DEM 和光学数据资料，采用岩体结构面组合分析及类比等方法，共解译出存在隐患的灾害点 104 处。其中 4 处卫星 InSAR 存在形变过程且在机载激光雷达 DEM 影像上存在明显运动迹象。解译成果如图 3-30 所示。

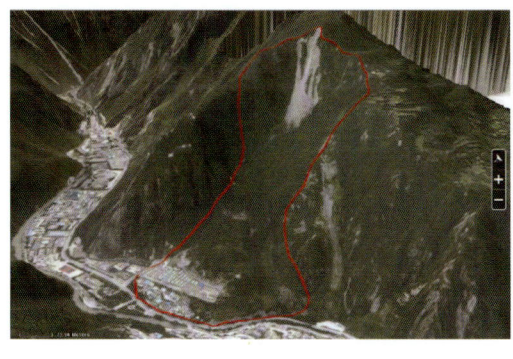 

（a）三维实景模型　　　　　　　　（b）三维数字高程模型

图 3-29 典型重大灾害隐患点

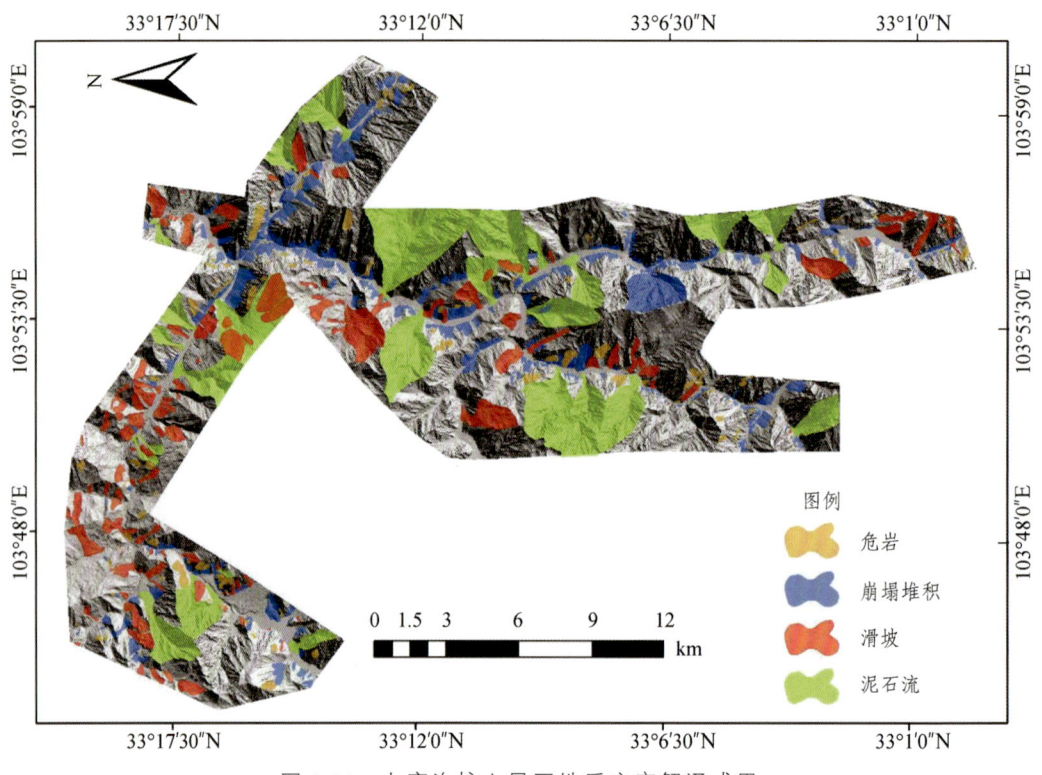

图 3-30 九寨沟核心景区地质灾害解译成果

3.4 地质灾害人工地面核查

  利用空-天遥感手段仅是从外貌形态进行地质灾害隐患的识别，因受多种因素影响，其识别结果并不一定完全正确，可能会出现误判。因此，利用遥感技术识别出来的地质灾害隐患点还需要地质人员到达现场进行逐一调查复核，甄别、确认或排除隐患点，有时还要借助于现场观测和探测手段，才能准确判定。如从地形地貌上像古老滑坡堆积体的区域，有时还得通过物探、槽探等手段，根据坡体结构和物质组成才能确认。另外，在斜坡变形初期，通过 InSAR 可能会发现其变形迹象，但变形裂缝并不一定会明显显露，此时就需要通过地面观测［如全球导航卫星系统（Global Navigation Satellite System，GNSS）、地基合成孔径雷达系统（Ground-Based SAR，GBSAR）等］才能确认其是否真的存在变形。这一过程称之为核查，相当于医院医生通过对病人的望闻问切，并结合电子计算机断层扫描、B 型超声波检查等检测结果进行综合判断，最后确认或排除病患。

  值得强调的是，无论采用的技术如何先进，获得的观测数据有多么好，最终还要依靠地质工作者对这些多源观测数据和专业解译分析结果进行综合研判，现场调查复核，进行最终的确认或否定，这就是"三查"体系中的"核查"工作。核查类似于医学上的临床诊断和针对重大疑难杂症的专家会诊。地质人员通过对光学影像、InSAR、

LiDAR 等的综合分析、相互比对和校验，现场调查复核，最终确定是否为真正的地质灾害隐患。

3.4.1 基本方法

地质灾害地面核查是通过传统的地面地质灾害的现场调查、简单勘查及历史资料分析等手段，紧密结合现代遥感观测解译成果，经过预判和识别过程，最终建立地面核查地质灾害早期识别标志的过程。具体工作程序主要包括：对近年来研究区地质灾害排查数据、详查数据成果、气象数据、水文数据、地质背景条件的数据进行收集整理，掌握研究区地质灾害基本情况；对地质灾害进行时间、空间、地质背景条件等特征分析，以及灾害链演化分析研究，确定研究区地质灾害分布发育的主控因素及地质灾害的演化过程；通过遥感解译成果资料并结合地质灾害因素特征分析，确定地质灾害分布及演化的主控因素，从而确定本次研究地面核查的重点靶区范围，选取代表性灾害点进行详细分析研究，调查灾害体的主要变形迹象及特征，灾害发生的主要影响因素，分析典型灾害的形成演化过程，建立地质灾害地面核查早期识别标志。

3.4.2 基本要求

在遥感调查成果的基础上，按照 DZ/T0261—2014《滑坡崩塌泥石流灾害调查规范（1∶50 000）》规范规定的一般区调查要求执行开展调查区地质灾害调查复核。调查的主要内容包括地质灾害区调查、地质灾害体调查、成因调查、危害情况调查及防治情况调查等。

1．地质灾害区详查内容

（1）灾害地理位置、地貌部位、斜坡形态、地面坡度、相对高度，沟谷发育、河岸冲刷、堆积物、地表水以及植被。

（2）灾害体周边地层及地质构造。

（3）水文地质条件。

2．地质灾害体调查内容

（1）形态与规模：灾害体的平面、剖面形状，长度、宽度、厚度、面积和体积。

（2）边界特征：后壁的位置、产状、高度及其壁面上擦痕方向；两侧界线的位置与性状；前缘出露位置、形态、临空面特征及剪出情况；露头上滑床的性状特征等。

（3）表部特征：微地貌形态后缘洼地、台坎、前缘鼓胀、侧缘翻边垄等，裂缝的分布、方向、长度、宽度、产状、力学性质及其他前兆特征。

（4）变形活动特征：访问调查滑坡发生时间，目前的发展特点（斜坡、房屋、树木、水渠、道路、坟墓等变形位移及井泉、水塘渗漏或干枯等）及其变形活动阶段（初始蠕变阶段、加速变形阶段、剧烈变形阶段、破坏阶段、休止阶段），滑动方向、滑距及滑速，分析滑坡的滑动方式、力学机制和目前的稳定状态。

3．灾害体成因调查

（1）自然因素：降雨、地震、洪水、崩塌加载等。
（2）人为因素：森林植被破坏、边坡不合理开挖、切坡等。
（3）综合因素：人类工程经济活动和自然因素共同作用。

4．危害情况调查

（1）滑坡发生发展历史，破坏地面工程、环境和人员伤亡、经济损失等现状。
（2）分析与预测滑坡的稳定性和滑坡发生后可能成灾范围及灾情。

5．灾害防治情况调查

调查地质灾害勘查、监测、工程治理措施等防治现状及效果。

3.4.3 人工地面核查结果

1．WY03

现场复核来看，该崩塌危岩区位于九寨沟景区花草海景点东北方向 550 m 处，该处经度为 103°51′49.36″E，纬度为 33°05′31.50″N，坡向 121°，坡高约 186 m（图 3-31）。地貌上崩塌危岩体前缘为陡坡，陡坡之上为陡崖。崩塌危岩体坡脚高程 2 920 m，坡顶高程 3 106 m，整体高差约 186 m。崩塌危岩体斜坡坡向约 121°，整体坡度约 58°，斜坡纵向长约 255 m，横向宽约 130 m，崩塌体积为 103 m³，为一小型岩质崩塌危岩体。该危岩的地层岩性主要为石炭二叠系大关山组灰岩，岩层产状为 225°∠54°，危岩体主要受两组节理的控制，其产状分别为 41°∠72° 和 222°∠75°，山高坡陡，在长期的地质营力作用下，形成卸荷裂隙。经过长期的风化和外力作用，形成了目前的危岩体。

图 3-31　WY03 现场复核图

2. WY05

如图 3-32，从现场复核情况看，该崩塌危岩区位于花草海景点西南方向 1 000 m 处，崩塌整体呈不规则矩形，崩塌危岩体坡脚高程 2 950 m，坡顶高程 3 280 m，整体高差约 330 m。崩塌危岩体斜坡坡向约 229°，整体坡度约 41°，斜坡纵向长约 390 m，横向宽约 260 m，崩塌体积为 235 m³，为一小型岩质崩塌危岩体。该区地层岩性为二叠系叠山组灰岩，岩层产状 222°∠53°，发育有一组结构面，产状为 352°∠44°。该崩塌由崩塌危岩区和前缘堆积体两部分组成，崩塌危岩区接近直立，坡度一般为 60°~70°，上下边界高程差约 330 m，横向宽约 260 m，临空条件较好，岩体破碎，结构面发育。其前缘堆积区呈三角锥形，覆盖于基岩之上，坡度一般为 30°~40°，堆积体前缘略微鼓胀，为第四纪崩塌堆积物，植被覆盖较少，零星分布有灌木。从现场照片可以看出，该崩塌危岩区的堆积体部分已进行放坡处理，可有效减少其造成的威胁。

（a）堆积区放坡处理　　　　　　　（b）崩塌危岩区整体形态

图 3-32　WY05 现场复核图

3. WY13

如图 3-33，通过现场复核可以看出，该崩塌危岩区位于九寨沟景区熊猫海景点正东方向 10 m 处，基岩岩性为石炭系岷江组灰岩与板岩互层，岩层产状 23°∠49°，该处基岩主要由两组结构面组合切割，结构面 1 产状为 298°∠54°，结构面 2 产状为 166°∠43°。崩塌危岩体前缘高程为 2 810 m，后缘高程为 3 200 m，整体高差约 390 m。崩塌危岩体斜坡坡向约 158°，整体坡度约 39°。崩塌体积为 345 m³，为一小型岩质崩塌危岩体。崩塌区平面范围内高程变化不大。该崩塌由崩塌危岩区和堆积体两部分组成。崩塌危岩区整体坡度较陡，平均坡度约 45°，堆积区坡度约为 40°。堆积体表部的物质主要为块碎石，块碎石粒径大小不一，堆积体呈倒石锥形，覆盖于基岩之上。在极端天气、人类不当的工程活动影响下，此处可能会诱发崩塌危岩的失稳掉落以及崩塌堆积体整体或局部滑动，威胁到下方景区公路。

（a）崩塌堆积区整体形态　　　　　　　（b）危岩区局部特征

图 3-33　WY13 现场复核图

4．WY14

如图 3-34，通过现场复核发现，此崩塌危岩位于九寨沟景区熊猫海景点正东方向 50 m 处，岩性为石炭系岷江河组灰岩与板岩互层，岩层产状为 25°∠53°，发育有两组结构面，结构面 1 为陡倾结构面，301°∠61°，结构面 2 为倾坡内结构面，227°∠54°。崩塌危岩区为"8·8"九寨沟地震引发的同震地质灾害，前缘高程海拔 2 690 m，后缘高程 2 961 m，相对高差 271 m，地形陡峭，坡度约 36°。危岩体纵向长约 380 m，横向宽约 500 m，分布面积约 2×10^4 m²，平均厚度约 2 m，危岩体体积约为 4×10^4 m³，为一中型滑移式崩塌危岩体。主滑方向约 186°。由于地形高陡，人难以到达危岩体部位。通过无人机影像可见，上部危岩区岩体破碎，结构面发育，在重力作用下极易形成卸荷裂隙，构造裂隙、风化裂隙和卸荷裂隙相互交织切割，在极端天气或者地震的影响下危岩体可能发生滑动，威胁坡脚公路通行安全以及景区景观。

（a）危岩区主动防护网治理措施　　　　　　（b）危岩区局部特征

图 3-34　WY14 现场复核图

5．HP06

如图 3-35，现场复核来看，滑坡位于五花海北西方向 20 m 处，经度 103°52′39.41″E，纬度 33°10′03.70″N。滑坡平面上呈"圈椅状",滑坡区前缘高程 2 426 m,后缘高程 3 025 m,相对高差 599 m,滑坡整体坡度较陡,平均坡度约 35°。滑坡纵向长约 702 m,横向宽约 607 m,平均厚度约 3.2 m,估算滑坡体积约为 94×10^4 m³,为一中型岩质滑坡。滑坡主滑方向约 151°。滑坡表层为第四系全新统残坡积层、崩坡积层,下伏基岩岩性为石炭系岷江组灰岩夹砂岩,岩层产状 29°∠52°,为一切向斜坡,发育有一组结构面,结构面产状为 302°∠84°。滑坡区表层植被覆盖较密集,表面有局部不均匀陷落的平台。滑坡威胁对象主要为滑坡前缘五花海景区及公路。滑坡后缘及两侧边界清晰,滑坡右侧局部发生有小面积崩塌。在极端天气下,可能再次发生滑坡。

图 3-35 HP06 现场复核图

6. HP07

如图 3-36,从现场复核的情况来看,该滑坡体位于九寨沟景区箭竹海北东方向 50 m 处,经度 103°52′32.72″E,纬度 33°08′08.64″N。基岩主要为二叠系岷江河组灰岩与板岩互层。地层层面产状 2°∠49°,发育一组结构面,结构面产状为 64°∠88°,为一切向斜坡。滑坡前缘高程约 2 625 m,后缘高程约 2 965 m,整体高差约 340 m,主滑方向约 244°,整体坡度约 44°。滑坡纵向长约 564 m,横向宽约 349 m,平均厚度约 1.25 m,滑坡体积约为 2.45×10^5 m³,为一中型岩质滑坡。该滑坡地形陡峻,岩体切割破碎,滑坡体上植被覆盖率较低。通过现场照片可以看出,该滑坡区现已进行治理,修筑有挡墙阻滑。滑坡区表层覆盖物以块石土为主,厚度较大,坡面多为大块石,滑坡后部块石呈似基岩状,中前部块石土松散—稍密,多见架空现象。滑坡前缘为九寨沟景区公路及箭竹海景区,在极端天气下,可能会诱发滑坡进一步发生滑动,从而影响景区景观以及道路行人的安全。

图 3-36　HP07 现场复核图

7．HP11

如图 3-37，现场复核来看，该滑坡位于 Z120 公路边，那阿约亚南西方向 80 m 处，经度 103°51′48.08″E，纬度 33°05′59.09″N。滑坡区属高山峡谷地貌，山顶高程 3 125 m，山顶基岩破碎。滑坡前缘坡脚高程 2 850 m，后缘高程 3 075 m，相对高差 225 m，滑坡整体坡度较陡，平均坡度约 42°。滑坡纵向长约 322 m，横向宽约 241 m，平均厚度约 2.1 m，滑坡体积约为 $16×10^4$ m^3，为一中型岩质滑坡。滑坡主滑方向约 233°。滑坡后缘及两侧边界清晰，滑坡体上植被覆盖率较高，多为低矮灌木。滑坡形成的下错台坎清晰可见，可见基岩光面，地形起伏较大，有植被覆盖。滑坡表层为第四系全新统滑坡堆积碎块石黏土，下伏基岩为石炭二叠系大关山组灰岩，层面产状为 28°∠67°，为顺向斜坡。在极端天气、地震等影响下，可能会发生滑塌，威胁下方坡脚公路安全。

图 3-37　HP11 现场复核图

8．NSL18

如图 3-38，现场复核来看，NSL18 位于九寨沟熊猫中心附近，夏莫正南方向 400 m 处，平面展布形态呈"栎叶形"。经度 103°51′18.52″E，纬度 33°07′26.22″N，沟口高程约 2 863 m，后缘高程约 4 175 m，流域面积约 3.58 km^2，沟床宽度约 180 m，沟底切割深度约 15 m，主沟沟道长度约 1 045 m，堆积区整体规模约 8.32×10^4 m^3，为一中型泥石流。泥石流沟大致流向为 110°，沟床坡度约 25°，沟床植被较为发育，沟道较为顺直，总体坡降不大。该区属于高山峡谷地貌。研究区出露地层为第四系更新统洪积砂砾，砂质黏土。下覆地层岩性主要为石炭二叠系大关山组灰岩。物源区、流通区、堆积区明显，呈现出典型泥石流沟的地形地貌特征。泥石流物源区岩体破碎，节理裂隙发育，在地震作用下产生了大量崩滑堆积体，堆积在泥石流沟道两侧，为泥石流提供大量物源。流通区沟道较为顺直，为泥石流的发生提供了有利的条件。堆积区整体呈扇形，沟口地形相对平缓，通过现场照片可以看到，此处正在修建拦挡坝。在极端的天气，可能使泥石流再次爆发，威胁沟口房屋和公路的安全。

（a）泥石流沟右侧地形

（b）泥石流沟左侧地形

（c）拦挡坝

（d）周围植被情况

图 3-38　NSL18 现场复核图

由于 InSAR 数据范围远远大于机载 LiDAR 已有数据范围，为了验证 InSAR 技术地质灾害隐患早期识别所得到的结果，团队对 InSAR 数据识别到的明显地表形变点进行了野外复核，但有些形变点（L2、L3、L7、L10、L11）位置茂密植被覆盖，地形复杂，人力极难达到实际形变位置，故本次并未复核。

9. L1

通过现场考察了解,该酒店自 2015 年开始修建,酒店业主方对滑坡采取了多项防护整治措施,包括在周围多处布设 GPS 监测站、在西面山坡处修建有混凝土防护工程,然后该防护工程经过地震以及滑坡持续形变后已被基本破坏。同时,酒店多处道路出现由滑坡持续形变造成的裂缝,如图 3-39(a)、(b)所示,这两处道路分别位于酒店北面和东面;此外,位于酒店东北方向的 TS3 点所在位置为建筑废料堆放处,如图 3-39(c)所示,大量建筑垃圾及废弃渣石堆放于此,一方面增加了该位置的重力荷载,另一方面建筑垃圾堆积松散,不断压实固结的过程也表现出持续形变信号。总而言之,该滑坡整体处于运动中,酒店所在坡体存在多处由滑坡形变造成的裂缝,但西面山坡的滑坡后缘被茂密植被覆盖,未能观察到明显的后缘拉裂缝或错台。

(a)酒店北面

(b)酒店东面

(c)建筑垃圾及废弃渣石

图 3-39 L1 滑坡实地考察图

10. L4

通过对该滑坡的实地考察发现,该滑坡底部无植被裸露处主要为一停车场施工现场,如图 3-40 所示。该停车场在原老停车场的基础上,于 2019 年 4 月开始施工改建。该滑坡表现为堆积体形式,主要为泥质沉积物与岩石,表面覆盖有植被;在该滑坡北侧，有小型垮塌现象，导致滑坡侧缘出露，如图3-40（c）所示。本次实地考察结果与InSAR监测结果吻合，同时与机载LiDAR技术详查结果中HP41特征相吻合。

图3-40　L4滑坡现场考察图
红色实框为滑坡北侧小型垮塌。

11．L5

通过现场考察结果来看，L5滑坡主要为泥质堆积体，质地疏松，易受降雨融雪等影响。滑坡被茂密植被覆盖，对短波长雷达波影响较大。此外，滑坡北侧边缘已出露，如图3-41（a）红色实框所示。滑坡底部有多处居民楼，受该滑坡威胁，有待继续观察监测。本次实地考察结果与InSAR监测结果吻合，同时机载LiDAR详查结果显示L5滑坡位于NSL26物源区。

12．L6

根据实地考察发现，L6滑坡顶部被茂密植被覆盖，有一条公路横穿滑坡体，盘亚村位于滑坡体中间位置，属于快速形变区域。根据现场考察发现，盘亚村内多处房屋及地面有裂缝痕迹，属于九寨沟"8·8"地震和L6滑坡共同作用的结果。在滑坡顶部及盘亚村北部山体有大量错台出现，是滑坡后缘的明显迹象；同样在盘亚村南部滑坡中段有错台出现，实地考察结果与InSAR监测结果吻合，同时与机载LiDAR技术详查结果中HP32特征相吻合。

图 3-41 L5 滑坡现场考察图
红色实框为滑坡右边缘出露。

图 3-42　L6 滑坡现场考察图

13．L8/L9

通过实地考察发现，L8 滑坡形变区主要位于斜坡中部，滑坡后缘位于形变区西面山坡之上，被茂密植被覆盖，因此无明显裂缝等痕迹，同时该滑坡位置有多处地面 GPS 监测站；L9 滑坡形变范围与量级相对于 L8 滑坡更大，在滑坡西北有大量错台，为滑坡后缘的明显迹象，如图 3-43（b）、（c）所示，在滑坡东南侧前缘临近沟谷处有明显形变，如图 3-43（d）所示。

图 3-43　L8/L9 滑坡实地考察图

14. L12

对该滑坡进行实地考察发现,该滑坡主要为泥质或者碎屑物质组成,由于被大量植被覆盖,难以发现明显的滑坡形变迹象。同时由于视线受植被影响,难以观察到滑坡全貌并判断准确位置。图 3-44 为该滑坡实地考察图片。

(a)

(b)

图 3-44 L12 滑坡实地考察图

红色实框为该滑坡位置。

4 地质灾害监测预警技术与示范

4.1 地质灾害监测预警需求

九寨沟处于青藏高原东缘地形陡变带向四川盆地过渡地带，位于岷江、塔藏和虎牙等全新世断裂带附近，山高谷深，地质构造复杂，降雨充沛，具有地震与地质灾害易发高发的自然环境背景。现行的群测群防监测预警，难以适应高位启动、后山推前山以及高速、远程灾害等复杂情景，尤其随着震后景区地质环境的进一步恶化、地质风险的加剧，原有的监测预警技术已不能满足九寨沟景区震后的预警需求：首先，地质灾害监测设备布设覆盖度低，不能全面、准确地实时监测景区地质灾害发展趋势；其次，预警模型较为陈旧，景区在经历了强震以及地质灾害之后，地质环境已发生变化，地质灾害的诱发条件也发生改变，加之原预警模型是以全省地质环境条件和地质灾害数据为基础，依靠 T 模型开展未来 24 小时的地质灾害预警预报，这种大范围、概化的预警模型，对于九寨沟景区来说针对性低、准确率低，已不能满足目前九寨沟景区震后的预警需求；再次，省级系统预警网格较粗，不能达到区域精细化的预警效果。

针对九寨沟实际情况，布设采用适合大比例尺场区尺度下的评价单元划分方式，细化监测预警网络，将自然斜坡单元作为地质灾害预警基本单元，并将斜坡单元与地质环境条件紧密联系，综合体现各类控制或影响因素的作用，使评价结果更贴近于实际。以斜坡单元为基本预警单元，结合降雨条件、群测群防员巡查上报信息，开展基于场区尺度的灾害风险预警。构建基于泥石流形成机理过程的泥石流 $I\text{-}D$ 阈值曲线，突破了常规泥石流 $I\text{-}D$ 阈值曲线构建方法的缺陷，克服了对大量泥石流和降雨观测数据的依赖，进一步提高了景区监测预警的针对性、时效性和准确性。

4.2 地质灾害精细化监测技术研究

4.2.1 监测网设计及建设

当某一降雨过程来临时，通过构建的精细化气象监测网络，获得分钟级等精细化区域雨量监测信息，对九寨沟景区地质灾害隐患点在该次降雨过程中可能发生的灾情和险情进行预测和预判，使得当地行政领导能够从整体上把握地质灾害的发生、发展状况，提前介入。制订更加细化的防灾、减灾和救灾方案，将地质灾害防治工作渗透到地质灾害发生前、发生中和发生后的全过程中去，并根据雨量计实时监测信息，及时做出调整和安排，尽可能减少灾害损失，确保人们生命和财产的安全。

当前，九寨沟景区具有则查洼、扎如寺、长海及原始森林四个雨量监测站点，雨量监测站点少，覆盖面积小，难以满足区域地质灾害精细化气象监测预警的需要。在考虑现有雨量站点的基础上，基于景区地质灾害分布状况、区域地形特征、气候及气象特征等因素，新增设 20 个雨量站点，构建了区域精细化雨量监测网络。在空间上，雨量站点的分布基本覆盖景区所在区域。在时间上，雨量计可提供分钟级的雨量监测，基本实现了空间和时间概念上的精细化监测，进而为区域地质灾害精细化气象预警提供支持。

在构建区域精细化气象监测网络时，雨量站点的布设遵循以下 4 个原则。

1．考虑重要地质隐患点的原则

首先考虑为单点地质灾害的提供精细化监测预警服务的原则，以现有地质灾害隐患点为基础，选择对居民点、景点、游客及公共设施危害最大的点作为雨量计布设的备选点，其优势在于：这些布设在隐患点上的雨量计，在为单点地质灾害提供精细化监测预警服务的同时，也为区域雨量空间平均做出贡献，为"点-面"结合的精细化监测模式提供支持。例如，针对某一降雨过程，根据 20 个雨量监测站监测信息，通过空间平均，获得区域雨量分布，实现由"点"（雨量站点）到"面"（雨量分布区域），然后在区域即"面"上对地质灾害状况做出预判，找出"面"上发生地质灾害概率较大的区域，再深入至"点"，实现由"面"到"点"。

2．考虑气候分区的原则

九寨沟地处青藏高原与四川盆地的大地貌单元过渡的深切割高山峡谷地带。地势由北西向南东逐渐降低，九寨沟景区地表海拔在 1 800～4 900 m，相对高差较大，垂直气候变化明显，降雨受地形影响较大，特别容易形成局部暴雨中心。因此，在雨量站点布设时，应考虑气候及气象分区的影响，将雨量站点布设在泥石流流通区，目的在于控制泥石流所在小流域的雨量监测状况，将雨量站点布设不同的高程分级范围内，目的在于减少地形的影响，最终的目的是尽可能地使雨量插值与空间平均更接近实际的降雨状况，达到精细化监测目的。

3．便于施工与维护的原则

就九寨沟景区地质灾害发育类型而言，泥石流、崩塌灾害是最为常见的两种灾害类型，所以，雨量计主要布设在此两类灾害隐患点的附近。同时，由于构建的精细化气象监测网络，将长期服务于九寨沟景区的地质灾害监测，因此，雨量计需安装在相对稳定、安全且开阔的区域，以保证雨量计能长期稳定地提供服务。就崩塌、滑坡和不稳定斜坡灾害隐患点而言，雨量计应布设在隐患点附近区域，该区域应满足安全、稳定的条件，即不能布设在灾害隐患点的危害范围之内，满足开阔的条件，即便于太阳能板接收太阳能为雨量计供电；就泥石流灾害隐患点而言，应该在泥石流形成区或流通区，选择相对稳定、开阔且便于太阳能接收的区域安装，不能安装在沟口堆积区和森林茂密区。

4．满足空间插值或平均的原则

基于重要地质隐患点的雨量计布设，在满足对单点地质灾害进行精细化监测的同时，也为区域雨量插值或空间平均做出贡献，所以，应满足进行空间插值或空间平均的点数量的要求，新增 20 个雨量计（图 4-1），与原有的 4 个雨量监测站点仪器构成气象监测网络。由气象监测点监测值通过空间插值方法获得区域降雨量分布，或者通过空间泰森多边形平均方法获得区域雨量分布，或者根据雨量站所在的沟谷区域进行空间平均等，无论采用哪一种方法，均是将众多监测点上的监测值通过插值或平均的方法生成面，为区域精细化预警提供服务。

4.2.2 重要隐患点监测

1．专业监测隐患点选择

为探索景区不同地质灾害监测技术方法优化组合与适用性预警模型判据，依托既有监测预警网络，现场调查遴选 40 处重要危险点，开展群专结合的监测预警示范，为九寨沟景区单点地质灾害精细化、全过程和全方位监测预警提供支持。其中崩塌 20 个、泥石流 15 条、不稳定斜坡隐患点 3 个、滑坡隐患点 2 个。重点灾害隐患点分布如图 4-2 所示，基本情况见表 4-1 所示。40 个危险点选择，主要依据以下 3 项标准。

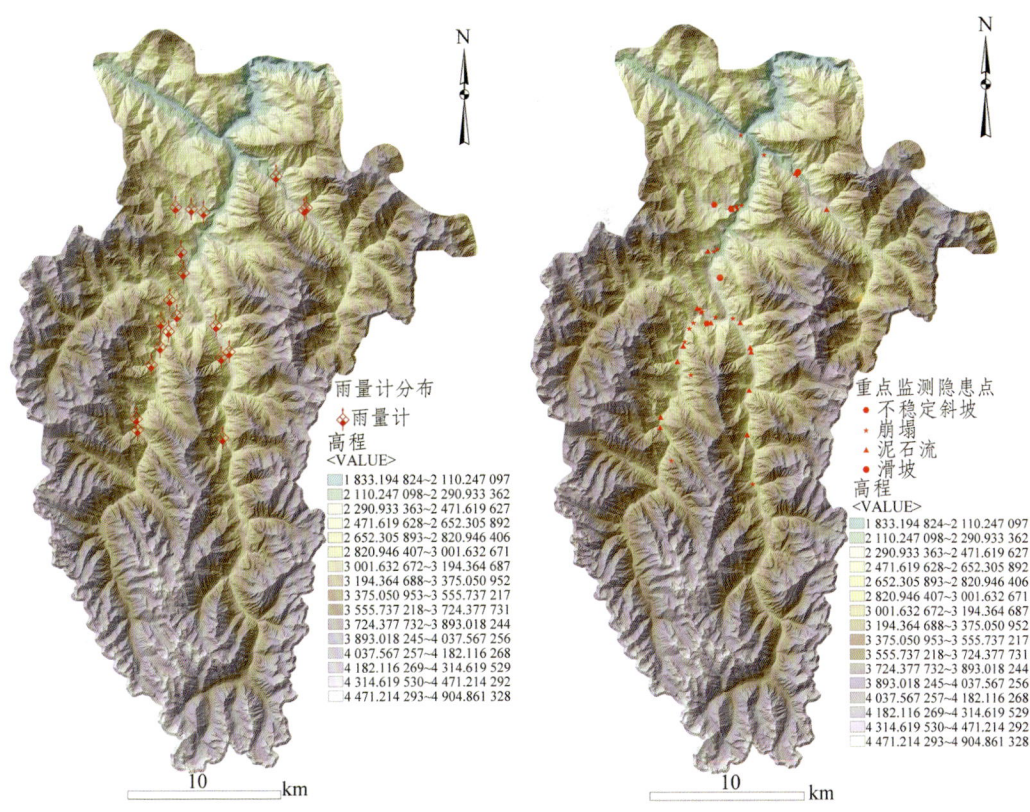

图 4-1　新增 20 个雨量站分布　　　图 4-2　重点灾害隐患点分布

表 4-1   40 个重要隐患点精细化监测基本情况

序号	隐患点名称	主要灾害类型	规模	威胁对象 户数/户	威胁对象 人数/人	威胁对象 财产/万元	监测内容	监测手段
1	老虎嘴危岩崩塌	崩塌	中型	0	12	200	实时雨量、坡体位移、落石、视频	雨量计1套、视频监测站1套、多形态智能监测仪1套、边坡合成孔径雷达
2	珍珠滩右岸上游侧2#崩塌	崩塌	中型	0	0	170	实时降雨量、坡体落石	雨量计1套、多形态智能监测仪1套
3	纳底沟泥石流	泥石流	小型	0	0	100	实时降雨量、泥水位、地声、撞线计、视频	雨量计2套、泥水位计2套、地声监测仪1套、撞线传感器1套、视频监测站1套
4	树正沟泥石流	泥石流	中型	73	186	1 000	实时降雨量、泥水位、撞线计	雨量计1套、泥水位计2套、撞线传感器1套
5	荷叶正沟不稳定斜坡	不稳定斜坡	小型	136	452	2 000	实时降雨量、地表位移、土体含水率、地下水、孔隙水压力、坡体内部倾斜	裂缝位移计3套、GNSS监测仪4套、钻孔倾斜仪2套、含水率监测仪2套、地下水监测仪3套、孔隙水压力监测仪3套、雨量计1套
6	珍珠滩—镜海右岸崩塌	崩塌	中型	0	32	350	坡体落石	振动传感器1套
7	丹祖沟泥石流	泥石流	中型	0	0	50	实时降雨量	雨量计1套
8	煤炭沟泥石流	泥石流	小型	0	0	30	实时降雨量、泥水位	雨量计1套、泥水位计2套
9	箭竹海小沟泥石流	泥石流	小型	0	0	33	实时降雨量、泥水位	雨量计1套、泥水位计1套
10	熊猫海小沟泥石流	泥石流	小型	0	0	30	实时降雨量、泥水位	雨量计1套、泥水位计1套
11	日则2#沟泥石流	泥石流	中型	0	0	60	实时降雨量、泥水位	雨量计1套、泥水位计2套
12	中季节海泥石流	泥石流	小型	0	0	40	实时降雨量、泥水位、视频	雨量计1套、泥水位计2套、视频监测站1套
13	则查洼沟泥石流	泥石流	小型	0	0	150	实时降雨量、泥水位	雨量计1套、泥水位计2套
14	树正群海下行站台对面崩塌	崩塌	中型	23	80	600	坡体落石	振动传感器1套、边坡形变监测雷达

续表

序号	隐患点名称	主要灾害类型	规模	威胁对象 户数/户	人数/人	财产/万元	监测内容	监测手段
15	荷叶沟泥石流	泥石流	中型	17	85	2 000	实时降雨量、泥水位	雨量计1套、泥水位计2套
16	荷叶寨崩塌	崩塌	小型	12	70	840	坡体落石、地表形变	GNSS 1套、边坡合成孔径雷达、振动传感器1套
17	荷叶寨后山崩塌	崩塌	中型	68	226	5 000	坡体落石、地表形变	GNSS 1套、边坡合成孔径雷达、振动传感器1套
18	热西寨后山泥石流	泥石流	中型	56	240	1 200	实时降雨量、泥水位	雨量计1套、泥水位计2套
19	热西寨老电站对面崩塌	崩塌	小型	3	15	100	坡体落石	振动传感器1套
20	诺日朗中心站后山崩塌	崩塌	中型	4	85	800	坡体落石	振动传感器1套
21	诺日朗沟泥石流	泥石流	小型	0	0	1 200	实时降雨量、泥水位	雨量计1套、泥水位计1套
22	则多沟泥石流	泥石流	小型	18	52	1 220	实时降雨量、泥水位	雨量计1套
23	下季节海子沟泥石流	泥石流	中型	0	3	100	泥水位	泥水位计1套
24	五花海泥石流	泥石流	中型	0	0	500	实时降雨量、泥水位	雨量计1套、泥水位计1套
25	荷叶沟右侧崩塌	崩塌	小型	25	75	2 000	坡体落石	振动传感器1套
26	五花海右岸2#崩塌	崩塌	小型	0	23	344	坡体落石	振动传感器1套
27	镜海左岸崩塌	崩塌	小型	0	0	90	坡体落石	振动传感器1套
28	日则沟珍珠滩崩塌	崩塌	小型		8	120	坡体落石	振动传感器1套
29	天鹅海崩塌	崩塌	中型	0	24	50	坡体落石	振动传感器1套
30	熊猫海崩塌	崩塌	中型	0	0	35	实时雨量	雨量计1套（和熊猫海小沟泥石流共用）
31	犀牛海中部右侧滑坡	滑坡	小型		8	3	坡体落石、地表位移	裂缝位移计2套、振动传感器1套
32	上、下季节海中间崩塌	崩塌	中型	0	0	60	坡体落石	振动传感器1套

续表

序号	隐患点名称	主要灾害类型	规模	威胁对象 户数/户	威胁对象 人数/人	威胁对象 财产/万元	监测内容	监测手段
33	火花海-树正寨公路边坡上部崩塌（卧龙海公路西侧滑坡）	崩塌	小型			1 000	坡体落石	振动传感器1套
34	荷叶老学校上行100 m不稳定斜坡	不稳定斜坡	小型	0	0	500	实时降雨量、地表位移、地下水、土体含水率	雨量计1套、裂缝位移计2套、地下水监测仪1套、含水率监测仪1套、GNSS监测仪3套
35	箭竹海东南1 300 m崩塌	崩塌	大型	0	0	150	坡体落石	振动传感器1套
36	镜海西侧不稳定斜坡	不稳定斜坡	小型	0	0	400	地表位移	裂缝位移计2套
37	扎如寺崩塌	崩塌	小型	4	50	4 700	坡体落石	振动监测仪1套
38	热西寨邓家坪滑坡	滑坡	小型	10	45	500	地表位移	裂缝位移计3套
39	荷叶宾馆后山崩塌	崩塌	中型	4	95	120	坡体落石	振动传感器1套
40	生态防护工程	斜坡					实时降雨量、土体含水率	雨量计1套、含水率监测仪1套

1）灾害典型性

在景区选取的灾害隐患点应具有典型性，能够代表景区不同类型地质灾害发育的基本特征，比如，就景区内发育最为频繁的崩塌和泥石流灾害而言，20个崩塌点，15个泥石流，滑坡和不稳定斜坡虽然在景区内发育较少，但也具有较强的代表性。因此，所选点基本涵盖了不同灾害类型、不同规模和不同诱发因素的地质灾害，十分典型，能够起到示范作用。

2）灾害风险程度

在开展专业化监测时，将对景区居民点、游客、景点以及公共设施存在较大隐患的灾害点作为备选点。就景区地质灾害发育的特征而言，历史上，崩塌和泥石流灾害最为严重，因此，崩塌和泥石流的选取点数占到总点数的87%。

3）监测互补性

由表4-1可知，在同一灾害隐患点布设了多个专业监测仪器，目的在于发挥不同监测仪器的长处，使多种类型仪器之间能够优势互补，达到精细化监测的目的，同时考虑监测仪器与景区环境的适宜性，尽量减少对景观的影响。监测方法多样化、三维立体化。由于采用了多种有效方法结合对比校核，以及从空中、地面到灾害体深部的立体化监测网络，使得综合判别能力加强，促进了地质灾害评价、预测能力的提高。

2．单点监测设计

针对不同灾害类型，群专结合的精细化监测模式设计如下。

1）泥石流灾害监测设计

分析泥石流成灾机理，总结泥石流诱发因素及主要前兆指征，本着少而精，技术成熟，突出重点，兼顾整体的原则，选取主要监测指标，控制关键部位布设监测仪器。泥石流形成阶段包含着三个标志性参数：大气降雨信息、松散固体物质的稳定性、携泥沙水流泥位的变化情况。泥石流在运动过程中往往伴随着一定次声波的信息产生，如在沟道运动中泥石流的规模、运动速度等动力条件往往会对沟道产生一定的冲刷和淤积，这些参数不但反映了泥石流的规模，同时也反映了泥石流危害的大小。

选取普适性监测仪器对泥石流形成及运动阶段主要指标进行监测，包括雨量计、地声监测仪、泥位监测仪、视频监测站等。通过雨量对泥石流发育状况在时间上做出预测，然后启用视频监测站加密观察，并协同地声监测仪、泥水位计等，多种监测手段进行。每个监测点均有声光报警器可现场报警。如图 4-3 泥石流监测部署示意图和图 4-4 安装监测设备图。

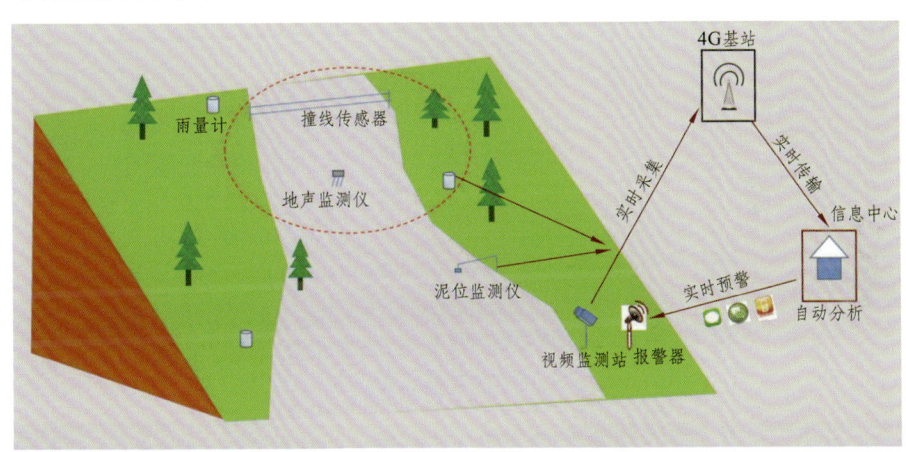

图 4-3　泥石流监测部署示意图

（a）泥位计及撞线计　　（b）地声传感器　　（c）雨量计　　（d）视频监测站

图 4-4　纳底沟泥石流安装监测设备图

2）滑坡灾害监测设计

分析滑坡成灾机理，总结滑坡诱发因素及主要前兆指征，本着少而精、技术成熟、突出重点、兼顾整体的原则，选取主要监测指标，控制关键部位布设监测仪器。滑坡监测主要包括：滑坡变形因素监测、滑坡变形破坏的相关因素监测、滑坡诱发因素监测及宏观前兆监测等。变形方面以地表裂缝监测、深部倾斜及位移监测为主；变形相关因素方面主要以孔隙水压、内部土（岩）压力为主；诱发因素以大气、坡表、坡体水量监测为主；宏观方面，以专人巡查及视频监测站为手段。每个监测点均有声光报警器可现场报警，其中不稳定斜坡的监测方式与滑坡类似。

针对滑坡和不稳定斜坡，主要部署雨量计、钻孔测斜仪、GNSS 监测仪、裂缝位移计、孔隙水压力计、地下水监测仪、含水率监测仪器等。将雨量计监测信息作为诱发滑坡或不稳定斜坡变形的主要因素，通过钻孔测斜仪、GNSS 监测仪和裂缝位移计分别获得坡体深部位移与表面变形，运用孔隙水压力计、地下水监测仪、含水率监测仪器监测降雨诱发滑坡的水文地质作用，多手段综合应用，如图 4-5、图 4-6 所示。

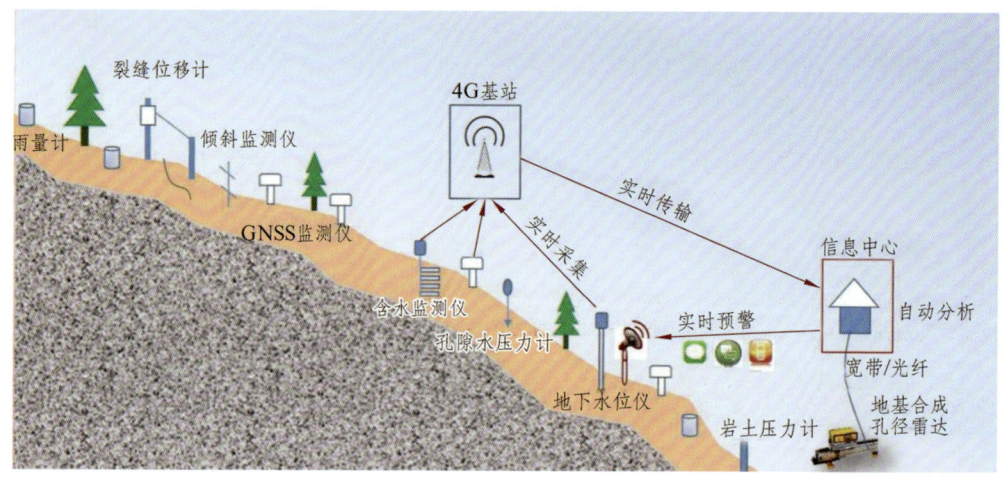

图 4-5　滑坡监测部署示意图

（a）GNSS 监测仪　　（b）裂缝位移计　　（c）雨量计　　（d）含水率监测仪

图 4-6　荷叶正沟不稳定斜坡安装监测图

3）崩塌灾害监测模式

分析崩塌成灾机理，总结崩塌诱发因素及主要前兆指征，选取主要监测指标，控制关键部位布设监测仪器。本着少而精、技术成熟、突出重点、兼顾整体的原则。崩塌监测内容主要包括四方面：崩塌变形监测、崩塌变形破坏的相关因素监测、崩塌诱发因素监测、宏观前兆监测。每个监测点均有声光报警器可现场报警。针对崩塌隐患点监测而言，主要部署了雨量计、振动传感器、视频监测站等。同样将雨量计监测信息作为超前预报的主要依据，同时运用视频监测站、振动传感器实现加密观察，实现精细化监测，如图4-7、4-8所示。

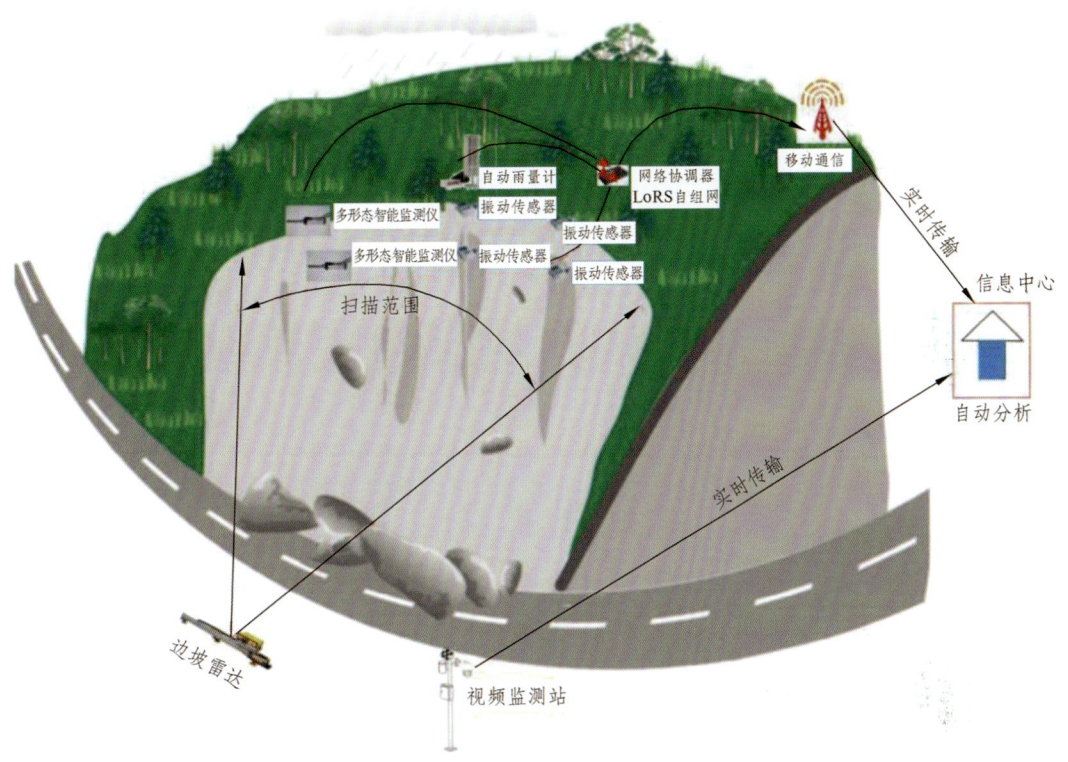

图 4-7 崩塌监测部署示意图

（a）振动传感器　　　　（b）视频监测站　　　　（c）雨量计

图 4-8 荷叶正沟不稳定斜坡安装监测图

4.2.3 精细化监测模式

通过"点面结合"与"群专结合",实现精细化监测模式。其中,点面结合体现监测网络的精细化布设,"群专结合"体现监测方式的精细化实现。即结合群测群防网络,将降雨量作为诱发地质灾害发生的直接因素,输入地质灾害预警系统,该系统为地质灾害专业人员或管理人员服务,专业人员或管理人员根据监测到的实时降雨量数据,进行区域预警等级划分,并与地质灾害隐患点叠加,根据预警等级,一方面,密切关注专业化监测仪器的监测值变化,调用视频监测等,另一方面,制订区域内每个地质灾害隐患点巡查方案,并通过地质灾害预警系统推送给每一个群测群防员。群测群防员按巡查方案执行任务,将地质灾害现状信息通过群测群防系统反馈至地质灾害预警系统,地质灾害专业人员或管理人员根据降雨量信息、专业化监测仪器监测数据和群测群防员巡查上报信息等,发布实时预警等级和消息推送,为行政领导指挥防灾、减灾和救灾提供支持。

1. 点面结合

所谓点面结合的精细化监测模式即具体到"点",重点在"面","点"为"面"服务,"面"为"点"提供指导。"点"是指:专业仪器监测点监测信息和群测群防员上报信息。其中:专业仪器监测点监测信息包含GNSS变形监测数据、裂缝计监测数据、撞线传感器监测数据、振动传感器监测数据、地下水监测数据、含水率监测数据和视频监测数据等(图4-9);群测群防员上报信息是指群测群防员针对某一灾害隐患点,通过巡查得到"点"的数据。"面"是指:景区预警单元图、景区地质灾害易发性分区图和由雨量计监测数据空间平均得到区域雨量分布图等。

"点面结合"是指:由"面"开始,即将实时监测到20个雨量监测数据进行空间平均,与事先生成的景区地质灾害易发性分区图叠加,完成景区在某一降雨过程中预警等级发布,实现"打招呼"的过程,即使行政领导明白在该降雨过程中应该重点关注哪些区域,然后,关注的程度进一步加深,到具体的"点"上,即关注重点区域上的重点地质灾害隐患点:有专业仪器布设的隐患点,则重点关注专业仪器监测数据的动态变化;没有专业仪器布设的隐患点,则与群测群防员及时沟通,通知群测群防员加大巡查力度,并将巡查结果上传。若某一地点发生地质灾害,或监测到发生地质灾害的可能性较大,则由该"点"出发,调整其所在区域的预警等级,重新回到"面",目的在于使点面结合的同时,达到点面一致,为行政领导提供全面、及时、准确的信息,便于行政领导有效地进行防灾、减灾和救灾,使资源得到有效配置和利用。

2. 群专结合

即群测群防系统与专家系统相结合,是"点面结合"精细化监测模式的一种具体实现方式。在"群专结合"中,地质灾害专业人员或管理人员在这一模式中起到沟通与互联的作用,将专业化仪器监测信息、群测群防员上报信息、区域预警结果等有机融合,实现"点面结合"的精细化监测预警。

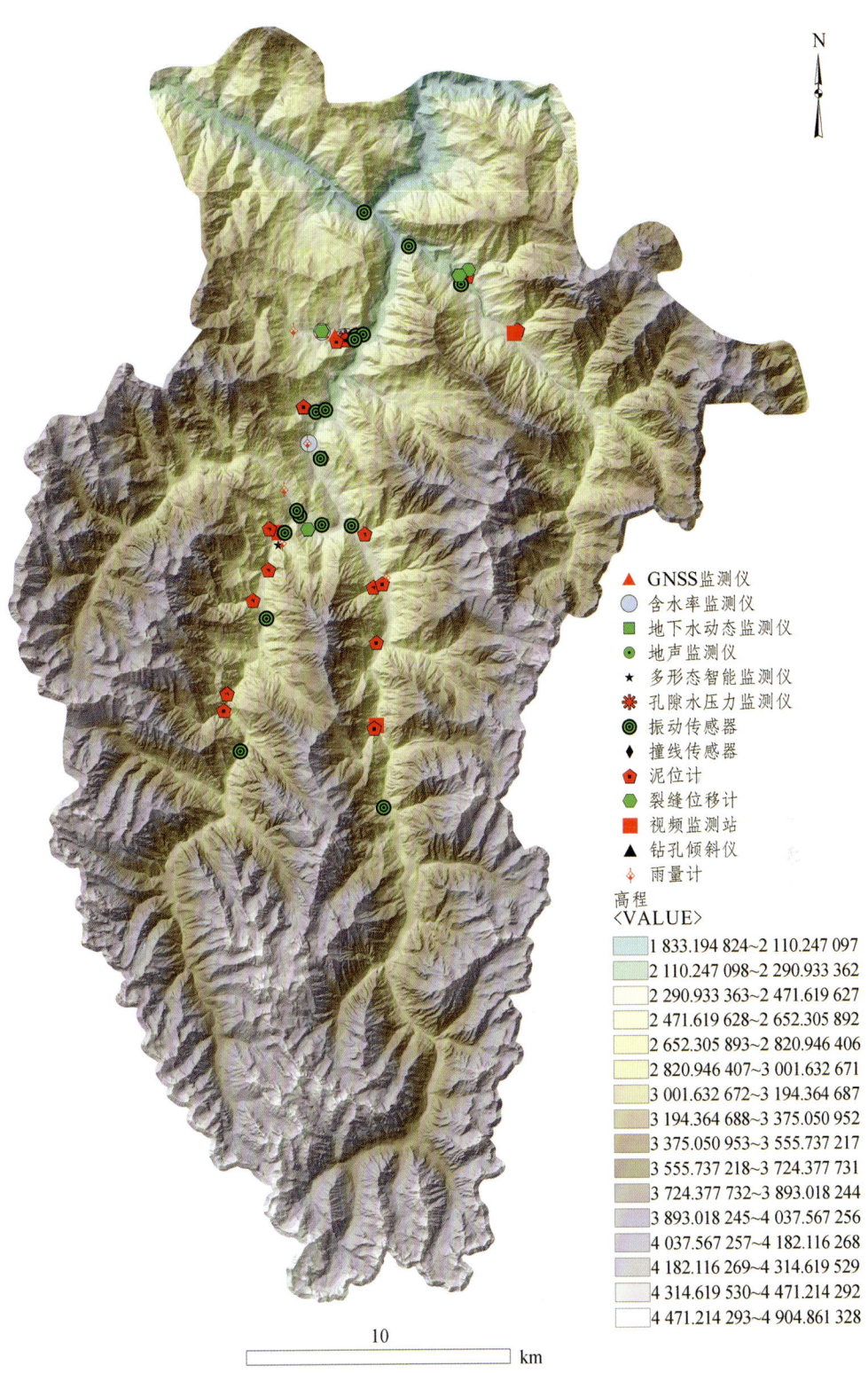

图 4-9 专业化监测仪器安装示意图

4.2.4 关键监测技术

1. 超级站监测技术

地质灾害监测系统建设涉及要素多、范围广、环境复杂、投资规模较大,同时,地质灾害监测和事故应急处理需要跨区域、部门的多方协作,合理布局、统筹规划尤为重要。当前地灾监测系统主要形态为一体化监测站,通过标准RTU设备连接各类传感器分别将数据通过运营商网络发送至数据中心,完成数据分析及预警等处理。传统一体化监测站主要通过数据采集与传输终端接收单一传感器信息,通过公共传输网络实现数据的收发,这种传输系统需依靠稳定的通信网络,一旦出现网络传输问题,容易导致现场预警不及时,达不到预期效果。

超级站监测系统主要由超级站、监测子站并连接各类传感器组成。监测子站与超级站间形成无线自组网络,负责各类数据采集并发送至超级站,超级站将数据汇聚并进行解析处理后统一经公共网络传输至数据中心,如图4-10所示。相对于传统一体化监测站,超级站监测系统可通过在前端感知部分进行组网方式的延伸,通过自组网络的构建,实现监测点终端设备更具性价比的灵活配置,同时在公共网络不可用的情况下,超级站仍可通过边缘计算实现本地预警装置的控制,保证实时性与可靠性。该系统能够充分发挥边缘计算架构的优点,很好地解决了目前常规地质灾害专业监测系统建设成本高、稳定性差、维护难度大、预测效果差等问题,实现了地质灾害断网监测、断网分析与断网报警,大幅提升了系统综合效能,进一步提高了监测预警准确率。

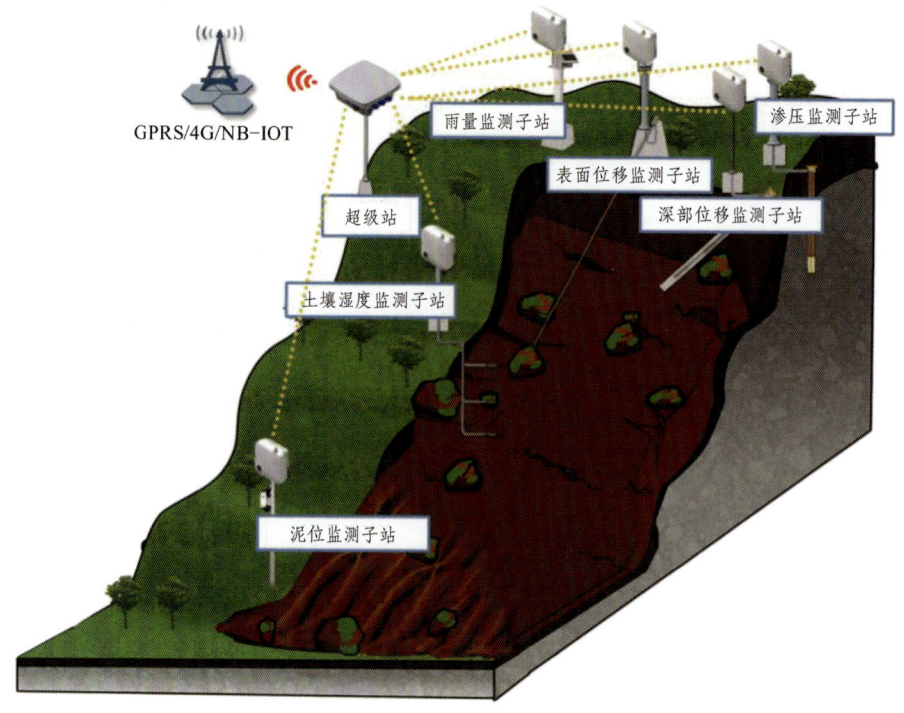

图4-10 超级站监测系统部署图

2. 边坡合成孔径雷达监测技术

震后景区山体松动、岩体破碎，高位隐蔽远程滑坡、崩塌增多，且在山体震裂形变调整过程中，有大量隐蔽性崩塌滑坡危险点存在或未列入监测视野范围。原有斜坡防治工程结构破坏严重，时有崩塌落石，险情危重，地质灾害风险防控难。针对九寨沟景区高位隐蔽地质灾害风险防控实际情况，利用地基合成孔径雷达定期对景区内多处重大地质灾害隐患点进行全天候实时监测，包括老虎嘴危岩崩塌、荷叶寨寨后山崩塌、树正寨寨后山崩塌等，如图 4-11。

（a）老虎嘴危岩崩塌　　（b）荷叶寨寨后山崩塌　　（c）树正寨寨后山崩塌

图 4-11　景区重大地质灾害隐患点地基合成孔径雷达布设图

合成孔径雷达（Synthetic Aperture Radar，SAR）是一种基于微波传感器的雷达，它具有全天候、全天时和一定穿透性等独特优点。差分干涉雷达技术（Interferometric Synthetic Aperture Radar）是 SAR 的一个重要应用，在近十几年中得到了迅速的发展，星载、地基合成孔径雷达干涉技术是 InSAR 的两种重要形式。星载合成孔径雷达重返周期较长、空间分辨率较低，适用于大区域形变监测，对于重大隐患点实用性不强。地基合成孔径雷达干涉测量技术（GB-InSAR）是星载合成孔径雷达干涉测量技术很好的补充，利用地基调频连续波干涉 SAR 技术，能实现远距离、大范围目标的快速雷达成像，精确获取位移量及速率，具有灵活多变、分辨率高、周期短、非接触式等特点，可实现重大隐患点全天时、全天候、连续周期性区域监测。隐患点形变监测如图 4-12。

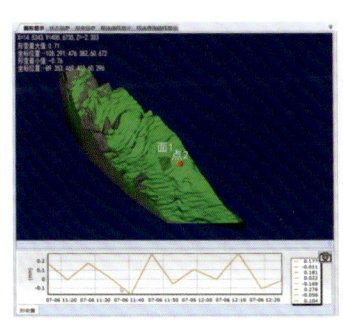 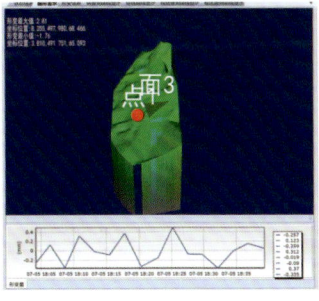 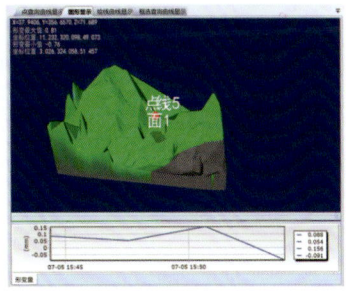

（a）老虎嘴危岩崩塌　　（b）荷叶寨寨后山崩塌　　（c）树正寨寨后山崩塌

图 4-12　景区重大地质灾害隐患点形变监测图

3. 生态化施工技术

九寨沟景区作为国家重点风景名胜区及世界自然文化遗产中心，探索采用生态化监测手段，实现监测工程与周围环境融为一体，确保监测设备与自然景观和谐适应，是景区灾后恢复重建重点。地质灾害监测对游客和景观及其附属设施，具有双重保护作用，不仅要将景区地质灾害当作监测对象，同时还要将其当作保护对象。设计建设时考虑工程外观与景观的协调，应与景区地质段的地形、地貌、色彩、植被以及与周围环境的呼应关系，将监测工程与景观特质结合起来，进行景观再造，形成"近自然"景观或"类原生自然景观"。

围绕与生态环境相适应的原则，在监测网建设过程中，采用生态化实施方式，各类监测设备辅材辅件颜色统一与当地植被建筑保持一致，对立杆采取绿色喷漆辅以仿生树皮环抱方式安装，对太阳能、生态防护栏等材料刷漆成绿色，对现场管线均以绿色或岩土色为主，见图4-13、图4-14。

图4-13 护栏喷漆、杆体仿生树皮

图4-14 绿色防护栏

4.3 地质灾害点面结合预警模型研究

通过对景区内泥石流、滑坡、崩塌等灾害类型的区域或单点预警模型分析，制定适合九寨沟景区这一空间尺度下的精细化气象预警模型和判据，为景区管理人员、群测群防员提供精细化地质灾害监测与预警信息，为景区有效避险、灾后应急处置提供决策参考。

4.3.1 区域地质灾害预警模型

区域地质灾害预警对象一般包括滑坡和泥石流。自然界中，斜坡和小流域是发生滑坡和泥石流的地貌单元，也以此成为滑坡和泥石流的孕灾单元。就降雨型滑坡和泥石流预警模型的发展而言,大致经历了从统计模式向机理预警模式发展的历程,统计预警模式仅考虑降雨和滑坡泥石流的相关性,忽略了地质灾害的形成机理过程,预警结果的精度较低,尤其是统计预报的误报率广受诟病;同时,预警模型所使用的预报单元也从小区域(或县级、或地区甚至省级)向栅格单元和地质灾害孕灾单元的方向发展,预报结果的指向性逐步增加,甚至可以精细至区域内的某一个斜坡或泥石流沟是否有灾害的发生。总而言之,模型的总体发展目的是达到区域尺度上的地质灾害精细化预警。

精细化预警是在确保预警可靠性的基础上,预警结果更明确。模型预警的可靠性一般是指预警的精度,由模型的漏报率和误报率评价,依赖于构建模型的合理性、科学性以及对研究区的适应性;而预警结果的明确性则依赖预报单元的选取,若预报单元为一个行政区域(县、市、省),那么依据此所发布的地质灾害预警结果则无法明确区域内发生滑坡或泥石流的具体位置,预警结果一般不具备防灾减灾的实际意义;若预报单元为栅格单元,则依据此发布的地质灾害预警结果可以细化至区域内的某一处格点是否有滑坡或泥石流灾害的发生,预警结果已可以为区域尺度的防灾减灾提供支撑。但是,栅格单元无法表征自然界中的斜坡或小流域的边界以及地貌形态特征,所发布的预警结果虽然可以细化到某一个位置,但无法精确到哪一个斜坡或小流域是否发生灾害,以栅格为预警单元的模式依然无法做到精细化预警的程度。由此可见,构建九寨沟景区的滑坡和泥石流的精细化预警模型,需要在发展可靠模型的基础上,识别并提取景区内的滑坡和泥石流的孕灾单元,即:斜坡和泥石流流域单元。

斜坡单元的划分技术可基于正反向 DEM 水文过程分析来实现(以下称传统方法)是目前大多数研究中采用的方法。该方法利用 ArcGIS 等商业软件对 DEM 进行地表水文过程分析,主要步骤包括无洼地 DEM 生成、提取流向和汇流累积量、生成河网、提取正反向集水流域、集水流域合并等,提取流程图如图 4-15。如图 4-16 所示,通过正反向 DEM 等一系列操作,子流域两岸被分割为两个斜坡单元。这种方法提取的斜坡单元识别不出水流方向以外的坡度变化,导致提取的斜坡单元的坡度实际并非均一,这实际与滑坡稳定性分析模型的基本假定相矛盾。一些学者注意到这个问题,采用坡度剖面的方法将斜坡单元进一步细分为较为均一的单元,但是方法烦琐,效率低,不利于大区域尺度的斜坡单元提取。并且,传统方法划分过程中会出现较多的细小破碎面和不合理长条状面,需要后期大量的人工修正工作。

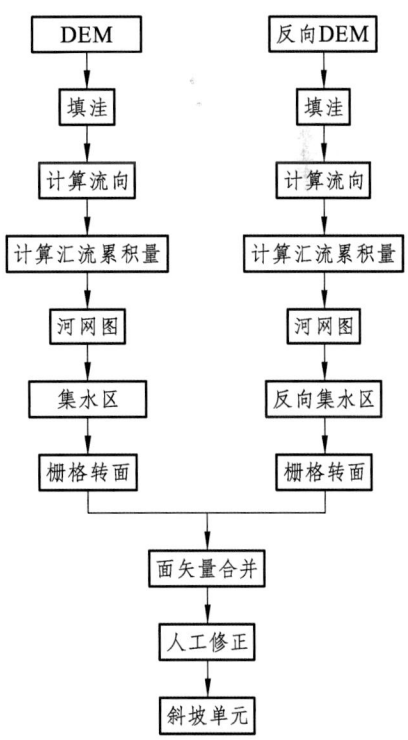

图 4-15 水文分析法提取斜坡单元流程图

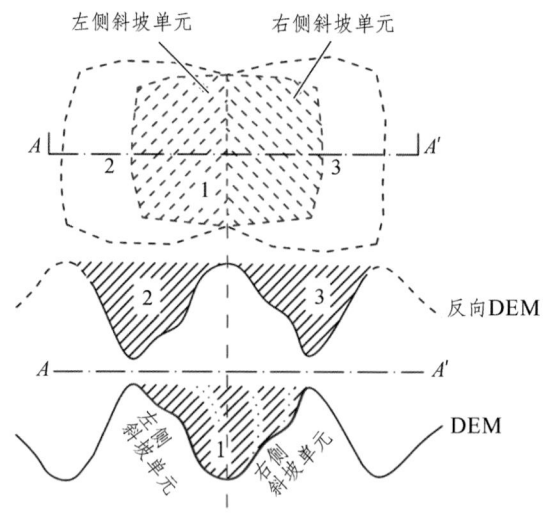

图 4-16 基于地表水文过程得到的斜坡单元

1. 泥石流流域提取方法

泥石流流域面积从不足 1 km² 到 100 km² 都有，但 80% 以上小于 10 km²。依据什么样的标准选择小流域作为预报单元？当然，将区域内的所有泥石流流域查明，评估所有泥石流流域发生泥石流的概率是最好的方法，但是，查明一个大区域的所有泥石流流域在理论上和实践上都是极其困难的事情。泥石流发生需要 3 个条件：能量、松散固体物质和水。其中松散固体物质和水受多种因素影响，变化较快，而能量条件仅受地形影响，在较长时间内可以认为是不变的，而且能量条件又是泥石流形成的决定条件。因此，我们可以根据能量条件判断一个流域是否具备发生泥石流的基本条件，如果是，则认为其为潜势泥石流流域，便可以将其作为区域泥石流预报单元。

地貌条件主要为泥石流的形成提供能量。在相对高度、沟床比降、坡度、坡向、流域面积等地貌因子中，流域的相对高度既与流域的沟床比降和流域面积有密切的联系，又能独立反映流域的地貌特征，流域的相对高度大，径流容易汇集，利于泥石流的形成；在相同高差的条件下，流域面积越小，单位面积的相对高差越大，越利于泥石流的形成。故，可以选取流域相对高度和流域面积作为泥石流流域的判识指标，建立基于能量条件的泥石流流域判定模型。

根据上述思路，对四川省已查明的泥石流流域的相对高度和流域面积进行统计分析，建立两者之间的拟合关系（图 4-17）：

$$y = 812.77x^{0.553} \tag{4-1}$$

式中：y 为流域的相对高度；x 为流域面积。由图 4-17 中的拟合曲线可知：流域的相对高程与流域面积的幂次方成正比且一一对应。根据基于能量条件的泥石流流域判定模型，在流域面积一定的情况下，处于黑线上方的流域，其单位面积的相对高差大，利于泥石流的形成，可判定为泥石流流域。然而，如果仅以黑色线作为分界线，难免会遗漏黑色线下方将近一半绿色散点。所以，需要建立一条既能反映相对高程与流域面积关系，又尽可能多地包含绿色散点的下包络线。根据这一思路，下包络线的公式如下：

$$\ln(dh) = 0.255\,3\ln(A) + 2.008 \quad A \in [0.1\,\text{km}^2, 300\,\text{km}^2] \quad (4\text{-}2)$$

式中：dh 为流域的相对高度；A 为流域面积。如图 4-17，凡是在蓝色线上方的点，均可以判定为潜势泥石流流域，图中的红色点是未包含进包络线中的点。

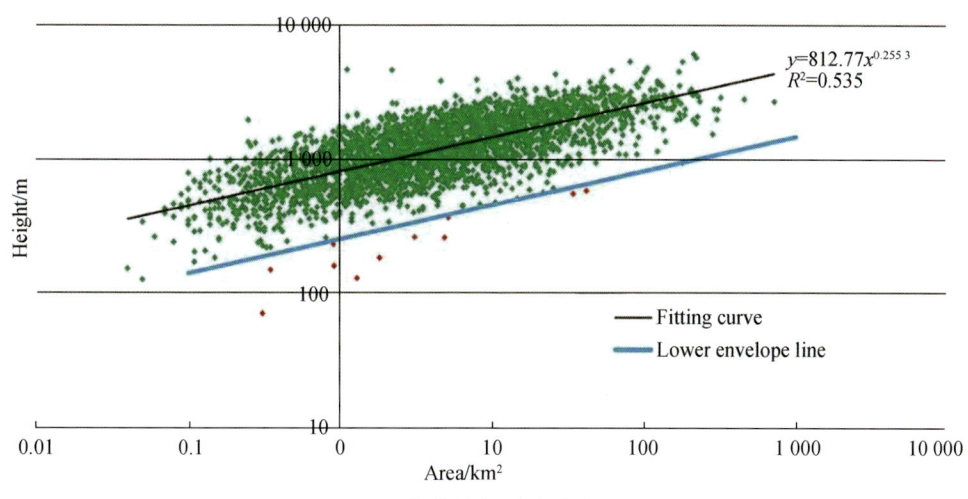

图 4-17　泥石流流域相对高度与面积关系图

2．潜势泥石流流域提取程序

为了将基于地貌特征的泥石流流域判识模型应用于泥石流流域判识，在 ArcGIS Desktop 平台加 Spatial Analyst 扩展模块的基础上，利用 VBA 程序开发语言调用 AO（ArcObject）所提供的 GIS 功能函数进行二次开发，过程数据存储在 SQL Server 2000 数据库中，见图 4-18。系统以泥石流沟判识为目的，在 GIS 和 COM 编程以及数据库等技术的支撑下，开发并建立基于 GIS 的泥石流判识系统，以划分的小流域、河流水系数据、数字高程模型为输入数据，输出满足泥石流沟所需地貌条件的小流域。系统判识过程中，建立小流域数据库，存储小流域的 ID、面积、主沟长度、高差等信息；建立河流水系数据库，存储河流 ID、河段起点编号、河段终点编号、与其相连的下一河段编号等信息；建立上有河段数据库，存储河段编号、上游河段编号、所在流域编号、上游河段起点编号、上游河段终点编号等。

在完成景区内的斜坡单元和泥石流流域单元提取之后，在此基础上发展的滑坡和泥石流预警模型便具备了精细化预警的基础。

国内外众多研究表明，降雨是诱发滑坡和泥石

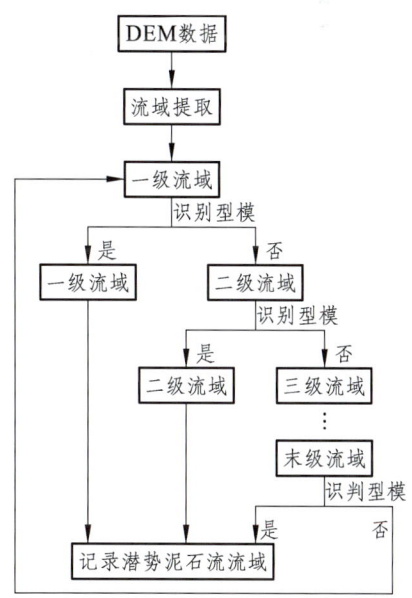

图 4-18　潜势泥石流流域判识流程图

流的关键外部因素。降雨和滑坡及泥石流灾害发生一般具有较高的相关性。只不过，降雨诱发滑坡的发生时间往往滞后于某场降雨的强度峰值，而泥石流的发生一般其沟道内的峰值流域会滞后于降雨过程的强度峰值出现的时间。由此众多学者展开降雨参数（小时雨强、累积雨量、降雨持续时间）或降雨参数间的组合（降雨强度-持续时间、前期雨量-雨强）与滑坡泥石流的相关性，构建基于降雨参数的滑坡和泥石流预警阈值。在这其中，降雨强度-持续时间（I-D）阈值曲线是研究和应用最为广泛的一种降雨参数组合，其一般的表达方式为 $I = \alpha D^{\beta}$，其中 I 表示降雨的平均雨强（mm/h）（y-axis），D 表示降水的持续时间（h）（x-axis），α 和 β 为经验系数。I-D 曲线可以揭示触发研究区内滑坡和泥石流所需的最低降水强度和降水持时，利用触发泥石流的下包络线判定是否有泥石流发生。泥石流发生的基本判定条件为：高于下包络线的降水强度和降水持时组合都认为可以触发泥石流。

I-D 曲线的构建方法如下：① 划定某个研究的区域（也可以是某条泥石流沟）；② 搜集研究区内的泥石流灾害事件；③ 泥石流灾害事件主要包括泥石流事件发生的时间点、泥石流发生时刻至该次降雨过程起始的总时间段、总时间段内的逐时降水强度；④ 计算降雨的总时间段（D），计算 D 时间段内的平均降雨强度（I）；⑤ 采用幂曲线拟合获得泥石流预报的下包络线。如图 4-19 所示。

九寨沟景区精细化预警模式（点面结合的精细化预警）：① 提取景区内的斜坡和泥石流流域单元；② 以斜坡和泥石流流域单元为预警单元，并针对景区构建相应的预警模型；③ 依赖于合理且密集的雨量站监测点位的实时雨量数据，输入预警模型，可对景区内的某一个斜坡或流域单元是否发生灾害进行评估，实现景区内的精细化预警，并利用平台向群策群防人员推送相关的预警信息；④ 群防人员收到预警信息之后，即可到相应的预警点位核实滑坡、泥石流是否出现相应临灾的典型物理现象，并拍摄照片上传平台系统；⑤ 专业人员通过分析群防人员传送的数

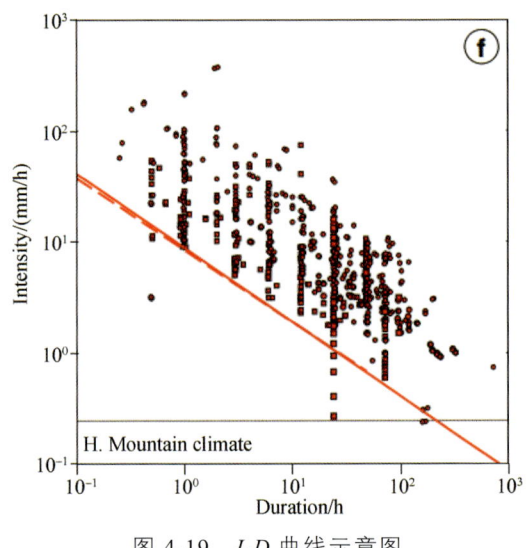

图 4-19　I-D 曲线示意图

据和图片，判定是否有必要启动预警点位处的专业监测设备，当区域预警信息以及群防人员反馈的数据显示预警点位可能出现明显征兆时，便启动专业监测设备，对具体的点位进行精细化的实时监测，由此便可实现预警空间由面及点的缩尺化、精细化及体系化的预警模式，为九寨沟防灾减灾提供技术支撑。

4.3.2　单点地质灾害预警模型

1. 基于动力侵蚀的斜坡灾害预警模型与判据

滑坡分析模型通过计算每个斜坡单元的安全系数 F_s 判断单元稳定状态。一些学者

基于极限平衡理论，提出了斜坡单元安全系数计算方法。二维极限平衡理论（例如简化 Bishop 法）下斜坡单元安全系数 F_s 计算公式如下：

$$F_s = \frac{\sum_{i=1}^{n}[W_i \tan\varphi + (u_s \tan\varphi_b + c)B]/[\cos\alpha_i(1+\tan\alpha_i \tan\varphi/F_s)]}{\sum_{i=1}^{n}W_i \sin\alpha_i} \quad (4\text{-}3)$$

式（4-3）中：n 为土条数目；B 为每个土条宽度；W_i 为土条重力；α_i 为土条底部倾角；c、φ、u_s 分别为土体的黏聚力、内摩擦角、基质吸力；φ_b 为吸力内摩擦角，当基质吸力较低时，该值与内摩擦角 φ 接近。

由式（4-3）可见，滑坡物理评估模型本质属于确定性方法，即依赖安全系数的值发布滑坡是否发生的确定性预报结果。但是，用于计算安全系数 F_s 的岩土体力学参数如黏聚力 c 和内摩擦角 φ 却存在空间不确定性的客观事实。一些学者利用概率密度函数反映输入力学参数的不确定性，目前常用的分布函数有正态分布和均匀分布。正态分布适用于那些能够获得详细水文地质参数的小区域，而对于难以取得详尽地质水文参数的大区域，假设每个预报单元内部的岩土体力学参数服从均匀分布更为合适。假定土体在一定的边界范围内服从均匀分布 $c = U(c_{\min}, c_{\max})$，$\varphi = U(\varphi_{\min}, \varphi_{\max})$，然后采用蒙特卡洛法在该界限范围内随机取值。具体的随机取值方法是：两个土力学参数随机变量的取值以在 $U(0,1)$ 上均匀分布的随机数 $[r_i = U(0,1)]$ 为基础，利用公式（4-4）和公式（4-5）分别在其边界内随机取值 n 次：

$$c_i = r_i(c_{\max} - c_{\min}) + c_{\min} \quad (4\text{-}4)$$

$$\varphi_i = r_i(\varphi_{\max} - \varphi_{\min}) + \varphi_{\min} \quad (4\text{-}5)$$

式（4-4）与（4-5）中：$c_{\min}$ 和 $\varphi_{\min}$ 分别是土体黏结力和内摩擦角浮动区间的下边界；$c_{\max}$ 和 $\varphi_{\max}$ 分别是土体黏结力和内摩擦角浮动区间的上边界。每个栅格单元力学参数的上下界限按下式确定：

$$c_{\min} = c_L, c_{\max} = c_P \quad (4\text{-}6)$$

$$\varphi_{\min} = \varphi_L, \varphi_{\max} = \varphi_P \quad (4\text{-}7)$$

式（4-6）与（4-7）中：c_P、φ_P 分别为塑限状态下的黏聚力和内摩擦角；c_L、φ_L 分别为液限状态下的黏聚力和内摩擦角。

在确定的力学参数下，进行该斜坡单元的安全系数计算。在其他参数已知的情况下，每一组 $[c_i, \varphi_i]$ 均会生成唯一对应的安全系数 $F_{s_i} = [F_{s_1}, F_{s_2}, F_{s_3}, \cdots, F_{s_n}]$。安全系数数组 F_{s_i} 代表了某个斜坡单元可能存在的 n 个不同的稳定性状态，而在这 n 种状态中，$F_{s_i} \leq 1$ 出现的次数（$Sum_{F_s<1}$）或比重值（$P \in [0,1]$）则表示了该斜坡单元倾向于失稳破坏的趋势的大小：

$$P = \frac{Sum_{F_s<1}}{n} \quad (4\text{-}8)$$

式（4-8）中，P 值越大，表明在具有不确定性的输入变量的作用下，同样具有不确定性的稳定性分析结果越倾向于滑坡发生。P 值超过 50% 预示着斜坡单元已完全倾向于失稳破坏的一端。所以，比重 P 可以用来作为概率分析模型中具有不确定属性的输入量与输出结果之间的纽带。比重 P 以具体的数值定量化这两者之间的联系，即采用比重 P 来判定在具有不确定性输入参数的作用下滑坡发生的概率。然后将 $P \in [0, 1]$ 离散成一系列的参考区间，区间从 1 到 5 表示滑坡发生的概率值会逐步增加，危险等级也越来越高，并采用不同的预警颜色与预警等级相匹配，如表 4-2。如此，便可利用比重 P 来建立滑坡发生概率（或危险等级）与输入参数不确定性之间的关联，建立起基于物理框架的滑坡概率分析模型。根据以上所述，基于斜坡单元的滑坡概率分析流程如图 4-20。

表 4-2　预警等级设置表

比重区间/%	$P<20$	$20 \leqslant P<40$	$40 \leqslant P<60$	$60 \leqslant P<80$	$80 \leqslant P<100$
预警等级	1	2	3	4	5
预警颜色	—	蓝色	黄色	橙色	红色

为驱动滑坡概率分析模型，需要研究非饱和土体的水文过程响应机制与数值模拟方法，以获取滑坡概率分析方法中一些关键输入参数如土体含水量和基质吸力的变化规律。采用一维 Ricard 入渗方程进行含水率的求解。非饱和土的抗剪强度受到基质吸力的影响，因此通过入渗模拟得到非饱和土水分运动规律后，需要求解相应的基质吸力分布状态。当土体水分仅受外界单一因素（如降雨）控制时，基质吸力是土体含水量的单值函数，二者关系可以通过土水特征曲线反映。选用 Van Genuchten 于 1980 年提出的土水特征曲线数学模型（VG 模型）进行基质吸力的计算。

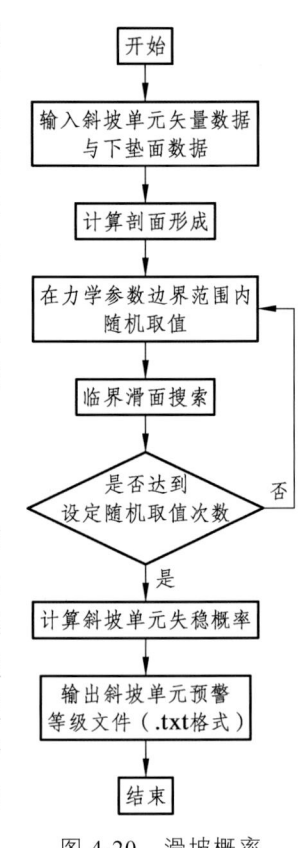

图 4-20　滑坡概率分析流程图

2. 基于水土动力耦合的泥石流预警模型与判据

以泥石流密为拟合 I-D 阈值曲线的控制参数，研究可描述流域内泥石流过程的数学物理方法，构建可用于计算水土混合密度的物理模型；研究坡面-降水的水文模型驱动物理模型的运行，搭建降雨参数→下垫面→水土混合物密度的物理映射关系；依据拟合泥石流 I-D 阈值曲线的思路，利用物理模型搜索可使水土混合物满足某一特定泥石流密度条件的降雨强度和降雨持时，并拟合出相应的 I-D 阈值曲线，实现构建泥石流 I-D 阈值曲线的数学物理方法。

建立推导 I-D 阈值曲线的物理模型首先进行如下假定：① 假定某次降雨入渗过程导致的浅层滑坡量全部贡献于当次的泥石流发生所需的固体物源；② 假定流域尺度范围内泥石流形成所需的固体松散物质全部来自于浅层滑坡，忽略泥石流运动过程中所裹挟的固体物质体量。将流域尺度上的泥石流形成的复杂过程简化为：① 降水入渗导致流域内的坡面土体失稳，发生浅层滑坡，堆积于泥石流沟内；② 降雨产生的地表径流与堆积于沟道内的滑坡堆积体耦合，形成水土混合物（依据水土混合物的密度，水土混合物可被视为高含沙水流或泥石流）。基于上述的泥石流形成过程物理现象的描述，可将上述简化的物理过程模型化。如图 4-21 所示。

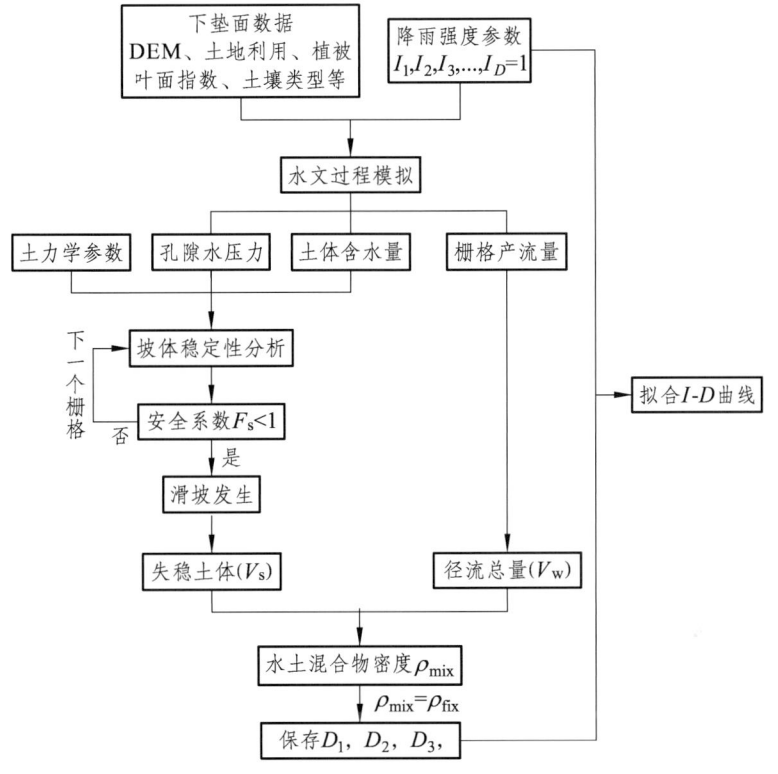

图 4-21　泥石流发生的物理过程

1）以滑坡为泥石流物源补给方式

降水入渗导致非饱和坡体内部基质吸力的迅速降低或者是饱和土坡体内部孔隙水压力的提升是分别造成浅层滑坡的主要因素。受太平洋和印度洋的影响，中国西南在夏季的降雨量充沛，而其他季节较为干燥。中国西南地区的地质灾害多在雨季期间发生，而在雨季来临之前，坡体一般都处于非饱和状态。降雨入渗使得土体含水量的增加，进而造成土体的基质吸力降低，是导致坡面土体失稳的主要诱因。在此，基于非饱和土的莫尔-库仑破坏准则和无限边坡模型，建立了用于判定泥石流流域内的两岸坡体稳定性判定公式：

$$F_s = \frac{\tan\varphi}{\tan\beta} + \frac{c + \psi \tan(\varphi^b)}{\gamma_t H_s \cos\beta \sin\beta} \quad (4\text{-}9)$$

式中：F_s 为安全系数；c 为土体的黏结力；φ 是土体的内摩擦角；u_a 是为大气压，u_a

$= 0$;φ^b 与基质吸力相关,当基质吸力较低时,该值与内摩擦角 φ 接近;H_s 为土层厚度;$\psi = (u_a - u_w)$ 为基质吸力,是土体含水量的函数,由方程 Van Genuchten 模型描述：

$$S_e = \frac{\theta - \theta_r}{\theta_s - \theta_r} = \left[\frac{1}{1+(\alpha \times \psi)^n}\right]^m \quad (4-10)$$

式中：S_e 为饱和度；θ_s 和 θ_r 分别表示土体的饱和含水量和残余含水量；θ 为当前时刻的土体含水量；n 和 m 为曲线形状参数,且 $n = 1 - 1/m$。

以形状规则的网格单元为分析对象,当公式（4-9）中的安全系数 $F_s \geq 1$ 时,表明网格单元是稳定的；$F_s < 1$ 则表明栅格单元失稳。如此,降雨入渗导致的流域内失稳土体总量（泥石流固体物源总量）S_v 可用公式（4-11）估算：

$$V_s = \sum_{t=1}^{T}\sum_{i=1}^{N_s} A_i \times D_s \quad (4-11)$$

式中：V_s 表示从模型开始计算开始的累计失稳土体总量（m^3）；T 表示计算的总时间长度（h）；N_s 表示流域内发生失稳的栅格数量；A_i 表示栅格的面积（m^2）；D_s 为某个失稳栅格的失稳深度（m）,D_s 可通过试算每个土层厚度的安全系数确定。

2）基于超渗产流机制的径流估测

为了驱动公式（4-9）的运算,需要进行水文过程模拟以便向公式（4-10）和公式（4-11）输送关键的水文参数。降水满足冠层的截留后,会与地表发生入渗作用。坡面土体在降雨入渗发生之前,一般处于非饱和状态。本项目采用一维非饱和 Richard 水分运动方程描述降水下渗的物理过程：

$$\begin{cases} \frac{\partial \theta}{\partial t} = \frac{\partial}{\partial z}\left[D\left(\theta \frac{\partial \theta}{\partial z}\right)\right] - \frac{\partial K(\theta)}{\partial \theta} & \text{①} \\ \theta = \theta_a, \quad t = 0, z \geq 0 & \text{②} \\ -D(\theta)\frac{\partial \theta}{\partial z} + K(\theta) = R(t), \quad t > 0, z = 0 & \text{③} \\ \theta = \theta_a, \quad t > 0, z = L & \text{④} \end{cases} \quad (4-12)$$

式中：θ 为土体的体积含水量；$D(\theta) = K(\theta)/(d\theta/d\psi)$ 为非饱和土的扩散率（mm^3/h）；z 为竖向坐标,以地表为原点,向下为正（mm）；θ_a 为土层的初始体积含水量；$K(\theta)$ 为土层的非饱和导水率（mm/h）；$R(t)$ 为降水强度（mm/h）；L 为下边界深度；ψ 为非饱和土基质吸力（mm）,由公式（4-10）描述。

采用隐式有限差分法离散一维水分运动微分方程,时域被离散成为 1 h 的等时间间隔,空间域土层划分进行离散（从表面沿土层厚度的方向,向下为正方向）。下边界处理：根据在云南东川蒋家沟的观测数据研究,一般降水对地表 40 cm 以下的土壤含水量影响很小,另外中国地下水位连年下降,以成都市为例,20 世纪 70 年代以前地下水位普遍在 1~3 m,而目前的地下水位普遍降至 10~20 m。所以下边界采用不透水边界（即不考虑下边界与地下水之间的水分交换）是较为合理的一种选择方式。上边界：利用超渗产流机制控制入渗上边界，即当降水强度小于地表的入渗能力时，边界条件由公式（4-12）中的③控制，而当降水强度超过地表的入渗能力（f_s）后随即转化为径流流走，不考虑洼地积水的有压入渗，此时地表饱和，公式（4-12）中的③控制的边界条件转化为 $\theta = \theta_s$（θ_s 为某种土壤类型对应的饱和体积含水率）。超出地表入渗能力而产生的径流汇入泥石流沟内，为泥石流的形成提供水源，累计的径流总量可由如下公式评估：

$$V_w = \sum_{t=1}^{T}\sum_{i=1}^{N_w} A_i \times D_w \tag{4-13}$$

式中：V_w 表示流域内的累计径流总量（m³）；T 表示计算的总时间长度（h）；N_w 表示流域内发生失稳的栅格数量；A_i 表示栅格的面积（m²）；D_w 为某个失稳栅格表面的径流深度（m），等于净雨量减去入渗量。

3）水土混合物密度估测

泥石流沟道内径流与失稳土体相遇融合后，会形成具有较高密度的水土混合物。在本项目的模型假定框架下，水土混合物的密度可由如下公式确定：

$$\rho_{mix} = \frac{\rho_w v_w + \rho_s v_s}{v_w + v_s} \tag{4-14}$$

式中：ρ_{mix}、ρ_w 和 ρ_s 分别是水土混合物、水体和土体颗粒密度（$\rho_s = 2.7$ g/cm³），v_w 和 v_s 分别是降雨条件下的土体总量和径流总量，分别由公式（4-11）和（4-13）计算。密度是表征水土混合物流体性质的关键参数。

4）I-D 阈值曲线

密度是表征水土混合物流体性质的关键参数。目前泥石流的野外观测数据表明，泥石流的密度区间一般在 1.2 到 2.3 g/cm³ 之间变化。由公式（4-11）、（4-13）和（4-14）计算所得的 ρ_{mix} 小于 1.2 g/cm³ 意味着水土混合物仅为高含沙水流，其运动特性尤其是龙头位置处的特性会有很大差异，比如高含沙水流的龙头位置不会出现大石块集中且悬浮的状态。而当 ρ_{mix} 大于 2.3/cm³ 时会导致水土混合物的抗剪强度增加，弱化了混合物的流动特性。

水土混合物具备泥石流的流体特性的一个必要条件是其密度值要介于泥石流的常见密度变化范围（1.2～2.3 g/cm³）。因此该密度变化范围为水土混合物是否是泥石流提供了与流体特性相关的阈值区间。对于阈值区间内的任意一个特定的密度值而言，可能存在多种 I 与 D 的不同组合，促使模型计算所得的水土混合物等于此特定值。通过公式（4-11）、（4-13）和（4-14）的试算搜索出一系列的 I 与 D 降雨参数组合，如此便可拟合这些 I 与 D 获取相应的拟合曲线，拟合出来的曲线与泥石流的某一特定的密度值相对应，因此这些拟合的曲线也可称为等密度曲线。

4.3.3 景区泥石流预警模型构建

基于水土动力耦合的泥石流预警模型与判据计算方法，以景区选取的 15 条典型泥石流沟为例，如图4-22，通过野外勘察、室内试验，获取关键下垫面数据，事先设定多级的前期含水量，从10 mm依次增加5 mm直到100 mm为止。初步构建了各个泥石流沟在不同前期雨量条件下的 *I-D* 阈值曲线数据库。为基于雨量监测的泥石流预警提供关键的阈值参考。

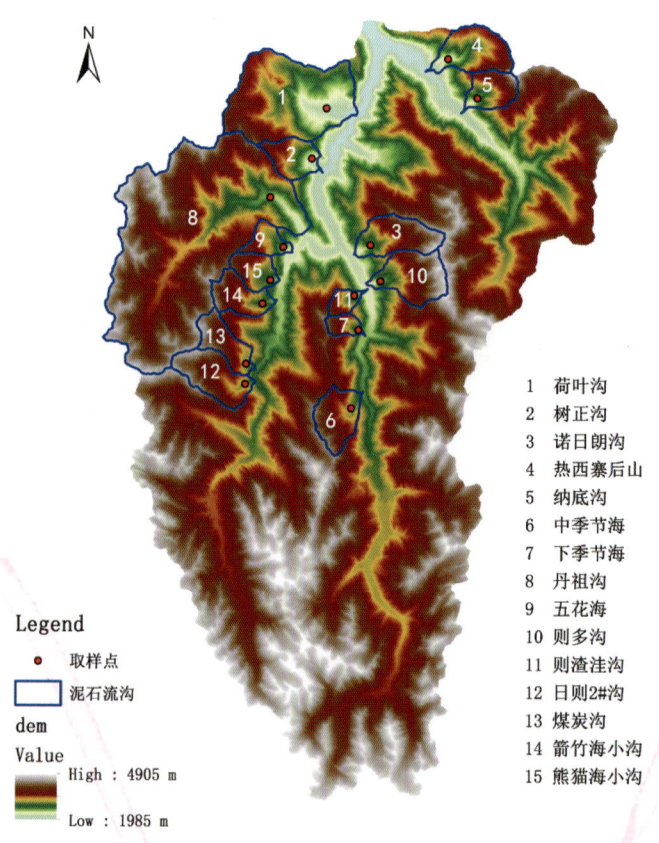

图4-22 景区15条典型泥石流沟分布图

图4-23为荷叶沟泥石流在不同前期含水量下的 *I-D* 阈值曲线。就荷叶沟的计算结果而言，随着前期含水量的逐步增大，泥石流发生的可能性增大，因为标定泥石流密度上、下包络线的间距逐步增大。当降雨条件组合位于黑色线意味着荷叶沟内处于产流阶段，但此时水动力条件较低，还无法裹挟降雨造成的滑坡堆积体；降雨条件组合位于黑色和红色线之间意味着荷叶沟内形成的水土混合物具备泥石流的流体特性，在此降雨条件下在荷叶沟内可能会诱发泥石流；降雨条件组合位于红色线上方意味着沟道内的产流速率大于产沙速率，沟道内的水土混合物以高含沙水流的形式流动，甚至可能在此降雨条件下诱发山洪。

虽然，前期含水量的逐步增加导致荷叶沟内的泥石流发生概率逐步增大，但红色和黑色包络线的面积相比于整个 *I-O-D* 平面仍非常小，这意味着泥石流的发生相对于降雨事件而言仍属于小概率事件。

图 4-23（a）~（r），红色线与黑色线之间的间距表示泥石流发生的可能性大小。一般而言，前期降水越大，两条线的间距越大，说明前期降雨越大，泥石流发生的可能性越大。但是，前期雨量 10，15，20，25 mm 的阈值区间相差不大，激发泥石流的降雨条件相近；而前期雨量 30，35，40，45 mm 的阈值区间在相近水平；前期雨量 50，55，60，65 mm 的阈值区间在相近的水平；前期雨量 70 ~ 100 mm 的阈值区间在相近的水平。此外，前期雨量相差 5 mm 的情况下，蓝色与黑色线之间的间距以及两条线在 xOy 平面内的相对位置均相差不大。因此，后续的前期雨量可设置 10 mm 的递增规律。

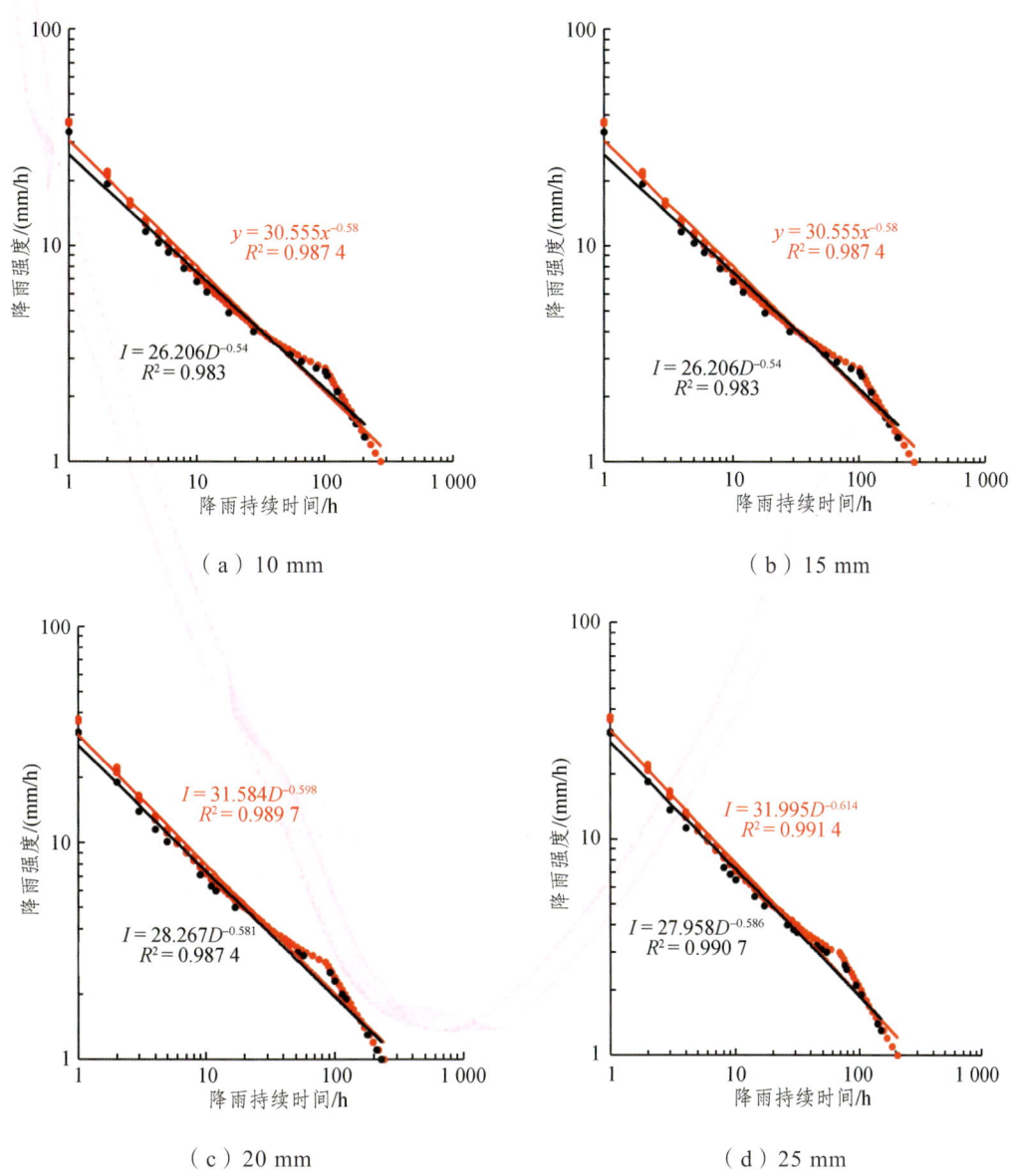

(a) 10 mm (b) 15 mm (c) 20 mm (d) 25 mm

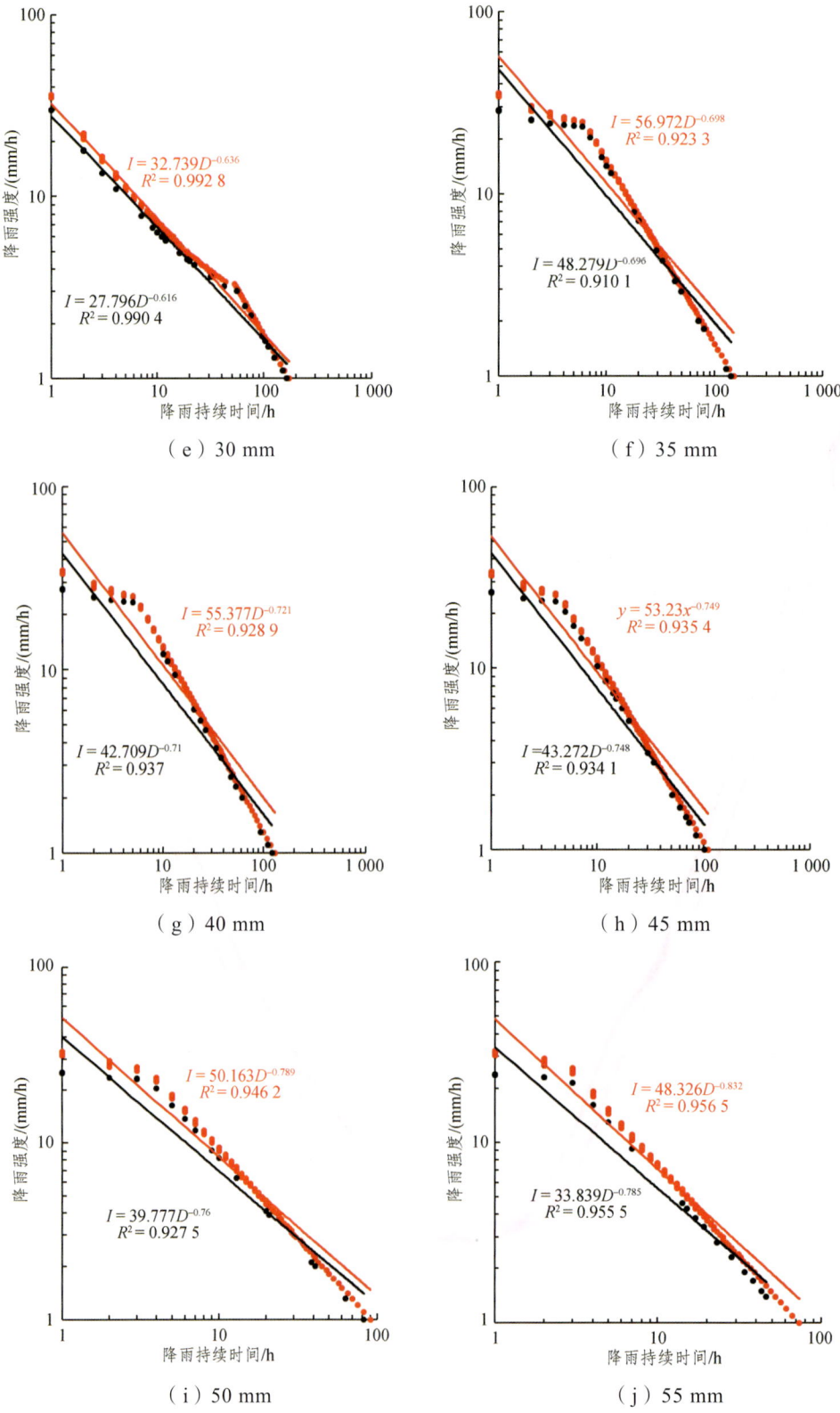

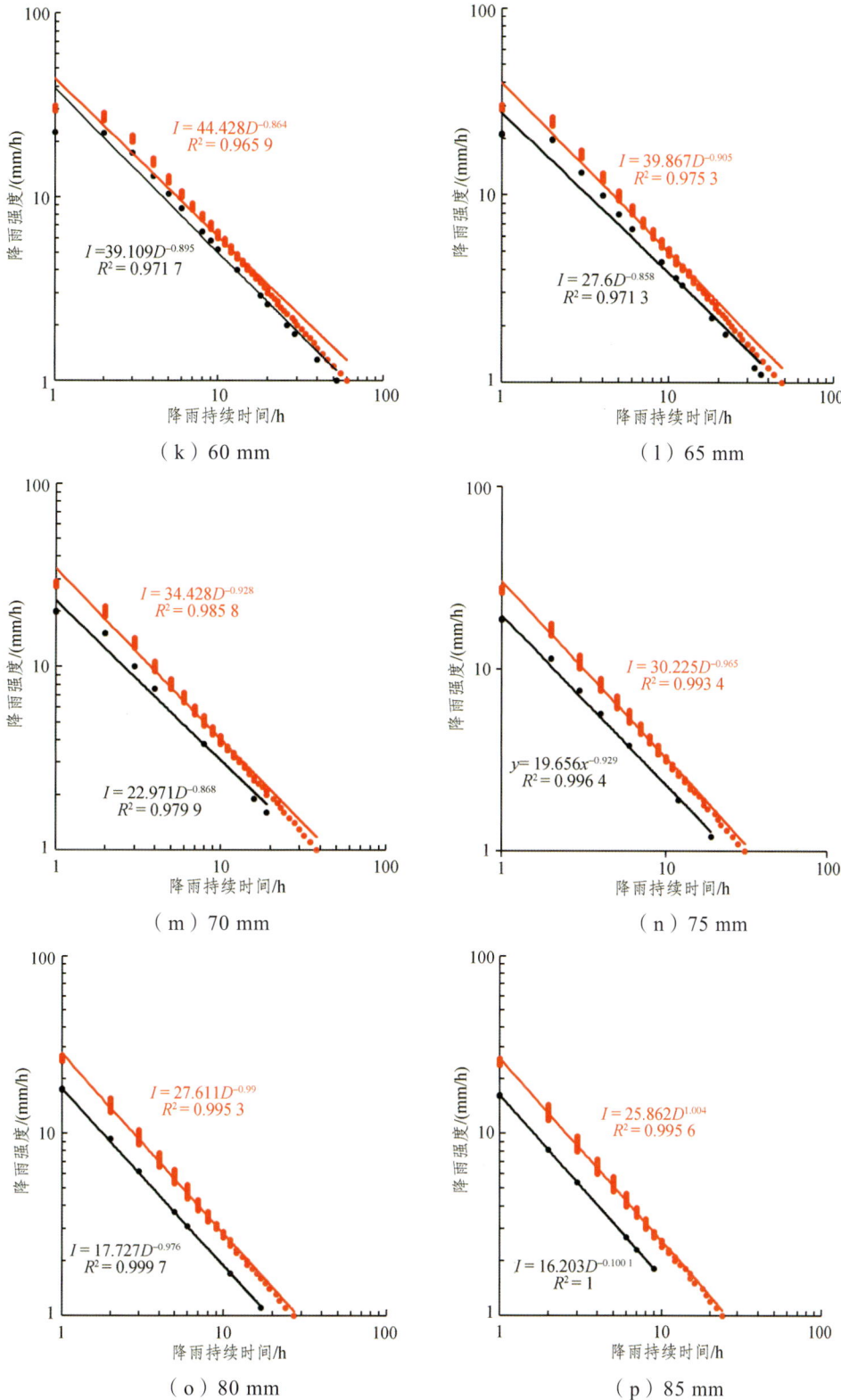

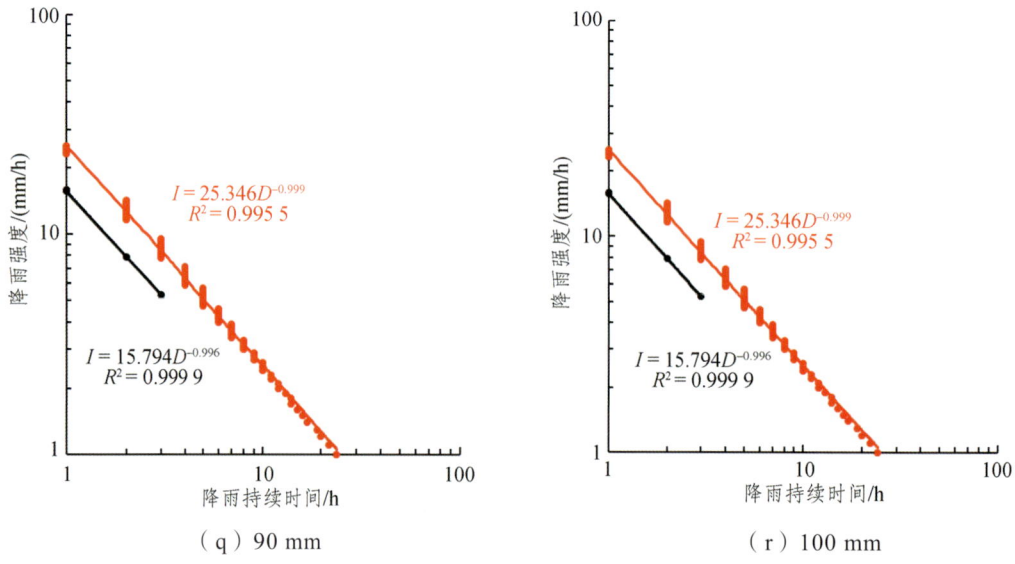

(q) 90 mm　　　　　　　　(r) 100 mm

图 4-23　九寨沟支沟-荷叶沟泥石流 I-D 阈值曲线

（黑色线表示流体密度值为 2.2 g/cm³，红色线表示流体密度值为 1.2 g/cm³）

图 4-24 显示了树正沟的泥石流 I-D 阈值曲线图。在该图中，列出了下树正沟在不同前期降雨量条件下的阈值曲线（间隔 10 mm）。树正沟泥石流的 I-D 阈值曲线随前期降雨量的变化规律与荷叶沟类似。此外，就树正沟而言前期降雨量越大，拟合所得的曲线相关系数越高。在此 I-D 阈值曲线系列中前期雨量在 30，50，80 和 100 mm 时，I-D 阈值曲线中的黑色和红色线间距会出现显著增大的现象，再结合荷叶沟的变化规律，在后期的应用过程中我们将仅设置 30、50、80 和 100 mm 的前期降雨水平。

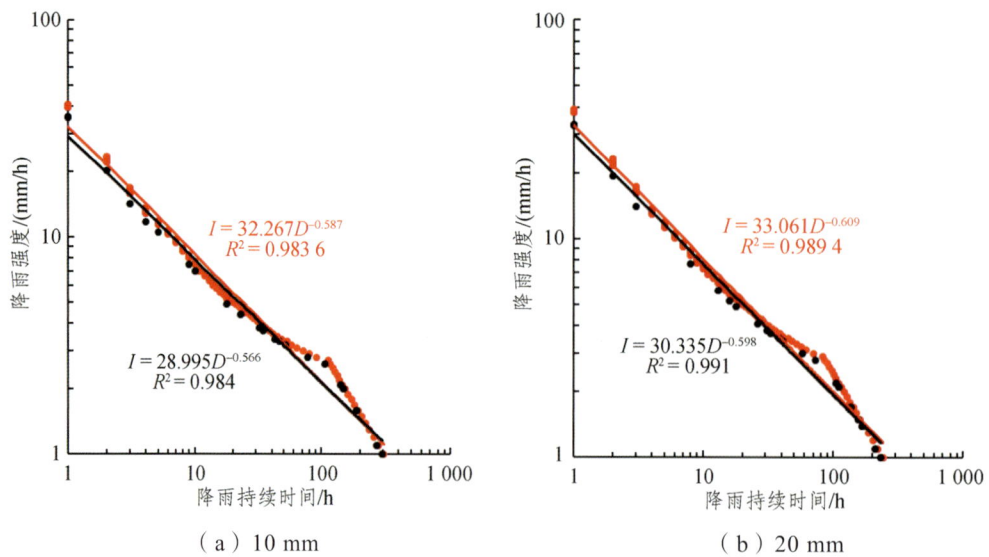

(a) 10 mm　　　　　　　　(b) 20 mm

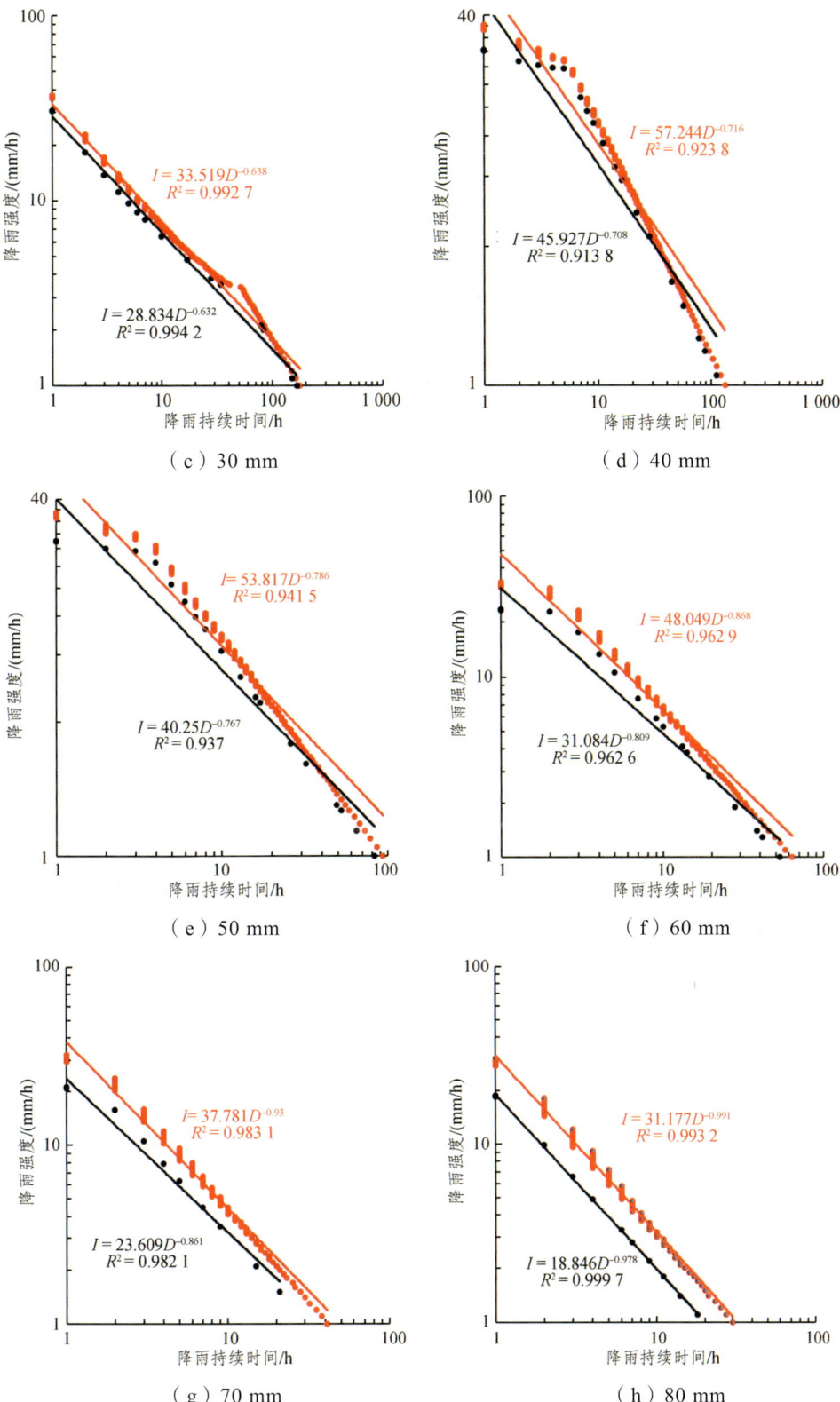

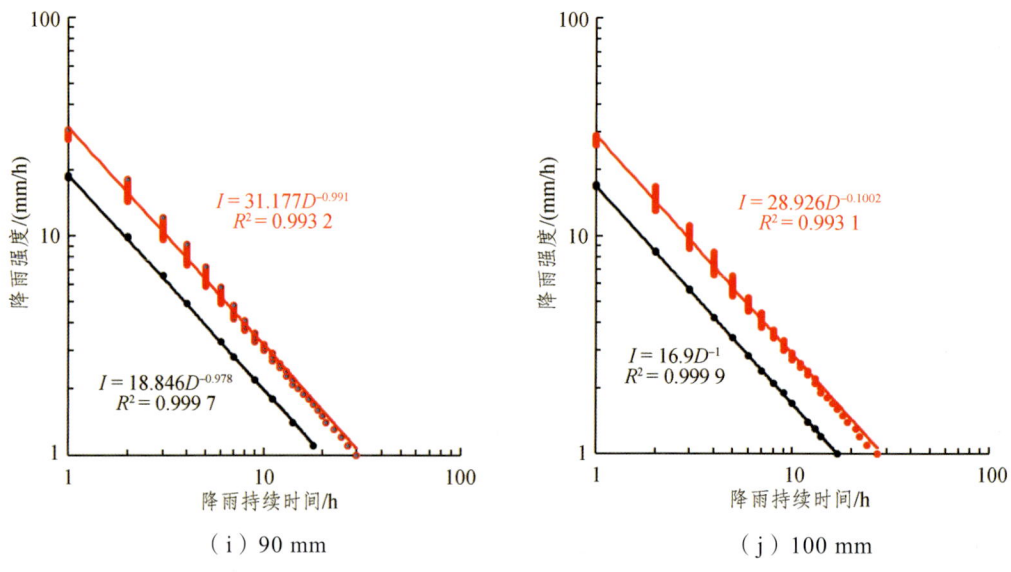

(i) 90 mm　　　　　　　　　(j) 100 mm

图 4-24　树正沟泥石流 I-D 阈值曲线

表 4-3 列出了 15 条泥石流沟在不同前期雨量条件的下的 I-D 阈值曲线。表中丹祖沟并没有显示出相应的阈值区间,就模型的计算来看说明此条泥石流沟很难发生泥石流灾害。在实地考察过程中也发现沟道流通区内植被茂盛,地势极为平坦,模型的计算结果与实际野外踏勘的结果类似,属于低易发泥石流沟。

基于表 4-3 中的 I-D 阈值曲线,可以实现基于雨量数据的泥石流实时监测预警,具体的方法如下:

(1) 在模型计算的结果中抽选前期降雨量为 30、50、80 和 100 mm 以及与前期降雨量相对应的泥石流 I-D 阈值曲线数据。

(2) 采用公式 (4-15) 计算雨量站监测数据的前期有效雨量。当前期雨量低于 30 mm 时,泥石流的预警标准以 30 mm 的 I-D 阈值曲线为参考;当前期雨量介于 30 ~ 50 mm 时,泥石流的预警标准以 50 mm 的 I-D 阈值曲线为参考;前期雨量介于 50 ~ 80 mm 时,泥石流的预警标准以 80 mm 的 I-D 阈值曲线为参考;前期雨量介于 80 ~ 100 mm 时,泥石流的预警标准以 100 mm 的 I-D 阈值曲线为参考。将降雨持续时间 D 代入表 4-3 中的计算公式 $I = \alpha D^{\beta}$,计算出对应的 $I_{|1.2}$ 和 $I_{|2.2}$,以此确定预警的区间范围 $[I_{|2.2}\ \ I_{|1.2}]$。

$$Ar = \sum_{i=1}^{n} K^n R_i \qquad (4\text{-}15)$$

式中: Ar 为泥石流发生前 n 天的前期降雨量; K 是衰减经验系数,在蒋家沟的野外试验结果表明该流域前期降雨量的衰减系数为 0.78。

(3) 小时雨强的计算方式:依靠实时监测降水在一定时间段总量,计算特定时间段内的平均小时雨强,直至降水过程结束。此时监测获取的降水强度记为 $I_{|monitor}$。

(4) 只有当 $I_{|2.2} \leq I_{|monitor} \leq I_{|2.2}$ 时,表明所监测的沟道内可能有泥石流的发生。

表 4-3　15 条泥石流沟的 $I\text{-}D$ 阈值曲线

[I 表示降雨强度（mm/h），D 表示降雨持续时间（h）]

泥石流沟		不同前期雨量条件下的 $I\text{-}D$ 阈值曲线拟合公式			
		前期雨量 30 mm	前期雨量 50 mm	前期雨量 80 mm	前期雨量 100 mm
荷叶沟	上限	$I=32.739D^{-0.636}$	$I=51.163D^{-0.789}$	$I=27.611D^{-0.99}$	$I=25.346D^{-0.999}$
	下限	$I=27.796D^{-0.616}$	$I=39.777D^{-0.760}$	$I=17.727D^{0.976}$	$I=15.794D^{-0.996}$
树正沟	上限	$I=33.519D^{-0.638}$	$I=53.817D^{-0.786}$	$I=31.177D^{-0.991}$	$I=28.926D^{-1.002}$
	下限	$I=28.834D^{-0.632}$	$I=40.25D^{-0.767}$	$I=18.846D^{-0.978}$	$I=16.900D^{-1.000}$
诺日朗沟	上限	$I=26.546D^{-0.580}$	$I=46.989D^{-0.691}$	$I=49.804D^{-0.944}$	$I=49.804D^{-0.944}$
	下限	$I=41.305D^{-0.711}$	$I=40.738D^{-0.753}$	$I=21.978D^{-0.856}$	$I=21.978D^{-0.856}$
热西寨	上限	$I=41.305D^{-0.793}$	$I=42.169D^{-0.773}$	$I=62.517D^{-1.127}$	$I=62.230D^{-1.129}$
	下限	$I=33.806D^{-0.696}$	$I=22.856D^{-0.724}$	$I=15.703D^{-1.009}$	$I=15.031D^{-0.997}$
纳底沟	上限	$I=23.174D^{-0.537}$	$I=64.21D^{-0.795}$	$I=112.460D^{-1.146}$	$I=111.173D^{-1.147}$
	下限	$I=23.067D^{-0.610}$	$I=22.284D^{-0.713}$	$I=16.181D^{-1.001}$	$I=15.453D^{-1.016}$
中季节海	上限	$I=28.774D^{-0.617}$	$I=66.374D^{-0.899}$	$I=32.734D^{-1.053}$	$I=29.174D^{-1.044}$
	下限	$I=29.107D^{-0.639}$	$I=51.880D^{-0.876}$	$I=18.707D^{-1.094}$	$I=14.859D^{-0.972}$
下季节海	上限	$I=21.439D^{-0.479}$	$I=143.560D^{-0.970}$	$I=140.480D^{-1.144}$	$I=137.721D^{-1.149}$
	下限	$I=29.635D^{-0.641}$	$I=63.415D^{-0.939}$	$I=17.719D^{-0.982}$	$I=15.812D^{-1.012}$
丹祖沟	上限	—	—	—	—
	下限	—	—	—	—
五花海	上限	$I=30.479D^{-0.622}$	$I=30.479D^{-0.925}$	$I=55.976D^{-1.114}$	$I=55.33D^{-1.122}$
	下限	$I=24.946D^{-0.612}$	$I=25.293D^{-0.559}$	$I=17.458D^{-0.995}$	$I=14.894D^{-0.994}$
则多沟	上限	$I=30.409D^{-0.619}$	$I=84.497D^{-0.929}$	$I=59.429D^{-1.121}$	$I=56.234D^{-1.126}$
	下限	$I=21.627D^{-0.569}$	$I=39.174D^{-0.779}$	$I=17.100D^{-0.981}$	$I=14.655D^{-0.989}$
则渣洼沟	上限	$I=42.267D^{-0.656}$	$I=142.233D^{-1.022}$	$I=104.472D^{-1.142}$	$I=101.859D^{-1.148}$
	下限	$I=166.725D^{-1.000}$	$I=69.823D^{-0.971}$	$I=17.579D^{-0.975}$	$I=15.849D^{-1.011}$
日则2#沟	上限	$I=36.224D^{-0.639}$	$I=104.854D^{-0.944}$	$I=87.700D^{-1.138}$	$I=85.310D^{-1.145}$
	下限	$I=24.378D^{-0.604}$	$I=38.994D^{-0.771}$	$I=17.219D^{-0.993}$	$I=14.928D^{-0.999}$
煤炭沟	上限	$I=52.481D^{-0.705}$	$I=128.825D^{-0.971}$	$I=115.080D^{-1.144}$	$I=112.202D^{-1.151}$
	下限	$I=24.547D^{-0.606}$	$I=42.954D^{-0.799}$	$I=17.378D^{-0.988}$	$I=15.382D^{-1.014}$
箭竹海沟	上限	$I=24.23D^{-0.503}$	$I=117.347D^{-0.949}$	$I=106.476D^{-1.144}$	$I=104.331D^{-1.153}$
	下限	$I=22.925D^{-0.571}$	$I=40.109D^{-0.770}$	$I=19.431D^{-0.986}$	$I=17.034D^{-0.999}$
熊猫海沟	上限	$I=23.121D^{-0.506}$	$I=115.345D^{-0.948}$	$I=104.472D^{-1.143}$	$I=102.329D^{-1.151}$
	下限	$I=21.928D^{-0.570}$	$I=38.107D^{-0.769}$	$I=17.418D^{-0.984}$	$I=15.031D^{-0.997}$

4.4 监测预警系统研发与示范应用

4.4.1 集成设计及数据中心

1. 集成设计

精细化预警响应系统建设，面向区域地质灾害风险预警、单点灾情和险情三种场景，通过场景精细化描述，制定业务流程，并将其转化为信息流，运用计算机技术，按图 4-25 技术路径，融合多源信息，实现在线实时预警→自动应急响应→智能避险指引功能。

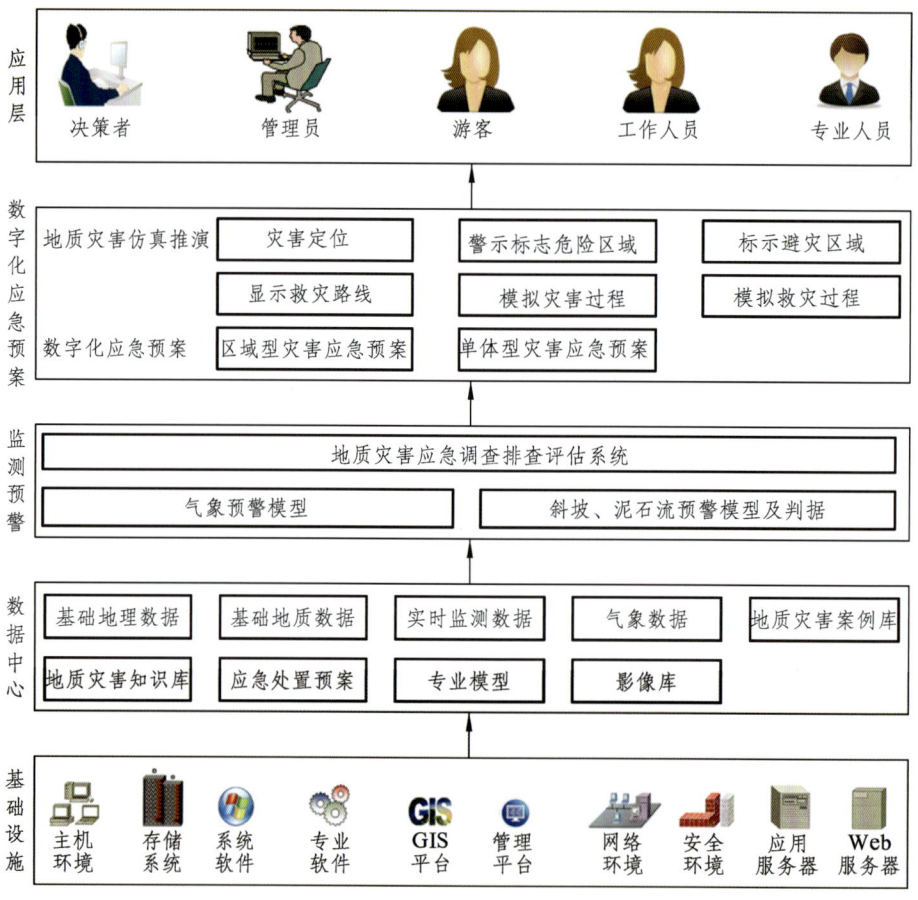

图 4-25 技术路线图

系统实现分桌面端和手机 APP 端两部分内容，桌面端主要实现数据管理、精细化监测预警、协同办公及应急预案生成与编辑功能，手机 APP 端实现灾/险情上报与展示、消息推送、避险指引等功能。如图 4-26 所示。

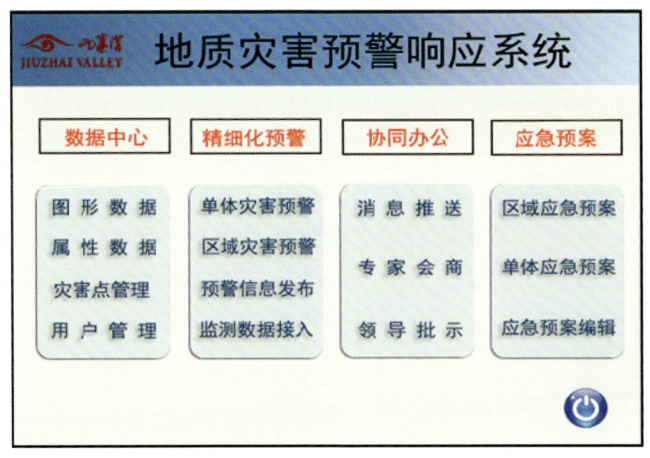

图 4-26　地质灾害精细化预警与应急处置平台桌面端主界面

2．数据中心

建立数据中心，为数字化应急预案系统建设提供数据支撑。数据中心是实现地质灾害数据管理与地质灾害防治数字化、信息化、规范化、标准化、网络化、智能化的基础，项目组从空间与数据管理两个方面入手，在对地质灾害数据整理、分析的基础上，利用 SQL Server 数据库与 ArcGIS 的 Geodatabase，实现了空间与属性数据的一体化管理。数据中心基本架构见图 4-27。

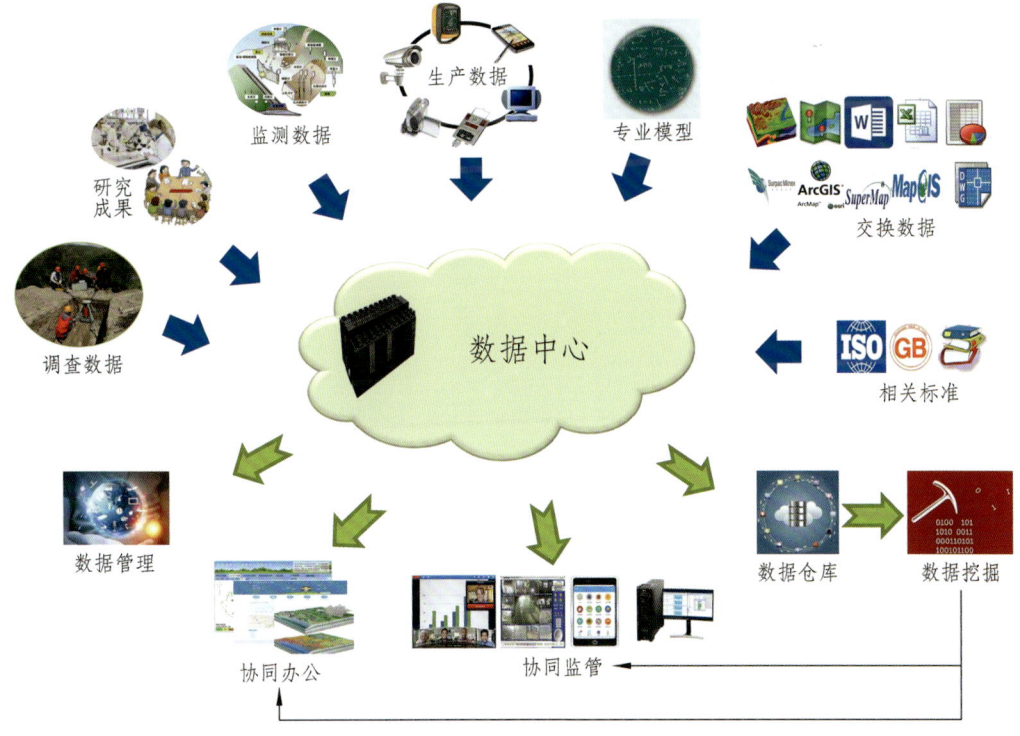

图 4-27　数据中心基本架构

数据中心建设是在 ISO、国家标准、行业标准等标准的约束下，对监测数据、调查数据、探测数据、相关研究成果进行梳理，使其规范化，对已有的图形、图像、文本、表格等数据借助相关平台使其标准化，形成由空间数据和属性数据组成的数据库；对常用灾害防治方法进行总结、分类，建立地质灾害防治专业模型库；加上相关标准构成地质灾害数据中心的主体；在此基础上，建立数据管理平台，实现对空间和属性数据的录入、存储、更新、查询检索与输出操作；此外，借助于现代化信息手段，对数据中心的相关数据进行数据挖掘，发掘其隐含的有用信息，为地质灾害防治提供数据支持。地质灾害数据中心管理平台登录界面见图 4-28。

图 4-28　系统登录界面

4.4.2　监测预警系统实现

研发景区地质灾害精细化监测预警系统，实现景区地质灾害动态评估，为景区管理人员决策、景区工作人员防灾减灾提供依据，为景区管理人员、群测群防员提供精细化地质灾害监测点和区域的险情及避险预案，为其避险决策提供参考。

1. 系统总体设计

监测预警系统以历史泥石流灾害、滑坡灾害、崩塌灾害等发生的时间、地点、规模、发生时的降雨状况为基础进行统计分析，构建气象预警模型，给出预警判据，再以实际降雨量监测数据为前提，考虑温度、地震等不同的外因，预测不同降雨条件下灾害发生的情况，达到预警阈值时，发布不同等级的预警信息，在此预警流程支持下，进行预警响应模块设计。技术路线见图 4-29。

本系统在研究景区降雨诱发地质灾害发育特征的基础上，以实时降雨量、累积降雨量、灾害隐患点监测数据、群测群防员巡查上报数据作为基础判据，构建预警模型，为避险指引提供支持，为景区行政领导提供及时、有效的地质灾害预警和预案信息，为防灾减灾服务。

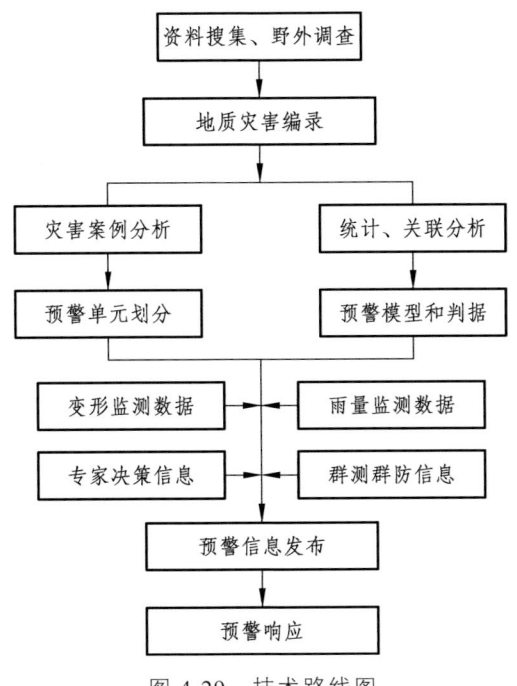

图 4-29 技术路线图

2．系统功能设计

本系统设计了 3 个主要功能，基于监测数据的典型灾害预警，基于气象数据、监测数据和群测群防信息的区域灾害预警和典型地质灾害案例避险方案。如图 4-30 所示。

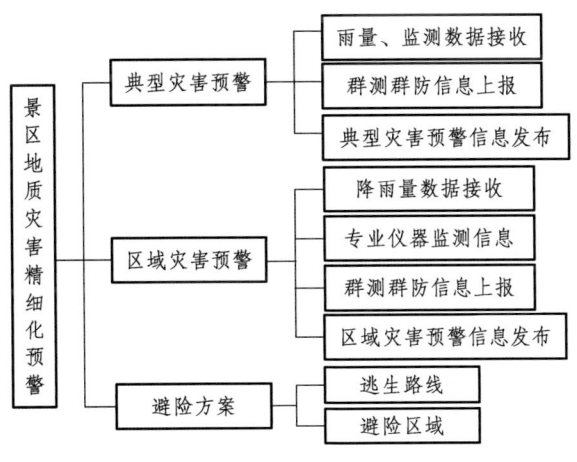

图 4-30 系统功能设计

（1）基于监测数据的典型灾害预警。根据地质灾害隐患点监测状况，进行单体灾害的预警，例如，根据布设在某一泥石流区域的自动雨量计监测值、监测仪器监测值、群测群防员巡查上报信息等，确定预警等级，发布典型灾害预警信息。

（2）基于气象数据、监测数据和群测群防信息的区域灾害预警。将区域进行自然斜坡单元划分，叠加地质环境、历史灾害点分布，进行区域易发性分区，将分区结果作为预警本底条件，将降雨数据、专业仪器监测数据和群测群防员上报数据作为预警修正数据，最终确定发布的预警等级。

（3）典型地质灾害案例避险方案。针对单一灾害体，预先设定避险路线与避险区域，达到预警级别后，向群测群防员、游客及公众推送预设的避险路线与避险区域等信息。

3．系统功能实现

在地质灾害的易发性评价、危险性评价、风险评价及预警的过程中，评价单元是开展地质灾害区划评价的第一步，要根据调查区的情况进行合理建立，本研究针对研究区概况，采用适合大比例尺场区尺度下的评价单元划分方式，将自然斜坡单元作为地质灾害预警基本单元。斜坡单元是地质灾害发育的基本单元，并且在各类控制或影响因素中，河流和沟谷的发育阶段对滑坡、崩塌的形成具有明显的控制作用，因此采用斜坡单元作为评价单元，可以与地质环境条件紧密联系，综合体现各类控制或影响因素的作用，使评价结果更贴近于实际。以斜坡单元为基本预警单元，结合降雨条件、群测群防员巡查上报信息，开展基于景区尺度的灾害风险预警。

本研究通过正反向 DEM 水文过程分析的提取方法实现自然斜坡单元的提取。该方法利用 ArcGIS 等商业软件对 DEM 进行地表水文过程分析，主要步骤包括无洼地 DEM 生成、提取流向和汇流累积量、生成河网、提取正反向集水流域、集水流域合并等步骤，基于 1∶5 万 20 m 间隔等高线数据生成九寨沟景区数字高程模型（Digital Elevation Model，简称 DEM），以景区 DEM 为基础，运用地理信息系统空间分析工具进行自然斜坡单元的自动提取，将提取后的结果通过人工修正，最终形成基本预警单元。如图 4-31 所示。

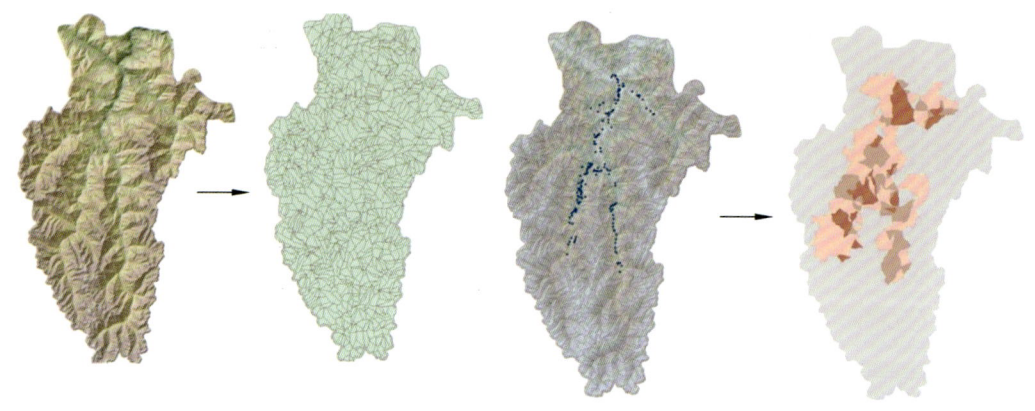

图 4-31 初始化预警单元生成

在预警单元和地质灾害易发性分区的基础上，本监测预警系统主要包括风险概况、地质灾害监测、区域预警、灾害防治预案四个主要模块。

1)"风险概况"模块

"风险概况"模块包含4个子菜单：① 灾害总览：用于展示景区地质灾害隐患点分布、景点信息、基础设施信息等。② 地质条件：用于展示景区断层分布。③ 地形条件：用于展示景区地形条件、地貌等信息。④ 防灾资源：用于展示群测群防员信息、避难场所、避灾预案等信息。如图4-32所示。

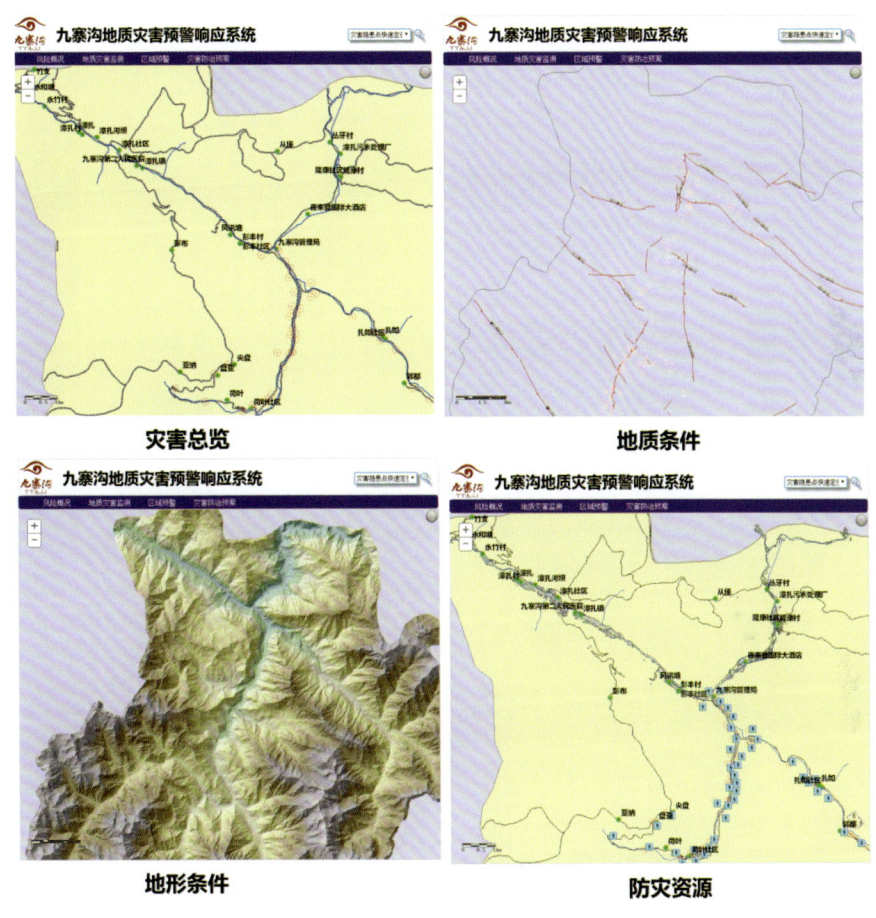

图 4-32　风险概况

2)"地质灾害监测"模块

"地质灾害监测"模块包含泥石流灾害监测、滑坡灾害监测、崩塌灾害监测和不稳定斜坡监测四个子菜单，用于接收布设在某地质灾害隐患点的监测仪器传递的监测信息。

以泥石流监测为例，降雨是诱发泥石流灾害的主要因素，通过雨量监测获得最近48小时的雨量数据，结合未来24小时天气预报信息（可通过读取区域气象站的天气预报信息数据库得到，也可在听取天气预报后，通过键盘输入未来24小时雨量确定），在模型库中调取该泥石流的预警模型参数信息，运用泥石流单体灾害预警模型，对典型灾害进行预警等级判定。图4-33为雨量计监测的最近48小时累积雨量和未来24小时雨量数据曲线图。

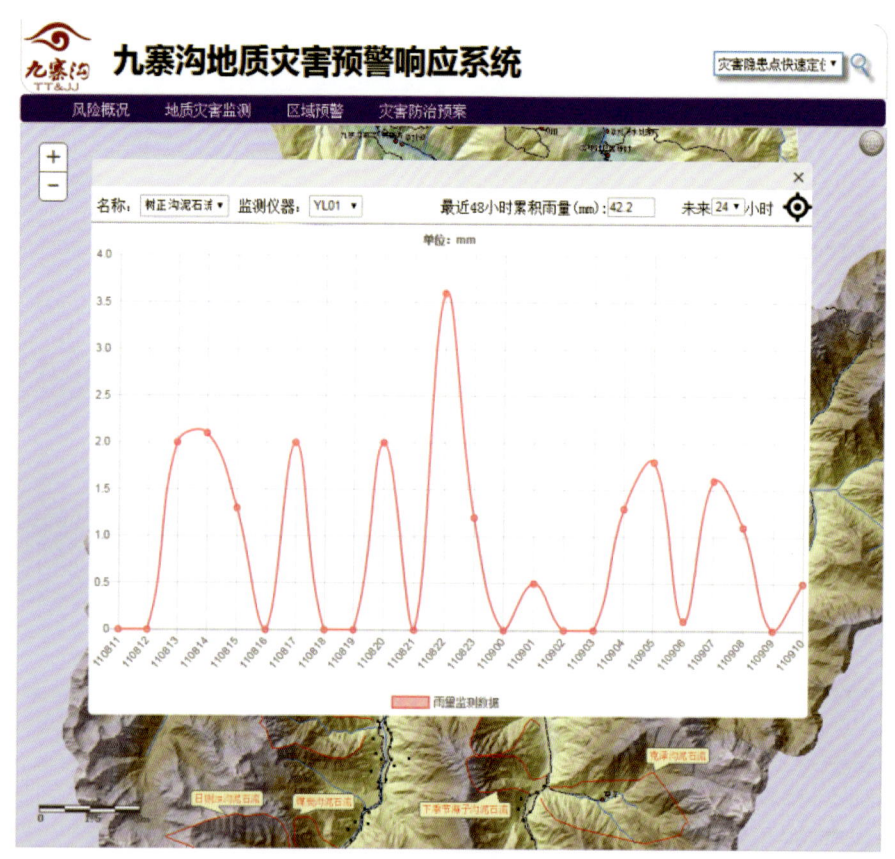

图 4-33　最近 48 小时累积雨量和未来 24 小时雨量数据

图 4-33 显示了当前监测对象为树正沟泥石流，监测数据是编号为"YL01"的雨量计在最近 48 小时的累积降雨量和从天气预报信息获取的未来 24 小时按小时间隔的雨量，为预警等级的判定提供了基础数据。点击"◆"定位图标可实现两个目标，第一个目标是获取监测对象的空间信息，即在地图区域定位至树正沟泥石流，第二个目标是显示灾害基本信息，并根据监测雨量和天气预报雨量信息对树正沟泥石流当前预警级别做出判断，如图 4-34 所示，显示黄色预警，单击逃生线路并在地图区域显示，如图 4-35 所示。

3）"区域预警"模块

"区域预警"模块包含预警单元、实时更新两个子菜单。

（1）预警单元：用于展示基于自然斜坡单元划分的预警单元分布，并根据历史灾害点分布进行区域地质灾害易发性分区。

（2）实时更新：用于区域预警的预警等级划分和修正，将监测信息、群测群防员上报信息等，对由气象模型得到的地质灾害区域预警等级做出实时更新。

图 4-34　基于监测数据的预警等级判定

图 4-35　逃生线路与避险区域

在区域预警中，地质灾害易发区分布是基础，实时修正是动态调整。以景区斜坡单元作为预警等级划分基本单元，综合地质灾害隐患点分布、地层岩性、地质构造等因素和特征，完成景区区域预警单元划分和灾害易发性分区，如图 4-36 所示。

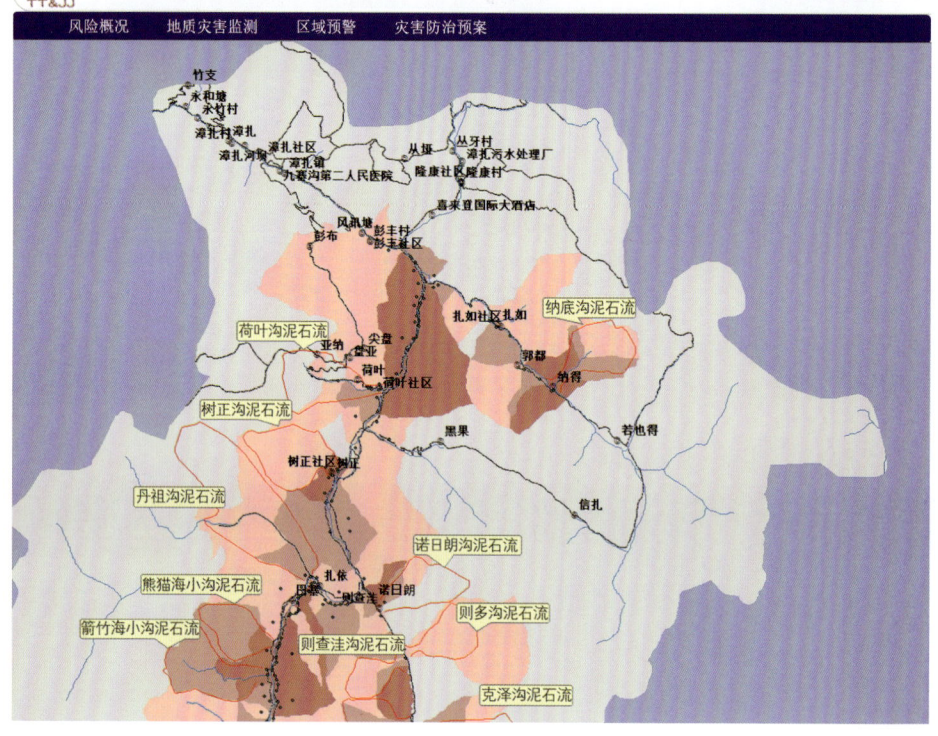

图 4-36 区域预警单元与易发性分区

在景区区域预警单元划分的基础上,将雨量信息、专业仪器监测信息和群测群防员巡查上报信息读入系统,参与场区尺度下预警单元预警等级的修正,即近 48 小时累积雨量数据和未来 24 小时雨量会影响其控制范围内的预警单元等级,某一隐患点的专业仪器监测信息和群测群防员的上报信息可用来修正该隐患点所在单元的预警等级。

基于雨量数据、监测数据和群测群防员巡查上报信息某一时段的景区预警等级如图 4-37 所示,完成基于多源信息的景区范围内的地质灾害预警单元预警等级的发布与实时更新。通过"灾害隐患点快速定位"组合框选项,可快速定位至某个灾害点并显示区域防灾资源,如图 4-38 所示。

4)"灾害防治预案"模块

"灾害防治预案"模块包括泥石流灾害防治预案模块、滑坡灾害防治预案模块、崩塌灾害防治预案和不稳定斜坡防治预案。用于显示地质灾害空间位置、基本信息、避险路线和避灾区域。针对典型案例进行避险指引模块的开发,以树正沟泥石流为例,如图 4-39 所示,点击"防灾预案"按钮,弹出某灾害隐患点基本信息框,用户通过输入未来 24 小时雨量数据和最近 48 小时累积雨量数据,进行预警等级判定。点击"逃生线路",显示数字化预案,如图 4-40 所示。

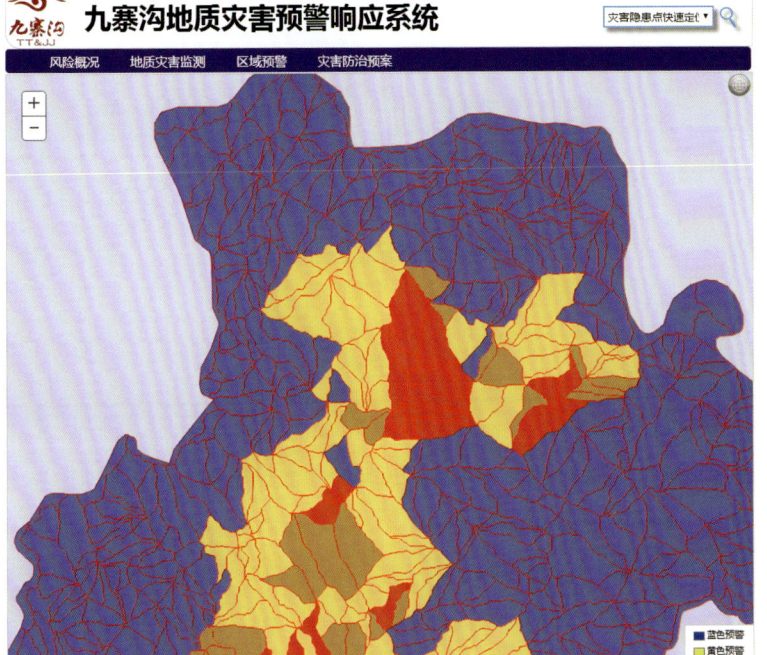

图 4-37 基于监测数据与群测群防员上报信息的预警单元修正

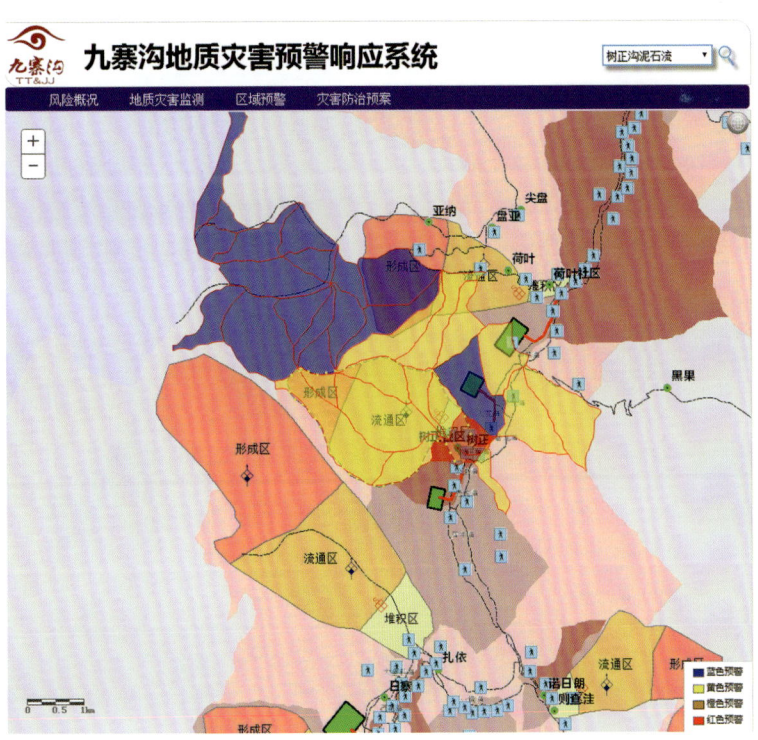

图 4-38 针对区域预警的防灾资源展示

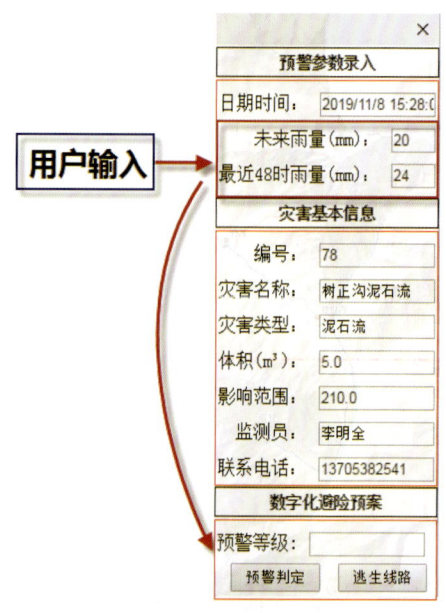

图 4-39　预警等级判定

图 4-40　逃生数字化预案生成

4.4.3 避险指引系统及数字化预案实现

1. 安全避险指引系统

游客安全避险指引系统的开发实现着重考虑并解决了避险路径分析的模型化表达、避险路径分析算法的设计与实现、避险路径的通行安全性评价和优化、多点危险源相干性问题和游客拥堵摩擦对避险疏散的影响等关键问题。系统基于公有云和私有云平台开发，将自主开发的私有云服务和公共云服务集成，形成一个以私有云时空数据服务为主、公共云底图服务为辅的综合云服务平台。用户端以智能手机为基础硬件，利用智能手机内置位置和姿态传感器实现准确野外定位和定向，以手机 APP 方式提供景区游客等人员使用。游客安全避险指引系统应用示范如图 4-41 所示。

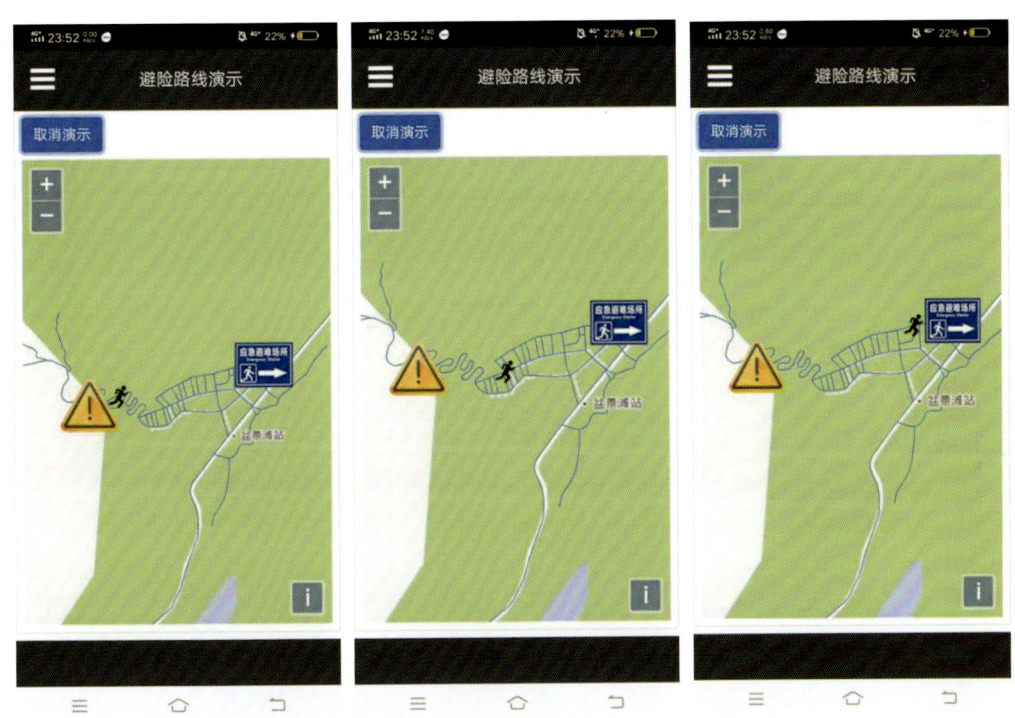

图 4-41 基于手机 APP 的安全避险路径动态演示示意图

2. 数字化预案系统

单体/区域数字化应急预案以景区应急管理人员、平台建设的技术人员、景区工作人员及群测群防员为服务对象，针对精细化监测点，实现单体/区域地质灾害避险预案的图形化展示及避险预案的实时推送，为景区管理人员提供精细化地质灾害监测点/区域的险情及避险预案，为其避险决策提供依据，为群策群防员及景区工作人员指挥游客或者群众避险提供可视化的方案。

系统接收到区域预警信息、监测报警信息或者群测群防员上报信息后，首先，对其进行可视化，在地理地图上标定灾/险情位置，在此基础上，获取发生时间、位置、类型、等级、规模及主要特征等灾/险情信息。如果是单点信息，以点为中心做缓冲区，得到该点可能的影响范围即预警区；如果是区域预警结果，直接引用其预警区域，然后将预警区域和已知灾害点进行叠加分析；如果二者有交集，直接从数据中心提取已有数字化应急预案；如果二者无交集，首先从数据中心提取景点、道路、村庄、乘车点、游客中心、管理人员等基础信息，与预警区域叠加分析，得到危险区的威胁对象、危害程度及危险区涉及的区片责任人、群测群防员等信息。其次，从数据中心获取DEM，生成坡度图，与数据中心已经存储的灾害易发性分区图、地质灾害风险等级图、道路通达度图等图件进行叠加分析，确定危险区并绘制避险路线。将上述内容综合后，写入到数字化应急预案表中，生成数字化应急预案。最后，将上述数字化应急预案，根据灾/险情的等级，向外推送消息。数字化应急预案的生成流程见图4-42。

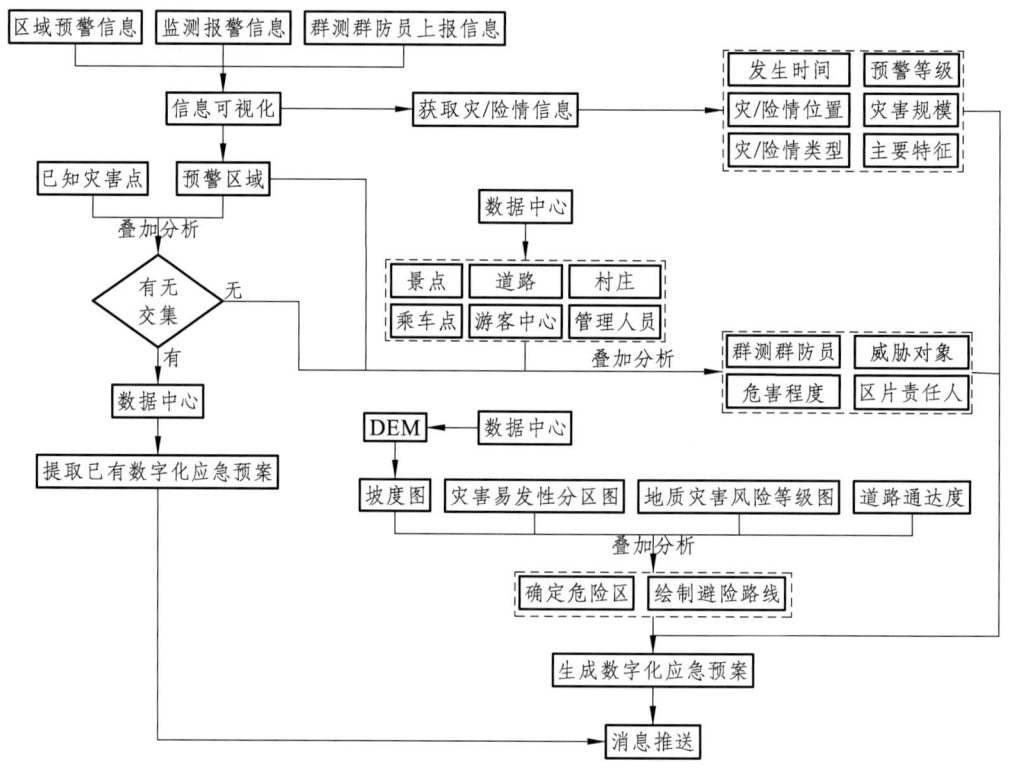

图4-42 数字化应急预案动态生成模型

系统采用分级控制机制，进入系统前需要进行用户登录，系统根据用户登录信息，向用户开放其权限范围内的内容。系统登录界面及管理员主界面见图4-43。

图 4-43　系统登录及登录后的主界面

4.4.4　集成测试与示范应用

1．预设场景说明

2019 年 6 月 20 日 20:00—22 日 5:00，九寨沟景区出现了一轮强降雨过程，扎如寺、则查洼、长海雨量站监测到的累积雨量分别为 34.0 mm、42.1 mm 和 96.3 mm，最大小时雨量分别为 9.2 mm、15.0 mm 和 26.6 mm。这轮降雨共引发地质灾害 16 处，其中泥石流灾害 13 处，泥石流冲出物总规模为 34.6×10^4 m³，造成直接经济损失 2 236 万元，没有发生人员伤亡。以 2019 年 6 月 21 日发生的降雨，及由此引起的区域地质灾害预警为例，论述从预警信息生成、接收预警信息、分级预警响应、消息推送到避险指引的全过程，操作流程如图 4-44 所示。

2．集成测试与示范应用

（1）获取区域预警信息。以则渣洼及长海雨量站的监测数据作为分析数据，重点对则渣洼沟和下季节海附近的泥石流发生的危险性进行评价。

长海雨量站监测的降雨数据也有一个明显的间歇期，即 21 日 9:00—14:00，因此降雨过程分为两个子过程。

子过程 1：20 日 20:00—21 日 9:00，降雨持续 13 h，累积雨量 55.7 mm，最大雨强出现于 21 日 1:00—2:00，为 19.6 mm/h，利用 13—19 日及该过程前 20 日的雨量资料，计算得到前期雨量为 31.4 mm。

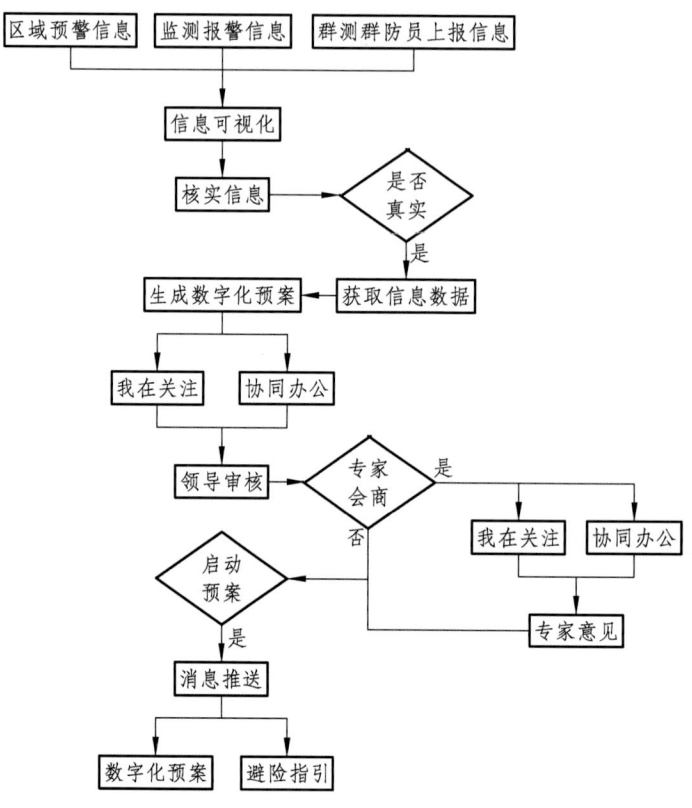

图 4-44 区域分级避险响应流程

子过程 2：21 日 14:00—22 日 5:00，降雨持续 15 h，累积雨量 40.6 mm，最大雨强发生于 21 日 18:00—19:00，为 26.6 mm/h，根据 14—20 日及该过程前 21 日的雨量数据，计算得到前期雨量为 81.6 mm。

计算每个子过程从降雨起始开始逐小时的累积雨量和降雨持续时间，得到各时刻的降雨持时-平均雨强数据，如表 4-4 所示。

表 4-4 长海站两个降雨子过程的逐时降雨持时-平均雨强

子过程 1				子过程 2			
日期	时刻	降雨持时/h	平均雨强/（mm/h）	日期	时刻	降雨持时/h	平均雨强/（mm/h）
6.20	20:00	0		6.21	14:00	0	
	21:00	1	0.70		15:00	1	0.10
	22:00	2	0.70		16:00	2	0.20
	23:00	3	0.73		17:00	3	0.20

续表

子过程1				子过程2			
日期	时刻	降雨持时/h	平均雨强/(mm/h)	日期	时刻	降雨持时/h	平均雨强/(mm/h)
6.21	0:00	4	0.75		18:00	4	0.78
	1:00	5	3.68		19:00	5	5.94
	2:00	6	6.33		20:00	6	5.42
	3:00	7	5.90		21:00	7	4.66
	4:00	8	5.16		22:00	8	4.08
	5:00	9	4.59		23:00	9	3.62
	6:00	10	4.32	6.22	0:00	10	3.27
	7:00	11	4.95		1:00	11	2.97
	8:00	12	4.63		2:00	12	2.88
	9:00	13	4.28		3:00	13	2.95
					4:00	14	2.88
					5:00	15	2.71

预警结果见图4-45。长海雨量站子过程2对比时取前期雨量为80 mm对应的雨量阈值。

图4-45显示当降雨持时超过4 h后，选择的两条沟道的泥石流激发条件均得到满足，即泥石流约在6月21日的晚间18:00—19:00发生，该时段与长海站的最大雨强出现时间相同。

根据上述预警结果，结合精细化监测预警模型，最终确定则查洼沟和下季节海附近的泥石流发生危险性的等级为橙色预警，结果见图4-46。

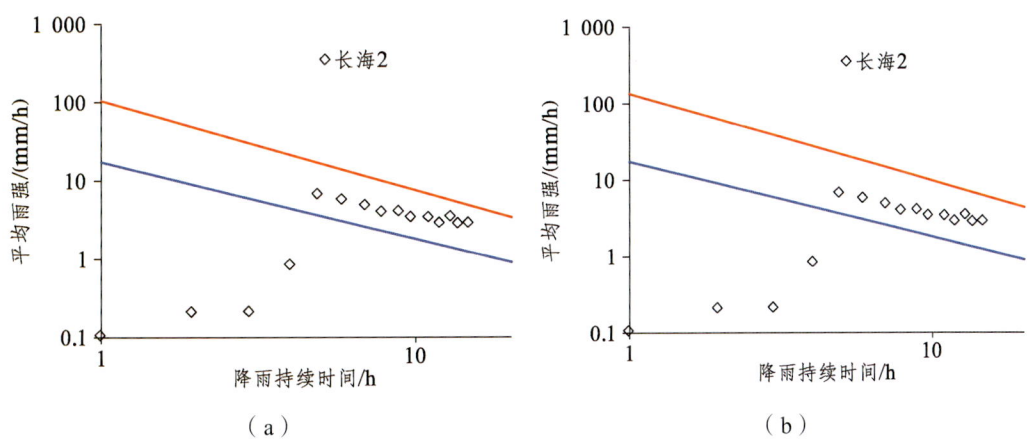

（a）　　　　　　　　　　　　　（b）

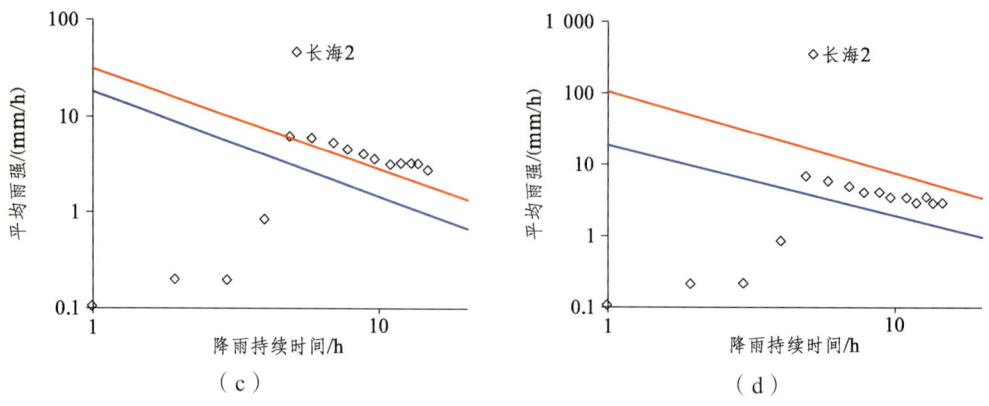

图 4-45 降雨过程与泥石流雨量阈值条件的对比

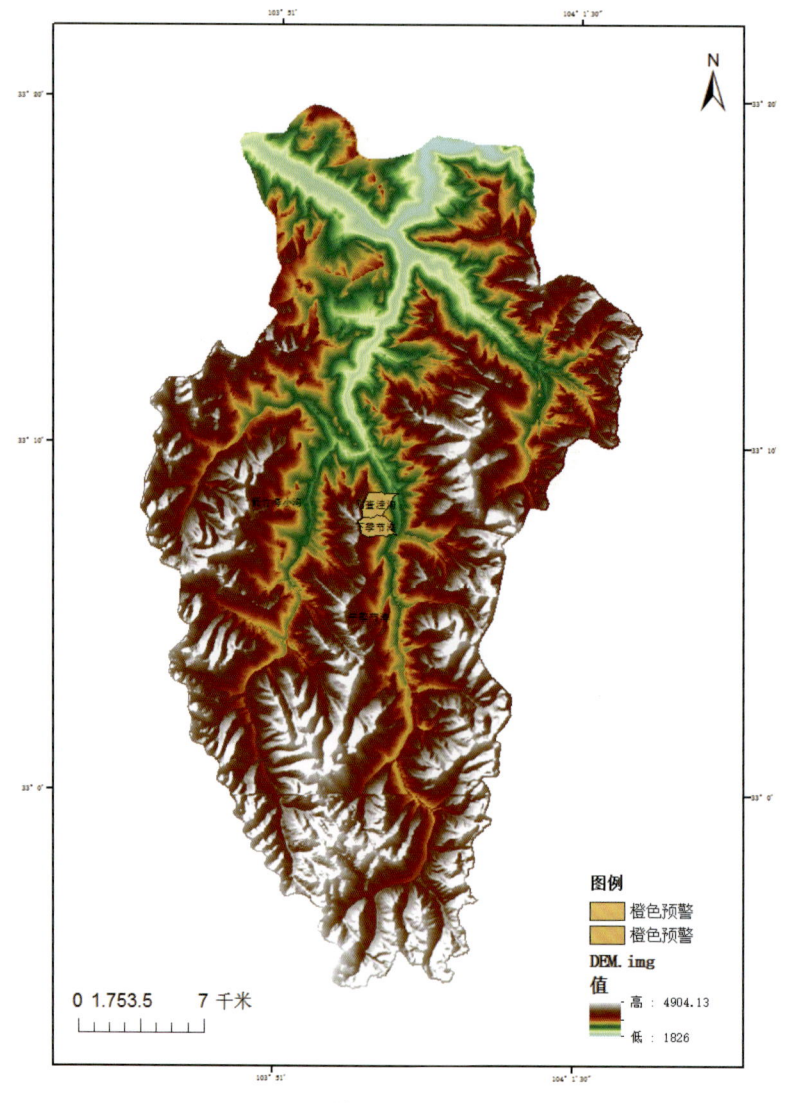

图 4-46 精细化监测预警结果

（2）上报灾/险情信息。管理员将核实后的正确消息，通过桌面端或手机 APP 灾情上传系统，以桌面端为例，上传界面如图 4-47 所示，将灾/险情信息上传至我在关注中，审批后的结果见图 4-48。

图 4-47　灾/险情上报界面　　　　　　　　　　图 4-48　管理员审批后

（3）生成数字化应急预案。按照图 4-49 所示的模型，结合分级响应模型，得到如图 4-49 所示的数字化应急预案。

图 4-49　数字化应急预案

（4）消息推送结果。在我在关注和协同办公中管理员推送消息，消息推送结果，见图 4-50 所示。

图 4-50　协同办公推送结果

（5）应急避险指引。按照 4.4.2 节避险分析模型，结合预警结果，生成的则查洼沟泥石流避险路径见图 4-51，下季节海泥石流应急避险路径见图 4-52。

 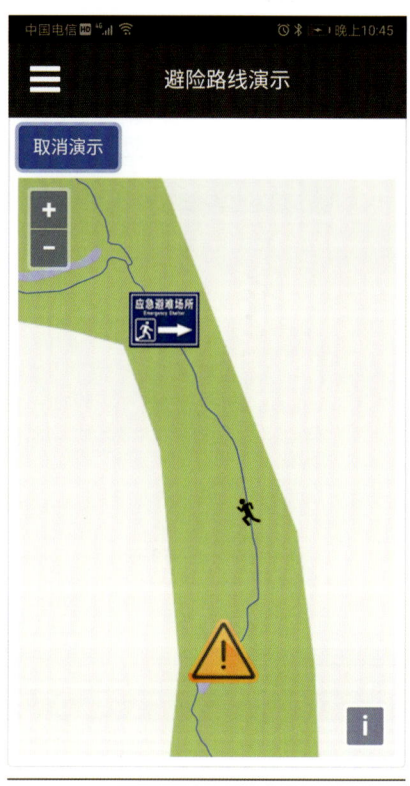

图 4-51　则查洼沟泥石流避险动态　　图 4-52　下季节海泥石流避险动态

5 震后地质灾害动态演化规律与长期效应

5.1 震后地质灾害时空演化规律研究

震后地质灾害不仅影响灾区重建工作，同时对灾区人民的生命财产安全会造成严重威胁，特别是对九寨沟景区景观恢复也会产生较大的影响。研究团队对九寨沟震后灾害进行持续追踪，通过收集到的遥感影像，开展了震后多期遥感影像解译工作。共解译了自 2017 年 12 月至 2019 年 10 月 7 期遥感数据，解译震后研究区内发生的地质灾害共 489 处（图 5-1、5-2 和表 5-1），灾害总面积约为 2.62 km²，震后灾害主要以中—小型浅层滑坡、崩塌为主。

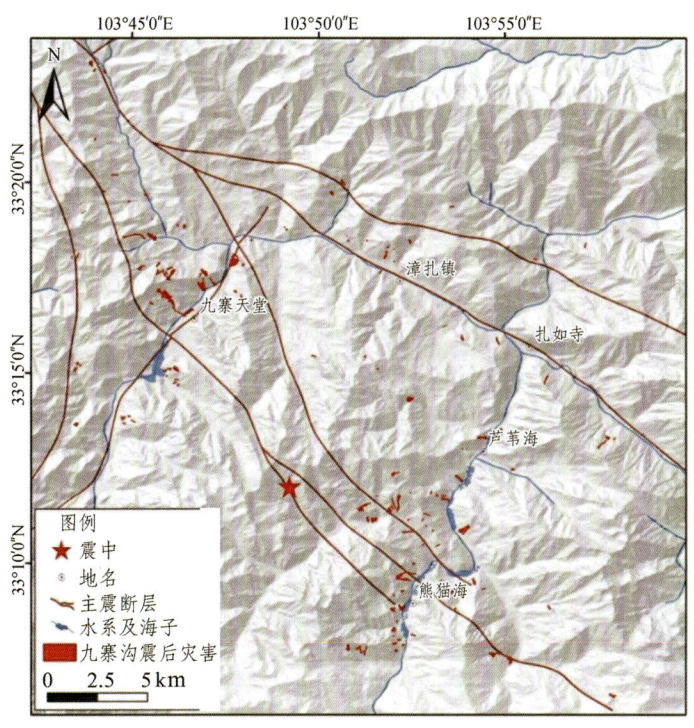

图 5-1 九寨沟震后地质灾害解译示意图

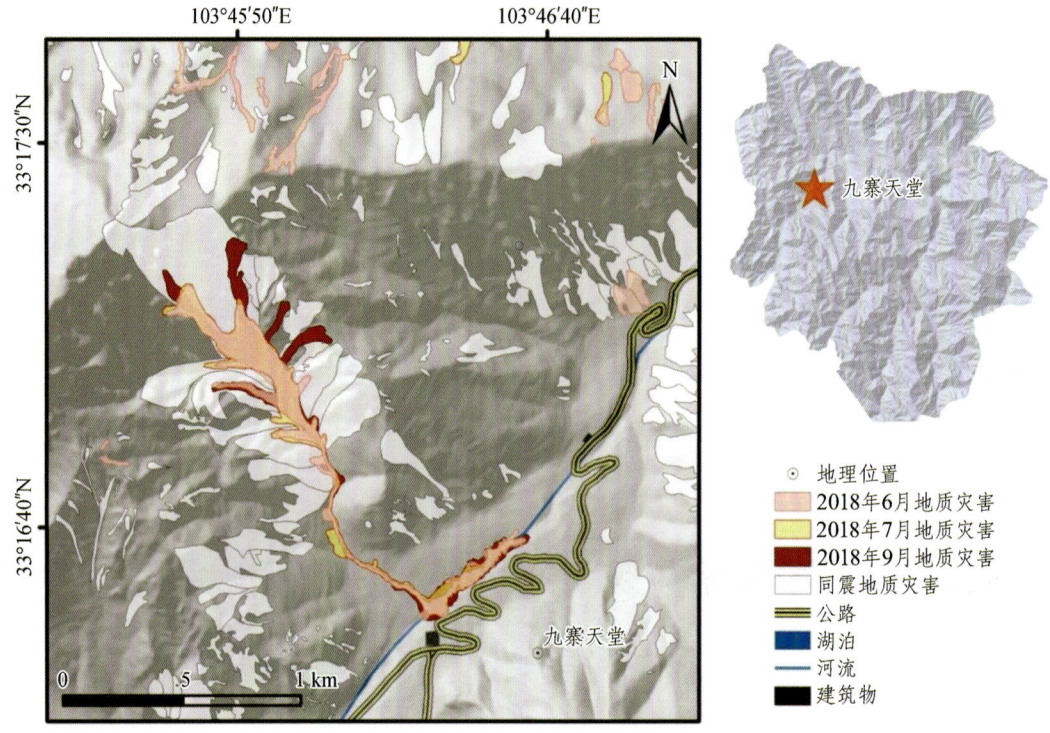

图 5-2 九寨沟震后多期影像灾害解译示意图

表 5-1 九寨沟同震-震后灾害解译面积-数量表

时 间	面 积/km²	数 量
同 震	8.11	1 883
201712	0.41	81
201806	0.74	123
201807	0.79	205
201809	0.40	23
201905	0.08	27
201907	0.05	1
201910	0.15	29

基于震后多期灾害数据库，结合 GIS 平台分析了景区内对核心景观产生威胁的灾害数量，结果表明：同震灾害在熊猫海及九寨天堂区域最为集中，其中威胁熊猫海子景观的灾害有 120 个，灾害面积共 0.65 km²；其次为箭竹海、漳扎镇和九寨天堂区域，灾害个数分别为 90、74、50，其中九寨天堂区域灾害面积较高，为 0.64 km²，接近于熊猫海区域。灾害分布统计见图 5-3。可见熊猫海、箭竹海及九寨天堂区域为九寨沟受灾的中心区域。灾后复工复产需注意这两个区域对次生灾害的治理与防范。此外，研究团队在震后多次前往九寨沟震区进行实地调查对解译情况进行复核，并针对重点灾害进行详查，通过野外实地调查发现自 6 月以来的强降雨使九寨沟多处发生崩塌、

山洪、泥石流等地质灾害（图 5-4）。例如：2018 年九寨沟景区内芦苇海崩塌［图 5-4（a）］再次失稳活动，对芦苇海景观及栈道修理工程产生了巨大威胁；2018 年 6 月九寨天堂对面前山泥石流［图 5-4（b）］灾害堵塞沟口主河道并迫使河流改道，泥石流冲击对面坡体，影响了九道拐道路稳定并对过往车辆安全产生严重威胁。根据震后解译结果及野外实地调查，九寨沟震后灾害呈现出明显的下降趋势，但震后灾害防治及灾害链式效应防治工作仍十分紧迫，尤其是九寨沟雨季降雨充沛，为震后灾害的发生提供了外部激发条件。从九寨沟管理局科研处获得了 2017 年 6 月至 2019 年 6 月九寨沟景区内扎如寺日降雨量数据（图 5-5），数据显示，自 2017 年九寨沟震后至 2019 年 6 月，九寨沟景区内日降雨量接近和超过 30 mm 的主要有 10 月 15 日（33.4 mm）、7 月 2 日（36.2 mm）、7 月 11 日（34.9 mm）以及 6 月 8 日（29.5 mm）。2017 年 9 月至 2017 年 11 月累计降雨量达到最大值 247.9 mm，其间日降雨量超过 25 mm 的有 3 天；2018 年 6 月至 2018 年 7 月累计降雨量达到 213.7 mm，其间日降雨量达到峰值（7 月 2 日及 7 月 11 日），日降雨量超过 25 mm 的有 3 天。可见研究区雨季雨量较为充沛，同震松散物质极易在降雨条件下启动形成灾害链式效应，给震区带来泥石流等次生灾害，对景区灾后重建带来威胁。

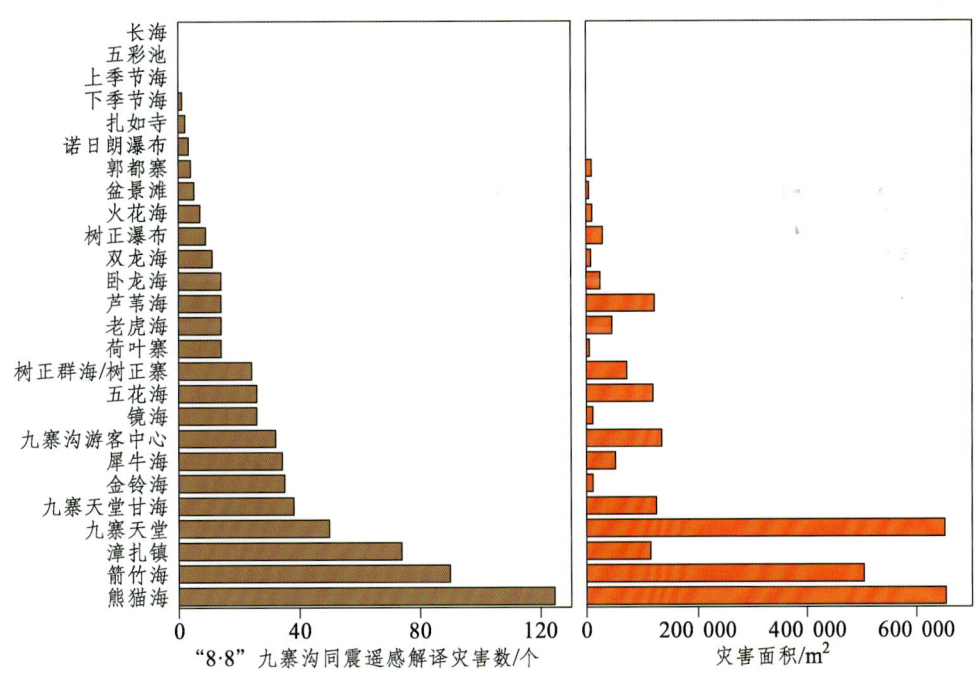

图 5-3　震后景区内威胁核心景观的灾害分布统计

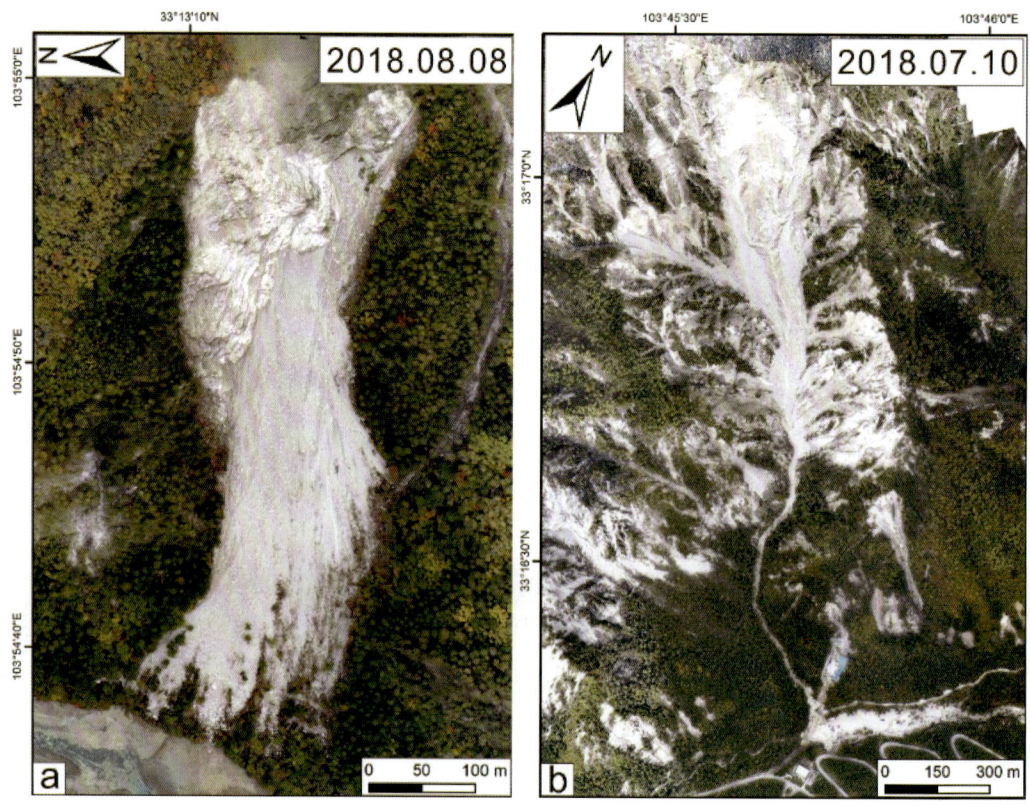

图 5-4 九寨沟震后地质灾害无人机航拍影像

a:"2018-8-8"芦苇海崩塌后影像;b:"2018-7-10"九寨天堂前山泥石流后影像

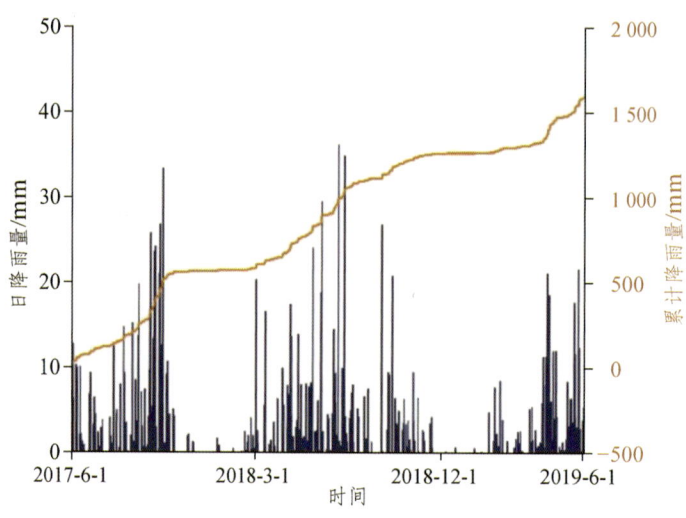

图 5-5 九寨沟 2017-6—2019-6 累日降雨及累计降雨量

通过遥感解译灾害,对灾害本身特征及灾害威胁到的建筑、人口进行了实地勘察,重点集中在景区内,得到169处威胁性较大的灾害信息编录为数据库(表5-2),并根据灾害类型、规模、威胁对象(房屋数量及人口数量)、危险性及是否加剧进行分类,具体分布如图 5-6。

表 5-2　九寨沟震后高威胁性灾害数据库总表

Id	Name	Type	Scale	Target	Households	People	Risk	Reactive
1	九寨沟景区阿地各公路滑坡	滑坡	小型	公路	0	0	中型	加剧
2	九寨沟景区树正沟泥石流	泥石流	中型	聚居点	73	186	特大型	加剧
3	九寨沟景区树正群海下行站台对面崩塌	崩塌	中型	聚居点	23	80	大型	加剧
4	九寨沟景区荷叶沟泥石流	泥石流	中型	聚居点	17	85	特大型	加剧
5	九寨沟景区荷叶正沟不稳定斜坡	不稳定斜坡	小型	聚居点	136	452	特大型	加剧
6	九寨沟景区荷叶寨后山崩塌	崩塌	中型	聚居点	68	226	特大型	加剧
7	九寨沟景区热西寨邓家坪滑坡	滑坡	小型	聚居点	10	45	大型	是
8	九寨沟景区热西寨后山泥石流	泥石流	中型	聚居点	56	240	特大型	加剧
9	九寨沟景区则多沟泥石流	泥石流	小型	聚居点	18	52	特大型	加剧
10	寨沟景区则查洼沟泥石流	泥石流	小型	聚居点	0	0	中型	加剧
11	九寨沟景区大日克滑坡	滑坡	小型	聚居点	6	36	大型	是
12	九寨沟景区荷叶沟右侧崩塌	崩塌	小型	聚居点	25	75	特大型	是
13	九寨沟景区荷叶老学校上行 100 m 不稳定斜坡	不稳定斜坡	小型	公路	0	0	中型	是
14	尖盘寨 1# 滑坡	滑坡	小型	公路	0	2	中型	是
15	尖盘寨 2# 滑坡	滑坡	小型	公路	0	2	中型	是
16	树正寨下行调度亭不稳定斜坡	不稳定斜坡	小型	公路	0	10	小型	是
17	则查洼篮球场上部崩塌	崩塌	小型	公路	0	2	小型	是
18	九寨沟景区荷叶寨崩塌	崩塌	小型	聚居点	12	70	大型	加剧
19	尖盘寨 3# 滑坡	滑坡	小型	公路	0	2	中型	是
20	九寨沟景区沟口 1 号桥崩塌	崩塌	中型	聚居点	4	10	中型	加剧
21	九寨沟景区宝镜岩崩塌	崩塌	中型	景观	0	0	小型	加剧
22	九寨沟景区距沟口 1 km 崩塌	崩塌	小型	道路	0	0	小型	否
23	九寨沟景区贵宾楼后山崩塌	崩塌	中型	栈道、贵宾楼	0	10	大型	是
24	九寨沟景区管理局库房后山崩塌	崩塌	小型	景区	0	0	特大型	是
25	九寨沟景区宝镜岩下行 200 m 崩塌	崩塌	中型	栈道、景观平台	0	10	大型	是
26	九寨沟景区黑角桥旁右岸崩塌	崩塌	小型	栈道	0	0	小型	是
27	九寨沟景区芦苇海公路边坡上部崩塌	崩塌	小型	道路	0	0	小型	是
28	九寨沟景区扎如沟与九寨沟交汇上游 1.6 km 处崩塌	崩塌	小型	道路	0	0	小型	是

续表

Id	Name	Type	Scale	Target	Households	People	Risk	Reactive
29	九寨沟景区黑角桥左岸崩塌	崩塌	中型	栈道	0	0	小型	是
30	九寨沟景区犀牛海前部左岸滑坡	滑坡	小型	道路	0	12	中型	是
31	九寨沟景区犀牛海尾部左侧滑坡	滑坡	小型	道路	0	11	中型	是
32	九寨沟景区犀牛海尾部右侧滑坡	滑坡	小型	景观	0	5	小型	是
33	九寨沟景区犀牛海中部右侧滑坡	滑坡	小型	景观	0	8	小型	是
34	九寨沟景区老虎海崩塌	崩塌	小型	栈道	0	0	小型	加剧
35	九寨沟景区老虎海公路对面崩塌	崩塌	小型	栈道	0	0	小型	加剧
36	九寨沟景区双龙海与芦苇海之间崩塌	崩塌	小型	栈道	0	0	小型	加剧
37	九寨沟景区芦苇海危岩崩塌	崩塌	中型	栈道	0	0	小型	加剧
38	九寨沟景区平石头沟泥石流	泥石流	小型	道路	0	0	小型	否
39	九寨沟景区扎如路口上行500 m处崩塌	崩塌	小型	道路	0	0	小型	否
40	九寨沟景区扎如路口上行50 m处崩塌	崩塌	小型	道路	0	0	小型	加剧
41	九寨沟景区长草坝坪崩塌	崩塌	小型	道路	0	0	小型	否
42	九寨沟景区火花海-树正寨公路边坡上部崩塌	滑坡	小型	栈道	0	0	小型	加剧
43	九寨沟景区诺日朗瀑布不稳定斜坡	不稳定斜坡	小型	景观	0	0	小型	加剧
44	九寨沟景区扎如路口上行1 km右边崩塌	崩塌	中型	道路	0	6	中型	是
45	九寨沟景区荷叶寨下行1.7 km左边崩塌	崩塌	中型	道路	0	0	小型	是
46	九寨沟景区荷叶寨下行0.5 km左边崩塌	崩塌	中型	道路	0	5	中型	是
47	九寨沟景区荷叶寨下行0.3 km左边崩塌	崩塌	中型	道路	0	0	小型	是
48	九寨沟景区诺日朗小停车场崩塌	崩塌	大型	停车场	0	0	小型	是
49	九寨沟景区黑角寨公路边坡崩)	崩塌	中型	道路	0	0	小型	是
50	扎如沟路口向诺日朗上行600～650 m左侧崩塌	崩塌	中型	公路	0	10	小型	是
51	扎如沟路口向诺日朗上行880 m左侧崩塌	崩塌	中型	公路	0	4	小型	是
52	扎如沟路口向诺日朗上行1.4～1.5 km左侧崩塌	崩塌	小型	公路	0	7	小型	是
53	荷叶寨下行2.2 km右岸崩塌	崩塌	中型	公路、栈道	0	5	小型	是

续表

Id	Name	Type	Scale	Target	Households	People	Risk	Reactive
54	荷叶寨下行 1.82～1.85 km 右岸崩塌	崩塌	中型	公路、栈道	0	5	小型	是
55	荷叶寨下行 1.6 km 右岸泥石流	泥石流	中型	栈道、河流	0	5	大型	是
56	荷叶寨下行 1.35 km 右岸崩塌	崩塌	小型	栈道	0	13	小型	是
57	九寨沟景区克泽沟泥石流	泥石流	中型	道路	0	0	中型	加剧
58	九寨沟景区下季节海子沟泥石流	泥石流	中型	道路	0	3	中型	加剧
59	九寨沟景区下季节海公路西侧不稳定斜坡	不稳定斜坡	小型	道路	0	0	小型	加剧
60	九寨沟景区下季节海新沟泥石流	泥石流	小型	景点、道路	0	0	中型	加剧
61	九寨沟景区下季节海子右侧泥石流	泥石流	小型	景点、道路	0	0	小型	加剧
62	九寨沟景区下季节海子悬沟泥石流	泥石流	小型	景点、道路	0	0	小型	加剧
63	九寨沟景区下季节海上行 600 m 处崩塌	崩塌	小型	道路	0	0	小型	加剧
64	九寨沟景区中季节海泥石流	泥石流	小型	景点、道路	0	0	小型	加剧
65	九寨沟景区上、下季节海中间崩塌	崩塌	中型	景点、道路	0	0	小型	加剧
66	九寨沟景区下季节海上行 2.6 km 处崩塌	崩塌	小型	道路	0	0	小型	加剧
67	九寨沟景区则查洼 10 km 处泥石流	泥石流	小型	道路	0	0	小型	加剧
68	九寨沟景区长海 10 km 处西侧崩塌	崩塌	小型	道路	0	0	小型	加剧
69	九寨沟景区上季节海子滑坡	滑坡	小型	道路	0	0	小型	加剧
70	九寨沟景区上季节海东侧崩塌	崩塌	小型	道路	0	0	小型	加剧
71	九寨沟景区上季节海子左崩塌	崩塌	小型	道路	0	0	小型	加剧
72	九寨沟景区距上季节海 100 m 处东侧崩塌	崩塌	小型	道路	0	0	小型	加剧
73	九寨沟景区卓追沟泥石流	泥石流	小型	道路	0	0	小型	加剧
74	漳扎镇景区下季节海子左侧崩塌	崩塌	小型	栈道	0	0	大型	加剧
75	九寨沟景区下季节海上行 200 m 处右侧崩塌	崩塌	中型	道路	0	0	小型	是
76	九寨沟景区长海下行第一大弯崩塌	崩塌	中型	道路	0	0	中型	是
77	九寨沟景区长海调度亭下行 K200 m 不稳定斜坡	不稳定斜坡	小型	道路	0	5	中型	是
78	九寨沟景区信号塔对面 10 km 处崩塌	崩塌	中型	道路	0	0	中型	是

续表

Id	Name	Type	Scale	Target	Households	People	Risk	Reactive
79	九寨沟景区下季节海上行 2.6 km 处公路内侧滑坡	滑坡	小型	道路	0	0	中型	是
80	下季节海子上行 3.5 km 左岸崩塌	崩塌	小型	公路	0	5	小型	是
81	中季节海子上行 100 m 右岸崩塌	崩塌	小型	公路	0	10	小型	是
82	五花海上端右侧不稳定斜坡	不稳定斜坡	中型	道路	0	0	小型	是
83	九寨沟景区老虎嘴危岩崩塌	崩塌	中型	道路	0	12	中型	加剧
84	老虎嘴垮方段不稳定斜坡	不稳定斜坡	小型	道路	0	0	中型	加剧
85	五花海右侧中段 1# 崩塌	崩塌	小型	道路	0	0	小型	是
86	五花海右侧 2# 崩塌	崩塌	小型	道路	0	0	小型	是
87	五花海右岸 3# 崩塌	崩塌	小型	道路	0	23	中型	是
88	五花海下游侧右岸崩塌	崩塌	中型	道路	0	0	中型	是
89	珍珠滩上游侧右岸 1# 崩塌	崩塌	中型	道路	0	0	中型	是
90	珍珠滩右岸上游侧 2# 崩塌	崩塌	中型	道路	0	0	中型	是
91	镜海上游侧左岸崩塌	崩塌	中型	栈道	0	32	中型	是
92	镜海停车场—公路不稳定斜坡	不稳定斜坡	小型	道路、景观	0	29	大型	是
93	镜海右岸 1# 崩塌	崩塌	大型	道路	0	0	中型	是
94	镜海左岸崩塌	崩塌	小型	景观	0	0	小型	是
95	镜海右岸乘车场后山崩塌	崩塌	中型	道路	0	0	中型	是
96	镜海乘车场下游不稳定斜坡	不稳定斜坡	小型	景观	0	0	中型	是
97	镜海下段右岸崩塌	崩塌	中型	道路	0	0	中型	是
98	丹祖沟泥石流	泥石流	中型	景观	0	0	小型	加剧
99	日则沟珍珠滩崩塌	崩塌	小型	景观	0	8	中型	加剧
100	镜海西侧不稳定斜坡	不稳定斜坡	小型	道路	0	0	大型	加剧
101	漳扎镇九寨沟景区煤炭沟泥石流	泥石流	小型	道路	0	0	小型	加剧
102	九寨沟景区日则沟泥石流	泥石流	小型	道路	0	52	中型	加剧
103	九寨沟景区藏马龙里沟泥石流	泥石流	中型	植被	0	35	中型	加剧
104	九寨沟景区日则保护站上行 2 km 崩塌	崩塌	小型	道路	0	0	中型	加剧
105	九寨沟景区剑岩悬泉崩塌	崩塌	小型	道路	0	0	小型	加剧
106	九寨沟景区熊猫海崩塌	崩塌	中型	景观	0	0	小型	加剧

续表

Id	Name	Type	Scale	Target	Households	People	Risk	Reactive
107	九寨沟景区熊猫海公路对面崩塌	崩塌	小型	景观	0	0	小型	加剧
108	九寨沟景区箭竹海小沟泥石流	泥石流	小型	景观	0	0	小型	加剧
109	九寨沟景区熊猫海小沟泥石流	泥石流	小型	景观	0	0	小型	加剧
110	九寨沟景区日则沟保护站河对面崩塌	崩塌	小型	景观	0	0	小型	加剧
111	九寨沟景区日则2#沟泥石流	泥石流	中型	道路	0	0	小型	加剧
112	九寨沟景区五花海泥石流	泥石流	中型	景观	0	0	大型	是
113	箭竹海东南1 300 m崩塌	崩塌	大型	道路	0	0	中型	是
114	草海西偏南剑岩不稳定斜坡	不稳定斜坡	大型	道路	0	0	大型	是
115	熊猫海中部右岸1#崩塌	崩塌	小型	熊猫海、公路	0	30	大型	是
116	熊猫海中部右岸2#崩塌	崩塌	中型	熊猫海、公路	0	10	中型	加剧
117	熊猫海公路对面崩塌	崩塌	中型	栈道、熊猫海	0	15	中型	加剧
118	熊猫海上游左岸崩塌	崩塌	中型	栈道、熊猫海	0	13	中型	加剧
119	熊猫海上游左岸崩塌	崩塌	大型	熊猫海、公路	0	50	大型	是
120	箭竹海瀑布下游右岸崩塌	崩塌	小型	公路	0	10	中型	是
121	箭竹海与熊猫海之间崩塌	崩塌	中型	熊猫海、栈道	0	30	大型	加剧
122	箭竹海下游右岸不稳定斜坡	不稳定斜坡	小型	公路、环形栈道	0	20	中型	是
123	箭竹海调度室下行100~400 m右岸不稳定斜坡	滑坡	小型	箭竹海、公路	0	15	大型	加剧
124	箭竹海乘车点崩塌	崩塌	中型	公路	0	20	大型	是
125	箭竹海西680 m不稳定斜坡	不稳定斜坡	小型	栈道	0	4	中型	加剧
126	箭竹海中部右岸崩塌	崩塌	中型	箭竹海、公路、栈道	0	20	大型	是
127	箭竹海上游右岸崩塌	崩塌	中型	箭竹海、公路、栈道	0	100	大型	是
128	箭竹海上游左岸滑坡群	滑坡	小型	栈道、景观	0	10	小型	是
129	箭竹海上游左岸滑坡	滑坡	小型	栈道	0	3	小型	是
130	箭竹海乘车点上行400 m右岸崩塌	崩塌	小型	公路	0	30	中型	是
131	日则沟西北900 m崩塌	崩塌	大型	公路、栈道	0	4	小型	加剧
132	夏茉公路下行右侧崩塌	崩塌	小型	公路	0	7	中型	是
133	日则沟保护站下行270 m崩塌	崩塌	中型	公路	0	10	大型	是
134	日则沟保护站下行100 m崩塌	崩塌	小型	公路	0	15	大型	是

续表

Id	Name	Type	Scale	Target	Households	People	Risk	Reactive
135	五花海左岸3#崩塌	崩塌	中型	栈道、观景台、五花海	0	5	中型	加剧
136	五花海下游侧左岸崩塌	崩塌	中型	栈道、五花海	0	10	中型	加剧
137	日则沟泥石流对面崩塌	崩塌	中型	公路	0	4	小型	加剧
138	那阿约歪公路下行左侧崩塌	崩塌	中型	公路	0	7	大型	是
139	102县道右侧崩塌	崩塌	小型	公路	0	30	中型	是
140	那阿约歪公路下行1.2 km左岸崩塌	崩塌	中型	公路	0	15	大型	是
141	那阿约歪公路右岸崩塌	崩塌	中型	公路	0	7	大型	是
142	天鹅海中部公路右侧多点崩塌	崩塌	中型	公路	0	30	大型	是
143	天鹅海右岸崩塌	崩塌	中型	公路	0	8	大型	加剧
144	天鹅海乘车点公路对面泥石流	泥石流	中型	公路、调度室	0	40	大型	是
145	天鹅海上游公路右侧崩塌	崩塌	小型	公路	0	8	大型	是
146	草海公路上行180 m河流右岸崩塌	崩塌	中型	公路	0	15	大型	是
147	镜海乘车点岔路口泥石流	泥石流	小型	公路、镜海	0	15	小型	是
148	金铃海崩塌	崩塌	中型	公路	0	5	中型	是
149	五花海上游至熊猫海瀑布左岸崩塌	崩塌	大型	五花海、公路	0	25	中型	加剧
150	熊猫海中部左岸泥石流	泥石流	巨型	熊猫海、栈道、景观平台	0	50	中型	是
151	珍珠滩—镜海右岸崩塌	崩塌	中型	公路	0	32	中型	是
152	箭竹海下车点泥石流	泥石流	中型	公路、调度室	0	10	小型	加剧
153	九寨沟景区诺日朗中心站后山崩塌	崩塌	中型	聚居点	4	85	大型	加剧
154	九寨沟景区诺日朗沟泥石流	泥石流	小型	聚居点	0	0	特大型	加剧
155	诺日朗瀑布下行站台乘车点崩塌	崩塌	小型	乘车点、公路	0	20	大型	是
156	九寨沟景区荷叶宾馆后山崩塌	崩塌	中型	聚居点	4	95	中型	加剧
157	九寨沟景区管理局水上餐厅后山崩塌	崩塌	小型	景区	0	0	特大型	是
158	九寨沟景区卓玛嘎吉崩塌	崩塌	小型	水体	0	0	小型	加剧
159	九寨沟景区扎如寺崩塌	崩塌	小型	聚居点	4	50	特大型	加剧
160	九寨沟景区燕子扎吾公路边坡崩塌	崩塌	小型	景观	0	0	小型	否
161	九寨沟景区热西寨老电站对面崩塌	崩塌	小型	聚居点	3	15	中型	是
162	九寨沟景区热西寨阿卡底崩塌	崩塌	小型	水体	0	0	小型	是

续表

Id	Name	Type	Scale	Target	Households	People	Risk	Reactive
163	九寨沟景区纳底沟泥石流	泥石流	小型	公路	0	0	小型	是
164	九寨沟景区扎如沟左岸纳底桥头滑坡	滑坡	小型	公路	0	0	小型	是
165	郭都寨泥石流	泥石流	中型	公路	0	2	小型	是
166	郭都寨下行 700 m 泥石流	泥石流	中型	公路	0	2	中型	是
167	九寨沟景区扎如寺后山崩塌	崩塌	小型	聚居点	4	50	特大型	加剧
168	九寨天堂前山泥石流	泥石流	大型	公路、水体	0	0	特大型	是
169	九寨天堂后山泥石流	泥石流	大型	聚居点	10	2	中型	是

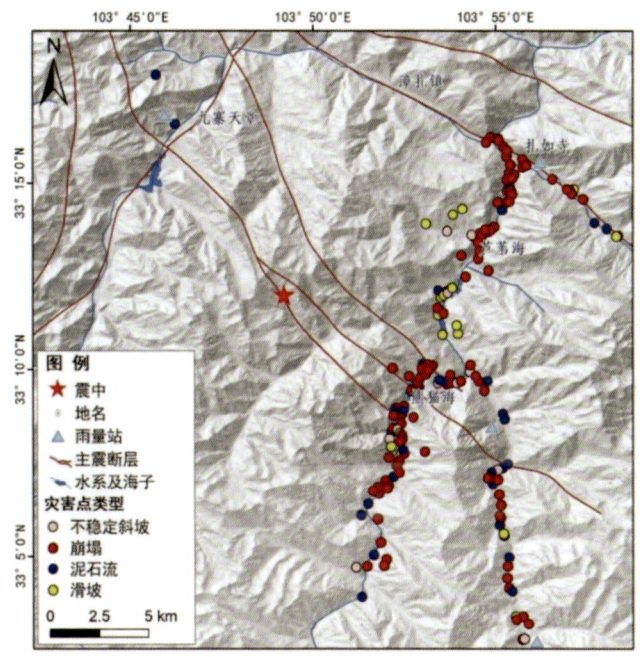

图 5-6 九寨沟震后威胁性灾害分布

5.1.1 震后滑坡时空演化规律研究

为了研究九寨沟震后地质灾害在时间和空间上的演化特征及规律，首先分析了震后滑坡灾害的时空演化规律。采用适宜于研究区强震后情况的面积-体积经验公式，基于地质灾害解译数据库计算滑坡体积，量化滑坡总量。单个滑坡体积计算如下：

$$V = \alpha A^{\gamma} \tag{5-1}$$

式中：V 为滑坡体积（m^3）；A 为滑坡面积；α 为滑坡面积-体积修正系数，$\alpha = 0.345\,5$；γ 为滑坡面积-体积经验指数，$\gamma = 1.300\,9$。

滑坡总量：

$$V_{ls} = \sum_{1}^{n} V \tag{5-2}$$

式中：V_{ls} 为滑坡总量（m³）；n 为每期解译的滑坡总数。同时，计算结果考虑面积不确定性转化后的误差（±15%）。

研究表明，地震触发了大量中—小型浅层崩塌、滑坡灾害，在 2017 年后两年内，滑坡数目又逐渐下降，2018 年缩减为同震滑坡的 2.0%，2019 年为同震滑坡的 0.5%。震后两年，地质灾害面积逐渐降低，雨季时稍有回升，但基本呈下降趋势（图 5-7）。震后地质灾害类型随时间变化不大，震后地质灾害以新生的浅层崩塌、滑坡与复活崩塌共同主导。该演化趋势与震后研究区河流泥沙物质运移量观测结果基本一致。

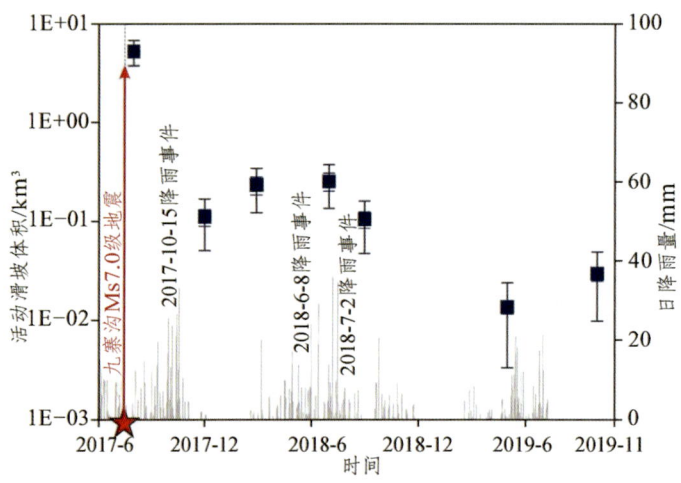

图 5-7　震后滑坡体积时间演化

图 5-8 为研究区自 2017 年 8 月 8 日地震后同震灾害及震后各期震后灾害的分布情况。2017 年 12 月、2018 年 6 月解译得到的震后地质灾害分布情况与同震解译结果分布情况近似，均集中在九寨天堂周围以及景区内芦苇海到熊猫海路段。2018 年 7 月解译得到的震后地质灾害主要集中发育于漳扎镇主干道两侧与熊猫海区域，且基本为新生灾害，造成这种现象的主要原因是处于主震断层两侧的该区域在地震时山体发生破裂但并未发生垮塌，在 6 月 6 日至 7 月 17 日间峰值强降雨影响下，脆弱的坡体表层发生大量崩塌。2018 年 9 月—2019 年 7 月解译得到的震后地质灾害数量与规模均较小，表明在雨季结束后，震后灾害的发生频率与规模减小。2019 年 10 月解译得到的震后地质灾害数量有所增加，可能为 8 月的降雨导致。震后发生的地质灾害基本上集中在漳扎镇与熊猫海区域，且其数量随时间逐渐减少。

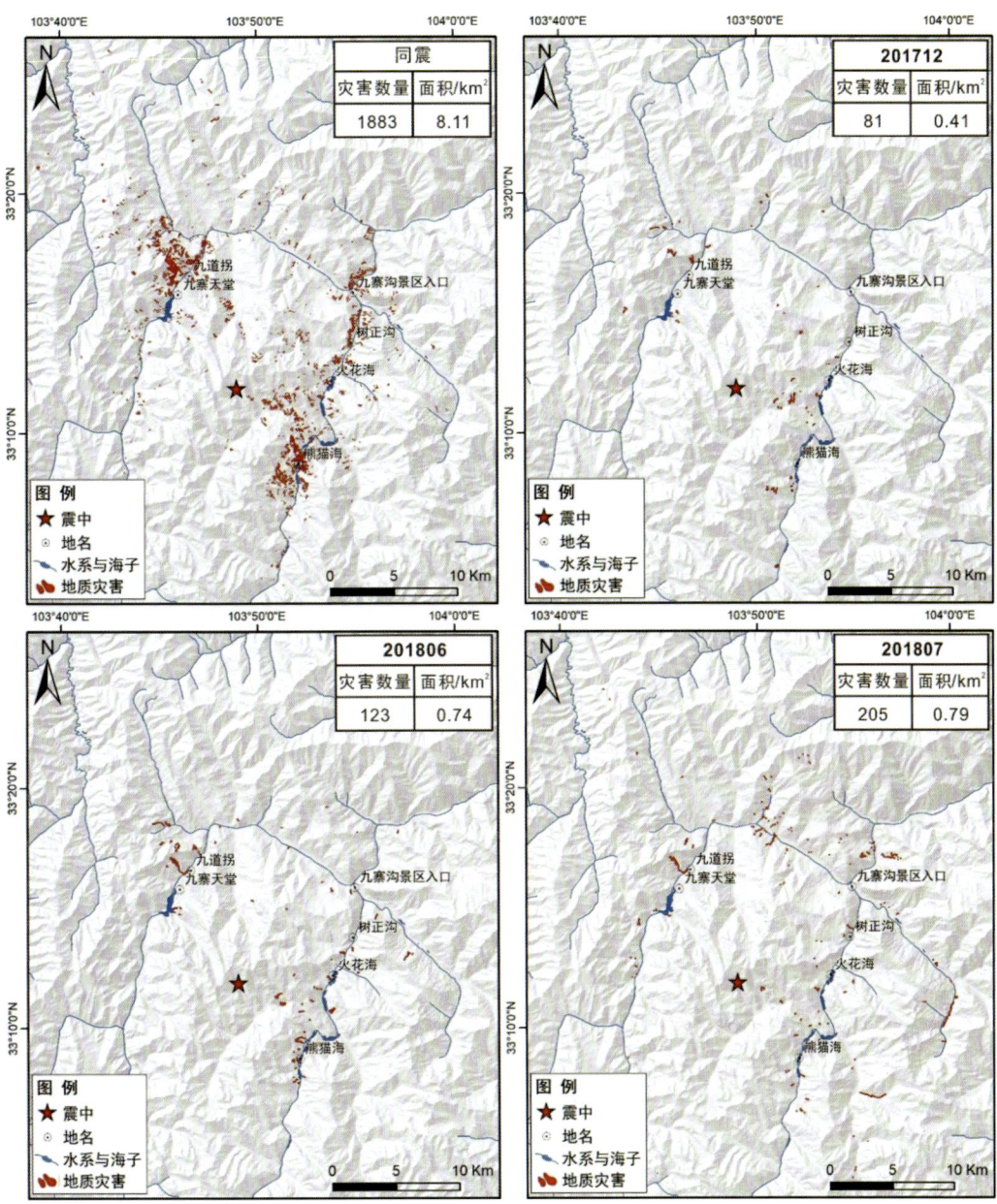

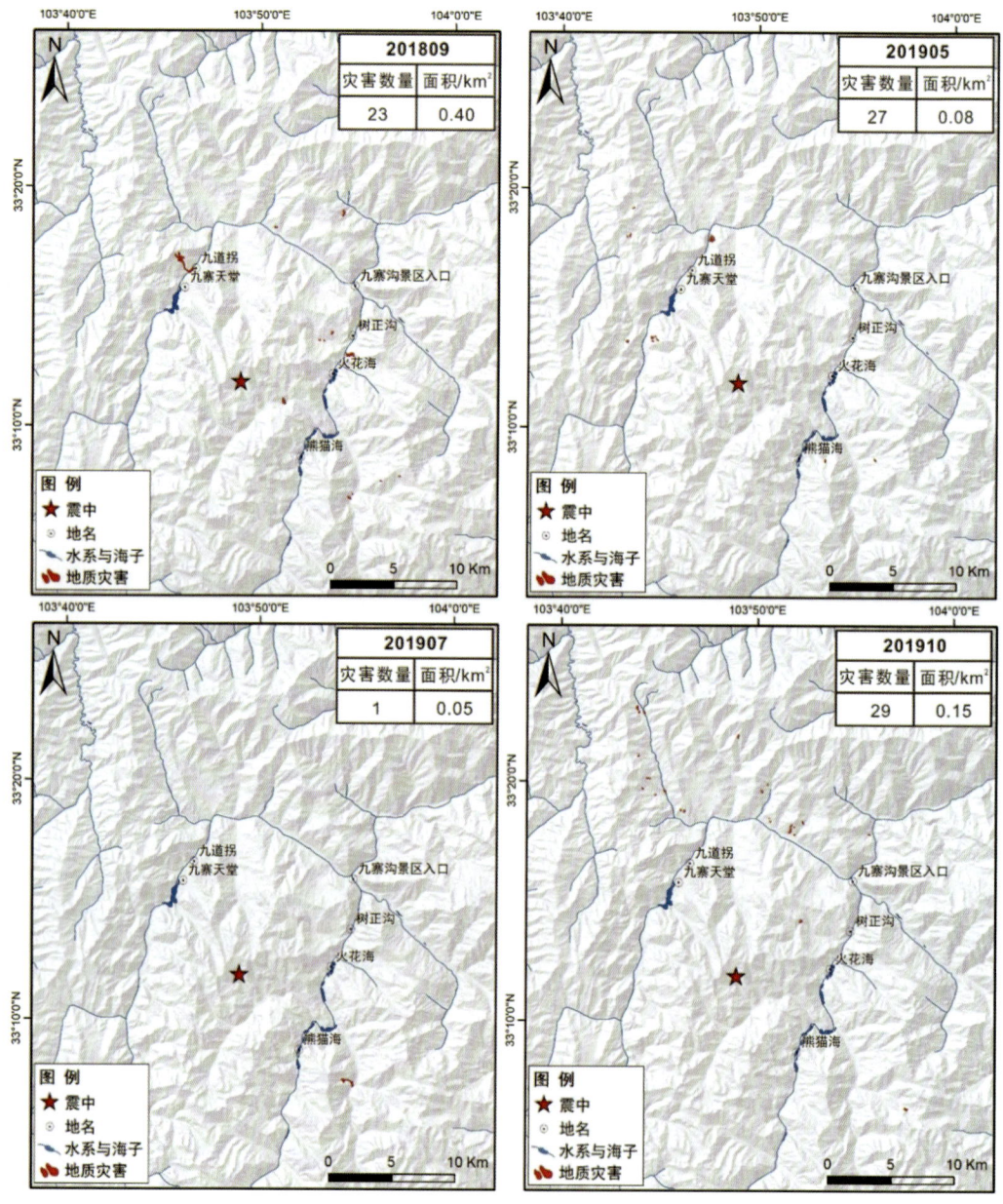

图 5-8 九寨沟震后地质灾害解译分布图

5.1.2 震后灾害规模-频率演化规律研究

频率分布关系（size-frequency distribution）是一种用来揭示自然灾害特征的常用统计方法。在地震诱发滑坡灾害的统计之中，通常呈现出一个服从对数正态分布的似幂律关系，并且曲线上能明显识别出一个转折点。由图 5-9 可见，震后滑坡频率逐渐降低，2018 年受到雨季强降雨影响，研究区新生和复活滑坡数量增加，雨季后滑坡频率继续降低。2019 年雨季降雨影响较小，滑坡频率呈稳定降低趋势。从 2017 年震后至 2019 年的数据转折点对应滑坡面积逐渐增大，2018 年雨季发生的滑坡面积则较小，说明降雨诱发的震后滑坡规模均较小。

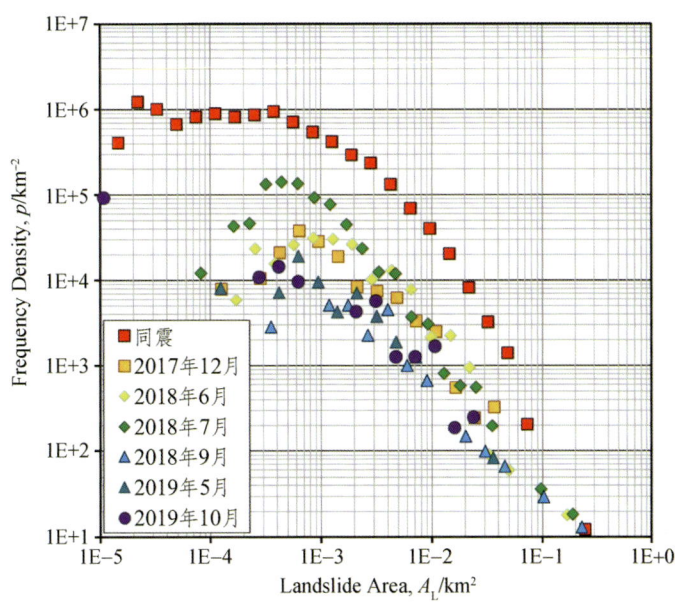

图 5-9　震后滑坡规模-频率密度随时间演化

由图 5-10 可见，震后滑坡概率密度逐渐降低，2018 及 2019 年受强降雨影响，研究区滑坡概率密度激增，但总体滑坡概率密度呈现降低趋势。从 2017 年震后至 2019 年的数据转折点对应滑坡面积逐渐增大，而雨季发生的滑坡面积则较小，同样说明降雨诱发的震后滑坡规模均较小。

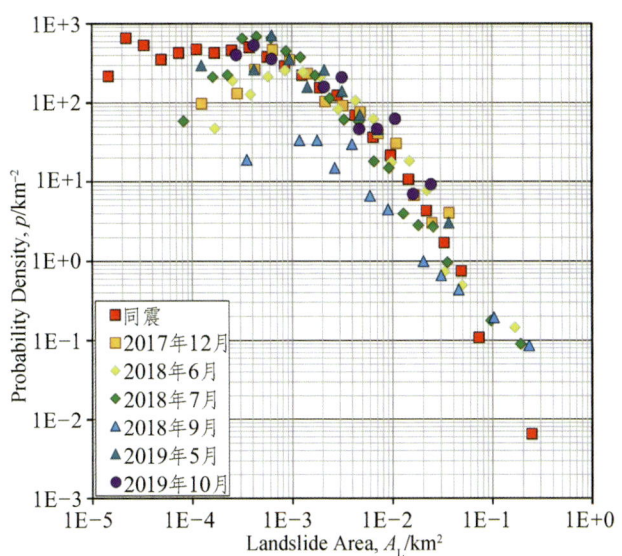

图 5-10　震后滑坡规模-概率密度随时间演化

5.1.3 震后地质灾害活动性演化规律研究

在汶川地震的震后地质灾害活动性研究中，同震滑坡的复活在震后地质灾害中占有重要地位，而对于地形复杂程度相仿的九寨沟区域，通过分析新生灾害与复活灾害的空间分布（图 5-11）及实地勘察发现，震后新生灾害以强降雨后脆弱山体表层崩塌为主，数量较多且规模小，比较集中发育于漳扎镇与九寨天堂区域。而震后复活灾害以崩塌、滑坡的扩张为主，比较集中发育于熊猫海周边范围。

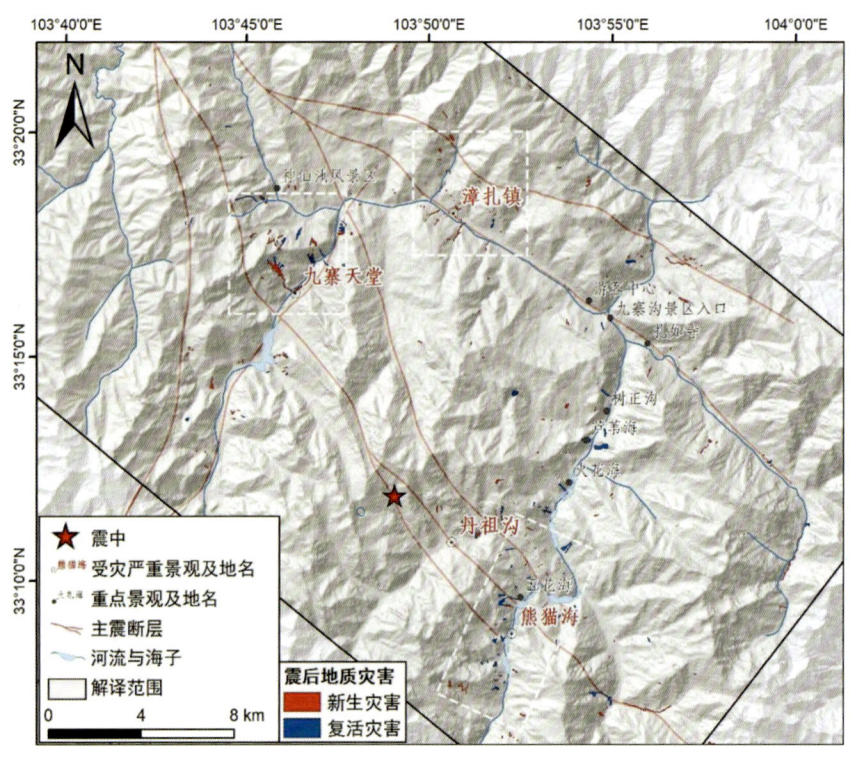

图 5-11 九寨沟震后灾害活动性分布

采用适宜于研究区强震后情况的面积-体积经验公式（5-1）与公式（5-2），基于地质灾害解译数据库分别计算震后新生与震后复活的崩塌、滑坡体积，量化震后新生与震后复活灾害总量（图 5-12）。研究表明，地震后第一年雨季前，震后新生灾害较复活灾害体积小，且在降雨降雪影响下，部分同震滑坡、崩塌发生复活，同时，在雨季的几次强降雨事件后，受到地震影响的脆弱坡体产生较多新生灾害，且滑坡与崩塌的复活量同比减少。震后第一年雨季后直至震后第二年，震后灾害的总量逐渐降低。研究表明"山体破裂效应"与降雨量为震后新生灾害的主导因素。复活灾害的逐渐减少除了植被恢复，土体固结度增高使得稳定性增加外，还与九寨沟管理局在震后对景区内外的快速地质灾害治理有关，治理工程如压坡、锚索、清淤等措施抑制了部分震后灾害的复活。

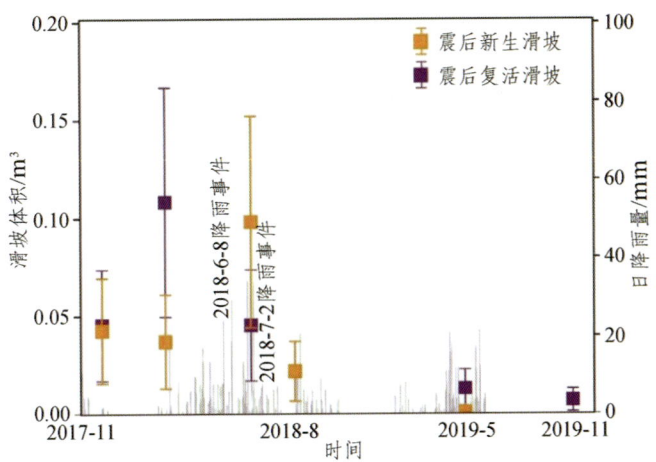

图 5-12 九寨沟震后新生-复活灾害体积对比

解译结果显示，研究区同震灾害以中-小型浅层崩塌、滑坡为主。如图 5-13，分析震后新生与复活灾害的规模可以看出，震后新生灾害平均尺寸小于震后复活灾害平均尺寸，数量上新生灾害却占优势。研究说明，同震灾害的活动性在一定程度上受到灾害尺寸的控制，面积较大（即物源量较大）的灾害，往往会发生二次垮塌。

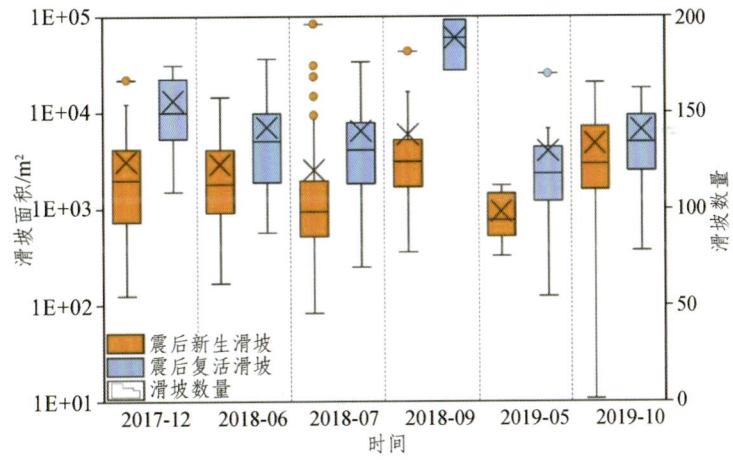

图 5-13 九寨沟震后新生-复活灾害规模及数量对比

5.1.4 震后地质灾害演化控制因素时空耦合关系及规律研究

根据震后九寨沟地质灾害时空演化规律可知，正确认识灾害演化规律，掌握灾害演化控制因素对防灾减灾及灾后重建工作具有重要的现实意义。结合高精度遥感影像及地形数据（DEM）开展了震后地质灾害演化控制因素时空耦合关系及规律研究。

选取坡向、坡度、高程、相对高差、山坡曲率、距河流距离、距断层距离、PGA 及汇水面积作为评价因子，这些控制因素可通过 ArcGIS 平台由基础数据获得，控制因素在研究区的分布情况如图 5-14 所示。

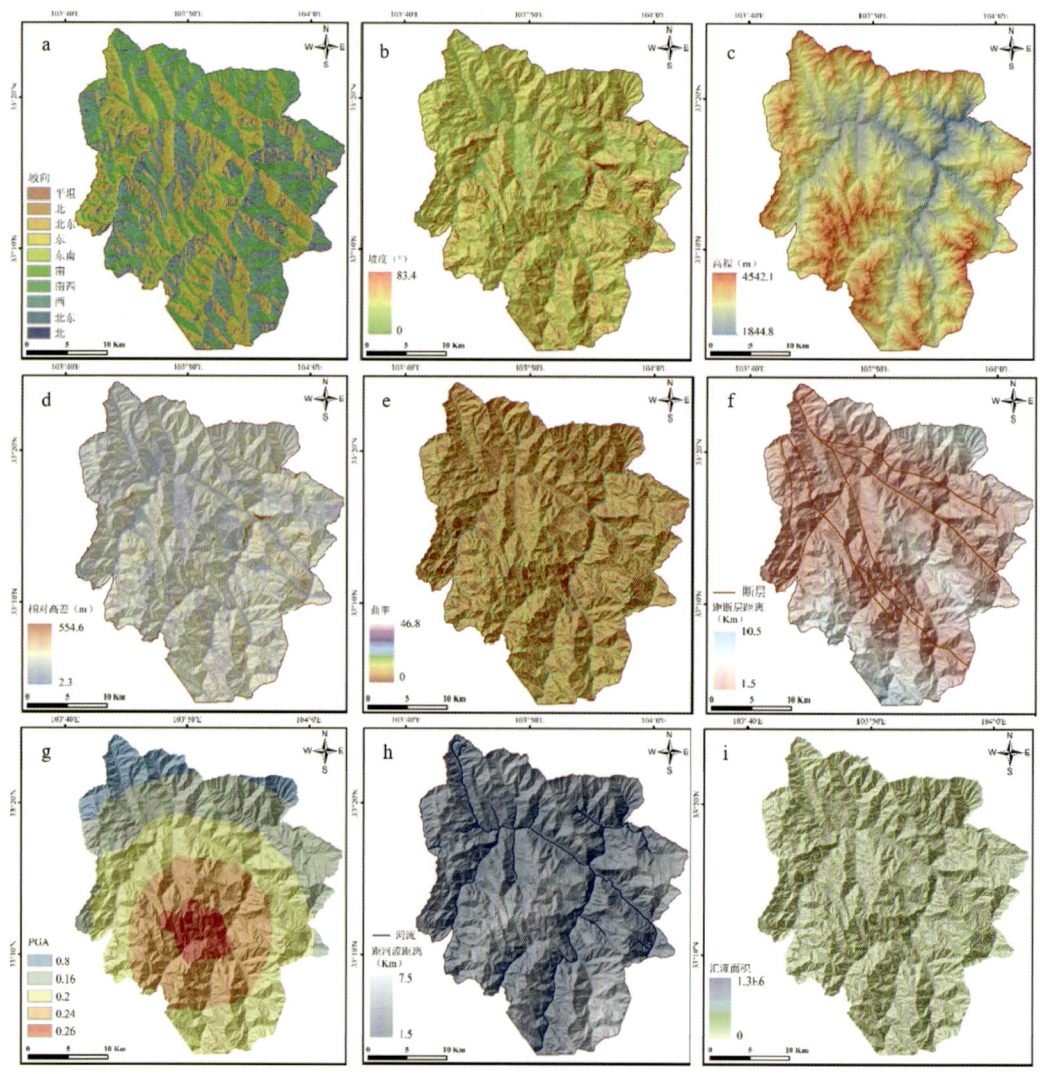

(a)坡向;(b)坡度;(c)高程;(d)相对高差;(e)曲率;(f)距断层距离;
(g)PGA;(h)距河流距离;(i)汇流面积

图 5-14 震后地质灾害空间分布规律研究所选取因子栅格图

(1)坡向:坡向决定了斜坡受日照强弱,降水丰沛程度,坡体植被生长情况,土体水分存留条件,进而决定了坡体的侵蚀风化情况及其成为不稳定坡体的难易程度。

(2)坡度:通常坡度越大,坡体的重力在平行于坡面的下滑分力便越大,越容易失稳。坡度的大小影响着坡面上松散堆积体发生位移形成震后次生灾害的可能性大小,并在很大程度上影响着坡体变形破坏的机制。因此,坡度较大的区域内震后地质灾害发生的可能性相对较高。

(3) 高程：高程可以影响岩土特性、地下水特性及工程活动密度从而间接改变震后滑坡灾害的发育条件和难易程度。研究区处于中高山区。

(4) 相对高差：相对高差决定了松散堆积体受重力影响程度的大小，地势相对高差越大的区域内，坡体上堆积的松散堆积物就越易受到重力影响而滑落，搬运其所需要的力就越小，进而决定了震后滑坡灾害发生时搬运物质的难易程度。

(5) 曲率：山坡曲率为坡度的导数，曲率范围为 –1 至 1，曲率为正说明斜坡表面上凸，为负说明斜坡表面下凹。一般而言，凸型坡面相当于对平直坡面堆载，且坡脚处曲率相对较大，因此凸型坡的稳定性相对较差。

(6) 距断层距离：以 1.5 km 为断层多环缓冲区的间距。断层发育程度代表着地层受地震扰动的强弱，通常断层发育的地方，岩层受到挤压或拉张作用，形成裂缝，易受风化，使岩层强度降低，更易发生地质灾害。

(7) PGA：地震峰值加速度可以在一定程度上反映地震动的整体作用水平，一定程度上随着峰值加速度的增大，滑坡密度也是增大的，与滑坡的易发程度呈正相关。

(8) 距河流距离：因研究区域面积较大，以 1.5 km 为水系多环缓冲区的间距。河流水系的发育程度和密度代表着地表受到侵蚀的强弱，河流水系两岸的岩体受其冲蚀挖空作用，使岸坡悬空，更加容易发生地质灾害。

(9) 汇水面积：震后地质灾害往往由于松散物质和不稳定岩体由降雨激发形成新的地质灾害或复活灾害体。

根据确定性系数法即 Certainty Factor，根据已发生地质灾害确定环境因素数据库，通过对两者之间的统计关系分析，确定震后地质灾害的发育程度。计算公式如下：

$$CF = \begin{cases} \dfrac{PPa - PPs}{PPa(1 - PPs)}, & PPa \geqslant PPs \\ \dfrac{PPa - PPs}{PPs(1 - PPa)}, & PPa < PPs \end{cases} \quad (5\text{-}3)$$

式中，PPa 为因子二级划分 a 内发生地质灾害的条件概率，即发生的可能性。其值为二级划分 a 中地质灾害的面积与该分级面积之比。PPs 为地质灾害事件在研究区内发生的先验概率，其值为地质灾害总面积与研究区面积之比（刘丽娜，2015）。由上式可知 CF 值的区间为 [–1, 1]。CF 值为 0 或接近于 0 时，则说明事件发生的确定性不能被预测；CF 值越接近于 1 表示发生的确定性越高及震后地质灾害发生的可能性越高；CF 值为负代表地质滑坡灾害发生的确定性低，不易发生，越接近 –1 发生概率越接近于 0；CF 值为 1 或 –1 都是在理想状态下的情况，在实际应用中只会出现在极少的影响因子分类内部。

表 5-3 为所有评价因子分级标准、分级面积、分级地质灾害面积、地质灾害面积百分比 PPa、及确定性系数（CF）值。

表 5-3　各评价因子分级与 CF 值计算

factors	classify	分级面积/km²	分级内滑坡面积/km²	PPa	PPs	CF
坡向	N	94.29	0.20	0.002 2	0.001 8	0.158 7
	NE	111.19	0.26	0.002 4	0.001 8	0.228 8
	E	112.34	0.36	0.003 2	0.001 8	0.434 0
	ES	89.46	0.25	0.002 8	0.001 8	0.345 0
	S	91.24	0.13	0.001 4	0.001 8	−0.239 5
	SW	120.48	0.17	0.001 4	0.001 8	−0.213 5
	W	121.14	0.14	0.001 2	0.001 8	−0.360 1
	NW	90.18	0.05	0.000 6	0.001 8	−0.671 3
坡度/(°)	<10	25.83	0.04	0.001 5	0.001 8	−0.184 6
	10~20	76.79	0.07	0.001 0	0.001 8	−0.464 2
	20~30	152.75	0.15	0.001 0	0.001 8	−0.442 5
	30~40	337.46	0.54	0.001 6	0.001 8	−0.112 1
	40~50	196.76	0.62	0.003 1	0.001 8	0.421 1
	50~60	36.83	0.10	0.002 8	0.001 8	0.359 6
	60~70	3.85	0.03	0.007 7	0.001 8	0.764 9
	>70	0.05	0.00	0.000 0	0.001 8	−1.000 0
高程/m	1 500~2 000	4.02	0.03	0.006 9	0.001 8	0.738 7
	2 000~2 500	76.08	0.45	0.005 9	0.001 8	0.693 9
	2 500~3 000	205.68	0.87	0.004 2	0.001 8	0.569 7
	3 000~3 500	263.79	0.20	0.000 8	0.001 8	−0.586 6
	3 500~4 000	221.28	0.02	0.000 1	0.001 8	−0.948 2
	>4 000	59.46	0.00	0.000 0	0.001 8	−1.000 0
相对高差	0~100	63.09	0.06	0.001 0	0.001 8	−0.469 2
	100~200	385.78	0.48	0.001 3	0.001 8	−0.310 4
	200~300	348.34	0.89	0.002 5	0.001 8	0.285 8
	300~400	31.33	0.13	0.004 1	0.001 8	0.558 8
	400~500	1.67	0.00	0.002 6	0.001 8	0.304 4
	>500	0.11	0.00	0.000 0	0.001 8	−1.000 0

续表

factors	classify	分级面积/km²	分级内滑坡面积/km²	PPa	PPs	CF
曲率	(−1)~(−0.6)	621.65	1.18	0.001 9	0.001 8	0.042 5
	(−0.6)~(−0.2)	175.89	0.31	0.001 8	0.001 8	−0.028 3
	(−0.2)~0.2	30.15	0.06	0.002 1	0.001 8	0.125 6
	0.2~0.6	2.59	0.01	0.004 0	0.001 8	0.550 8
	0.6~1	0.05	0.00	0.000 0	0.001 8	−1.000 0
距河流距离/km	0~1.5	399.03	1.31	0.003 3	0.001 8	0.449 2
	1.5~3	296.19	0.05	0.000 2	0.001 8	−0.901 6
	3~4.5	111.28	0.14	0.001 3	0.001 8	−0.307 7
	4.5~6	21.63	0.08	0.003 7	0.001 8	0.515 2
	6~7.5	2.19	0.00	0.001 2	0.001 8	−0.343 4
距断层距离/km	0~1.5	401.29	1.07	0.002 7	0.001 8	0.319 1
	1.5~3	194.65	0.29	0.001 5	0.001 8	−0.188 6
	3~4.5	133.35	0.14	0.001 0	0.001 8	−0.426 0
	4.5~6	62.52	0.09	0.001 5	0.001 8	−0.165 6
	6~7.5	26.13	0.00	0.000 0	0.001 8	−1.000 0
	7.5~9	11.09	0.00	0.000 0	0.001 8	−1.000 0
	>9	1.29	0.00	0.000 0	0.001 8	−1.000 0
汇流面积	<1E1	644.86	1.08	0.001 7	0.001 8	−0.079 5
	1E1~1E2	139.14	0.36	0.002 6	0.001 8	0.295 1
	1E2~1E3	32.30	0.06	0.001 9	0.001 8	0.063 2
	1E3~1E4	9.43	0.04	0.004 2	0.001 8	0.572 9
	1E4~1E5	4.41	0.02	0.005 3	0.001 8	0.659 8

研究得到震后地质灾害与各因子的关系图及 CF 值折线图如图 5-15 所示，依次从地形因素、地质因素及水文因素三大类因素对结果进行说明。

（1）地形因素分析

此次研究对坡向、坡度、高程、相对高差、坡面曲率 5 个地形因子进行分析。震后地质灾害与坡向关系图［图 5-15（a）］可见，自然坡向分布较均匀，震后地质灾害主要发育在北东至南方向，其中，震后东方向地质灾害分布最为集中。由 CF 值可知，在东及南东方向 CF 值最大，这两个方向范围内震后地质灾害最易发生。

图 5-15（b）显示研究区内震后地质灾害多发生在 30°~50° 范围内，而 30°~50° 坡度范围内的面积较大，分级地质灾害面积相对而言比值变小，由 CF 值可见，在 40°~50°、50°~70° 坡度范围内的 CF 值最大，在此范围内震后地质灾害最易发生。震后地质灾害与坡度关系如图 5-15（c）所示，震后地质灾害主要分布在 2 000~3 500 m 范

围内，在 1 500～3 000 m 范围内 CF 值为正，灾害易发性较高，在其他范围内的灾害的易发性显著降低。在相对高差为 200～400 m 范围内分布较多，但 CF 值在 200～500 m 高差范围内为正［图 5-15（d）］，其中 300～400 m 中 CF 值达到峰值，表明这些相对高差范围震后地质灾害易发程度高。但由于 -1～0.2 曲率范围内的地形（即凹地形）范围本身分布就最广［图 5-15（e）］，且灾害体形成的松散堆积体主要都堆积在凹型坡中。震后地质灾害大多分布在 -1～0.2 范围内，但 CF 值在曲率为 0.2～0.6 范围内达到峰值，该曲率范围较容易发生震后地质灾害。

（2）地质因素分析

此次研究对距断层距离、PGA 两个地质因子进行分析。由图 5-15（f）可见，震后地质灾害多发生在距断层 0～3 km 的距离范围内，且当距断层距离为 0～1.5 时，CF 值最大，最易发生震后地质灾害。随着距断层距离的增加，灾害分布呈衰减趋势。PGA 与震后地质灾害的分布关系图 5-15（g）显示，随着 PGA 值增加，震后地质灾害也呈增加趋势，且当同震滑坡面密度大于 0.24 时，CF 值接近于 1，在这区间里，震后地质灾害发生的可能性极高。

（3）水文因素分析

如图 5-15（h）所示，距河流距离越远，震后地质灾害呈衰减趋势。当距河流距离大于 4.5 km 时，发生震后地质灾害的数量很少。在距河流距离小于 1.5 km 时，CF 值最大，在该范围内最易发生震后地质灾害，与地质灾害的自然分布吻合。如图 5-15（i）所示，汇流面积在 1E3～1E5 范围内时，CF 值为正，发生震后地质灾害的可能性较大。

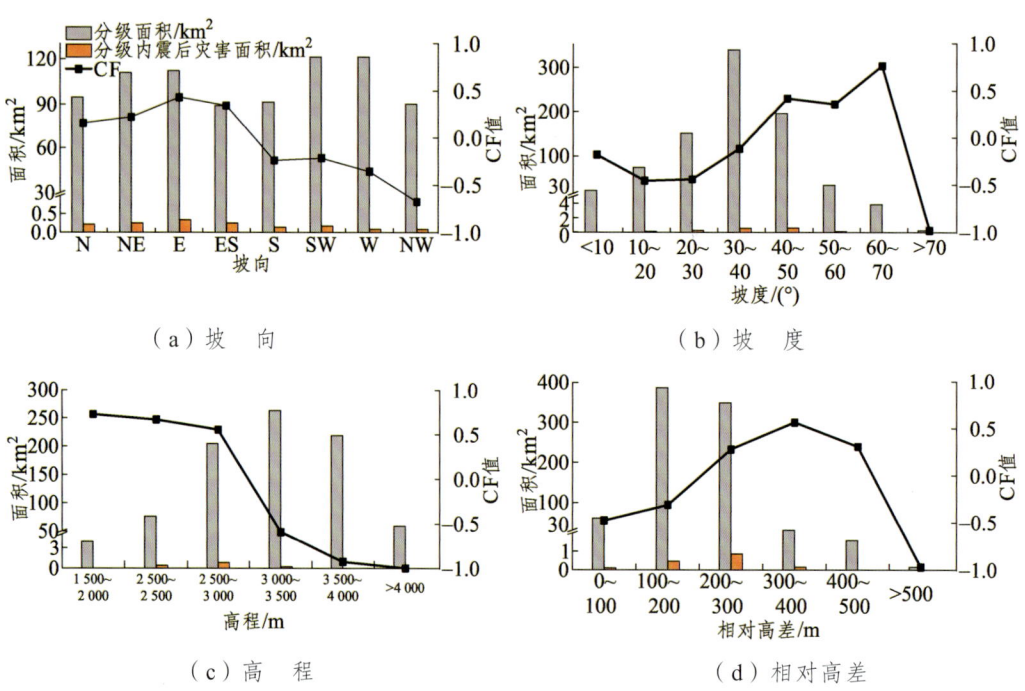

（a）坡　向

（b）坡　度

（c）高　程

（d）相对高差

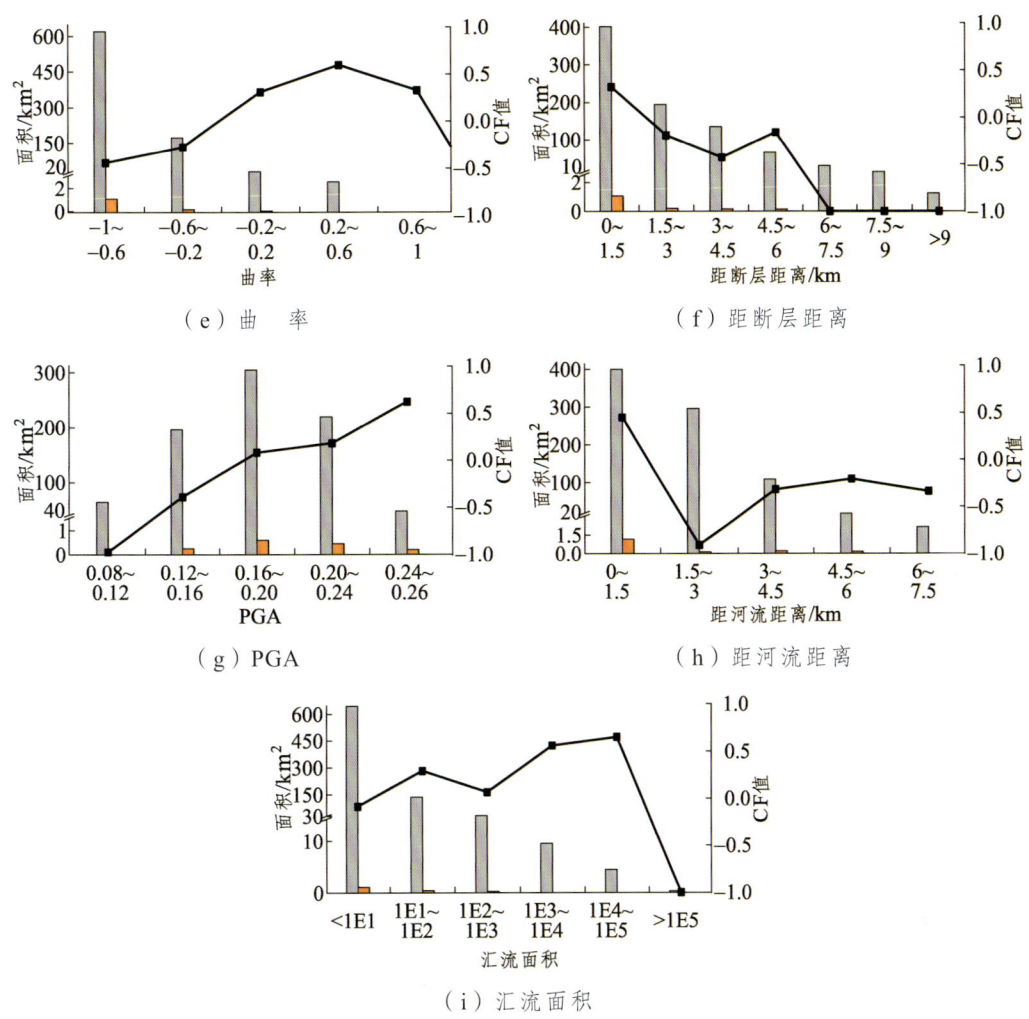

图 5-15 震后地质灾害与各因子的关系图及 CF 值折线图

5.2 震后地质灾害长期效应研究

  强震会诱发大量崩塌滑坡灾害发生，产生的大量松散物质堆积在坡面或沟道，在暴雨条件下，松散物质在坡面和沟道中发生运移，进而形成泥石流灾害搬运出沟道，引起洪水及河床的抬升。有研究显示，强震后震区物质运移作用会十分强烈并且持续数十至上百年的时间（崔鹏等，2010）。例如，Simonett DS（1967）研究表明在巴布亚新几内亚的托里切利山脉在震后，松散堆积物在降雨作用下不断向流域下游运移，震后 30 年内地表厚度降低了平均 74～400 mm。Pearce and Watson（1986）研究表明，在新西兰大地震中，大量的堆积物质停留在沟道中，超过了堆积物总量的一半，其影响时间超过 50 年。KoiT 等（2008）研究表明 Nakagawa 流域地震对震后物质运移影响达到 80 年。Huang and Fan（2013）研究发现汶川大地震大约产生了 40 亿立方米的松散堆积物停留在坡度大于 30°的滑后坡体上。Zhang 等人（2016）对汶川震区物质运移的区域性研究表明，震后堆积物在坡体上的减少会导致沟道物质堆积的增大。Domènech（2018）针对汶川地震的研究结果表明，震后随着细粒物质被带走，松散物质粒径粗化是引起震后泥石流启动临界降雨阈值升高的主要因素。Zhang & Zhang（2017）对汶川震区泥石流活动性研究表明，随着地震区物质运移过程发生物源在不断减少，泥石流降雨阈值自 2008 年到 2003 年从 30 mm/h 增大为 64 mm/h。

震区震后物质运移特征研究是地质学科的热点，也是难点。震后发生的众多次生灾害与堆积物的搬运有着密切关系。九寨沟震区作为世界自然遗产，国家 5A 级景区，震后强烈的物质运移作用不但会使得震后泥石流爆发频率升高，同时松散物质搬运直接进入核心景观，会使海子景观遭受污染甚至消失。如图 5-16 所示，强震诱发地质灾害链式长期效应会在震后数十甚至数百年时间里十分明显（Fan 等，2019），物质运移作用也会在震后多年里一直持续。因此，为了更好地理解和判断强震诱发地质灾害链的生命周期，为灾后重建提供理论指导，对九寨沟震后物质运移特征进行定量分析，并据此进行长期效应预测显得尤为重要。

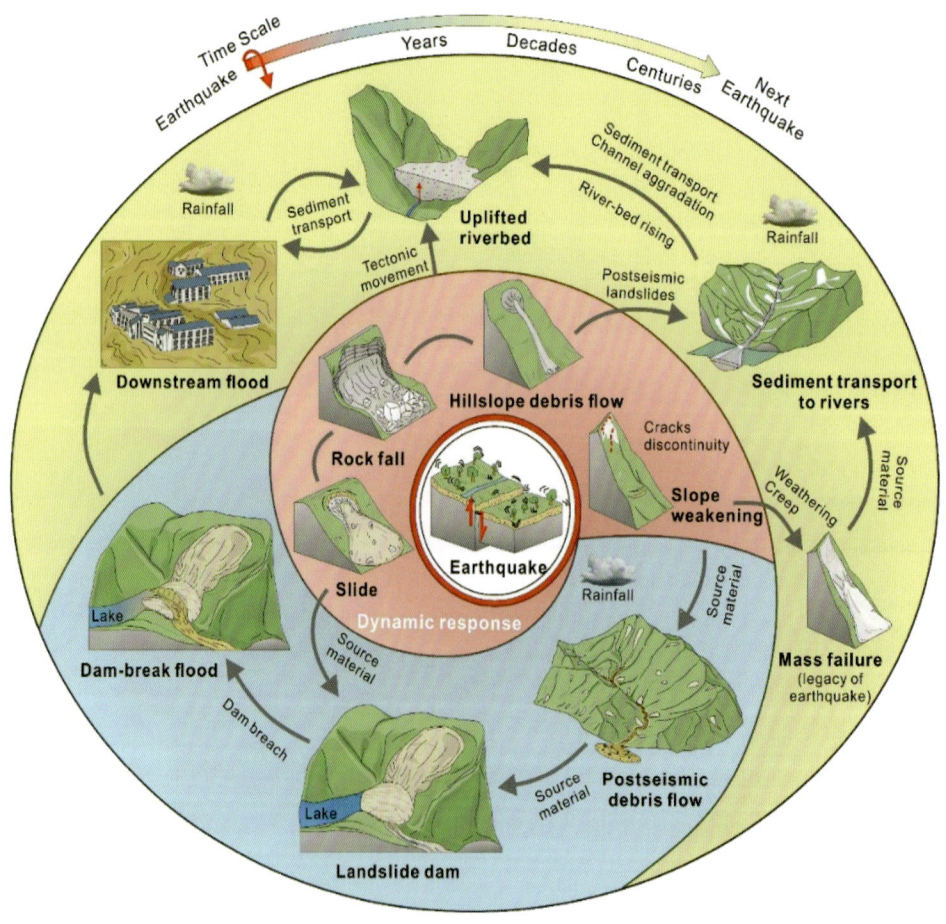

图 5-16　强震地质灾害链长期效应示意图

针对震后地质灾害链物质运移时空演化规律展开研究，比较了震前震后灾区物质运移特征。利用室内物理实验，开展了震后震区坡面侵蚀强度及特征研究。利用数值模拟方法研究了震区土壤侵蚀的空间分布特征的变化情况，量化了震后侵蚀参数，并对震区未来土壤侵蚀强度进行预测。同时开展了考虑多灾害相互作用的地质灾害链耦合机制分析及基于演化过程的强震区地质灾害链长期效应研究。

地震诱发地质灾害产生的松散物质体积及震后流域内堆积物质体积是评价地质灾害及地貌演化的重要参数。而松散堆积物质体积很难得到精确值，特别是对于面积广、密度高的震区。在已往对于汶川地震产生的松散物质体积，大量学者进行了估算。陈晓清等（2009）根据经验估算同震滑坡的厚度，从而获取松散物质体积；黄润秋根据崩塌、滑坡的平均体积估算汶川地震产生的松散物质体积（黄润秋，2011）；因为九寨沟震区灾害大多是高位崩塌，由于地形的限制使得三维的体积极难获取，但二维平面面积可以通过遥感影像轻易获取，随着遥感技术的提升，高精度遥感影像可以提供高精度滑坡面积信息。

运用根据高精度DEM计算结果构建的面积-体积关系公式[公式（5-4）]，根据划分好位置的灾害解译polygon面积计算坡面堆积物的方量。

$$V = \alpha A^{\gamma} \tag{5-4}$$

式中：V为滑坡体积；A为滑坡面积；α为滑坡面积-体积修正系数；γ为滑坡面积-体积经验指数。（体积误差为±15%）

沟道堆积物体积按Fan et al.（2019）方法计算：将震前数字高程模型与历年解译出的沟道堆积体面数据进行叠加，自动提取交界位置高程，生成堆积体顶面"DEM"，然后利用ArcGIS软件中Cut Fill模块计算沟道堆积物体积计算。流域内冲出量根据2017—2019年调查的泥石流冲出方量方法计算，结果如图5-17所示。

降雨是泥石流形成的主要诱发因素。震后泥石流的类型主要为同震滑坡堆积体坡面侵蚀形成的坡面泥石流及沟道泥石流。前者在很大程度上是后者发育的基础。坡面泥石流将滑坡堆积体物质从坡面运移至沟道，从而为沟道泥石流的发生提供有效物源。因此研究震后滑坡堆积体的坡面侵蚀特征、控制因素及物质迁移特征，对预测震后泥石流发生及震后长期效应具有重要意义。

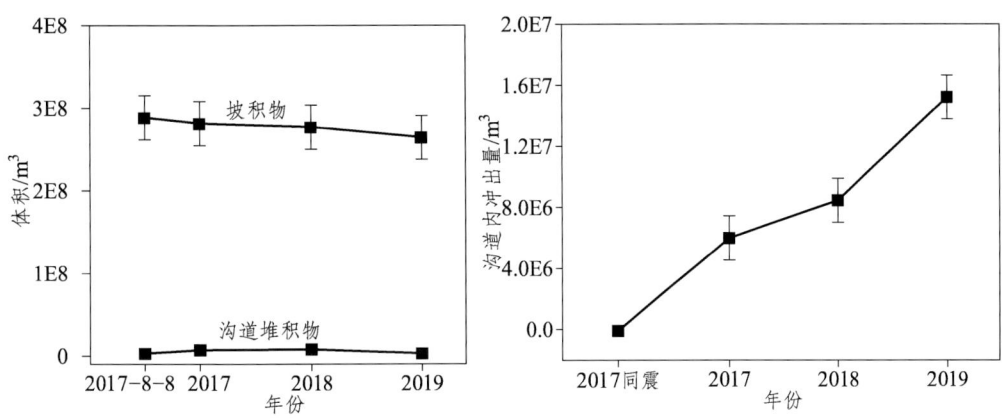

图5-17 震后坡积物及沟道堆积物随时间演化规律

根据多期高精度遥感影像解译得到的同震灾害面积，利用合适的面积-体积公式求得同震产生的松散堆积物质方量，与 2017—2019 年坡积物及新生滑坡灾害方量情况，结合根据数值模拟方法确定的震区土壤侵蚀强度以及沟道冲出物质方量，从而构建得到震后地质灾害长期效应预测模型，2019 年仅有 8% 的同震物源搬运出沟道，至 2030 年震后仍有 86% 的松散物质未被搬运出沟道（图 5-18）。因此，九寨沟强震引起的灾害长期效应及物质运移将持续更长的时间。

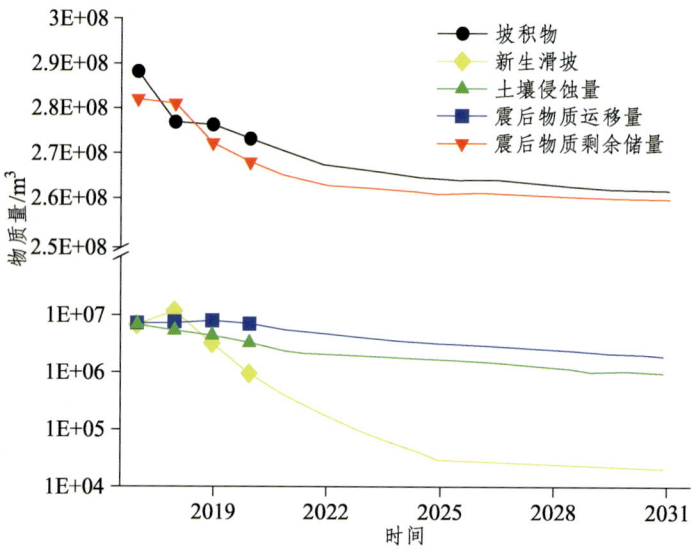

图 5-18　强震区地质灾害链长期效应预测模型

6 新型环境生态化修复材料与技术

6.1 环境生态化修复理念和模式

6.1.1 环境生态化修复理念

边坡砂土是坡面冲刷发生发展的物质基础，砂土体理化性质对边坡砂土抗冲刷侵蚀有直接影响。而地表径流是冲刷作用的外动力展现，其他条件相当时，径流对坡面砂土体的破坏力，主要取决于水流速度及径流量。而产砂量值的大小，与砂土的入渗性能紧密相关。雨强一定时，坡面径流量随雨水入渗量增大而减小，坡面冲刷随径流量减小而减弱。但是砂土体逐渐趋于饱和后，入渗量减少，土壤强度下降，冲刷作用增强，致使砂土边坡破坏严重。就目前，国内外有效的治理方式主要有三种：工程治理、生物治理和化学治理。其中，化学治理是水土流失治理中普遍采用的一种重要的工程措施，也是最具有研究意义和发展前景。有机-无机复合型治理材料作为一种新型砂土加固剂，开始应用在砂土固化工程中来。有机-无机复合型固砂材料即在无机材料中加入有机高分子材料，所合成的聚合物不但可以加固砂土控制水土流失，而且可以有效改善砂层内部温度和水分的关系为植物生长提供有利的水土条件。边坡砂土固化与边坡防护有机结合起来，既提高边坡砂土体的稳定又能实现边坡的生态恢复，达到"绿色、环保、生态、经济"的效果，是目前砂土边坡防护研究的重点。采用无毒、无公害、无污染、不破坏生态环境的材料对边坡砂土进行改良和加固，达到既安全稳定又环境友好（适宜植被生长）的双重目的是砂土边坡坡面防护的一条新途径。

6.1.2 环境生态化修复模式

对于边坡坡面防护的传统修复模式主要有框格梁、喷护、三维网、护面墙等工程防护技术，通过在边坡上形成支护骨架，减缓了坡面水流速度，这些修复模式目的是防止边坡在水流冲刷作用下整体失稳，并且工程应用较为广泛。但在工程实践中，对于坡面自愈能力差的砂土边坡，出现不少因坡面防护材料裸露，在水流冲刷作用下导致防护措施发生局部垮塌或破坏的现象。传统修复模式对于边坡的防治往往只考虑到整个坡体是否稳定而忽视了坡面的抗水流冲蚀能力,同时传统工程材料与砂土质坡面的刚性结合在长期裸露情况下会引起结构脱落,并且也不适合植被的生长。工程固砂主要是依靠物理原理,判别砂土移动的规律,在砂土表面布置不同类型的障碍物以达到控制风沙移动的速度、方向、结构从而改变流砂的蚀积状况,最后达到阻砂或者固定流砂的目的。目前,很多砂土边坡中的固砂工程中除了单纯利用工程固砂外,常常结合植物进行综合固砂。工程固砂因地制宜,可以使用的砂障多种多样,其中最为常见的砂障是草方格砂障、尼龙网型砂障、棉花杆砂障、生态垫砂障、沥青砂障、高分子发泡固化剂砂障和编织袋砂障等。

2016年国务院在"十三五"生态环境保护规划中明确提出了生态治理、绿色发展的水土流失治理原则,并且大力支持绿色环保、适用于生态建设需求的新材料、新技术的应用。当前,从加固砂土体结构、提高边坡坡面的抗冲蚀能力,削弱坡面物质受水流冲刷、下渗发生运移的角度出发,提高砂土体抗水流冲刷、侵蚀能力,同时又适用于植被生长的化学加固技术成为防治水土流失的新技术。化学固砂是在砂土体面表层通过喷洒适宜的化学固砂剂,提高了砂土粒的稳定性,在砂土层表面形成具有一定强度的固结层,从而达到了水土流失治理的目的。化学固砂施工方式简单、固砂效果明显是其主要优势所在。目前,化学加固技术在坡面防护中的应用逐渐受到关注,对于砂土固化剂的研究增多。常见的砂土固化剂主要有聚合物型、生物酶型和离子型等,生物酶型和离子型材料都是通过改变砂土矿物双电层来改良砂土体,聚合物型砂土固化剂加入到砂土中,经过物理、化学反应生成的胶合体使得砂土固化体的强度、耐水性得到提高,而且施工简单,可适用于多种不同类型的砂土。

6.2 高分子聚合物生态化修复材料研究

6.2.1 高分子聚合物生态化修复材料研制

针对目前国内外对于高分子修复材料存在的不足,从砂土改良机理出发,开展了针对砂土体加固的新型高聚物修复材料的研发,从生态治理方面对修复材料性能进行改性研究。

1. 修复材料选择

当前使用最多的高分子聚合物主要是聚丙烯酰胺(PAM)、聚乙烯醇(PVA)以及羧甲基纤维素钠(CMC),聚丙烯酰胺固化剂可以提高砂土团聚粒的结构稳定性,但它属于较易挥发的材料,对于高寒、低温等昼夜温差较大的地区,其固沙效果变差。聚乙烯醇(PVA)的保水性能较差、并且粘结强度低。羧甲基纤维素钠(CMC)可以在砂土颗粒表面形成包裹膜,阻碍水分下渗和蒸发,但CMC

因分子量较小,氢键和范德华力有限,从而对砂土力学性能的加强有限。当前常用的固化剂中,大部分存在抗水性差及遇水后强度明显下降的不足,而羧甲基纤维素钠(CMC)由氢氧化钠和氯乙酸反应接到纤维素上合成(图6-1),其具有良好的稳定性和胶粘性。

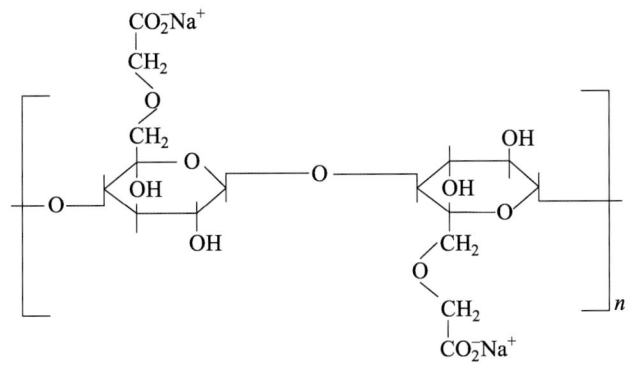

图 6-1 羧甲基纤维素钠(CMC)分子式

羧甲基纤维素钠(CMC)是纤维素羧甲基醚的钠盐,分子量从几千到上万,分子链上含有大量羟基(—OH)和羧酸钠盐(—COONa)官能团,亲水性强。聚丙烯酰胺(PAM)是一种分子量达百万甚至千万的长链聚合物,能与水充分溶解,具有较好的吸附作用和絮凝作用。

2．修复材料研发

以羧甲基纤维素钠材料为基础并结合聚丙烯酰胺材料自主研发了纤维素类新型高聚物生态化修复材料,这种新型修复材料由于选择了低聚合度、非离子型、遇水即溶、胶结性好的高分子聚合物,对有水浸润和冲蚀下会立即散落的水敏性坍塌层有良好的效果。在CMC水溶液中加入分子量大于800万的易溶高分子聚合物(聚丙烯酰胺),CMC的亲水性与PAM加长的分子链综合作用,使得CMC材料中的分子链"搭桥"和隔水薄膜成为颗粒间两种新的胶结方式,增强颗粒间胶结力。通过羧甲基纤维素钠水溶液中加入分子量大于800万的易溶高分子聚合物聚丙烯酰胺,两者按照一定比例混合后再加入到水中混合配制成浓度1.1%的复合型溶液。高聚物修复材料基本性质见表6-1。

表 6-1 高聚物修复材料基本性质

材料	特征	密度/(g/cm³)	黏度/(mPa·s)	挥发率/%	pH
高聚物修复材料	无毒无味无公害,有机溶液,无色透明	1.01	78	<1	6~7

3．修复材料机理

高聚物修复材料的特点是以渗析、胶结为主,具有竞争吸附能力强、吸附速度快、良好的持水性、固化反应的不可逆性以及适宜植被生长等优点。修复材料在砂土颗粒中通过"包被"效应和"织状"效应，在砂土颗粒内部形成微观致密的立体网状结构、将各骨架组织包裹连接，增强固结体抗拉、抗压能力，减小透水性。修复材料掺入到砂土体后，由于高聚物分子在砂土体渗析过程中的吸附能力强于水的极性分子，从而可以更好地胶结固化砂土颗粒，同时高分子在颗粒间及孔隙中形成致密的网膜，起到减弱水流入渗的作用，从而保持结构的稳定性。一方面，材料加固砂土体后使得黏聚力显著增加，结构稳定性增强，膨胀力不足以破坏膜结构强度，而团聚体仍然保持稳定，从而提高砂土体的抗崩解性能。另一方面，形成的胶结凝聚体可以减少雨水的下渗，使覆盖于斜坡坡表的处理面层具有足够厚度，可以阻止土体内水分的大量蒸发（图6-2）。

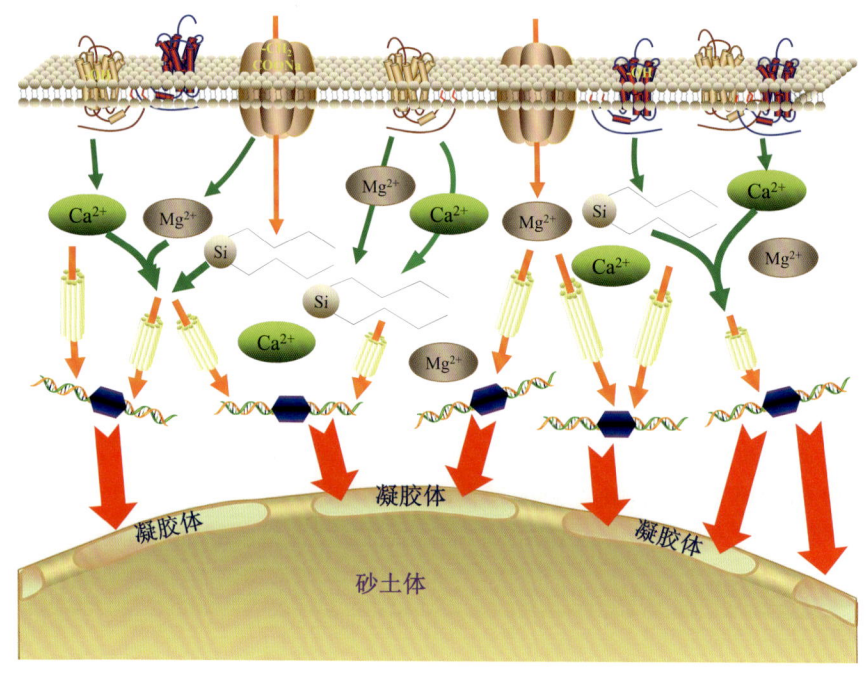

图 6-2　高聚物材料加固砂土体的概念模型

高聚物材料能与斜坡原地砂土体形成修复材料，再配合草种形成的固化保护层具有稳定的结构体能，能够储存水分，促进植物的生长。固化保护层组分均匀、厚度可控，具有极好的抗冲刷性、抗崩解性、强度稳定性，能够防止土壤水土流失，保水、透气，利于植被生长。加固层与原始地层衔接性好，适用于黏土、粉土、砂土各类开挖坡表防护、生态恢复，将修复材料与草种形成的固化保护层外铺于坡表，形成抗冲刷性能优良且适合植被生长的坡面保护层。这种化学加固和柔性支护相结合的方式具有更宽泛的适用性，能够有效解决砂土斜坡长期日晒雨淋、融雪侵蚀出现水土流失、生态环境恶化、坡体滑塌等问题。

6.2.2　高分子聚合物生态化修复材料力学特性

1．修复材料力学强度

液固比1∶2和1∶3（按照高聚物材料与砂土不同的质量比）加固的砂土试样在标准条件下养护3 d、7 d、14 d，测定砂土固化试样的抗剪强度，研究高聚物修复材料的不同液固比、胶结养护时间对砂土固化试样的抗剪强度的影响。试验剪切速率设为0.4 mm/min。对每组试样分别施加不同加载压力100 kPa，200 kPa，300 kPa。试验前应注意将孔隙水压力系统内的气泡全部排除，保证管路畅通，各连接处密封不漏气。为研究不同液固比对砂土体加固后抗剪性能的加固效果，通过三轴压缩试验，测定不同液固比的试样在不同胶结养护时间时的力学强度，得出抗剪强度指标中黏聚力和内摩擦角的变化趋势（图6-3和图6-4）。

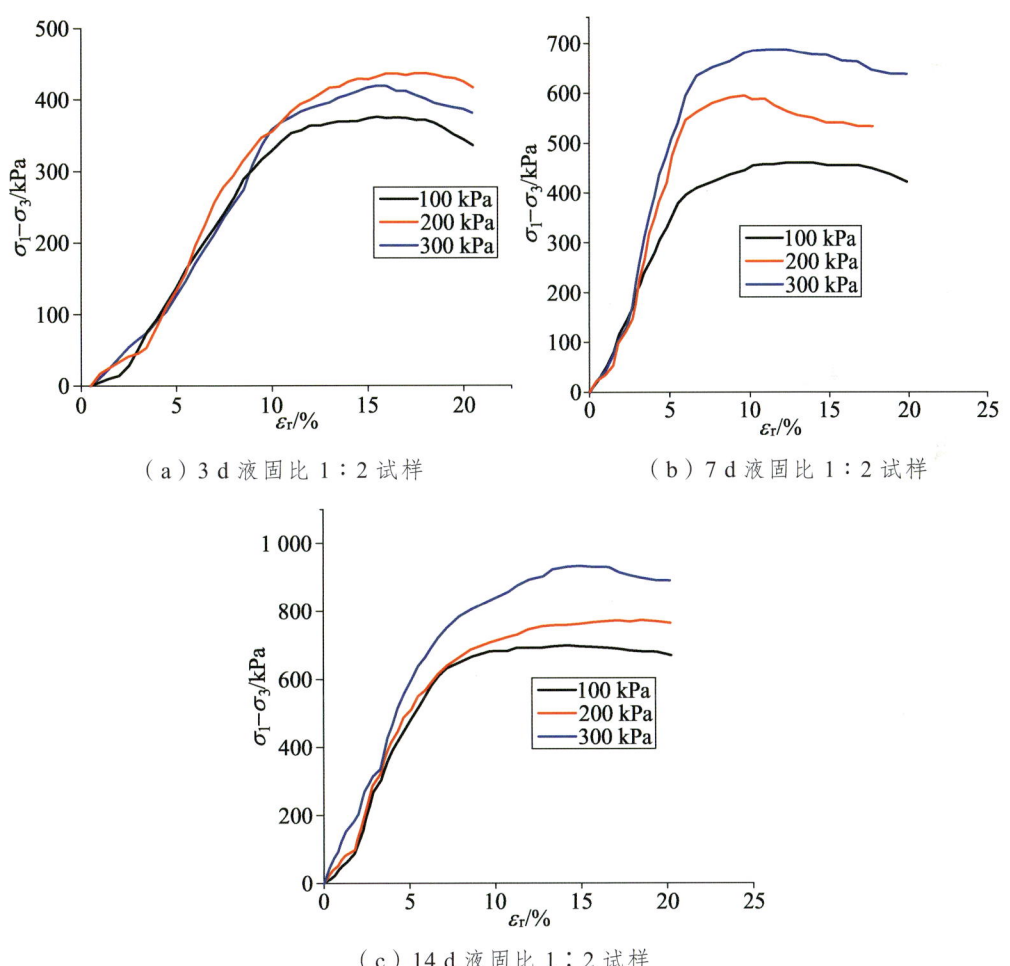

图6-3　液固比1∶2试样不同胶结养护时间的应力-应变曲线

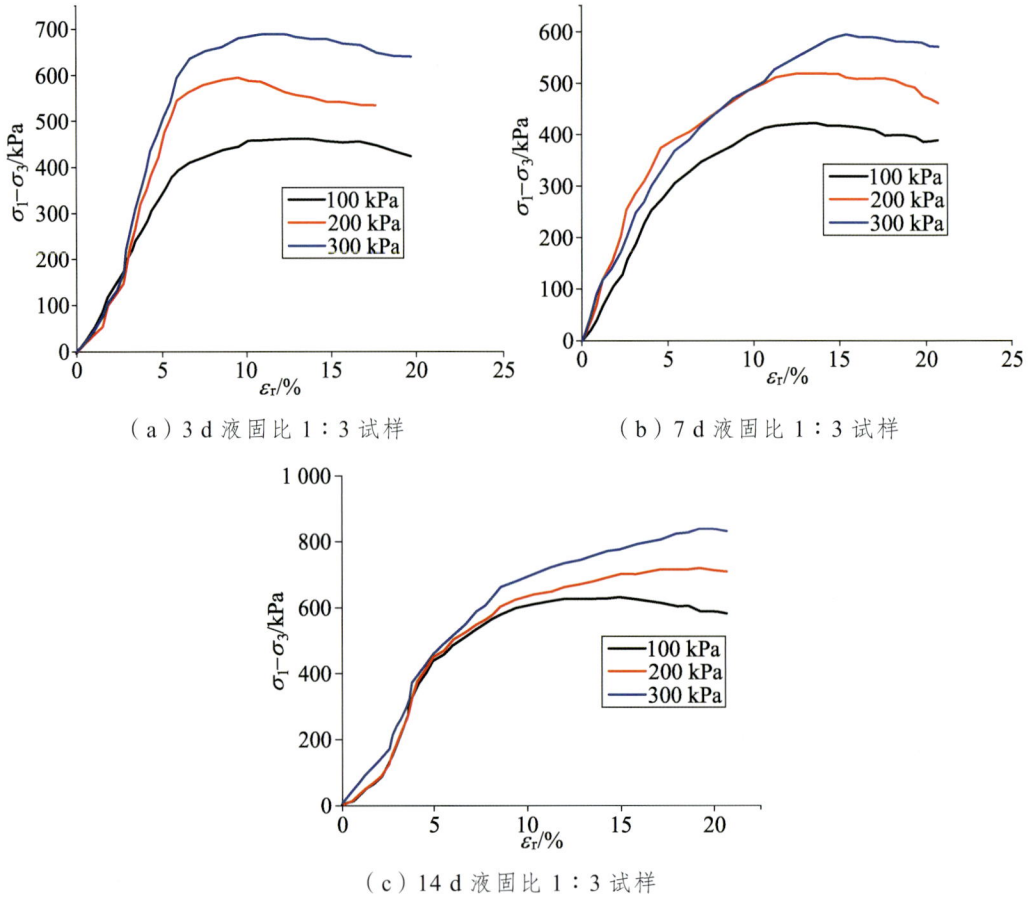

(a) 3 d 液固比 1∶3 试样　　　　　　　　(b) 7 d 液固比 1∶3 试样

(c) 14 d 液固比 1∶3 试样

图 6-4　液固比 1∶3 试样不同胶结养护时间的应力-应变曲线

由图 6-3 和图 6-4 可见，养护时间 3 d、7 d 和液土比 1∶2、1∶3 的固化砂土在 100 kPa、200 kPa、300 kPa 三个围压下的应力-应变曲线。在试验所施加的压力范围内，各围压下的应力-应变关系曲线形状差不多，一开始主应力增加较快，达到峰值后缓慢下降，然后逐渐趋于稳定，同时加固试样达到破坏时的应变随着有效围压的增加而增大。从图中可以看出，围压在 100 kPa、200 kPa、300 kPa 下的试样应力路径曲线一开始基本都是沿着同一条应力路径上升，然后达到应力峰值后转向试样破坏线方向移动达到破坏点，且破坏的变形曲线基本是平行的，因此试验服从状态边界理论。图中曲线应力随应变增大而缓慢增加，呈剪切硬化状态。应力-应变曲线形态不仅受到围压的控制，还受到养护龄期的影响。围压在 100 kPa、200 kPa、300 kPa 时，应力-应变曲线均呈现出应变软化特征，应力差峰值明显，出现在应变 10%~15%，且峰值强度随着试样养护龄期的增加而增大。对于液固比 1∶2 试样，养护 3 d 的应力峰值为 445 kPa，养护 14 d 的应力峰值达到 920 kPa，提高了近 1 倍；同时对于液固比 1∶3 试样，养护 3 d 的应力峰值为 440 kPa，养护 14 d 的应力峰值达到 830 kPa，也几乎提高了近 1 倍。说明随着养护龄期增加，试样的胶结程度越高，应力峰值也就越大。同时在试样的应变软化发生后，加固试样的应力-应变曲线并没有迅速下降，产生应力跌幅，而是以比较平缓的变形速率下降直到试验结束，这主要是试样变形破坏后，加固试样的内部由于材料的聚合效应仍然具有一定的胶结能力，导致试样的应变软化过程是胶结逐步损伤的过程。

对于剪切硬化状态，整个应力-应变过程大致分为两个阶段：第一阶段为线性变形阶段，试样以弹性变形为主；第二阶段为压缩硬化阶段。此时内部应力随着应变的增加而增大，且应力增大的速率小于应变的增加速率。应力-应变呈曲线型上升，试验直至试样达到规定的应变量为止。

2．修复材料抗冻特性

按照高聚物修复材料与砂土按照不同的质量比（1∶2、1∶3）制备试样规格为 $\phi 70.7\ mm \times 70.7\ mm$ 的"加固土"（图 6-5）标准条件下自然风干，平均含水率约 4.8%。抗冻性试验采用可控温的冻融法，即在规定温度 $-20\ ℃$，允许偏差 $2\ ℃$ 的冰箱内进行冻结 12 小时，在以 $+20\ ℃$，允许偏差 $+2\ ℃$ 的融箱内完成融化 12 小时，视为一个冻融循环周期。本次试验的冻融循环次数分别为 0 次、1 次、5 次、10 次、15 次，一共进行 15 组抗冻融循环试验，同时统计各组试样的形貌变化、质量损失和强度变化。同时找出不同配比不同龄期的冻融稳定次数，计算抗冻稳定系数，对各种固化方案的抗冻性进行研究。

图 6-5 冻融试验部分试样

当砂土体采用高聚物修复材料加固后，颗粒之间结构紧密、黏结强度高。加固砂土试样的表观状态见图 6-6。在不同次数冻融循环后，试样整体未出现任何可见的冻胀裂隙和掉皮掉角现象，试样完整性好，局部棱角有极少颗粒崩落。

0 次

1 次

5 次

10 次

15 次

图 6-6　冻融循环后试样形貌

不同次数的冻融循环结束后,把试样都放置于自然环境中进行称量,计算质量损失率。不同液固比的试样计算结果及变化趋势,见表 6-2 和图 6-7 所示。

表 6-2　不同冻融次数试样质量损失结果

冻融次数	冻融结束后质量损失率/%	
	液固比 1∶2 试样	液固比 1∶3 试样
0	0	0
1	0.13	0.14
5	0.15	0.17
10	0.17	0.20
15	0.18	0.21

不同冻融循环次数试验结束后,由表 6-2 和图 6-7 可知,对于高聚物加固后的砂土试样,不同次数冻融循环结束后的质量损失率都不到 0.3%,质量损失率随冻融次数的增加变化不明显。总体上砂土体采用高聚物修复材料加固后,在冻融作用下试样保持完整,基本上没有质量损失,表现出了良好的抗冻性。同时液固比 1∶2 的砂土试样平均质量损失率比 1∶3 的砂土试样低,液固比 1∶2 的砂土试样表现出了比 1∶3 的试样具有更好的抗冻性。

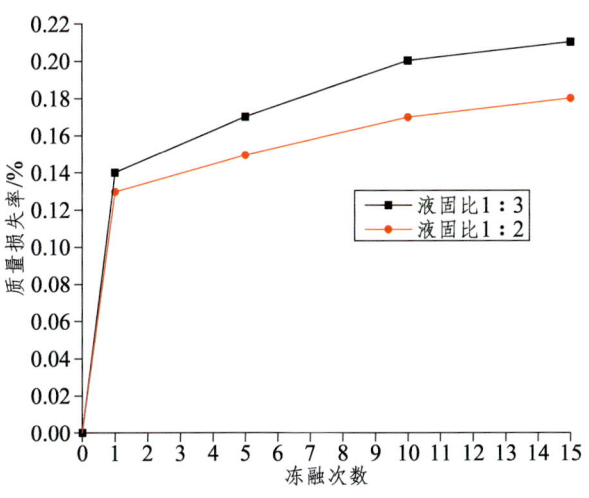

图 6-7　不同液固比质量损失对比

不同次数冻融循环结束后检测不同液固比试样的抗压强度，见表 6-3。

表 6-3　不同冻融次数试样抗压强度

冻融次数	冻融结束后抗压强度/kPa	
	液固比 1 : 2 试样	液固比 1 : 3 试样
0	166.75	197.31
1	178.62	207.47
5	191.85	218.05
10	227.32	234.41
15	298.90	314.45

不同冻融循环次数试验结束后，由表 6-3，对于高聚物修复材料加固后的砂土试样，随着冻融次数的增加，不同液固比试样的抗压强度均在增大。这主要是因为在冻融作用下试样保持完整，基本上没有质量损失，同时由于材料具有良好的抗冻性，高聚物材料加固后的砂土试样内部的胶结作用仍在进行，胶结程度逐渐提高，颗粒密实度逐渐增大，因此在冻融作用下加固后的砂土试样具有良好的抗冻融稳定性。研究抗冻性的方法主要是以冻融后强度稳定的衰减情况，引入抗冻稳定系数 k 作为评价指标，见图 6-8。

$$k = \frac{P_i}{P_0} \times 100 \qquad (6\text{-}1)$$

式中：k 是抗冻稳定系数；P_0 是 0 次冻融试验的强度值（kPa）；P_i 是不同龄期下冻融稳定次数对应的强度值（kPa）。

在冻融循环作用下，不同液固质量比的固化试样均表现出了良好的抗冻性。可以看到，在 15 次冻融循环的范围内，固化试样的抗冻稳定系数在增加，这是由于试样胶结程度逐渐提高，强度受到的冻融作用影响小。

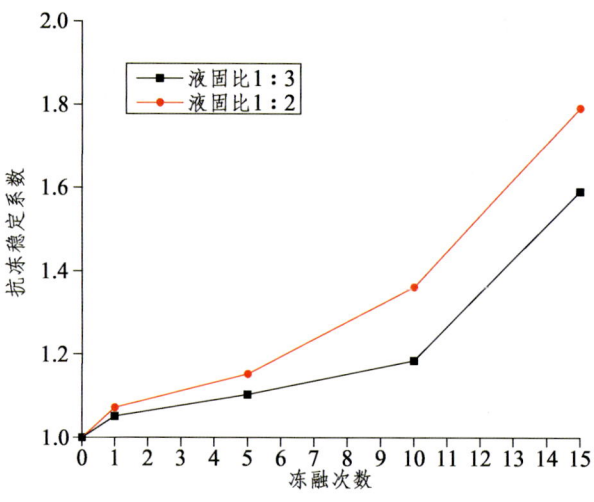

图 6-8　不同液固比试样的稳定系数变化

图 6-9 为液固比 1∶2 的砂土试样在经过 15 次冻融循环作用前后的扫描电镜对比图。冻融作用前［图 6-9（a）］，试样结构紧密，内部附着大量的丝网状物质，形成的"桥接"牢固而紧密，这些絮凝状的胶结物将砂土颗粒包裹形成结构致密的网状固化体。在经过 15 次冻融循环作用后［图 6-9（b）］，砂土试样的整体结构完整性良好，内部未发现断痕及裂缝，形成的丝网状胶结物仍然将颗粒物质裹住，颗粒物质紧密连接。

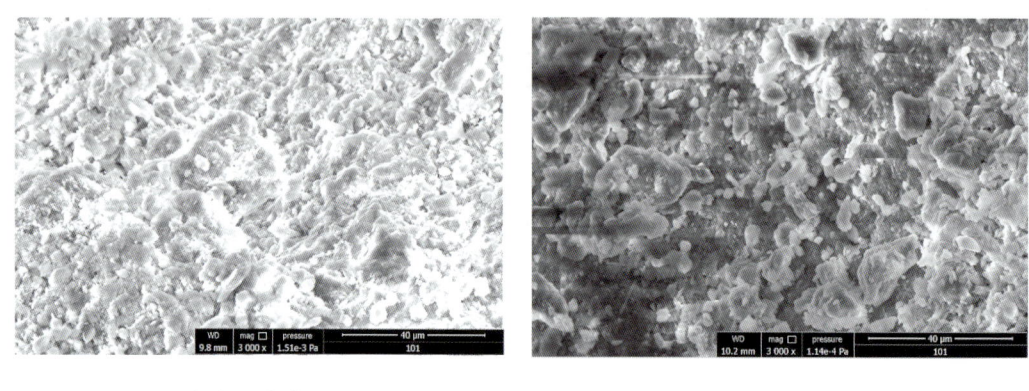

（a）0 次冻融　　　　　　　　　　　（b）15 次冻融

图 6-9　液固比 1∶2 试样微观结构图

图 6-10 为液固比 1∶3 的砂土试样在经过 15 次冻融循环作用前后的扫描电镜对比图。冻融作用前后对比可以看到砂土颗粒物仍然被丝网状包裹，整体结构致密，内部未发现断裂痕迹，充填性好，胶结程度高，说明这种絮凝状胶结物抗冻性好。

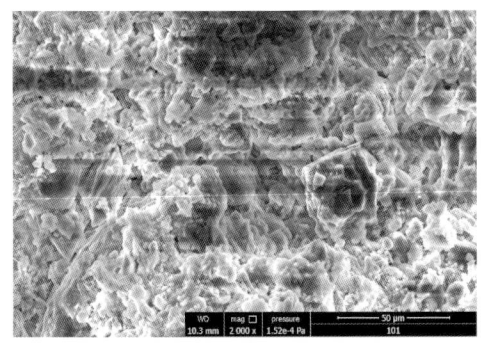 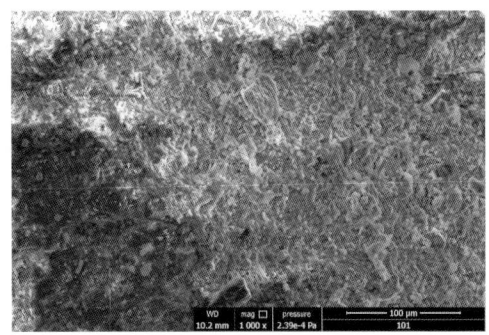

(a) 0 次冻融　　　　　　　　　　　　(b) 15 次冻融

图 6-10　液固比 1∶3 试样微观结构图

在冻融循环作用下，冻融效应对试样的损伤主要是由于冰的膨胀作用，水结成冰后由于体积增大，使得试样的砂土颗粒受到一定的膨胀力。而高聚物修复材料属于高分子聚合物，具有良好的韧性，可以有效地平衡水-冰相变的膨胀力，同时融化后膨胀力消失，高分子聚合物恢复到初始状态。这种高分子聚合物的弹性变形可以有效地平衡水-冰相变的作用力，使砂土颗粒物质整体结构不会发生破坏，在一定保水情况下仍保持良好的完整性。

3．修复材料抗风特性

本实验采用吹风模拟装置进行实验研究，该模拟装置主要由吹风机、试验托盘、调速控制系统以及风速仪等组成。其原理是利用吹风机产生的风力对颗粒表面的吹蚀效果来评价修复材料的抗风蚀性能。首先，高聚物修复材料与砂土按照不同的质量比（1∶2、1∶3 和 1∶4）制备的"加固土"铺在试验托盘上自然风干，然后将装了材料的托盘放入模拟箱中进行吹风试验。同时，使用风速仪对托盘预定位置的风速进行校验，如不符合则调整风机速度至风速达到设计风速，此时即开始风蚀试验。模拟风速设定为 0.3、1.3、2.3、3.3、4.3 m/s，吹风时间控制为 5 min，吹蚀次数分别为 1、2、3、4、5 次，即在设定风速下每吹一次的时间为 5 min，三种配比的材料总共进行 25 组试验。为使实验效果更加明显，吹风角度设定为 90°（正吹），即托盘全部面积垂直受到风力作用，此时受风面积最大，风力最强。根据托盘中材料表面在风烛后保持的完整程度以及风蚀前后的托盘质量变化来判断修复材料的抗风烛性能。

通过风蚀率来评价材料的抗风蚀性能，通常采用不同次数吹蚀后的累积风蚀率 $W_n[\text{g/(cm}^2\cdot\text{min)}]$ 来表示，计算见下式：

$$W_n = \frac{(M_0 - M_n)}{t \times s} \quad (n=1,2,3,4,5) \tag{6-2}$$

式中：M_n 是第 n 次吹蚀后的托盘质量（g）；M_0 是测试前的托盘初始质量（g）；s 是有效面积（cm²）；t 是时间（min）。

不同配比材料在不同风速、不同次数下的质量损失率见表 6-4。从表可以看出，随着风速的增加质量损失率增大，但是在最大风速、最大次数吹蚀的情况下最终的质量损失率也没超过 2%，说明在风力作用下只是在表面的一些松散、微细颗粒被风蚀剥落，而材料的固结层整体未被风蚀破坏，整体结构完整，固结层的力学特性即黏聚力主要是抵抗风沙流侵蚀的主要因素。同时可以看出，在 1∶2 质量配比时的质量损失率最低，最终的质量损失率为 0.75%。随着配比的增大，质量损失率也明显提高，在低风速时区别不大，在最大风速时质量损失率增大近 1 倍。因为高聚物修复材料在液固质量比 1∶3 时可以达到最优吸附量，最终质量损失率未超过 1%。但随着配比增大，多余砂土颗粒胶结力变差，从而影响固沙剂的抗风蚀效果。

表 6-4　不同配比固沙剂质量损失率

吹蚀次数		1∶2				
		1	2	3	4	5
风速	0.3 m/s	0.04%	0.06%	0.08%	0.10%	0.11%
	1.3 m/s	0.14%	0.17%	0.20%	0.23%	0.27%
	2.3 m/s	0.29%	0.34%	0.35%	0.39%	0.42%
	3.3 m/s	0.44%	0.50%	0.53%	0.58%	0.60%
	4.3 m/s	0.64%	0.65%	0.68%	0.70%	0.75%
吹蚀次数		1∶3				
		1	2	3	4	5
风速	0.3 m/s	0.02%	0.06%	0.11%	0.15%	0.19%
	1.3 m/s	0.20%	0.27%	0.32%	0.37%	0.41%
	2.3 m/s	0.47%	0.51%	0.55%	0.60%	0.65%
	3.3 m/s	0.74%	0.80%	0.83%	0.87%	0.91%
	4.3 m/s	1.05%	1.07%	1.13%	1.18%	1.24%
吹蚀次数		1∶4				
		1	2	3	4	5
风速	0.3 m/s	0.14%	0.23%	0.31%	0.45%	0.48%
	1.3 m/s	0.55%	0.59%	0.65%	0.69%	0.77%
	2.3 m/s	0.85%	0.90%	0.98%	1.02%	1.05%
	3.3 m/s	1.20%	1.26%	1.33%	1.37%	1.42%
	4.3 m/s	1.47%	1.53%	1.61%	1.67%	1.72%

从图 6-11 和图 6-12 看出，改性砂土具有良好的抗风蚀性能，外形特征上观测吹蚀前后未发生裂缝或者孔洞，整体结构保持良好。其主要原因是高聚物修复材料改性砂土表层形成了高分子网状膜结构，增强了砂土颗粒间的联结力，能很好地起到抵抗风力吹蚀效果。

根据不同配比材料在不同风速、不同次数下的质量损失率，结合不同次数吹蚀后的累积风蚀率计算公式，对不同配比的固沙材料的抗风蚀性能进行评价，见图 6-13。可以看出，1∶2 质量比的累积风蚀率最低，在最大风速时的累积风蚀率只有 0.001 88 g/(cm^2·min)，远低于 1∶4 质量比。同时 1∶2 和 1∶3 的累积风蚀率变化不大，但到1∶4质量比时明显增大，说明1∶2和1∶3质量比的抗风蚀性较好。

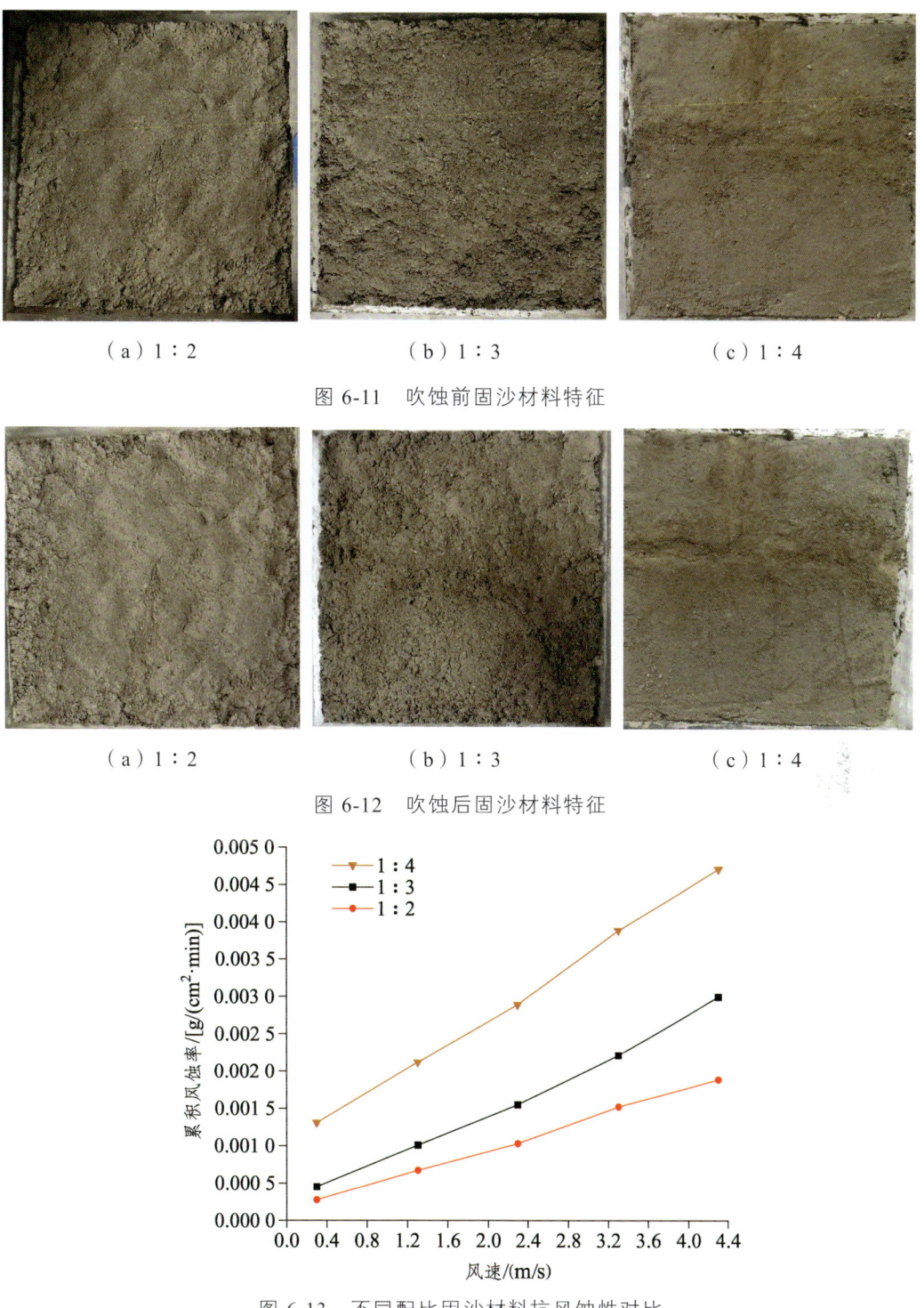

（a）1∶2　　　（b）1∶3　　　（c）1∶4

图 6-11　吹蚀前固沙材料特征

（a）1∶2　　　（b）1∶3　　　（c）1∶4

图 6-12　吹蚀后固沙材料特征

图 6-13　不同配比固沙材料抗风蚀性对比

6.2.3 高分子聚合物生态化修复材料抗冲蚀效应

1. 修复材料抗水解效应

对不同基质胶结程度以及胶结养护时间的砂土固化体开展浸水崩解试验,试验采用静水崩解法通过土壤崩解仪进行。观察并记录不同时间段内试样的崩解现象及过程。同时通过分析不同性质固化体的崩解速率和崩解量,对比分析不同性质固化体的崩解性能。并且将崩解物烘干进行颗粒分析,获得不同胶结程度及养护时间下团聚体的尺寸及其变化特征,结合基质吸力分析影响固化试件崩解性能的水稳性团粒含量。按照高聚物修复材料与砂土不同的质量比(1∶2、1∶3 和 1∶4)制备试样规格为 ϕ61.8 mm× 20 mm 的"加固土",标准条件下养护 3 d、7 d、14 d 和 28 d。然后依托崩解试验装置,见图 6-14。该装置由支架、烧杯、吊篮、数显式推拉力计和电脑等组成,可自动记录崩解试验过程中的数据。一次崩解试验时间为 24 h,若时间未到而砂土固化体已全部崩解,记录下全部崩解结束时推拉力计相应的读数和时间。

图 6-14 崩解试验装置

首先将数显推拉力计与电脑相连接并且运行软件,调试完成后将砂土固化体轻放到吊篮上,并将吊篮悬挂在推拉力计的固定挂钩上,随即将吊篮缓缓地放入到盛有清水的烧杯中,并使吊篮与烧杯底部保持一定距离,保证崩解后掉落的砂土体不会堆积到吊篮的高度,同时应将试样完全浸没在清水中使得水面刚好浸没过试样上表面。待其稳定后点击软件"开始试验",推拉力计单位为 kg,同时开始计时,每 0.1 s 自动记录数据,当试样完全崩解或数据稳定且到试验时间后,试验结束。

从图 6-15 可以看出,试样吸水饱和的过程中,试样的吸水速率大于其崩解速率,导致不同养护时间的试样质量均有增加。其中在 3 d 养护期的试样浸水后初始阶段的崩解速率极快,在 1 h 崩解率达到 30%,在 5 h 崩解率达到 50%,且崩解呈颗粒状散落，6 h 后崩解速率变慢直至稳定（图 6-16）。由于 3 d 养护期试样内的高聚物修复材料与砂土颗粒之间的胶结程度极低，胶结力太小，在水的浸入作用下导致试样内部结构受到破坏。从图 6-17 看出，试样在浸水后就开始产生裂纹，并且不断延伸扩展，在 10 min 时就开始崩解，崩解体呈颗粒体状散落，最后直至 24 h 崩解率为 55%。由此可知养护 3 d 的试样不具有耐水性。养护 7 d 的试样由于胶结程度的提高，使得水的作用减轻，在 0～4 h 内的崩解速率较快，崩解率达到 15%，然后崩解速率保持稳定，24 h 后的崩解率为 20%，试样内部仍然保持一定的完整性（图 6-18）。养护 14 d 后的试样最终崩解率为 13%，从图 6-19 看出，试样剩余部分整体结构较好，说明仍然具有一定的胶结力。养护 28 d 的试样最终崩解率只有 1%，这是随着养护时间的增加，试样内部胶结程度增强的结果。从图 6-19 可以看出，虽然 28 d 试样裂纹发育，但是高聚物修复材料与砂土颗粒仍然具有一定的胶结力，使得试样只有局部发生颗粒散落，整体结构由于胶结作用的影响保持一定的完整性。同时，养护 28 d 试样由于受到风干的影响，总体质量变小。

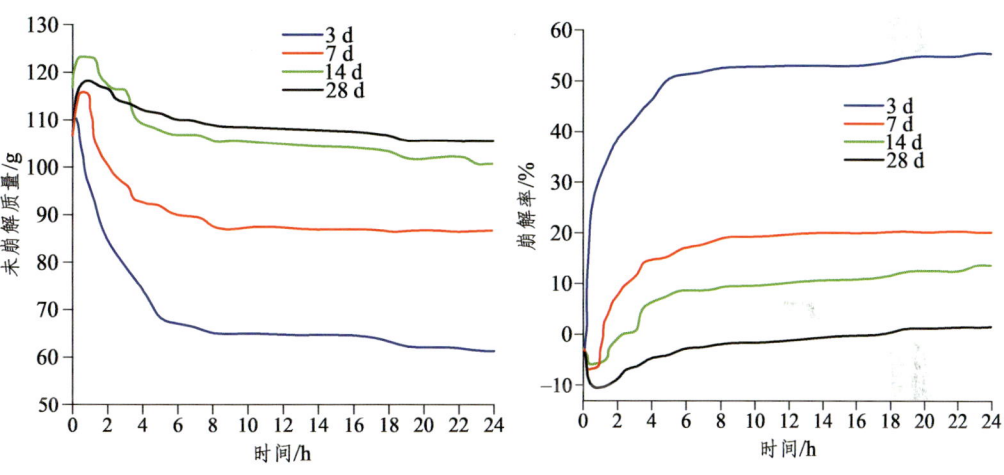

图 6-15　试样崩解过程　　　　　　　图 6-16　试样崩解率

图 6-17　3 d 试样崩解形态　　图 6-18　7 d 试样崩解形态　　图 6-19　28 d 试样崩解形态

结合不同液固质量比和不同胶结时间的试样崩解试验，见表6-5，可以看出液固质量比越小，胶结养护时间越长，高聚物修复材料的胶结能力越强，对砂土颗粒的固化效果越好，耐水性能得到显著改善。试样在保持整体结构的同时还具有一定的保水性，说明高聚物修复材料在砂土体应用中的耐水性和保水性均较好。并且与吸附试验相比，在达到吸附平衡量液固比1∶3，随着水分子的逐渐进入，高聚物修复材料由于已经达到吸附饱和，已没有能力再和水分子竞争吸附来抵御水分子的作用，造成砂土颗粒与水分子接触的比表面积变大，固化体抵御水分子侵蚀能力降低，造成耐水性变差。在1∶2比例的时候高聚物修复材料还未达到饱和吸附量，使得固化剂仍然具有比水分子更强的竞争吸附能力，由于固化剂的吸附能力大于水分子，有效地抵御水分子对砂土颗粒的侵蚀，使得固结体试样的耐水性提高。

表6-5 不同胶结养护时间和液固比的崩解率与崩解特征

养护时间		3 d		7 d		14 d		28 d	
液固质量比	1∶4	55%	遇水即刻开始解体，产生大量气泡	20%	遇水即刻产生裂纹，产生大量气泡	13%	遇水即刻产生裂纹，产生少量气泡	1%	轻微崩解，未见气泡，局部裂纹
	1∶3	34%	遇水产生裂纹，局部解体，有气泡	18%	遇水产生裂纹，轻微解体，有气泡	11%	局部裂纹，轻微解体，未见气泡	0	不崩解，未见气泡
	1∶2	0	硬，不崩解，少量气泡	0	硬，不崩解，少量气泡	0	硬，不崩解，未见气泡	0	硬，不崩解，未见气泡

通过对高聚物修复材料处理后的砂土崩落颗粒分布特征进行测定，结果如表6-6所示。从表中可以看出，随着养护时间的增加，水稳性团聚体含量$WSA_{0.25}$逐渐增加。在液固比1∶4时，3 d的$WSA_{0.25}$为92%，14 d达到96%，28 d达到97%。并且1~0.25 mm的团聚体含量明显减少，从3 d含量的33%下降到14 d的21%，28 d降到14%；而>1 mm的团聚体含量逐渐增多，从3 d含量的59%上升到14 d的75%，28 d达到82%。在液固比1∶3时，3 d的$WSA_{0.25}$为96%，14 d达到98%。1~0.25 mm的团聚体含量从3 d含量的21%下降到14 d的19%；>1 mm的团聚体含量从3 d含量的74%上升到14 d的80%。通过团聚体的特征分析说明随着养护时间越长，胶结效果越好，从而形成的水稳性团聚体增多，可以看出水稳性团聚体粒径主要集中在1~5 mm，并且>5 mm的颗粒粒径含量在液固比1∶4时，28 d达到28%，液固比1∶3时也达到30%，粒径较大的团聚体（>5 mm）在散体颗粒总质量中所占的比重明显高于液固比1∶4。可见高聚物修复材料对砂土颗粒的胶结效果好，高聚物修复材料添加到砂土体后将松散细颗粒结合凝聚成较大颗粒，从而可以形成较大粒径的水稳性团聚体，从而显著提高固化体试样团聚体的团聚度，使得整体结构稳定性增强，抗蚀能力得到提高。

表 6-6　砂土团聚体组成

液固比与养护时间		各级粒径质量百分比/%					
		>5 mm	5~2 mm	2~1 mm	1~0.5 mm	0.5~0.25 mm	<0.25 mm
1:4	3 d	14	19	26	22	11	8
	7 d	13	21	39	18	5	3
	14 d	17	26	32	17	4	4
	28 d	28	40	14	8	6	3
1:3	3 d	21	23	30	13	8	4
	7 d	22	25	40	9	2	2
	14 d	30	25	25	12	7	2

水稳性团聚体不仅能促进砂土物质能量的循环和养分的运输，利于植物的生长发育，还能有效地减缓地表径流。团聚体颗粒的平均质量直径（MWD）、几何平均直径（GMD）是作为评价砂土团聚体抗侵蚀能力的重要指标[18]。作为评价砂土体抗水蚀性的重要指标，水稳性团聚体与砂土体水分的渗透性能和保蓄能力密切相关。平均质量直径和几何平均直径值越大，表示砂土体的整体结构越好，砂土团聚体的稳定性越大，其抗水侵蚀的能力越强。根据液固质量比在 1:4 和 1:3 时，试样在不同养护龄期崩解的团聚体 MWD 和 GMD 的变化，可以看出随着养护时间增加，团聚体 MWD 和 GMD 都明显增大，稳定性越强。其中液固质量比 1:4 试样的 MWD 从 3 d 的 2.18 mm 增加到 28 d 的 3.59 mm，GMD 从 3 d 的 1.31 mm 增加到 28 d 的 2.63 mm；液固质量比 1:3 试样的 MWD 从 3 d 的 2.91 mm 增加到 14 d 的 3.29 mm，GMD 从 3 d 的 2.01 mm 增加到 14 d 的 2.32 mm；说明固沙剂能改良砂土体团聚体稳定性，提高抗蚀能力。

通过图 6-20 可以看出，未掺高聚物修复材料的砂粒平均粒径为 1~2 mm，大孔隙，局部有镶嵌弱胶结。砂土体颗粒的整体轮廓清晰，结构特征主要呈糜棱状、板状，颗粒之间以堆积-镶嵌接触为主。在 200 倍镜下可以看到颗粒孔隙很明显，平均孔径约 0.5 mm，不规则堆积，胶结程度差，整体结构较疏松。在 3 000 倍镜下，颗粒间孔隙较大，架空松散结构更明显，颗粒表面和颗粒之间附着有少量黏土颗粒，基本无胶结。

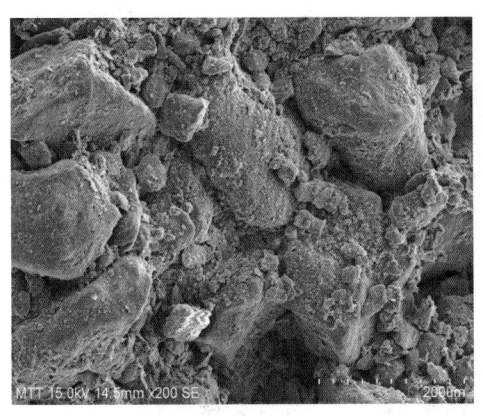
（a）×200

（b）×3 000

图 6-20　未掺高聚物修复材料的砂土微观结构

通过图 6-21 可以看出，掺加高聚物修复材料的砂土体胶结程度高，呈絮凝结构。在 200 倍镜下可以看到颗粒之间分布的黏粒物质增多，在间隙中以网状搭接的结构排列砂土颗粒之间，充填性好，胶结程度高，颗粒基本上被聚集的黏粒物质包裹，密实度较好。在 3 000 倍镜下看到聚集的黏粒物质更多，并且有絮凝状的胶结体分布在颗粒中形成更大的团聚体结构，使得大颗粒的间距减小，颗粒间的排列更致密，整体结构更好。

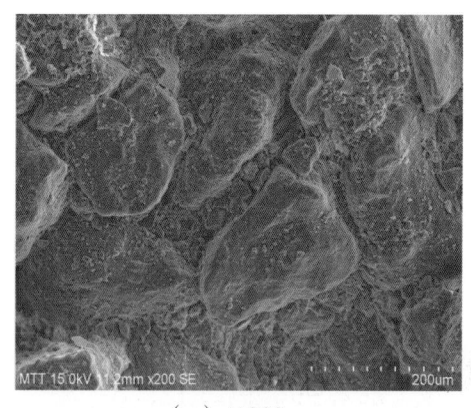 

（a）×200　　　　　　　　　　　（b）×3 000

图 6-21　掺加高聚物修复材料的砂土微观结构

采用分析软件对砂土体加固前后的孔隙大小进行定量研究，以数据的形式提取并对其进行统计分析的过程，分析过程中以像素的形式表示孔隙大小。以固化剂加固前后的砂土体放大 200 倍的扫描图像来分析孔隙的变化过程，统计孔隙在颗粒中所占的面积，以像素数量表示，并且采用孔隙/颗粒的面积比值作为量化指标来反映整体结构的变化特征。通过数据分析，加固后的孔隙面积明显减少，孔隙分布数量减小，孔隙/颗粒的比值由 21.72% 下降到 8.59%，说明颗粒中充填的黏粒物质导致孔隙率降低，砂土体结构更加密实，高聚物修复材料效果明显。

2．修复材料抗冲刷效应

本次模拟实验选取九寨沟的松散砂土斜坡坡表砂土作为研究对象，现场取回砂土样后自然风干并去除杂质和碎石，通过自然风干使砂土试样的含水率达到天然状态。试验砂土斜坡在模型箱中填筑，模型箱尺寸为长 1.5 m，宽 0.5 m，高 1.5 m。模型填筑过程中模型箱上部为铺设降雨系统预留空间，斜坡模型高度为 50 cm。模型箱主体框架由角钢固定，四周用厚度为 15 mm 的复合板维护，底部铺设一层防护塑料膜，防止漏水。具体模型见图 6-22 所示。

本实验采用的降雨系统包括降雨喷头、流量计、加压器、供水管和管线。整个管线布置

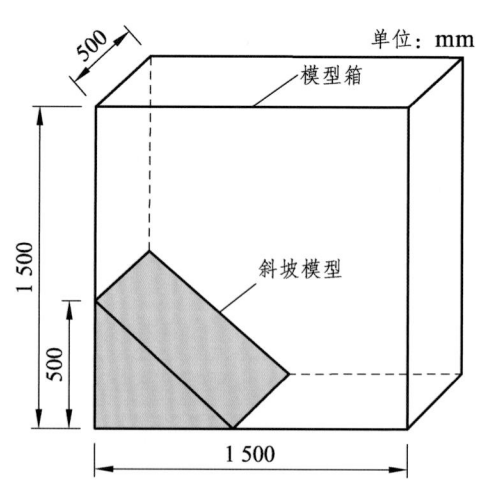

图 6-22　模型箱与模拟斜坡结构图

在模型箱顶部及侧壁,降雨喷头采用下喷射式喷头,可通过旋转喷头出水界面来控制单位时间内通过的流量,并通过流量计来调节,流量计安装在供水管端口,统计降雨过程中的总出水量。降雨喷头通过绳子固定悬挂在模型箱顶部空中,沿斜坡模型轴向均匀布置了两个喷头,可以使雨滴呈抛物线落下。单喷头降雨覆盖面积为 1.0 m × 1.0 m,双喷头喷射可使斜坡所有坡面分布在降雨覆盖范围内。试验数据采用土壤水分传感器(图6-23),利用电磁脉冲原理的电磁波在介质中传播频率来测量砂土中的介电常数,能够稳定地反映出各种介质中的真实体积含水率。该土壤水分传感器通过电磁脉冲转换器进行数据转换,并通过多通道的水分数据采集仪在电脑上显示实时数据(图6-24)。

图 6-23 水分传感器

图 6-24 水分数据采集仪

传感器在模型斜坡中的埋设深度分别为距离坡面 5 cm、10 cm、15 cm 和 20 cm,并且分别在斜坡前缘(坡长 $\frac{2}{4}L$)和后缘(坡长 $\frac{3}{4}L$)的中间部位布设一组传感器。为了使得填筑的砂土试样得到的斜坡质地均匀,填筑采用分层压实。以每压实 10 cm 为一层,并将压实面平整处理,以确保压实质量来保证填筑斜坡的均匀性,并根据原型斜坡砂土天然密度作为模型斜坡的质量控制。当填筑层到传感器的预设埋置深度后,在砂土层中挖出空心部分并将传感器及导线埋置其中,再用砂土找平并压实,然后继续依次进行上部砂土层填筑(图 6-25 和图 6-26)。当模型斜坡填筑到预设高度和长度后,检测传感器线路是否正确,将传感器与数据采集仪进行连接,直到电脑有实时数据显示。

图 6-25 未加固(裸坡)砂土斜坡模型

图 6-26 加固后砂土斜坡模型

影响坡面冲刷的影响因素较多,包括降雨强度、坡高、坡度、坡形、渗透性、土颗粒大小、抗冲蚀性、坡面形式以及初始含水量等,考虑不同因素对冲刷的影响程度以及室内试验模拟的可行性,遂选取雨强、坡度、持时和不同液固比四个因素进行室内冲刷模拟试验。试验降雨强度为 150 mm/h、200 mm/h、250 mm/h,通过雨强公式换算降雨量分别为 3.5 L/min、4.6 L/min、5.8 L/min;降雨持时为 10 min、20 min、30 min;坡度为 30°、40°、50°;液固比为 0、1:2、1:3,修复材料铺设于斜坡坡表,厚 2 cm 并且自然风干。研究选取 4 个因素对坡面冲刷影响,通过正交方法分别设计 9 组试验(见表 6-7),通过 9 组试验的冲刷量值和下渗速率变化,了解不同影响因子对模拟斜坡坡面冲刷的影响。

表 6-7 降雨冲刷模拟试验表

编号	液固比	坡度/(°)	雨强/(mm/h)	持时/min
1	0	30	150	10
2	0	40	200	20
3	0	50	250	30
4	1:2	30	200	30
5	1:2	40	250	10
6	1:2	50	150	20
7	1:3	30	250	20
8	1:3	40	150	30
9	1:3	50	200	10

试验数据结果为雨水下渗速率、产沙量和坡面冲蚀模数。其中降雨结束后测量采集的浑水体积直至泥沙全部沉淀,采用烘干法称重得到该次冲刷试验的产沙量。雨水下渗深度根据埋置的土壤水分传感器进行量取。通过高速摄像机进行拍摄以记录试验过程斜坡坡面变化。

以体积含水率的增大响应时间作为水流入渗到达时间,由此可知水流到达各监测点的时间。根据雨水入渗运动模式,将体积含水率传感器埋放深度换算为垂直于坡面的距离再除以水流到达时间,可以计算出该时间段内雨水入渗平均移动速度,反映降雨入渗的快慢。

$$v = \frac{h\cos\alpha}{t} \tag{6-3}$$

式中:v 是入渗速度(cm/min);h 是监测点埋置深度(cm);α 是坡度(°);t 是仪器响应时间(min)。

对于坡面冲蚀模拟计算,采用如下公式:

$$E_m = \frac{S_L}{At} \tag{6-4}$$

式中:E_m 是冲蚀模数[g/(m²·h)];S_L 是产沙量(g);A 是冲蚀面积(m²);t 是冲蚀时间(h)。

各监测点雨水运移速率如表 6-8 所示,在同等坡度地形条件下,添加了修复材料后雨水的入渗速度明显降低,液固比 1∶2 组合的水流平均入渗速度为 1.09 cm/min,液固比 1∶3 组合的水流平均入渗速度为 1.34 cm/min,均明显低于裸坡条件下的平均入渗速度 2.35 cm/min。

表 6-8 雨水入渗平均运移速率

编号	运移距离/cm	运移时间/min	平均入渗速率/(cm/min)
1	4.33	2.5	1.73
2	13.78	6.5	2.12
3	12.86	4	3.21
4	17.32	14	1.24
5	7.66	7	1.09
6	12.86	13.8	0.93
7	8.66	6	1.44
8	15.32	16	0.96
9	6.43	4	1.61

从冲刷后的坡表特征分析,未掺加高聚物修复材料的斜坡整体在雨水冲刷作用下变形较大,坡体后缘下挫,坡脚由于冲出的砂土发生前移。而掺加了高聚物修复材料的斜坡整体完整性较好,仅有局部的大颗粒物质发生崩落。由此可见砂土斜坡覆盖了高聚物修复材料后,在斜坡表层所形成的固化层具有较好的稳定性,有效地减缓了雨水下渗,而来不及下渗的雨水则沿斜坡坡面汇入坡表径流流走,砂土斜坡的抗冲刷能力提高。

通过对不同坡度的斜坡加固前后的对比试验看出,添加了修复材料后斜坡不仅有效地减少了水流入渗,减轻了斜坡的冲刷量,同时加固后斜坡整体的稳定性良好,没有发生加固层与斜坡表层分离的迹象,也未发生大的变形,说明加入新材料的砂土体固结后,由于材料优良的固结性能,使得加固层与斜坡原始表层结合良好,在雨水冲刷作用下也未滑动。通过试验进行分析,砂土边坡的表面颗粒黏度较低,其稳定性主要由砂土体的内摩擦角决定。降雨时,雨水渗透到砂土体中,填补了砂土颗粒之间的孔隙,从而减小土质的内摩擦角,且内摩擦角是随着入渗水的含量增加而减小的。所以说,砂土边坡的稳定性是相对的。通过模型试验分析,随着降雨强度和冲刷时间次数的增多,在坡面形成浅表层径流(图 6-27),砂土边坡随着降雨强度和冲刷时间次数的增多,会出现多次滑坡现象,但滑动到一定程度后会保持不变,然后随着入渗水的增加,边坡又再次产生滑动,直到到达新的稳定阶段。

图 6-27 坡面径流冲刷变形

6.2.4 高分子聚合物生态化修复材料生态效应

试验用的草本植物为 5 种，分别是灯笼草、金线草、茜草、唐松草和夏枯草，均选自于九寨沟景区内的代表性草本植物种子[19]。其中：灯笼草为唇形科风轮菜属植物，直立多年生草本；金线草为蓼科植物；茜草为多年生草质攀援藤木；唐松草和夏枯草均为多年生草本植物。采用的高聚物修复材料与砂土按照 1∶2 和 1∶3 的液固质量比分别配制成修复材料。选用 40 cm×30 cm 的塑料盘，并且在塑料盘内放入 3 kg 砂土并摊平（图 6-28）。结合前期试验，首先将高聚物修复材料与砂土按照 1∶2 和 1∶3 的液固质量比分别配制。然后按照不同液固质量比配制的材料分成两个试验区（A 区和 B 区），每个试验区均有 5 个塑料盘，再分别选取 5 种植物种子 20 粒分别均匀撒在 5 个塑料盘内的砂土表面，每个塑料盘内代表 1 种植物，均匀分布 20 粒植物种子。最后将拌和好的 1∶2 比例约 1 cm 厚的修复材料覆盖在 A 区塑料盘砂土上，1∶3 比例约 1 cm 厚的修复材料覆盖在 B 区塑料盘砂土上，形成约 1 cm 厚的固沙结构层（图 6-29），同时将张力计插入到修复材料中以观测材料的基质吸力变化。试验时间 60 d，每隔 3 d 往每个塑料盘内均匀喷洒 50 mL 自来水，并记录植物生长情况。

图 6-28　选取的砂土　　　　　图 6-29　铺设的修复材料

1．基质吸力分析

植物的生长离不开水，土体持水能力是做坡体稳定性评价时要重点分析考虑的特性。因此修复材料不仅要有较强的防水流冲刷能力，而且还要有一定保水性可以给植物根系提供水分。土壤的吸水能力通过基质吸力表征，基质吸力越大，土壤的含水率越低；土壤含水量越少，土壤的水吸力就越大。从图 6-30 可以看出，液固质量比为 1∶2 的修复材料基质吸力明显大于 1∶3 液固质量比，同时 1∶2 液固质量比的修复材料从第三天开始就表现出吸水特征，说明 1∶2 液固质量比的修复材料持水能力差、含水率低，所以表现出更强的吸水特征。田间作物适宜的土壤吸力大多在 90 kPa 以内[20]。通过试验，两种液固质量比的修复材料基质吸力最终稳定在 80 kPa 和 75 kPa，说明可以给植物根系生长提供稳定的供水环境，避免了因吸力过大从而掠夺植物根系生长所需的水分。并且 1∶3 液固质量比的修复材料基质吸力更小，说明 1∶3 比例的修复材料含水率更高，可以给植物提供更多的水分。

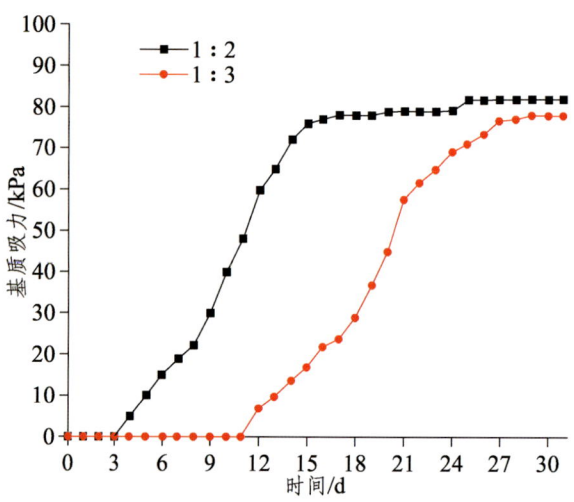

图 6-30 不同液固质量比的基质吸力随时间的变化

2．发芽率分析

对不同草本植物进行修复材料相容性试验研究，不同草种的发芽率试验结果见表 6-9。从植物发芽分布可以看出，灯笼草和唐松草均有发芽，说明这两种植物适宜生长，而金线草、茜草和夏枯草在两种试验区内均未见发芽。其中 A 试验区的植物发芽率整体比 B 试验区植物发芽率高，A 区灯笼草发芽率和 B 区一样，均为 5%；A 区唐松草发芽率为 30%、B 区为 10%。

表 6-9 不同植物种子发芽率分布特征

试验区	植 物	出苗率/%	平均根长/mm	平均根径/mm	平均株高/mm	存活时间/d
A 区	灯笼草	5	20	2	70	20
	唐松草	30	14	1	26	34
	金线草、茜草、夏枯草	—	—	—	—	—
B 区	灯笼草	5	17	2	60	29
	唐松草	10	13	0.5	25	40
	金线草、茜草、夏枯草	—	—	—	—	—

植物的发芽率跟砂土体的强度、孔隙率、含水率以及团粒结构有很大关系[21]。由于高聚物修复材料配制的加固土具有一定的强度，并且胶结程度较高，金线草、茜草和夏枯草这三类植物种子没有发芽。而灯笼草和唐松草发育较好（图 6-31 和图 6-32），唐松草发芽率可以达到 30%，并且从灯笼草和唐松草根系与株苗的尺寸看出两者与修复材料相容性好。

A 区　　　　　　　　　　　　B 区

图 6-31　灯笼草 40 天后生长情况

A 区　　　　　　　　　　　　B 区

图 6-32　唐松草 35 天后生长情况

施用一定量的修复材料改变了砂土的紧实度，适宜的施用量可以提高砂土密实度促进作物根系的穿孔和生长。从图看出，植物种子主要是从固结层孔隙较大的地方发芽，而孔隙较小的地方种子出苗难（图 6-33），说明植物种子发芽不仅需要水分，还需要适宜的空间。从表 6-9 可以看出灯笼草的发芽率较低，只有 5%，说明种子发芽难度较大。从发芽率分布看，唐松草＞灯笼草＞金线草、茜草、夏枯草。修复材料固然胶结程度高、强度大，其抗水流冲刷的能力强，但是压实紧密的固结层也会压缩了种子空间，从而使得植物种子穿孔发芽困难，所以适当配比的修复材料不仅需要具有一定的抗水冲刷和保水能力，同时也需要给植被发育提供一定的空间。同时化学修复材料可吸附和固定沙层中的有机物离子，通过与植物进行离子交换作用提供给植物所需要的营养物质[22]。从表 6-9 看出 B 区植物的生长时间都长于 A 区植物，唐松草存活时间多 6 d，灯笼草存活时间多 9 d，说明 1∶3 液固质量比的修复材料含水率更高，可以给种子发芽提供更多的水分，存活时间更长。

图 6-33　紧固密实的固结层

3．发育特征分析

图 6-34 为灯笼草的地下根部和地上株苗发育图，可以看出植物种子生长发芽情况良好，A 区和 B 区的灯笼草根茎和株苗尺寸特征相似，根茎达到 2 mm，并且灯笼草的叶片面积较大，达到 130 mm^2 左右。根系的发达不仅有助于其从砂土里吸收水分和养分，而且较大的叶片也有助于其获得充足的阳光。植物就是利用自身发达的根系，在砂土内水平或垂直发展来吸收深层水分和营养，以供应给植物地上部分的蒸腾和生长发育的需要。图 6-35 为 A 区和 B 区的唐松草根部和株苗图，可以看出两者的根部长度尺寸相当，但是 A 区的根茎稍粗，达到 1 mm。两者的株苗高度差不多，叶片面积也近似。从根系的形状来看，两者均属于向土壤深部延伸的主直根型。主直根型的特点是有一条明显的垂直主根，其上再发育有众多微细侧根，能很好地起到锚杆作用[23]。两者的株高相当，约 25 mm，说明种子具有更强的生命力可以穿透修复材料生长。但是 A 区的株苗枯萎的时间早，存活时间短。结合图 6-34 和图 6-35，A 区和 B 区的种子发芽区域均位于修复材料孔隙较大的位置，说明具有一定密实度的修复材料与植物生长相容性效果较好。

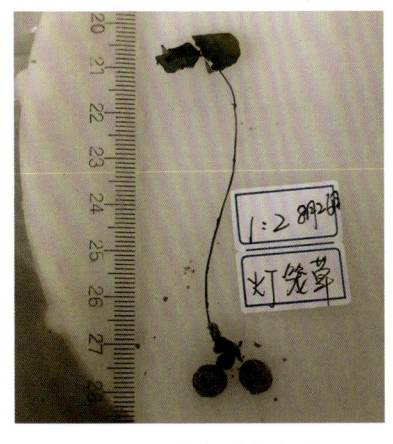

图 6-34 灯笼草生长根苗图　　　　图 6-35 唐松草生长根苗图

从灯笼草和唐松草的发芽分布和根苗特征分析，高聚物修复材料和灯笼草以及唐松草的相容性较好，植物根系主根发达，但是侧根明显偏弱。同时大部分砂土植物生长所需要的土壤环境一般是酸性，砂土过酸或过碱都会危害植物。高聚物修复材料的 pH 值在 6~7，符合植物生长的弱酸性土壤环境条件，有利于植物的生长。并且高聚物修复材料不仅具有一定结构强度可抗水流冲刷，而且还具有保水性，可促进植物生长。通过试验分析，九寨沟典型植物中灯笼草和唐松草与高聚物修复材料相容性良好，在 1∶2 液固质量比时唐松草发芽率更高，在液固质量比 1∶3 时植物的存活时间更长。

6.3　改性糯米灰浆生态化修复材料研究

改性糯米灰浆生态修复材料经过大量的实践检验，是一种环保无污染的新型固土固沙材料，本材料采用有机物质为基础，与土体等拌和后能够形成包络，使土的自稳性得到有效的加强，并且对植物生长不产生任何不良影响。结合植物的种植以及植物的快速演替最终形成根-土复合体，使松散土体潜在的灾害得到有效的治理。

6.3.1　改性糯米灰浆生态化修复材料研制

一方面，加固土渗透性降低，持水性增强特性表明了改性钠羧甲基纤维素的吸水膨胀性使得水的入渗受阻。虽然随着材料浓度的增加，加固土吸水性增强，团聚体内浸水膨胀作用增强，但当材料浓度较高（不低于 0.9%）时，加固土黏聚力显著增加，结构稳定性增强，膨胀力不足以破坏膜结构强度，而团聚体仍然保持稳定，从而提高砂土抗崩解性能。另一方面，减少雨水的下渗，使覆盖于路基斜坡或边坡的处理面层有足够厚度，阻止了土体内水分的大量蒸发（图 6-36 所示）。

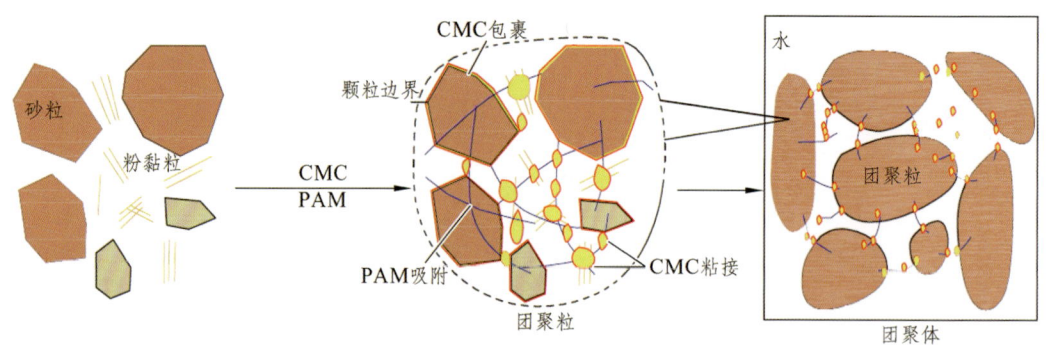

图 6-36 加固土团聚胶结模型

6.3.2 改性糯米灰浆材料正交试验研究

设计试样含水量为 25%，干密度为 1.55 g·cm^{-3}，选择"三因素、三水平"L9(3^3)正交试验表设计试验，各添加剂取值如表 6-10 所示。其中，与掺量为 0 的未掺入材料的土进行对照处理。

表 6-10 试验正交表 L9

因素		添加剂 1#/%	添加剂 2#/%	助剂 1#/%	备注
水平	1	0.15	0.005	0.03	各组分掺量均为与土壤质量的百分比
	2	0.20	0.025	0.04	
	3	0.25	0.045	0.05	

根据材料配比制作试样，将材料与土体进行拌和，根据所需测试项目制备相应试样。渗透析出测试试样利用直径 61.5 mm、高 40 mm 的渗透环刀制备。研究加固体抗剪性的试验规格为直径 61.5 mm、高 40 mm，每种配比制作试样 20 个，用于研究不同含水条件下的抗剪参数，试样见图 6-37。

图 6-37 直剪试样

研究加固体抗压强度特性的试样制备成 70 cm × 70 cm × 70 cm 的立方体试样。所用试验用样品均在标准养护条件下养护 28 d，然后进行相关试验，见表 6-11。

表 6-11 测试结果极差分析

渗透系数	K_1	2.72E-06	5.13E-06	3.57E-06
	K_2	3.85E-06	3.92E-06	3.50E-06
	K_3	4.76E-06	2.28E-06	4.27E-06
	k_1	9.07E-07	1.71E-06	1.19E-06
	k_2	1.28E-06	1.31E-06	1.17E-06
	k_3	1.59E-06	7.59E-07	1.42E-06
	极差 R	6.80E-07	9.51E-07	2.58E-07
	因素主次	B>A>C		
	优方案	$B_3A_1C_2$		
$\varphi/(°)$	K_1	41.77	40.04	42.84
	K_2	40.84	40.18	41.29
	K_3	42.70	45.10	41.19
	k_1	13.92	13.35	14.28
	k_2	13.61	13.39	13.76
	k_3	14.23	15.03	13.73
	极差 R	0.62	1.69	0.55
	因素主次	B>A>C		
	优方案	$B_3A_3C_1$		
C/kPa	K_1	102.72	96.66	116.18
	K_2	115.73	118.02	118.72
	K_3	119.05	122.81	102.59
	k_1	34.24	32.22	38.73
	k_2	38.58	39.34	39.57
	k_3	39.68	40.94	34.20
	极差 R	5.44	8.72	5.38
	因素主次	B>A>C		
	优方案	$B_3A_3C_2$		
抗压强度 /MPa	K_1	0.58	0.55	0.59
	K_2	0.56	0.53	0.61
	K_3	0.62	0.68	0.56
	k_1	0.19	0.18	0.20
	k_2	0.19	0.18	0.20
	k_3	0.21	0.23	0.19
	极差 R	0.02	0.05	0.01
	因素主次	B>A>C		
	优方案	$B_3A_3C_2$		

通过测试结果极差分析得出以下结论：

在渗透性测试结果中，系数越小越好。因此，从高到低排列影响因素的主次：2#＞1#＞3#；在抗剪强度测试结果中，强度越高越好，影响因素的主次由高到低和渗透系数是一致的：2#＞1#＞3#；在抗压强度测试结果中，强度越高越好，影响因素的主次由高到低和渗透系数是一致的：2#＞1#＞3#。

将渗透系数和抗剪、抗压强度极差分析分别绘制成图，见图6-38、6-39、6-40。

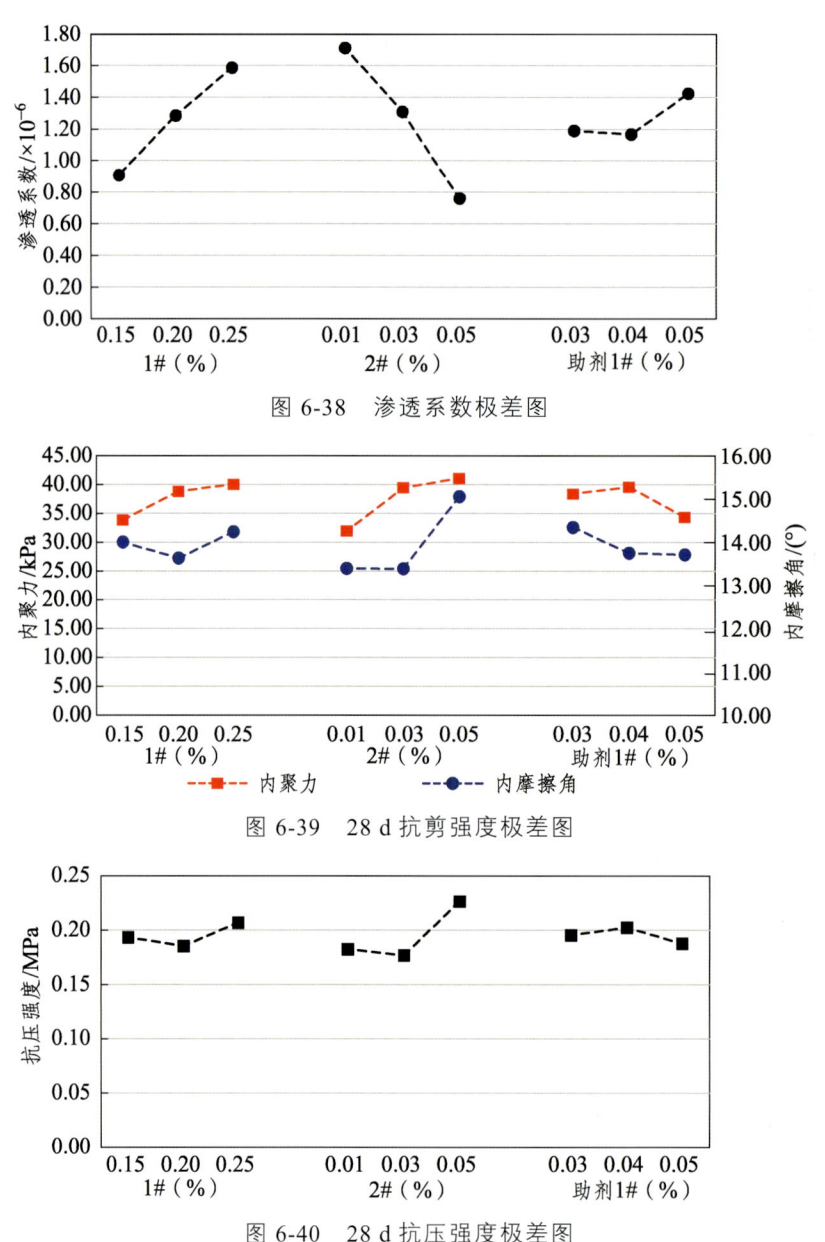

图6-38　渗透系数极差图

图6-39　28 d抗剪强度极差图

图6-40　28 d抗压强度极差图

1#影响：在渗透系数测试结果中，通过极差分析图我们可以得出1#掺量为0.15%

时极差最大;在抗剪强度测试结果中,通过极差分析图我们可以得出 1# 掺量为 0.25% 时极差最大;在抗压强度测试结果中,通过极差分析图我们可以得出 1# 掺量为 0.25% 时极差最大;在 φ 值和抗压强度测试结果中,1# 掺量为 0.25% 所对应的极差最大,综合考虑 1# 对土体渗透性、抗剪强度、抗压强度的极差曲线规律不明显,掺量还需进一步确定。

2# 影响:在渗透系数测试结果中,通过极差分析图我们可以得出 2# 掺量为 0.045% 时极差最大;在抗剪强度测试结果中,通过极差分析图我们可以得出 2# 掺量为 0.045% 时极差最大;在抗压强度测试结果中,通过极差分析图我们可以得出 2# 掺量为 0.045% 时极差最大;因此,选取 2# 掺量为 0.045% 为设计水平中的最佳掺量。

3# 影响:在渗透系数测试结果中,通过极差分析图我们可以得出 3# 掺量为 0.04% 时极差最大;在抗压强度测试结果中,通过极差分析图我们可以得出 3# 掺量为 0.04% 时极差最大,在抗剪强度测试结果中,通过极差分析图我们可以得出助剂 1# 掺量为 0.04% 时 C 值极差最大,3# 掺量为 0.03% 时 φ 值极差最大;但无论在渗透系数、抗剪和抗压强度测试结果中,3# 掺量为 0.03% 和 0.04% 所对应的极差相差不大。因此,选取 3# 掺量为 0.03% 较为合适。

根据正交试验得出不同的优化组合,综合考虑改良砂土的渗透性、抗剪强度和抗压强度,选定 2#0.045%,3#0.03%,1# 掺量还需进一步确定。

6.3.3 改性糯米灰浆材料水稳定性研究

研究了材料掺量为 0.0% 的细粉砂试样解体过程,土样采自九寨沟边坡表面松散层,室内重塑成型,风干后进行浸水试验,整个过程持续约 1 min。入水时表面颗粒软化脱离整体,向内逐层崩解,产生大量气泡,气泡产生无规律,水体愈发浑浊,观察发现开始时解体速率较快,一段时间后逐渐减慢,直至稳定,结束后土粒沉积在杯底呈流沙状,强度完全散失。

当不同材料掺量(变量为添加剂 1#,表中的百分比为材料与干土的质量比)处理的细粉砂自然风干 28 d 进行浸水试验的状态变化图。可以看出,加固土入水时的气泡数量大小、发生崩解时间、崩解速率及最终解体状态因掺量不同而存在差异。

材料掺量为 0.125%(1#0.1%)时,试样浸水初起底部接触开始冒泡,水面完全没过试样后,上表面产生大量气泡,气泡小而密集,少量来自侧面(对应发生的时间为 15 s),一段时间后结束(时间为 69 s),随后试样表面出现裂缝(发生于 10 min),至 35 min 试样形成稳定的团聚体,团聚体尺寸范围在 5~20 mm;加量为 0.225%(1#0.20%)时,完全淹没后气泡主要来自侧面,气泡大而稀疏,浸水 59 s 后气泡结束,10 min 后仍然保持原状,入水 5 d 后仅试样表面出现两条裂缝;加量 0.275%(1#0.25%)后,完全淹没后气泡主要来自侧面,气泡大而稀疏,浸水 51 s 后气泡结束,10 min 后仍然保持原状,入水 5 d 后四周无变化。

非加固土可分为两个阶段:第一阶段是试样的浸湿阶段,试块的空(孔)隙中有大量气泡溢出,崩解形式主要为浸水面上的部分细粉砂颗粒以分散颗粒形式进入水体,即以崩离作用为主，周围立即浑浊；第二阶段是试样浸水面孔隙完全被水充满，空隙上下贯通后逐片脱落解体，最终整体塌落，表面漂浮大量泡沫。

加固土的崩解过程又可以分为三个阶段：第一阶段是试样的吸水泛泡阶段，试块的空（孔）隙被水充填，有大量气泡溢出；第二阶段试样浸水面附近的空（孔）隙完全被水填充后，气泡减少，仅试样表面附着一些零星小泡，短时间内变形迹象不明显，试样保持完整；第三阶段的变形过程会因材料加量的不同存在差异，掺入一定量（＜0.15%）材料的试样，饱水一段时间后，表面开始出现微裂缝，水分沿着裂隙渗入，裂缝变长变宽直至贯通，土壤解体，与非加固土解体成散沙状不同，加固土会突然炸开形成土块，土块浸泡一段时间后，大块解体成小块，直至稳定，这种解体后的小块称之为"团聚体"，团聚体随着材料掺量的增加，平均"粒径"增大；当材料掺量达到0.225%时，试样已不会沿裂缝解体；当材料掺量达到0.275%时，试样无变形迹象。当不同掺量加固土与非加固土解体后的团聚粒大小形态。从图中可以明显看出，加固土解体后的团聚粒粒径增加，黏粒、粉粒和砂粒形成包裹体，即使材料掺量较小时，水质也较为清澈，团聚效果明显。

6.3.4 改性糯米灰浆修复材料机理研究

1. 修复材料耐久性

改性糯米灰浆生态修复材料具有一定的"保质期"，也就是材料能够自然降解，当材料完全降解之后材料的作用则完全交由植物根-土复合体来承担，在植物完全起作用之前的一段时间也是非常重要的。根据资料以及实验得出，修复材料在不同的基质中的降解年限亦不相同，集中在 3~5 年可完全降解。但九寨沟地区较其他地区不同，九寨沟地区夏季气候湿润、温和，有可能会加快生态修复材料的降解速度。我们进行了相关实验，实验主要是在室内进行，实验中将试件模拟九寨沟地区气候条件养护，一段时间后检测试件的抗崩解能力，结果得出试件在一年半后仍具有良好的抗崩解能力。

2. 修复材料生态性

大量的研究证明，根可以有效地提高土的抗剪强度，并且改善土的持水性、抗水土流失的能力。根密度面积能够显著改变土的内摩擦角以及黏聚力等参数，其作用机理主要是由于内摩擦角的大小与根土界面的接触面积有很大关系，植物根系在土体中穿插、缠绕、延伸，随着单位体积内的根系长度和表面积增加，根土界面的接触面积和两者之间的摩擦力与咬合力将增大，导致土壤内摩擦角随之增大，而当根长和表面积密度增加到一定范围时，单位体积内的土壤变少，根土的接触面积一定，导致土壤内摩擦角将不再增大。

就黏聚力来讲，土壤黏聚力的大小取决于土壤颗粒间的各种胶结作用，除土壤本身的胶结状态还有由于根系分泌的高、低分子量分泌物可作为有机胶结剂，能够增加土壤颗粒的胶结强度。因此根长密度和根表面积密度越大，根系分泌的有机胶结剂越多,所产生的结果为土壤黏聚力越大。另外,根对土的包络也是有利于土体稳定的重要作用。

作为最终的目的,植物根-土复合体的长期耐久性是重中之重,而植物根-土复合体长期耐久性的关键就是如何使植物完成自然的繁殖和演替,即只要保持植物根系能够接续保持稳定土体的作用就可以保证植物根-土复合体长期耐久性。为此开展相关实验来验证当植物结实后陡立斜坡上种子存留情况的相关实验。实验表明植物的茎叶以及陡立面的凹凸足以保留 40% 的种子,能够完成自我繁殖,并可在本土原有植物种子库的代换和演替。

改性糯米灰浆生态修复材料用于加固松散土体,在前期中材料可在土体中与土颗粒形成包络,使整个土体更加致密,增加土体的抗压、抗拉性能从而在根-土复合体形成之前提供抗变能力。我们在坡面种植草本以及藤本植物。在生物技术的促进下草本植物根系更加发达,深度可达 10 余厘米,散布于 7 cm 直径范围内,并且植物根系相互交错,形成网络从而形成根-土复合体,在材料完全降解之后可自然演替的根-土复合体将替代材料起到固土、持水、防止水土流失的作用。

3. 修复材料与植物相容性

研究生态固化土对植物生长的影响是十分必要的。植物的生长直接影响根-土复合体的形成。根据现有的研究结论,生态修复材料固化土在孔隙率以及渗透系数上与原本土壤具有较大差异,并且这两点也是能够直接影响植物生长的因素。

孔隙率将会影响到植物根系的呼吸作用,其次,渗透系数的降低将会影响植物根对离子的吸收。改性糯米灰浆生态修复材料是一种可降解的材料,其最终的目是使植物快速演替,使修复材料最终被根-土复合体所取代,从而形成人为干预最终回归自然生态的过程,所有探究生态修复材料固化土对植物生长的影响是有必要的。植物的生长所必需的条件为光照、温度、湿度、空气以及土壤基质。在改性糯米灰浆生态加固土中与周围环境可能存在不同点分别为湿度和土壤基质。就土壤湿度来讲,加固土在九寨沟地区适应性良好。

7 斜坡地质灾害生态化防治技术与应用

7.1 斜坡地质灾害生态化防治理念和类型

2017年"8·8"九寨沟强烈地震在核心区引发了大量的崩塌、滑坡地质灾害，据国土部门统计，震中九寨沟县共排查核实地质灾害隐患796处（含九寨沟景区排查核实地质灾害隐患170处，见图7-1）。其中新增271处隐患点主要集中分布在Ⅷ度烈度及以上区域，在这些地质灾害中，又以高位崩塌为主、滑坡为辅，尤其在震区单薄山脊部位形成众多震裂岩体，震时和震后若干月内不时形成崩塌落石灾害，严重威胁灾区群众和游客生命财产安全，对九寨沟震区，尤其是九寨沟景区恢复重建和开园造成重要影响，及时开展针对上述地质灾害工程的治理显得迫在眉睫！

近20年以来尤其是2008年"5·12"汶川地震后，我国特别是四川省对滑坡地质灾害工程治理技术，如以抗滑桩、抗滑挡墙以及坡面格构防护为代表的相关技术已逐渐成熟。而对崩塌地质灾害治理也取得了引人瞩目的成绩，一些先进理念和技术得到了推广应用。例如针对危岩和保护对象之间不同地形条件，所采用的"锚固+支撑"（图7-2）、"锚固+主动网"（图7-3）、"桩板拦石墙+被动网"（图7-4）、棚洞（图7-5）等，不仅治理措施得当，而且防灾减灾效果良好。但也存在设计方案针对性较差、认识不到位造成工程失效、结构选择不合理引发经济浪费等现象，突出表现为对于危岩崩塌规模（危险源）、冲击能量和运动轨迹的认识不足而造成的主、被动防护措施的失效等（图7-6、7-7）。造成上述不良现象主要是由于危岩崩塌灾害点多为高陡斜坡，给现场精细化勘查造成很大困难，进而使得对斜坡危岩（如震裂岩体）的勘查不到位，尤其是对危岩后缘拉裂缝认识不清，导致主动防护措施中的锚固段长度设计不足，又再次失效。此外，崩塌落石的运动轨迹具有很大的随机性并在运动过程中不断撞击碎裂，难免造成对到达被动拦挡措施处的落石块径、冲击能量和弹跳高度（多为根据经验公式确定）认识误差，最终使得被动防治措施（特别是被动网）失效。尤其是在九寨沟景区边坡高陡，广泛分布着高位危岩和复杂的坡面地形，落石的运动能量普遍较高，运动轨迹（如弹跳高度和运动距离）难以确定，可供修建拦挡措施的空间有限，如何选择合理的防治结构类型、实施有效而经济的防治措施就显得十分重要。

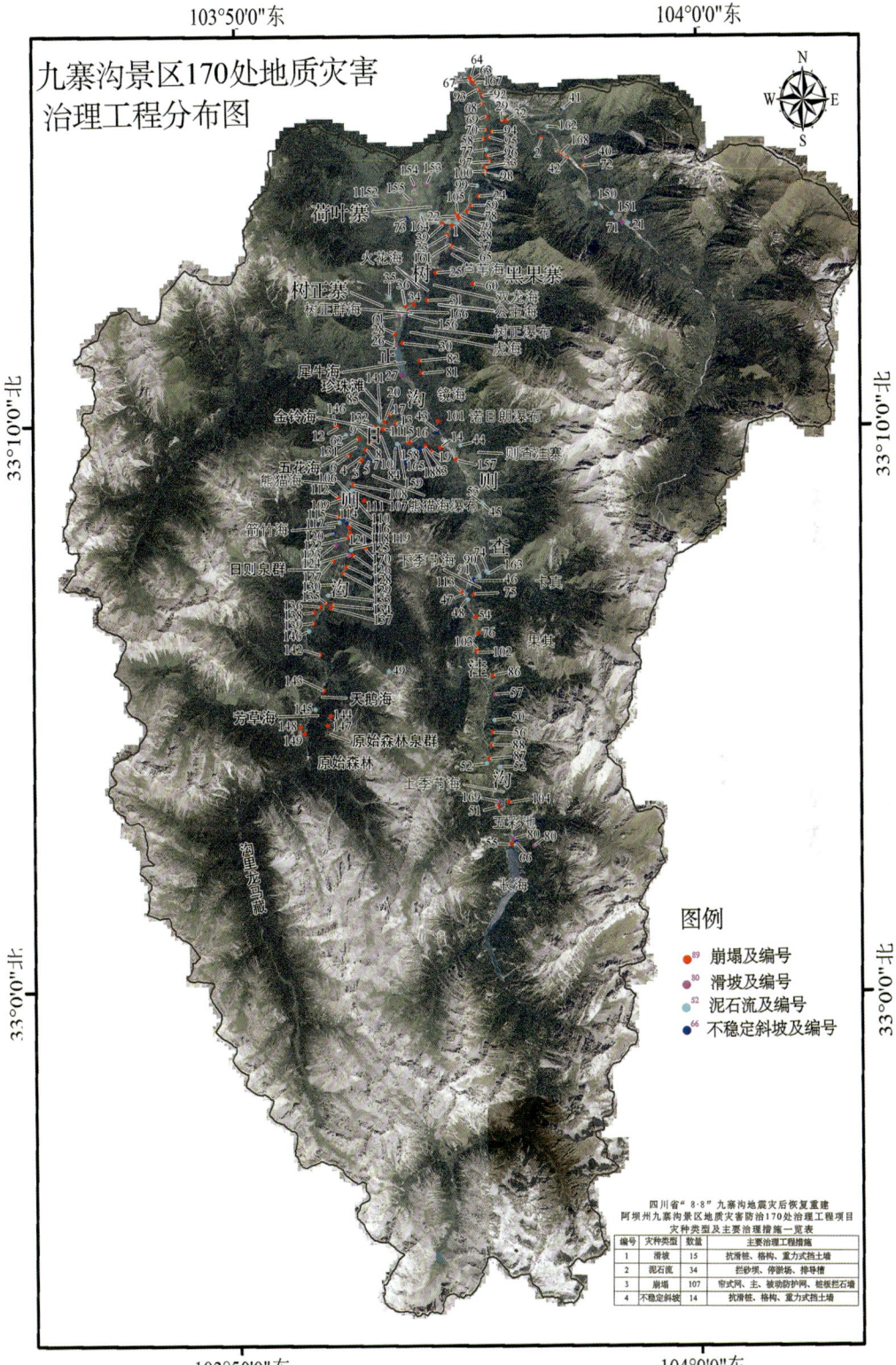

四川省"8·8"九寨沟地震灾后恢复重建阿坝州九寨沟景区地质灾害防治170处治理工程项目一览表

序号	隐患点名称	类型	威胁对象	规模分级
1	九寨沟县九寨沟景区荷叶沟右侧崩塌	崩塌	公路	小型
2	九寨沟景区燕子扎吾公路边坡崩塌（九寨沟县九寨沟景区扎如2号崩塌）	崩塌	公路	小型
3	五花海上端右侧不稳定斜坡	不稳定斜坡	公路	小型
4	九寨沟景区老虎嘴危岩崩塌	崩塌	公路	小型
5	老虎嘴垮方段不稳定斜坡	不稳定斜坡	公路	小型
6	五花海右侧中段1#崩塌	崩塌	公路	小型
7	五花海右岸2#崩塌	崩塌	公路	小型
8	五花海右岸3#崩塌	崩塌	公路	中型
9	五花海下游侧右岸崩塌	崩塌	公路	中型
10	珍珠滩上游侧右岸1#崩塌	崩塌	公路	小型
11	珍珠滩右岸上游侧2#崩塌	崩塌	公路	中型
12	珍珠滩—镜海右岸崩塌	崩塌	公路	中型
13	镜海上游侧左岸崩塌	崩塌	栈道	中型
14	诺日朗小停车场崩塌	崩塌	停车场	小型
15	镜海右岸1#崩塌	崩塌	公路	小型
16	镜海左岸崩塌	崩塌	栈道	中型
17	镜海右岸乘车场后山崩塌	崩塌	公路	小型
18	镜海乘车场下游不稳定斜坡	不稳定斜坡	公路	小型
19	镜海下段右岸崩塌	崩塌	公路	中型
20	日则沟珍珠滩崩塌	崩塌	栈道	中型
21	纳底沟泥石流	泥石流	公路	中型
22	九寨沟县九寨沟景区黑角桥旁右岸崩塌	崩塌	栈道	小型
23	九寨沟景区芦苇海公路边坡上部崩塌（九寨沟县九寨沟景区荷叶社区盆景滩尾部左岸崩塌）	崩塌	公路	小型
24	九寨沟县九寨沟景区扎如沟与九寨沟交汇上游1.6 km处崩塌	崩塌	公路	小型
25	九寨沟县九寨沟景区黑角桥左岸崩塌	崩塌	公路	小型
26	九寨沟县九寨沟景区犀牛海前部左岸滑坡	滑坡	栈道	小型
27	九寨沟县九寨沟景区犀牛海尾部左侧滑坡	滑坡	公路	小型
28	九寨沟县九寨沟景区老虎海公路边坡上部崩塌（九寨沟县九寨沟景区老虎海图塔）	崩塌	公路	中型
29	九寨沟县九寨沟景区扎如寺后山崩塌	崩塌	扎如寺	小型
30	九寨沟县景区老虎海公路对面崩塌	崩塌	栈道	中型
31	九寨沟县景区双龙海与芦苇海之间崩塌	崩塌	公路	大型
32	九寨沟县九寨沟景区扎如寺崩塌	崩塌	扎如寺	小型
33	九寨沟县九寨沟景区长草坝坪崩塌	崩塌	公路	中型
34	九寨沟景区火花海—树正寨公路边坡上部崩塌（九寨沟县景区卧龙海公路西侧滑坡）	崩塌	公路	中型
35	九寨沟县九寨沟景区树正沟泥石流	泥石流	树正寨	巨型
36	九寨沟县景区树正群海下行站台对面崩塌	崩塌	树正寨	小型
37	九寨沟县九寨沟景区荷叶沟泥石流	泥石流	荷叶寨	巨型
38	九寨沟县九寨沟景区荷叶寨崩塌	崩塌	荷叶寨	中型
39	九寨沟县九寨沟景区荷叶寨后山崩塌	崩塌	荷叶寨	中型
40	九寨沟县九寨沟景区热西寨邓家坪滑坡	滑坡	热西寨	小型
41	九寨沟县九寨沟景区热西寨后山泥石流	泥石流	热西寨	大型
42	九寨沟县九寨沟景区热西寨老电站对面崩塌	崩塌	公路	小型
43	九寨沟县九寨沟景区诺日朗瀑布不稳定斜坡	不稳定斜坡	公路	小型
44	九寨沟县九寨沟景区诺日朗沟泥石流	泥石流	公路	巨型
45	九寨沟景区则多沟泥石流	泥石流	公路	巨型
46	九寨沟景区下季节海子公路边坡上部崩塌（九寨沟县九寨沟景区下季节海公路西侧不稳定斜坡）	不稳定斜坡	公路	中型
47	九寨沟县九寨沟景区下季节海子右侧泥石流	泥石流	公路	中型
48	九寨沟县九寨沟景区下季节海子悬沟泥石流	泥石流	公路	小型
49	九寨沟县九寨沟景区中季节海泥石流	泥石流	公路	巨型
50	九寨沟县九寨沟景区则查洼10 km处泥石流	泥石流	公路	中型
51	九寨沟县九寨沟景区上季节海子左侧崩塌	崩塌	公路	小型
52	九寨沟县九寨沟景区卓追沟泥石流	泥石流	公路	大型
53	九寨沟县九寨沟景区则查洼沟泥石流	泥石流	则查洼寨	巨型
54	九寨沟县九寨沟景区下季节海上行200 m处右崩塌	崩塌	公路	中型
55	九寨沟县九寨沟景区长海下行第一大弯崩塌	崩塌	公路	中型
56	九寨沟县九寨沟景区信号塔对面10 km处崩塌	崩塌	公路	小型
57	九寨沟县九寨沟景区下季节海上行2.6 km处公路内侧滑坡	滑坡	公路	小型
58	九寨沟县九寨沟景区扎如路口上行1 km右边崩塌	崩塌	公路	小型

续表

序号	隐患点名称	类型	威胁对象	规模分级
59	九寨沟县九寨沟景区荷叶寨下行1.7 km左边崩塌	崩塌	栈道	中型
60	九寨沟景区黑角寨公路边坡崩滑体（九寨沟县九寨沟景区黑角桥对面崩塌）	崩塌	公路	小型
61	九寨沟县九寨沟景区大日克滑坡	滑坡	树正寨	小型
62	九寨沟县九寨沟景区五花海泥石流	泥石流	栈道	中型
63	九寨沟景区管理局水上餐厅后山崩塌	崩塌	九管局库房	中型
64	九寨沟景区管理局库房后山崩塌	崩塌	九管局库房	中型
65	九寨沟县九寨沟景区芦苇危岩崩塌	崩塌	栈道	中型
66	九寨沟县九寨沟景区长海调度亭下行K200 m不稳定斜坡	不稳定斜坡	公路	小型
67	九寨沟县九寨沟景区沟口1号桥崩塌	崩塌	公路	中型
68	距沟口1 km崩塌	崩塌	公路	中型
69	扎如路口上行50 m处崩塌	崩塌	公路	中型
70	扎如路口上行500 m处崩塌	崩塌	公路	小型
71	扎如沟左岸纳底桥头滑坡	滑坡	公路	小型
72	卓玛嘎吉崩塌	崩塌	公路	中型
73	荷叶老学校上行100 m不稳定斜坡	不稳定斜坡	公路	中型
74	克泽沟泥石流	泥石流	公路	大型
75	下季节海子左侧崩塌	崩塌	栈道	中型
76	下季节海上行600 m处崩塌	崩塌	公路	中型
77	平石头沟泥石流	泥石流	公路	小型
78	荷叶寨下行0.5 km左边崩塌	崩塌	公路	大型
79	荷叶寨下行0.3 km左边崩塌	崩塌	公路	中型
80	九寨沟县景区阿地各公路滑坡	滑坡	公路	小型
81	犀牛海尾部右侧滑坡崩塌	崩塌	公路	小型
82	犀牛海中部右侧滑坡崩塌	崩塌	公路	小型
83	诺日朗中心站后山崩塌	崩塌	诺日朗餐厅	中型
84	镜海西侧不稳定斜坡	不稳定斜坡	公路	小型
85	丹祖沟泥石流	泥石流	栈道	巨型
86	下季节海上行2.6 km处崩塌治理工程	崩塌	公路	中型
87	上、下季节海中间崩塌治理工程	崩塌	公路	小型
88	长海10 km处西侧崩塌治理工程	崩塌	公路	中型
89	距上季节海100 m处东侧崩塌治理工程	崩塌	公路	小型
90	下季节海子沟泥石流治理工程	泥石流	公路	巨型
91	下季节海新沟泥石流	泥石流	公路	小型
92	九寨沟景区宝镜岩下行200 m崩塌	崩塌	栈道、景观平台	中型
93	九寨沟景区贵宾楼后山崩塌	崩塌	栈道、贵宾楼	中型
94	扎如路口向诺日朗上行600~650 m左侧崩塌	崩塌	公路	中型
95	扎如路口向诺日朗上行880 m左侧崩塌	崩塌	公路	中型
96	扎如路口向诺日朗上行1.4~1.5 km左侧崩塌	崩塌	公路	小型
97	荷叶寨下行2.2 km右岸崩塌	崩塌	公路、栈道	中型
98	荷叶寨下行1.82~1.85 km右岸崩塌	崩塌	公路、栈道	中型
99	荷叶寨下行1.6 km右岸泥石流	泥石流	栈道、河流	中型
100	荷叶寨下行1.35 km右岸崩塌	崩塌	栈道	中型
101	诺日朗瀑布下行站台乘车点崩塌	崩塌	乘车点、公路	小型
102	下季节海子上行3.5 km左岸崩塌	崩塌	公路	小型
103	中季节海子上行100 m右岸崩塌	崩塌	公路	小型
104	上季节海东侧崩塌	崩塌	公路	小型
105	五花海上游至熊猫海瀑布左岸崩塌	崩塌	五花海、公路	大型
106	熊猫海小沟泥石流	泥石流	熊猫海、公路	巨型
107	熊猫海中部左岸泥石流	泥石流	熊猫海、栈道、景观平台	巨型
108	熊猫海崩塌	崩塌	乘车点、公路	大型
109	熊猫海中部右岸1#崩塌	崩塌	熊猫海、公路	小型
110	熊猫海中部右岸2#崩塌	崩塌	熊猫海、公路	中型
111	熊猫海公路对面崩塌	崩塌	栈道、熊猫海	中型
112	熊猫海上游左岸崩塌	崩塌	栈道、熊猫海	小型
113	熊猫海上游右岸崩塌	崩塌	熊猫海	大型
114	箭竹海瀑布下游右岸崩塌	崩塌	公路	小型
115	箭竹海与熊猫海之间崩塌	崩塌	熊猫海、栈道	中型
116	箭竹海下游右岸不稳定斜坡	不稳定斜坡	公路、环形栈道	小型
117	箭竹海小沟泥石流	泥石流	箭竹海、栈道	大型
118	箭竹海调度室下行100~400 m右岸不稳定斜坡	不稳定斜坡	箭竹海、公路	小型
119	箭竹海乘车点崩塌	崩塌	公路	中型

续表

序号	隐患点名称	类型	威胁对象	规模分级
120	箭竹海西 680 m 不稳定斜坡	不稳定斜坡	栈道	小型
121	箭竹海中部右岸崩塌	崩塌	箭竹海、公路、栈道	中型
122	箭竹海上游右岸崩塌	崩塌	箭竹海、公路、栈道	中型
123	箭竹海上游左岸滑坡群	滑坡	栈道、景观	小型
124	箭竹海上游左岸滑坡	滑坡	栈道	小型
125	箭竹海下车点泥石流	泥石流	公路、调度室	中型
126	箭竹海乘车点上行 400 m 右岸崩塌	崩塌	公路	小型
127	日则沟西北 900 m 崩塌	崩塌	公路、栈道	大型
128	夏茉公路下行右侧崩塌	崩塌	公路	小型
129	日则沟保护站下行 270 mm 崩塌	崩塌	公路	中型
130	日则沟保护站下行 100 m 崩塌	崩塌	公路	小型
131	五花海左岸 3# 崩塌	崩塌	栈道、观景台、五花海	中型
132	五花海下游侧左岸崩塌	崩塌	栈道、五花海	中型
133	日则沟泥石流	泥石流	公路	巨型
134	日则沟泥石流对面崩塌	崩塌	公路	中型
135	日则沟保护站河对面崩塌	崩塌	公路	中型
136	那阿约歪公路下行左侧崩塌	崩塌	公路	中型
137	102 县道右侧崩塌	崩塌	公路	小型
138	那阿约歪公路下行 1.2km 左岸崩塌	崩塌	公路	中型
139	日则保护站上行 2 km 崩塌	崩塌	公路	中型
140	煤炭沟泥石流	泥石流	公路	大型
141	日则 2# 沟泥石流	泥石流	公路	巨型
142	那阿约歪公路右岸崩塌	崩塌	公路	中型
143	天鹅海中部公路右侧多点崩塌	崩塌	公路	中型
144	天鹅海右岸崩塌	崩塌	公路	中型
145	天鹅海乘车点公路对面泥石流	泥石流	公路、调度室	中型
146	天鹅海上游公路右侧崩塌	崩塌	公路	小型
147	草海公路上行 180 m 河流右岸崩塌	崩塌	公路	中型
148	剑岩悬泉崩塌	崩塌	栈道、景观	大型
149	草海西偏南剑岩崩塌	崩塌	栈道	大型
150	郭都寨泥石流	泥石流	公路	中型
151	郭都寨下行 700 m 泥石流	泥石流	公路	中型
152	尖盘路不稳定斜坡	不稳定斜坡	公路	中型
153	尖盘寨 1# 滑坡	滑坡	公路	小型
154	尖盘寨 2# 滑坡	滑坡	公路	小型
155	尖盘寨 3# 滑坡	滑坡	公路	小型
156	树正寨下行调度亭不稳定斜坡	不稳定斜坡	公路	小型
157	则查洼篮球场上部崩塌	崩塌	公路	小型
158	镜海乘车点泥石流	泥石流	公路、停车场	中型
159	镜海停车场岔路口泥石流	泥石流	公路、镜海	小型
160	金铃海崩塌	崩塌	公路	中型
161	芦苇海 2# 崩塌	崩塌	公路	中型
162	热西寨 1 组泥石流	泥石流	热西寨	大型
163	克泽 2# 沟泥石流	泥石流	公路	大型
164	荷叶社区 1 组泥石流	泥石流	荷叶寨	巨型
165	镜海停车场—公路不稳定斜坡	不稳定斜坡	公路	小型
166	树正寨右侧崩塌	崩塌	树正寨	小型
167	宝镜岩崩塌	崩塌	公路	中型
168	热西寨阿卡底崩塌	崩塌	蓄水池	小型
169	上季节海子滑坡	滑坡	公路	小型
170	箭竹海东南 1 300 m 崩塌	崩塌	公路	中型

图 7-1 "8·8"九寨沟震区之九寨沟景区地质灾害拟工程治理点分布示意图

图 7-2　广安市区某危岩体采用的"锚杆加固 + 局部凹腔支撑"措施

图 7-3　雅安市天全县思经乡某危岩体采用的"锚杆 + 支撑墙 + 主动防护网"措施

图 7-4　甘孜州康定县孔玉乡镇所在地针对高陡危岩采用的"桩板拦石墙 + 被动网"措施

图 7-5　乐山市金口河区某专用铁路危岩采用的"棚洞"措施

图 7-6　阿坝州九寨沟县针对某高陡危岩采用的"桩板拦石墙"措施
（桩板内挂废旧轮胎，缓冲效果差，容易被损毁）

图 7-7 都汶高速沿线已实施的被动网立柱及网被损毁

不仅如此，基于九寨沟景区在全球的特殊地位和敏感性，在《四川省主体功能区划》中九寨沟被划入重点生态功能区，属于生态红线管控范围，生态环境保护具有非常重要的意义。因此在《"8·8"九寨沟地震灾后恢复重建总体规划》中，生态环境修复保护被放在首要位置。四川省委十一届二次全会审议通过的《中共四川省委关于推进九寨沟地震灾区科学重建绿色发展加快建设美丽新九寨的决定》，也指出在九寨沟的灾后恢复重建要践行"绿水青山就是金山银山"重要思想。因此上述通行的灾害防治技术、施工方法与生态景观保护恢复的客观要求之间还存在较大差距，急需形成一套针对九寨沟景区特色的地质灾害生态化治理综合防治技术。

针对"8·8"九寨沟震区斜坡地质灾害治理工程如何有效贯彻实施生态恢复与修复技术问题，在主动加固或支挡、被动拦挡等治理理念中融入生态化理念，同时，更重要的是对拟实施的各项主动及被动拦挡（支挡）工程，通过自然化处理方式和技术、生态恢复与修复物种筛选与配置技术、生态恢复与修复措施管理和维护技术的研究，从生态恢复与修复目标与理念、技术方法、实施流程、生态恢复与修复效果监测评估计划等方面，构建九寨沟地质灾害区各类治理工程生态恢复与生态修复技术，并开展生态恢复与生态修复技术示范应用研究。

遵循"以丰富详实的地质灾害为依据，以野外现场地质原型、植被生态种类的全面调查和建立为基础，以现场及室内岩土体化学、物理力学性质试验、生态恢复与修复物种筛选与配置实验为手段，以工程地质学、景观生态学、环境科学和水文学等理论为指导，充分运用多学科手段，紧密地质灾害治理的岩土工程和生态修复方法相结合"进行。具体研究技术路线见图 7-8。

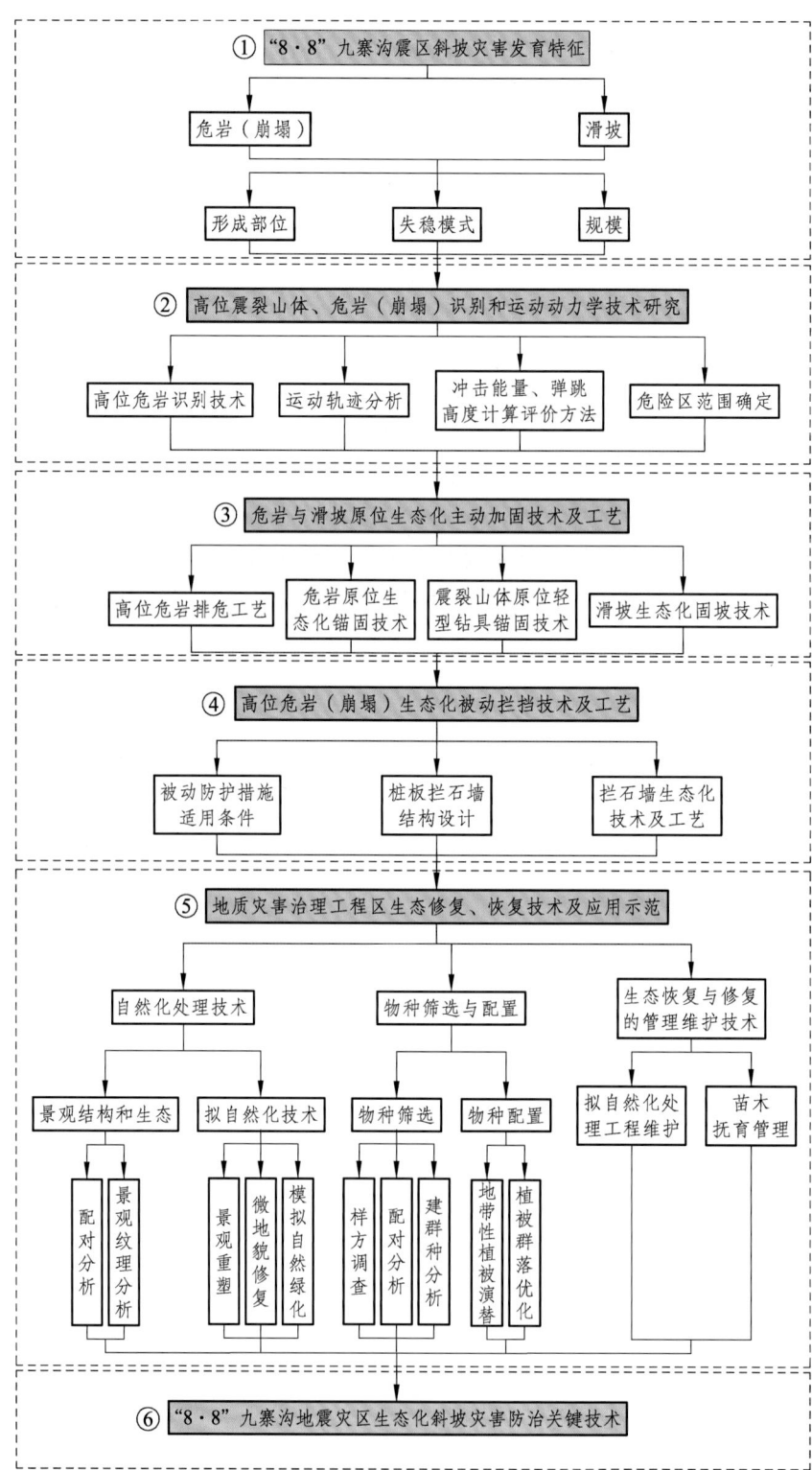

图 7-8　本章研究技术路线

7.2 危岩（崩塌）与滑坡原位生态化主动加固技术

7.2.1 震裂山体生态化注浆加固技术

由于地震对地质环境的扰动，引发了一系列次生地质灾害，尤其是在高位山体广泛发育了一类分布范围广、规模大、潜在威胁大的震裂山体。历经 2008 年"5·12"汶川地震及 2017 年"8·8"九寨沟地震，显示单薄山脊以及陡坡临空面的浑厚山体顶部存在大量裂而未滑、松而未动的震裂松动山体。此外，震区缓坡部位广泛分布崩坡积堆积体，其结构也受到严重破坏，并为雨水下渗提供了良好的通道，岩土体内部损伤日益严重，坡体稳定性在外部环境的影响下逐渐劣化形成坍滑。

针对震裂山体以及缓坡松散堆积体可能坍滑部位，基于自然固坡的理念，使用轻型钻孔与注浆设备及环保材料，按照一定的网格对浅表层崩滑带进行钢花管注浆改良，在浅表层崩滑带表面固结形成自然"格构"，达到提高斜坡表层自稳能力的目的，然后进行边坡绿化。结合"8·8"九寨沟地震次生地质灾害综合防治工作，研究不同网度、不同注浆深度加固效果，分析不同网度及固结厚度对崩滑带稳定的影响，开展应用示范，总结设计方法及施工工艺。

1．注浆工程构思

对于震裂山体及部分松散层边坡，基于自然固坡的理念，使用轻型钻孔与注浆设备及环保材料，按照一定的网格对浅表层崩滑带进行钢花管注浆改良，在浅表层崩滑带表面固结形成自然"格构"，达到提高斜坡表层自稳能力的目的（图 7-9）。

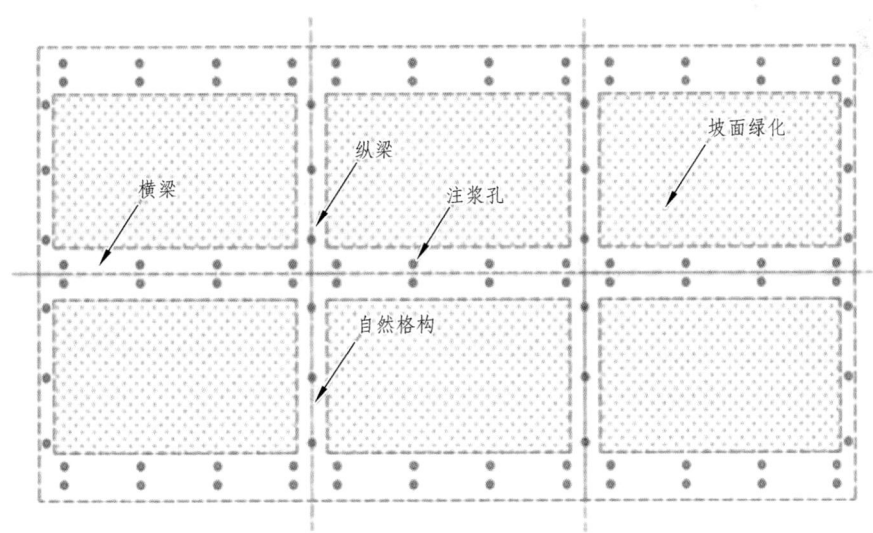

图 7-9 震裂山体等不稳定斜坡钢花管注浆加固示意图

为尽量减少对景区环境的影响，地面以下 1 m 深度范围内不使用压力注浆，在 1~3 m 深度范围内进行注浆加固，而坡面进行植物护坡。因所加固震裂山体成孔较难，极易产生垮孔、卡钻等现象,且部分不稳定斜坡坡高较高、施工不便,因此考虑使用 3.5 m³ 空压机 + YT28 凿岩机 + 空心自钻式锚杆成孔,使用 3.5 m³ 空压机 + 空心自钻式锚杆 + 气动式注浆泵注浆,突出轻型成孔、注浆设备及工艺。

2．试验概况

由于景区试验场地受限,本次现场试验选择西藏自治区波密县玉普乡格巴村为现场试验点(图 7-10),共进行 15 组钢花管注浆试验(表 7-1、图 7-11)。该点位于加桑隆巴汇入帕隆藏布的汇口两岸,侧坡面长度约 100 m,平均宽度 930 m,前缘高程最低为 3 220 m,后缘高程最高为 3 350 m,最大高差 130 m,坡向 115°,平均坡度约 37.3°,坡形基本为直线形,微地貌属于缓坡,平面形态呈长条形。

图 7-10　试验点部位航片

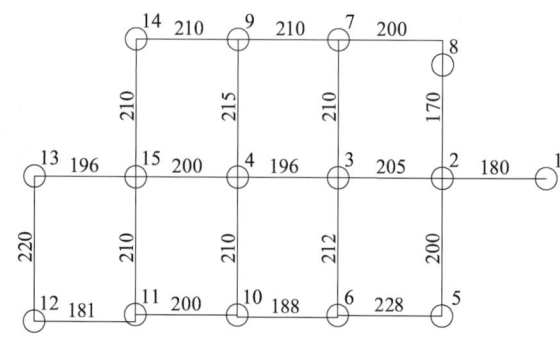

图 7-11　注浆孔分布示意图

表 7-1　震裂山体等不稳定斜坡钢花管注浆加固试验分组

序号	注浆压力/MPa	水灰比	成孔深度/m
1	0.5	1∶1	2
2	1	1∶1	2
3	1.5	1∶1	2
4	2	1∶1	2
5	2	1∶1	2
6	1.5	1∶1	2
7	1	1∶0.5	2
8	1.5	1∶0.5	2
9	1.5	1∶0.5	2
10	2	1∶0.5	2
11	1	1∶0.5	2
12	2	1∶0.5	2
13	2	1∶0.5	2
14	1	1∶1	2
15	2	1∶1	2

现场试验点照片见图 7-12，主要设备及材料为 3.5 m³ 空压机 + YT28 凿岩机 + 空心自钻式锚杆 + 钻头。钻杆为 1 m + 1 m，其中最深处 1 m 钻杆上钻有直径 10 mm、间距 20 cm 呈螺旋型分布的小孔。在上部 1 m 处进行封闭。将土工布包裹在钻杆周围，使用水灰比 0.5∶1 的水泥浆液自重灌浆，待其凝固后，进行下一步注浆。在上部封闭 12 h 后，进行注浆试验（图 7-13）。

注浆设备采用"3.5 m³ 空压机 + 空心自钻式锚杆 + 气动式注浆泵"，由于注浆量较少，可用人工搅拌方式进行。水灰比按照设计应控制在 1∶1 及 2∶1，注浆压力分别为 0.5 MPa、1 MPa、1.5 MPa 及 2 MPa，注浆时应记录注浆时间、注浆压力变化、注浆量、终止压力等，对不同水灰比的浆液，应测定其黏度。在安全距离外观察注浆孔，当注浆孔周围土体有返浆现象时（图 7-14），说明当前注浆压力与土体结构相互作用下，注浆达到饱和无法再注入浆液，结束注浆。注浆完成 2 周后，使用挖机开挖（图 7-15），观测记录结石体形状，取样、送检。主要检测指标为抗压强度、弹性模量、抗剪强度参数。并取相应深度土样进行检测，主要包括土体的重度、含水量、渗透系数、孔隙率、颗粒级配、抗剪强度参数等。

图 7-12　加固坡面整体

图 7-13　注　浆

图 7-14　返　浆

图 7-15　开挖加固物

3．试验结果

1）注浆过程统计表及注浆曲线

注浆过程中，记录水灰比、注浆时间、注浆压力变化、注浆量、终止压力等（见表7-2），15组注浆加固试验过程见图7-16～图7-30。

表 7-2　注浆过程相关参数统计

编号	成孔深度/m	注浆压力/MPa	水灰比	终孔压力/MPa	注浆时间/min	注浆量/L
1	2	0.5	1∶1	0	9	110.96
2	2	1	1∶1	0	37	179.22
3	2	1.5	1∶1	0	46	218.62
4	2	2	1∶1	0.7	39	172.18
5	2	2	1∶1	0.8	25	234.48
6	2	1.5	1∶1	0.8	12	93.57
7	2	1	1∶0.5	1	21	284.03
8	2	1.5	1∶0.5	1/1.4	60	851.09
9	2	1.5	1∶0.5	1/1.4	9	220.06
10	2	2	1∶0.5	1.1	6	112.23
11	2	1	1∶0.5	1	22	199.40
12	2	2	1∶0.5	1	8	128.20
13	2	2	1∶0.5	1.6	27	199.20
14	2	1	1∶1	1.8	14	91.97
15	2	2	1∶1	2.8	35	294.74

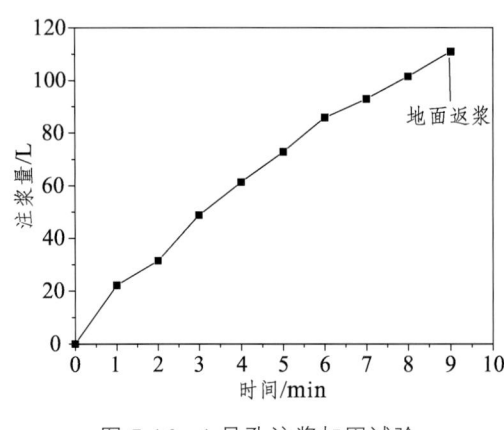

图 7-16　1号孔注浆加固试验

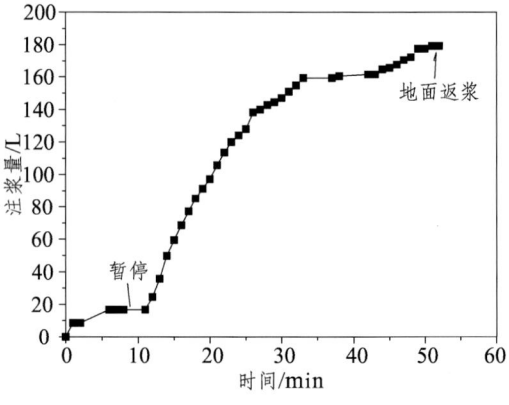

图 7-17　2号孔注浆加固试验

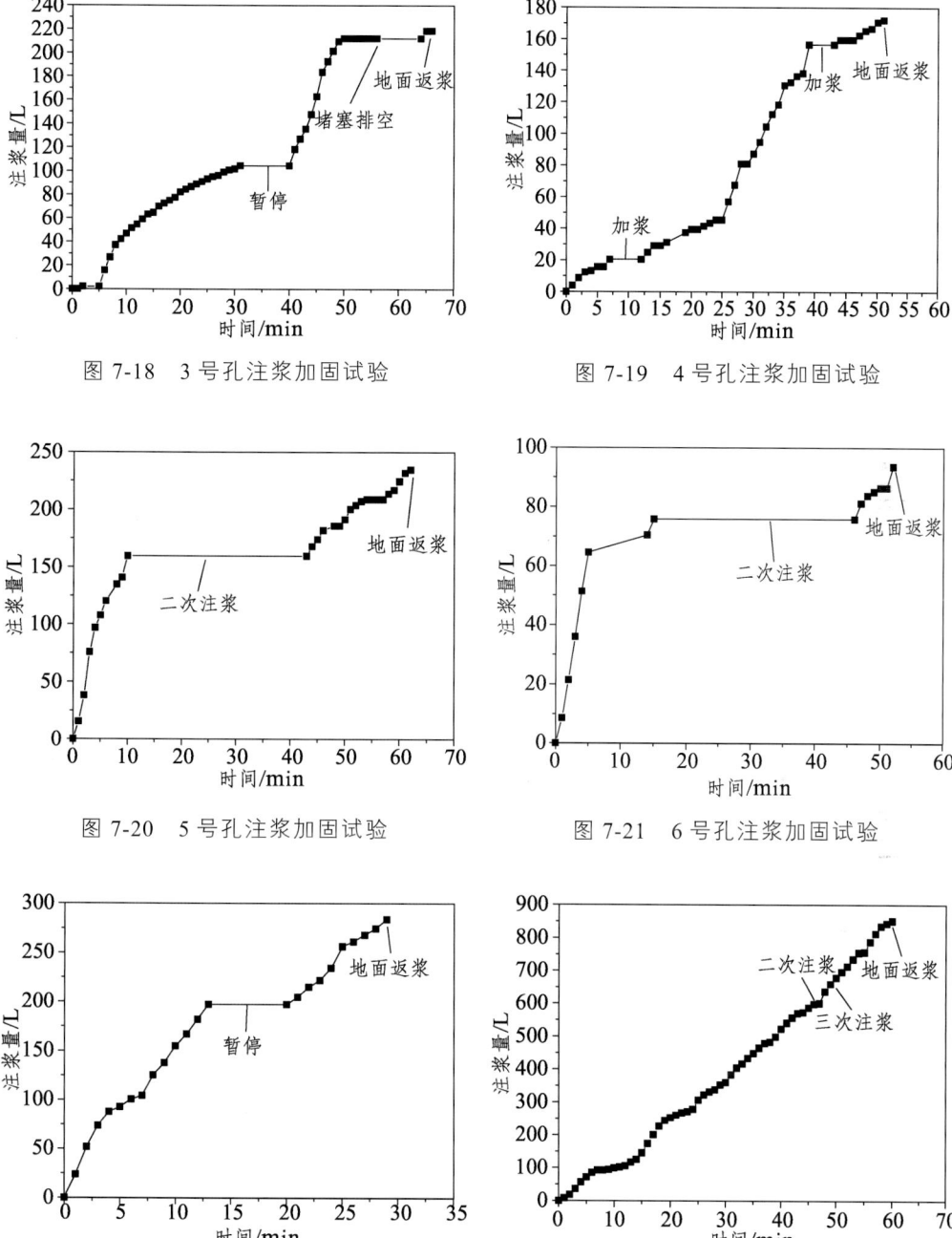

图 7-18　3号孔注浆加固试验

图 7-19　4号孔注浆加固试验

图 7-20　5号孔注浆加固试验

图 7-21　6号孔注浆加固试验

图 7-22　7号孔注浆加固试验

图 7-23　8号孔注浆加固试验

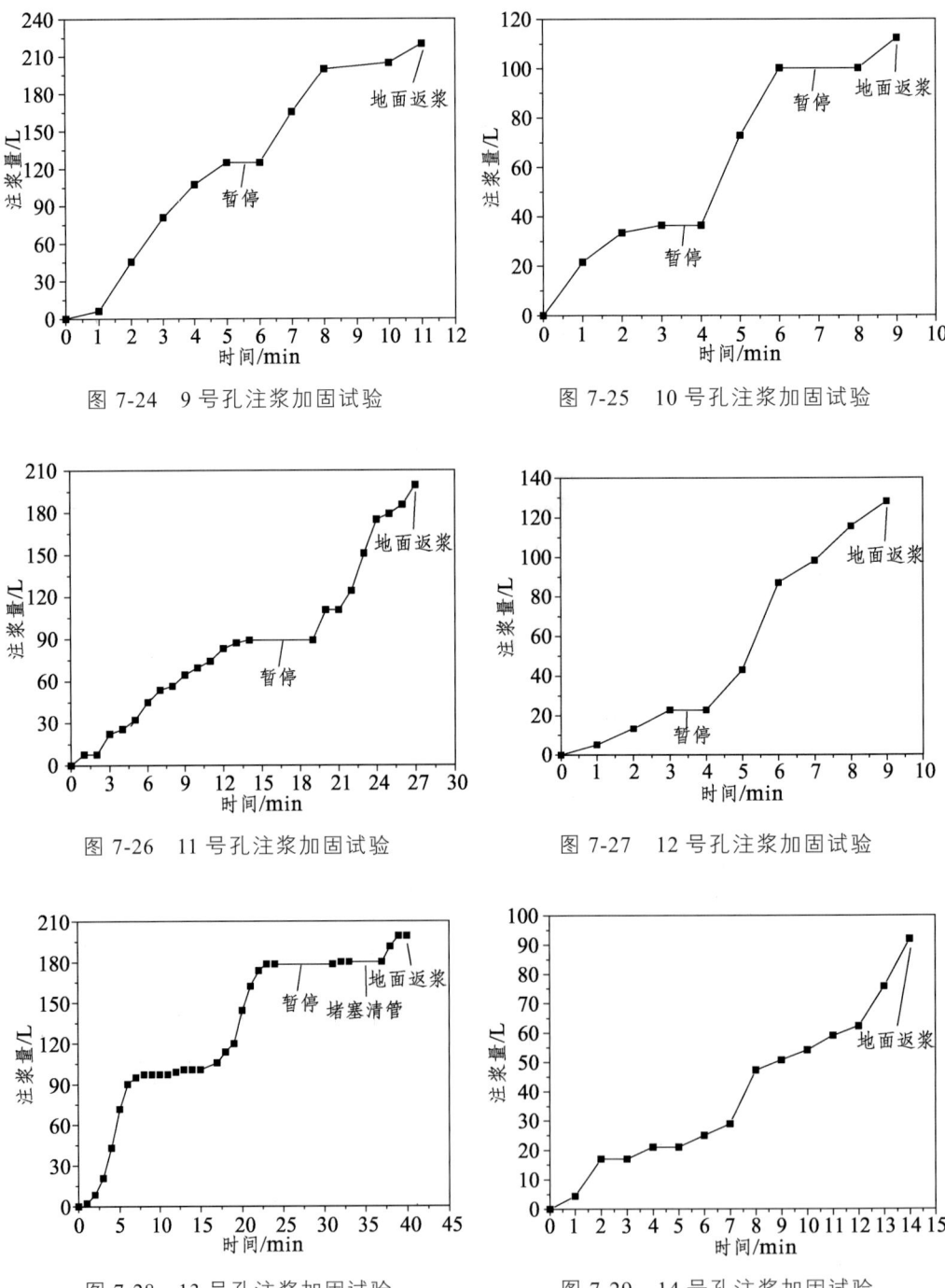

图 7-24　9号孔注浆加固试验

图 7-25　10号孔注浆加固试验

图 7-26　11号孔注浆加固试验

图 7-27　12号孔注浆加固试验

图 7-28　13号孔注浆加固试验

图 7-29　14号孔注浆加固试验

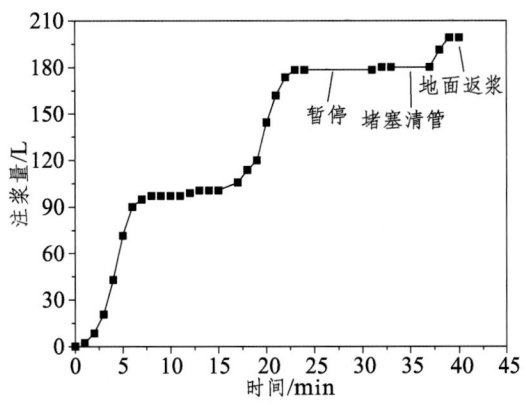

图 7-30 15 号孔注浆加固试验

2）震裂山体及崩坡积体可注性分析

根据目前球形结石体理论[公式（7-1）]及柱形结石体理论[公式（7-2）]，本次现场试验影响注浆时间的因素很多，与注浆泵压力、流量有关外，还与采取的工艺相关，实际操作时并非时间越长注浆量越大，个别孔由于注浆困难，耗时长，但注浆量小。

$$r_1 = \sqrt[3]{\frac{3kth_1r_0}{\beta n}} \tag{7-1}$$

$$r_1 = \sqrt{\frac{2kth_1}{\beta n ln\left(\frac{r}{r_0}\right)}} \tag{7-2}$$

式中：k 为渗透系数，约 1.27×10^{-3} cm/s；h_1 为注浆压力（0.5~2 MPa）；r_0 为注浆孔半径（75 mm）；t 为注浆时间；β 为浆液黏度比（可根据水灰比查）。

现场试验时，由于记录了实际注浆量，因此选择使用地基处理规范中的公式计算有效加固半径：

$$r_1 = 0.6\sqrt{\frac{Q}{n \cdot l \cdot 1\,000}} \tag{7-3}$$

式中：Q 为注浆量（L），取值按照现场试验记录来；l 为注浆长度（m），此处取 1 m；n 为孔隙比，根据岩矿测试中心出具的室内试验报告，该点空隙比约为 0.352。

计算得出的有效半径、最远扩散距离、硬壳体半径如图 7-31 所示。可见在震裂山体浅表层注浆的有效加固半径为 20~55 cm，其符合期望为 27.14 cm、方差 9.07362 的正态分布。

3）扩散半径与水灰比及注浆压力关系

单孔注浆量与注浆压力及水灰比的关系如图 7-32 所示，可见注浆压力越大，单孔注浆量越大，但其趋势线斜率较缓，增长得并不快，且在浅层注浆加固中，不易保持较稳定的压力，因此注浆压力使用 0.5~1.0 MPa 即可；水灰比 0.5∶1 时，可灌性较差，渗透性太差，而水灰比 2∶1 时，浆液太稀，无法保证加固效果；水灰比 1∶0.5 时的渗透性比水灰比 1∶1 时的渗透性好，但结石体强度要低些。因此应根据工程具体需求选择合适的水灰比。

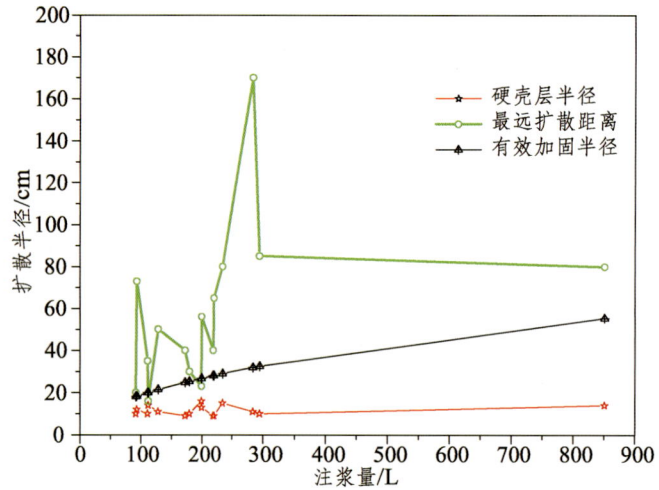

图 7-31　震裂山体注浆加固试验扩散半径试验结果

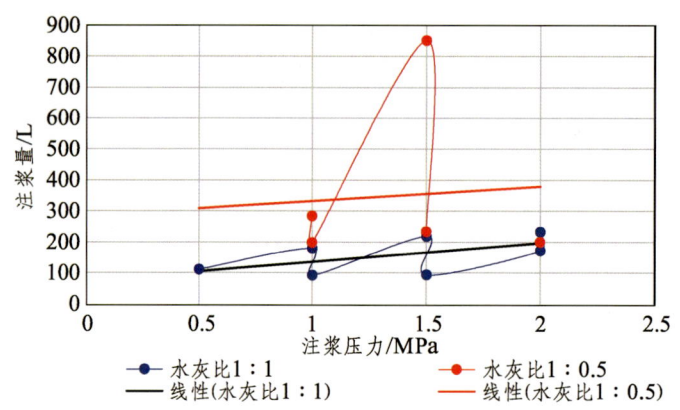

图 7-32　注浆量与注浆压力及水灰比的关系

4）加固后土体物理力学性质

将原土样、加固后土体及开挖出的硬壳层采取一定数量样本送检，其力学性质指标如表 7-3 所示。从表中可见，加固后土体（TR）与原土体相比，其内聚力、内摩擦角、压缩模量均得到改善，渗透系数变小，而硬壳层（YK）的抗压强度达到 21 MPa。

表 7-3　注浆加固实验力学测试结果

土样	内聚力 /kPa	内摩擦角 /(°)	压缩模量 /MPa	渗透系数 /($\times 10^{-3}$ cm/s)	抗压强度 /MPa
TY	9.3	21.5	5.23	54.7	—
TR	13.9	29.6	16	1.29	—
YK	1.8	40.9	2.1×10^{4}	—	21

7.2.2　浅表层滑坡生态化固坡技术研究

针对"8·8"九寨沟地震震区部分地段形成的滑坡多具浅表层特点,可采用埋入式支挡结构与生态护坡相结合的防治技术,并选取适宜的绿色生态治理技术,研究其关键技术参数对斜坡加固强度及环境的影响,优化斜坡灾害绿色生态治理技术的设计方法,再结合增加埋入式排水构造、三维网或土工格室等辅助手段,优化其排水性并增强其水土保持能力。

1．埋入式支挡结构类型

依据生态治理原则,以地质体作建筑材料并与拟治理采用的工程结构达到生态环境相协调,以达到斜坡治理加固及生态化目的。埋入式格构是通过格构梁与邻近岩土体构成共同承载体,充分调动和利用岩土体自身的承载能力来达到防治滑坡的目的。

1）室内模型试验

（1）试验目的与试验内容

通过埋入式格构防治滑坡的室内试验,获得格构梁及土体在不同拉力及破坏情况下的力学响应及土体反力等数据,研究锚固以及滑坡土体的协同工作机理。室内试验分为 3 个阶段:

① 试验准备阶段:包括滑坡滑床、滑面、滑体的物理模拟,格构梁的制作、养护,各种测试设备的安装及与数据采集系统的连接。

② 预应力张拉及稳定阶段:安装张拉设备及测试仪器,记录试验结果及采集数据;锁定后,应待预应力稳定后再进行后续试验,并记录此过程中预应力的变化。

③ 加载破坏阶段:设置堆载装置,采用分级加载的模式对整个模型加载,直至破坏,在整个试验过程中观察并记录模型的宏观变形迹象,并采集数据。

为了模拟滑坡的实际情况,根据初步拟定的试验模型及可能的边界效应影响,选择长×宽×高为 3.5 m×1.8 m×1.3 m 的模型试验箱开展试验工作,沿箱体周边用角钢焊接,内设木板,形成框架。试验模型箱如图 7-33 所示。

图 7-33 试验模型箱示意图

室内模型参数对比统计如表 7-4 所示。

表 7-4 室内试验方案设计

试验次数	网度	格构间距	截面尺寸
第一次	3×4	35 mm×40 mm	40 mm×50 mm
第二次	2×4	40 mm×40 mm	45 mm×55 mm

（2）模型试验设计

① 试验设备

试验设备包括模型框架、加载装置、测试系统三部分，模型框架由模型槽、挡土板、滑床组成，起到将液压千斤顶施加的力传递给模型介质的作用。加载装置为伺服液压推力控制系统，由两个水平液压千斤顶组成。测试系统由土压力计、应变片、全站仪和数据采集系统组成。

② 试验原理

以西南山区典型碎石土为介质建立滑坡模型人工预设滑面，将模型格构梁放置在土坡内，并在格构梁底部布设一定数量的土压力传感器、格梁内部贴设应变片等监测点，然后通过坡顶施加竖向荷载的方式使滑坡体滑动，观测格梁的受力情况，总结格构锚固体系的受力规律。

③ 相似比例设计

室内试验以基覆界面类滑坡为研究对象。根据相似比理论，在实际滑坡防治工程中，规范推荐的格构间距应小于 5 m，一般为 2～4 m，室内模型试验拟采用缩尺比例为 1∶10 的几何相似模型，拟设定坡度为 45°，格构梁拟设 4 行 5 列。考虑到用相同材料比较容易满足相似条件，采用"放松重力效应"模型，即选择以下相似比参数：$C_l = 1/10$，$C_E = 1$，$C_u = 1$。

根据单值量判据相等，得到下列各单值量的相似常数：模型上施加的集中力为原型的 1/100，即 $C_l = 1/10$，$C_E = 1$，$C_u = 1$；模型上施加的线荷载为原型的 1/10，模型上施加的面荷载与原型相等。

④ 滑坡模型

根据相似原理，模型试验要满足几何相似、物理相似、应力相似和荷载相似等条件，滑坡模型剖面见图7-34。

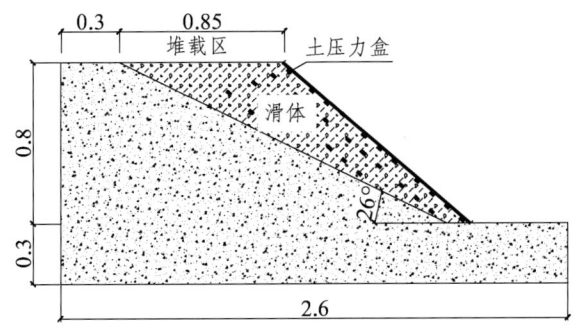

图7-34 试验模型示意剖面图（单位：m）

⑤ 模型材料

滑床：试验主要研究沿基覆面滑动的覆盖层土质滑坡，在满足物理相似的条件下，滑床采用M20砂浆浇筑，在浇筑过程中辅以一定量的直径为5~10 mm的细卵石，防止砂浆养护时膨胀。

滑体：滑体采用西南山区典型碎石土分层填筑，碎石土取自都江堰龙池山区。填土过程中对土体进行夯击试验，以保证滑坡体达到最大夯实度，并对现场土样进行重度及含水率的测试。实际夯实后的土体重度为19.1 kN/m³，含水率为18.5%。

滑带：滑带形状为直线型，试验中采用双层塑料薄膜沿基覆界面铺设来模拟滑带，其参数经无格构锚固体系试验时，滑坡体处于极限平衡状态时的加载量及滑坡推力反算确定：内聚力为3.6 kPa，内摩擦角为16°。

格构梁：试验中采用预制格构梁，采用细石混凝土浇筑，细石为直径5~10 mm的卵石，水泥强度等级为32.5R，混凝土强度等级为C20。格梁纵向钢筋和箍筋分别采用LL650号Φ5冷轧钢筋和Φ1.6的铁丝模拟，箍筋间距为100 mm。

⑥ 监测点布设

在锚头处的张拉力，采用测力计和与之配套的数据采集仪器采集。

格构梁框架纵、横梁的应变数据，在其上下钢筋表面每隔10 cm设置应变片，用于测量钢筋的应变，并用来计算格构框梁上的剪力和弯矩。

在框梁下部的滑坡土体中埋设土压力盒，锚头位置开始，每隔10~15 cm埋设一个压力盒。试验中采用电阻式土压力盒埋设在格构梁交节点、梁跨中以及悬臂等位置，用以测量作用于格梁底部的土体反力，试验数据采用DH-3816静态应变仪采集。

⑦ 加载设计

采用坡顶竖向逐级堆载方式进行加载。

2）试验结果分析

试验在加载测试之前，对土压力盒进行了初次平衡（归零），即在加载测试过程中，所获得的土压力值为初值时的相对变化值。

（1）横梁受力分析（第一次试验）

在模型填筑后，滑坡达到自重平衡时，梁底土压力值较小，分布规律不明显。如图 7-35 所示，加载 1 T 后，1#、5# 点土压力值显著增大，其余测点缓慢增大，说明格梁底部受力分布形式发生变化。加载 3 T 及 5 T 后，1#、3#、5# 点土压力值随着加载量的增加而持续增大，而 2#、4# 点土压力值在加载初期增加缓慢，其中 4# 点在加载后期及长期观测阶段的土压力值逐渐减少甚至呈负值。

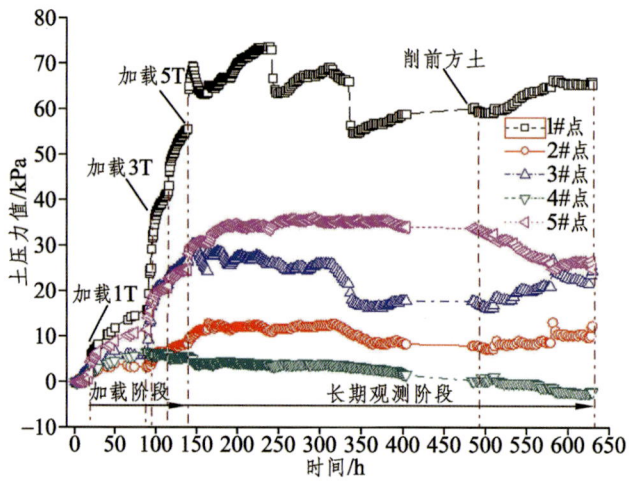

（a）H1 横梁底部各测点土压力变化曲线

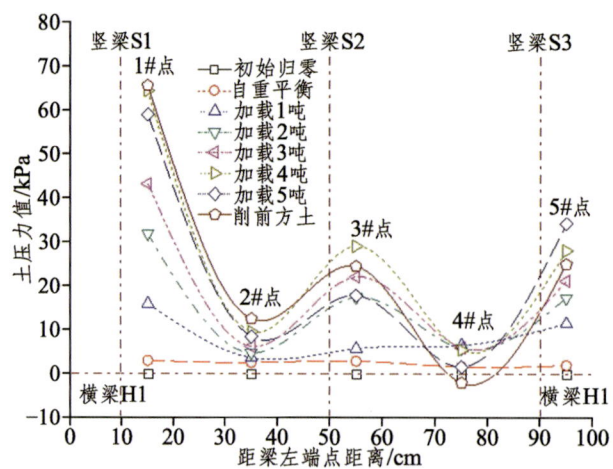

（b）H1 横梁底部受力分布图

图 7-35　H1 横梁受力情况

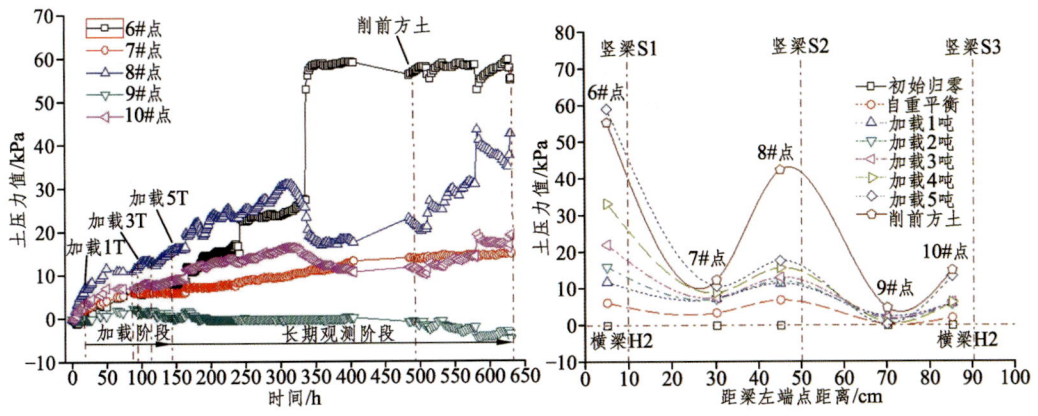

（a）H2 横梁底部各测点土压力变化曲线　　（b）H2 横梁底部受力分布图

图 7-36　H2 横梁受力情况

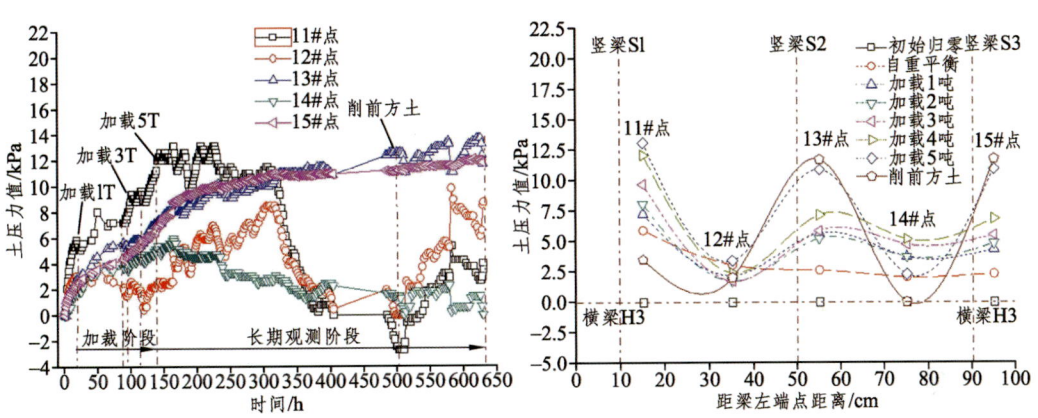

（a）H3 横梁底部各测点土压力变化曲线　　（b）H3 横梁底部受力分布图

图 7-37　H3 横梁受力情况

从图 7-36、7-37 中可以看出，H2、H3 横梁的受力分布及各测点的土压力变化情况与 H1 横梁基本类似，在荷载作用下，格构梁基底接触应力分布极不均匀，并非呈直线或线性状分布，而是基本呈近似倒三角形分布，具有节点处大、跨中小的规律。在加载前期，每次加载后节点处土压力变化值一般为跨中土压力变化值的 3~5 倍，但随着加载量的增大，节点拉力作用越大，节点处土压力值迅速递增，而跨中土压力值逐渐呈减小趋势，这进一步说明了格构梁基底反力分布模式受的锚固作用影响较大。

从测试结果可知，H1、H2、H3 横梁的受力大小不一，取加载阶段加载 2 T、4 T 时作为研究对象，其受力数据见表 7-5。

表 7-5　H1～H3 横梁在加载 2 T、4 T 时受力数据表

	横梁受力变化情况/MPa				
加载 2 T 后	H1(1#)	H1(2#)	H1(3#)	H1(4#)	H1(5#)
	0.031 80	0.004 78	0.017 44	0.005 86	0.017 38
	H2(6#)	H2(7#)	H2(8#)	H2(9#)	H2(10#)
	0.015 91	0.007 31	0.012 07	0.001 74	0.005 80
	H3(11#)	H3(12#)	H3(13#)	H3(14#)	H3(15#)
	0.008 06	0.001 74	0.005 21	0.003 71	0.004 83
加载 4 T 后	H1(1#)	H1(2#)	H1(3#)	H1(4#)	H1(5#)
	0.064 50	0.009 56	0.029 07	0.005 53	0.028 12
	H2(6#)	H2(7#)	H2(8#)	H2(9#)	H2(10#)
	0.033 33	0.008 88	0.015 65	0.000 74	0.006 24
	H3(11#)	H3(12#)	H3(13#)	H3(14#)	H3(15#)
	0.012 10	0.002 40	0.007 16	0.005 16	0.006 86

从表 7-5 可看出，在同一荷载作用下，最上排横梁（H1 横梁）受力最大、中排（H2 横梁）次之、最下排（H3 横梁）最小，三者的平均值大致呈 4∶2∶1 的比例关系。这说明格构梁在受坡顶竖向荷载作用下，各排格梁同时受力、同时变化，但格构梁自上而下所承担的滑坡推力具有一定的分配规律。

（2）横梁受力分析（第二次试验）

从横梁 H1 分布可以看出，格梁中部梁底应力分布较大，两端相对较小；横梁 H2 表现为在横梁上两端较格构梁中间大，在格构梁加载破坏阶段最大值达到 2.3 MPa；格梁 H3 梁底土压力表现为两端较小，中间位置格梁土压力较大，最大值达到 0.35 Pa；格梁 H4 土压力值较其他横梁偏小，总体较均匀。横梁受力情况如图 7-38 所示。

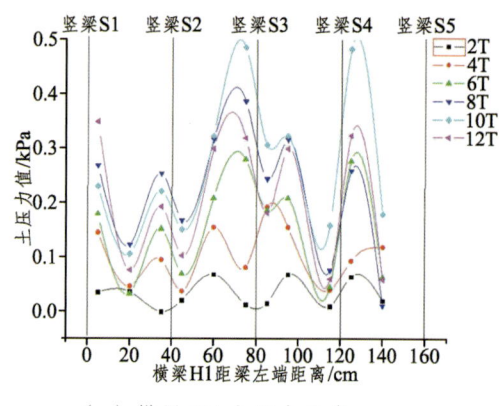

（a）横梁 H1 土压力分布

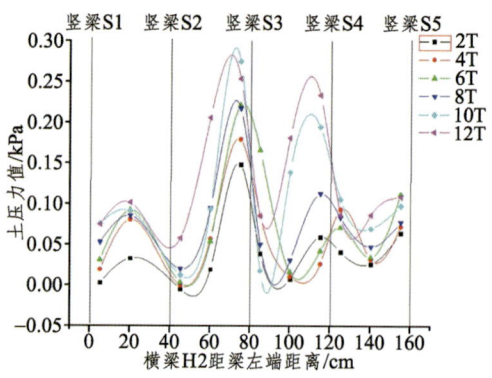

（b）横梁 H2 土压力分布

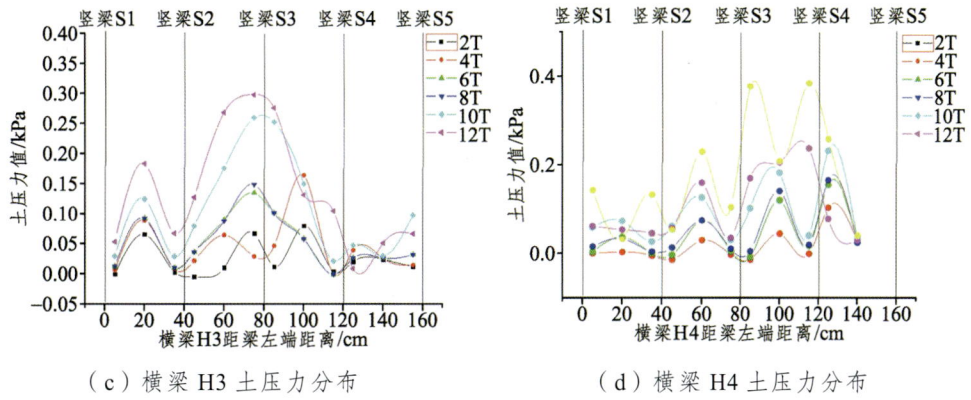

（c）横梁 H3 土压力分布　　　　　　（d）横梁 H4 土压力分布

图 7-38　横梁受力情况

(3) 竖肋受力分析（第一次试验）

竖肋受力特征与横梁基本类似，受力分布呈近似倒三角分布，节点处大跨中小，但竖肋的受力自上而下逐渐变小，这一特征和前述的"横梁在同一荷载作用下，上排受力最大下排受力最小"相一致。

H2～H3 横梁、S1～S3 竖肋各测点土压力值总体趋势和 H1 横梁基本相似，即节点处土压力值增大明显，而跨中土压力值增大不明显。在加载前期，每次加载后节点处土压力变化值一般为跨中土压力变化值的 3～5 倍，但随着加载量的增大，节点拉力作用越大，节点处土压力值迅速递增，而跨中土压力值逐渐呈减小趋势，如图 7-39～7-41 所示。

格构梁基底接触应力分布极不均匀，并非呈直线或线性状分布，而是基本呈近似倒三角形分布，同样具有节点处大、跨中小的规律。

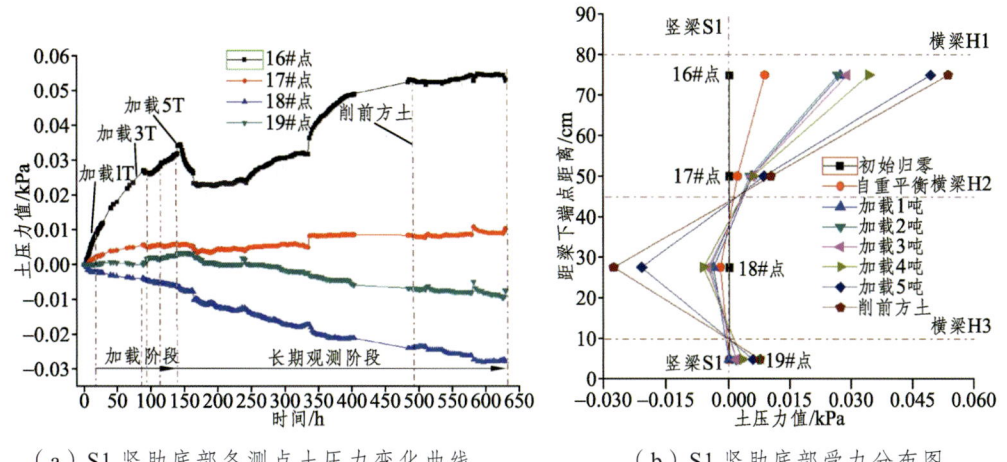

（a）S1 竖肋底部各测点土压力变化曲线　　　　（b）S1 竖肋底部受力分布图

图 7-39　S1 竖肋受力情况

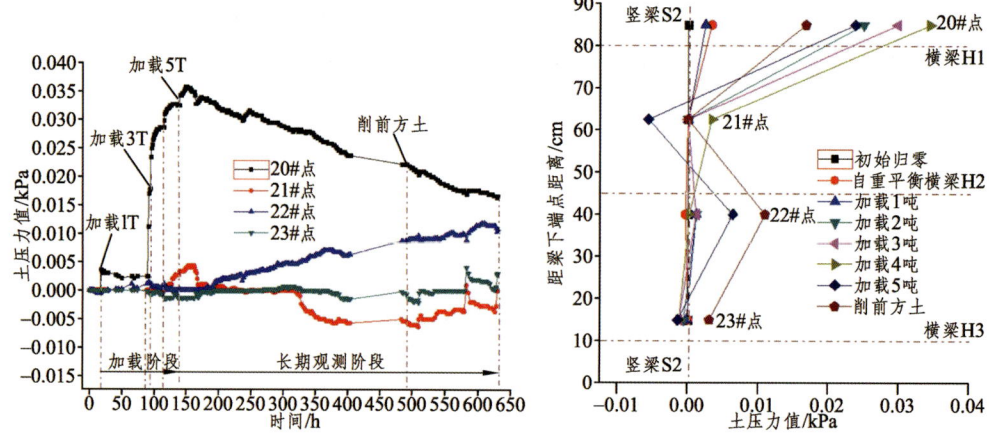

（a）S2 竖肋底部各测点土压力变化曲线　　（b）S2 竖肋底部受力分布图

图 7-40　S2 竖肋受力情况

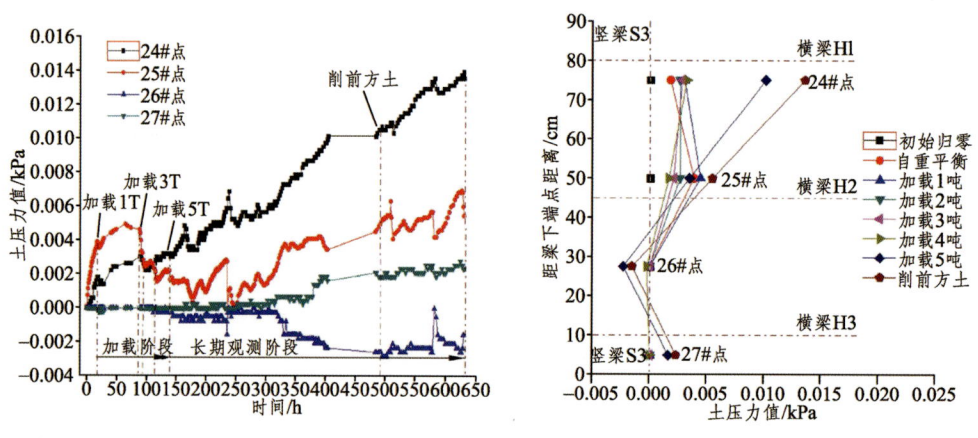

（a）S3 竖肋底部各测点土压力变化曲线　　（b）S3 竖肋底部受力分布图

图 7-41　S3 竖肋受力情况

各测点土压力值表现为在每次加载后，数据开始增大至稳定值后，逐渐减小，尤其是在加载 5T 后，各点土压力值逐渐变小。这是因为，随着时间的推移，预应力逐渐损失，致使各测点的土压力值随锚固力的减小而逐渐减小。

（4）竖肋受力分析（第二次试验）

如图 7-42 所示，竖梁 S1 土体抗力上端较下端大，在加载 2 T 的时候，整体梁底抗力分布较小且较为均匀，加载 12 T 时格构梁破坏阶段上端土压力达 0.3 MPa，竖梁 S1 整体较横梁土体压力偏小。竖梁 S2 土体抗力较小且较均匀。在加载到 2 T 时，土压力分布整体较均匀；加载到 4 T 时，梁底土体压力上端大于下段，中间大于节点位置。加载到 12 T，梁底土压力明显变大。

（5）格梁弯矩分析（第一次试验）

加载初期，格梁测点值比较小且变化规律不明显，但随着荷载的增加，格梁受力越大，格梁弯矩也呈现一定的规律。从图 7-43 中可看出，在同一荷载作用下，H1 横梁的弯矩比 H2 横梁弯矩要大,这说明 H1 横梁承受的滑坡推力和拉力值要大,这与前面"上排格梁受力最大、中排次之、下排最小"的结论相吻合。

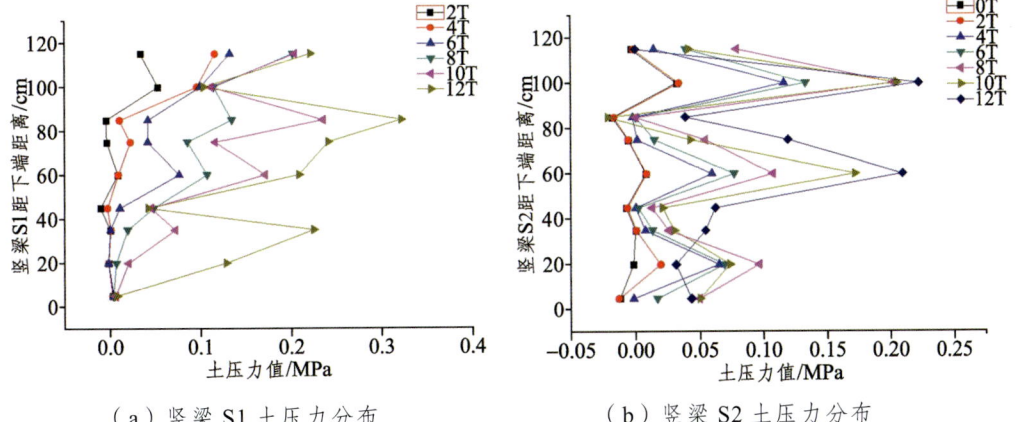

(a) 竖梁 S1 土压力分布　　　　(b) 竖梁 S2 土压力分布

图 7-42　竖肋受力情况

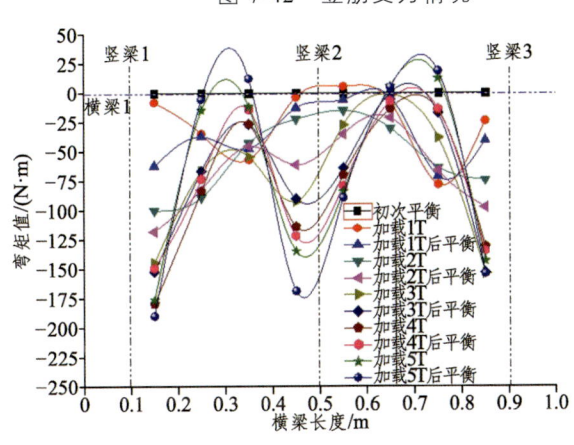

(a) H1 横梁弯矩图

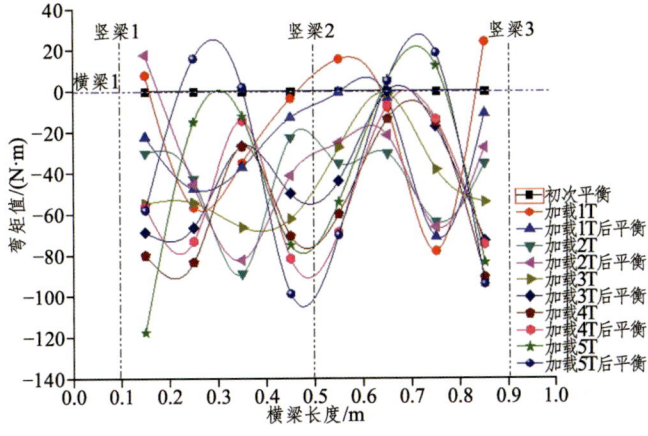

(b) H2 横梁弯矩图

图 7-43　横梁弯矩图（一）

（6）格梁弯矩分析（第二次试验）

如图 7-44 所示，从横梁 H1、H2、H4 的弯矩分布来看，都呈现出规律的弯矩分布图形，横梁左端受到锚固约束，初始弯矩值为负数，受到压应力较大。随着加载推力增加，表现为负弯矩变为正值，格梁中部受弯矩最大，H1 加载 12 T 格梁破坏阶段，格梁中间受到弯矩达到 450 N·m。同样，总的来看 H2、H3、H4，中间段格梁弯矩较大。其中，H3 弯矩分布略有不同，格构中间部位弯矩值较大，而两端受负弯矩较多。

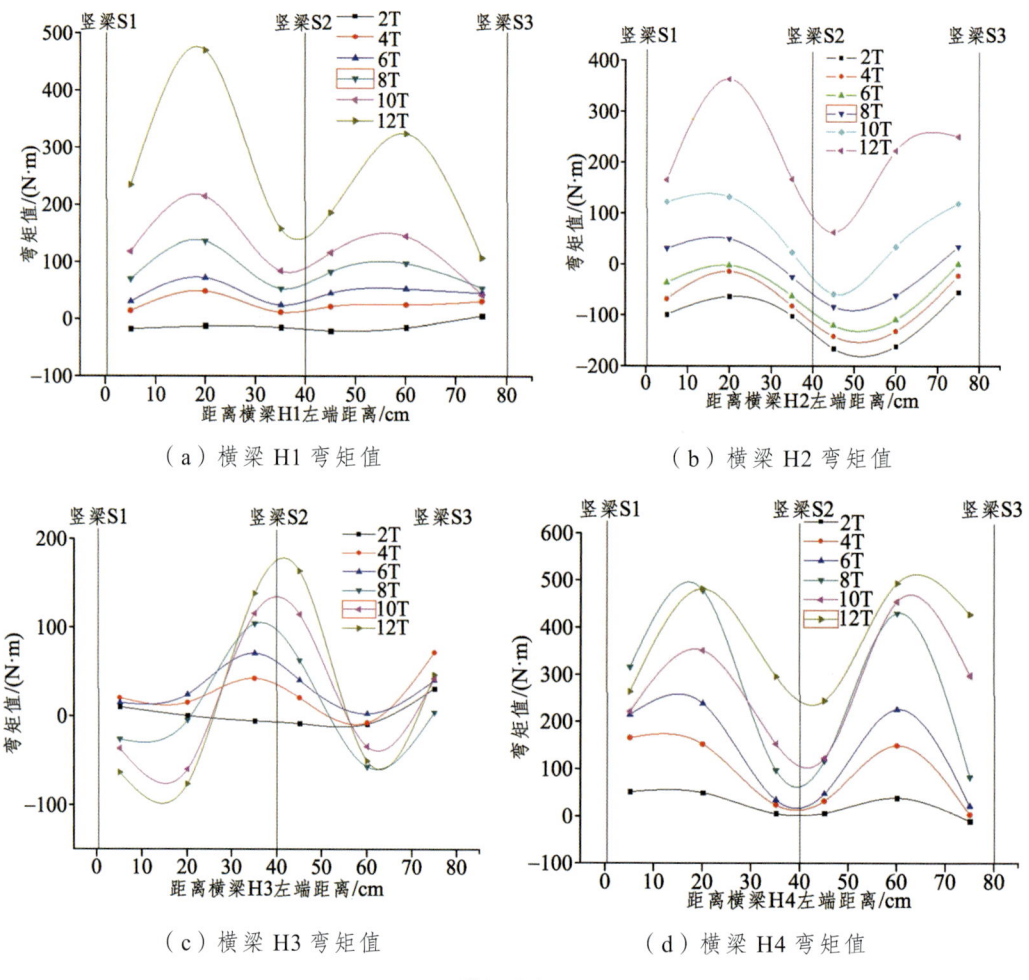

图 7-44　横梁弯矩图（二）

基于以上室内试验结果，埋入式格构的受力变形特征与一般的格构梁受力变形规律大体相同，其设计计算可采用弹性地基梁法。

2. 基于埋入式格构的生态护坡技术

基于"生态化"治理原则（即最少干预、环境友好、无新增影响），对埋入式格构之间坡体选择高次团粒喷播、客土喷播、液力喷播及团粒胶囊喷播技术对斜坡进行生态化加固。

（1）输送浓度

液力喷播输送浓度仅约为25%，高次团粒喷播输送浓度约为35%。从输送浓度分析，输送浓度越高，效率越高，植土收缩率越低。收缩率越高，抗水流侵蚀、抗干缩膨胀能力、抗冰冻侵害能力以及抗风化能力越低。

（2）喷射方式

直射高度为1m时喷射效果最佳，即客土喷播和团粒胶囊喷播所采用的方式，但如果高次团粒喷播是在不易施工的坡面作为补种，不失为一种选择。

（3）回弹率

液力喷播和高次团粒喷播采用抛射，难以垂直于坡面喷射，回弹率相应就高。高次团粒喷播采用的压力约为2.5 MPa，且只有较高的压力才能形成团粒和抛射，即使是团粒剂的齿轮泵泵送压力也约达1.5 MPa，明显高于客土喷播和团粒胶囊喷播的0.5 MPa。

（4）抗侵害能力

由于团粒胶囊喷播有含水率较低的固体团粒作为骨架，并以外层的团粒剂作为团粒间的粘结材料，故形成了一种蜂窝结构，这是抗压缩性能的最佳结构，也是其抗冰冻损害能力、抗干缩膨胀能力、抗风化能力和抗水流侵蚀能力较强的原因。

（5）物理化学性状

客土喷播未掺加团粒剂，其土壤物理化学性能基本没有改变，最适合于植物的发芽和生长。团粒胶囊喷播通过局部的添加团粒剂，给植物的发芽和生长提供了局部有利的生长空间，优于液力喷播和高次团粒喷播。结合其他措施，基层采用客土喷播，表层采用带有团粒剂的喷播方式较为合适。

（6）黏聚力

团粒胶囊喷播的黏聚力稍小于高次团粒喷播，不加团粒剂的客土喷播则更小，团粒胶囊喷播和客土喷播在基层时不存在分层施工问题，但在高陡边坡上尚不能直接采用上述喷播技术，还必须结合其他措施才能解决高陡边坡上的抗侵蚀问题。

（7）养　分

高次团粒喷播、液力喷播和客土喷播配比的养分都较多，但易造成严重的化肥污染。团粒胶囊喷播的肥料采用控释胶囊，使养分缓慢释放，这也是现代生态农业的前沿方向。

（8）涵养水分

由于植物生长的特点，进入土壤内的水流不宜过大，只能以微灌的形式加以补充，因此，带有微灌系统的植物措施体系才是较好解决高陡边坡绿化的方法。

（9）适用坡度

客土喷播一般适用于喷播基层，在大于1∶1的坡面喷播时需要采取其他固土措施。高次团粒喷播和团粒胶囊喷播适用的坡度可以达到1∶0.75，但要防止水流冲刷、干缩膨胀侵蚀和冰冻损害等，也最好采用格栅分区固土、网格分区固土等措施。

7.3 高位崩塌被动拦挡工程生态化处理技术

7.3.1 基于高位崩塌被动拦挡的桩板拦石墙-缓冲层组合结构动力响应

九寨沟地震灾区针对高位崩塌大量使用桩板拦石墙治理工程方案（图 7-45、7-46），这些结构通常由钢筋混凝土桩板（简称"RC 板"）及前置缓冲层（有时采用废旧轮胎消能）组成，可有效避免钢筋混凝土结构直接与落石接触发生刚性破坏。但是混凝土板与土颗粒材料相互作用机理复杂，目前相关研究仍多见于单一材料分析，无法综合考虑组合结构的耦合影响。基于以上问题，针对桩板拦石墙开展了大比例模型冲击试验，考虑了弧形与平底两种典型的冲击接触方式，综合分析了缓冲层与 RC 板之间的相互作用，研究了冲击过程中峰值冲击力的衰减规律，关注了 RC 板在不同冲击工况下的损伤累积与动态破坏模式。本研究成果对于九寨沟棚洞及桩板拦石墙的结构设计及优化具有指导借鉴意义。

图 7-45　九寨沟地震诱发的高位崩塌落石损坏以废旧轮胎为缓冲层的桩板拦石墙

图 7-46　棚洞结构及新型的桩板拦石墙结构

1. 试验方案设计

设计了用于开展上覆缓冲层 RC 板室外落石冲击试验平台（图 7-47），落锤架总高约 8.0 m，落锤最大有效提升高度为 7 m。试验用 RC 板长 2.4 m、宽 1.6 m、厚 0.25 m。为模拟实际工程结构相同的板间桩，支座部分与 RC 板整体浇筑，高度 150 mm。混凝土采用 C42.5 硅酸盐水泥，粗骨料采用粒径为 5～15 mm 连续级配的碎石，细骨料为天然河砂，配合比为水泥∶水∶砂∶石 = 1∶0.5∶1.5∶2.8，板内垂直正交上下铺设两层 $D = 14$ mm@200 mm 钢筋网，混凝土保护层厚 20 mm。实验所用模拟野外崩塌落石采用钢模内浇注混凝土而成，包括 2 种不同尺寸立方体块，编号 C1、C2，边长分别为 0.35 m、0.5 m，质量分别为 107.3 kg、290.8 kg，在设计最大冲高 7 m 下，对应的最大冲击能量为 7.4 kJ、20.0 kJ。2 种球体编号 B1、B2，半径分别为 0.15 m、0.2 m，质量分别为 32.4 kg、70.7 kg，对应最大冲击能量为 2.2 kJ、4.9 kJ。根据工程实践，用于缓冲层的碎石土由于分布广泛、廉价、方便获取的特点被广泛应用于实际工程中。本次研究所用缓冲层用土就地取材，为保证试样均匀性及保护粘贴于板表面的应变片和力传感器，适当剔除较大块石，单次冲击试验完毕后，挖除比冲击影响范围更大区域内的土体重新回填并按每 20 cm 施加相同的压力击实 10 次，试验过程中环刀取样进行重度、含水率、颗粒级配的测试，缓冲层材料参数见表 7-6。其中土体平均重度为 15.4 kN/m³，颗粒级配曲线见图 7-48 所示。根据级配曲线，颗粒平均粒径 $D_{50} = 0.1$ mm，不均匀系数 $C_u = 35.2$，曲率系数 $C_c = 0.31$。试验采集指标主要包括落石锤冲击过程的加速度，加速度计为量程 1 000 g 的压电式传感器，采样频率 10 kHz；RC 板上下表面及板内钢筋网粘贴电阻式应变片，采样频率 3 kHz，其中应变片粘贴方式上下层相同，具体布置方式见图 7-49。混凝土板下表面中心点放置一个量程为 50 mm 的位移传感器，板上表面中心点布置一个最大量程为 5 000 kPa 的动态压力传感器，位移、力传感器的采样频率均为 50 kHz。试验过程中为了消除不同冲击工况下土体重新回填引起的影响，每次冲击试验前，需对数据采集仪清零，故所得结果仅为落石锤单次冲击引起的荷载效应。

 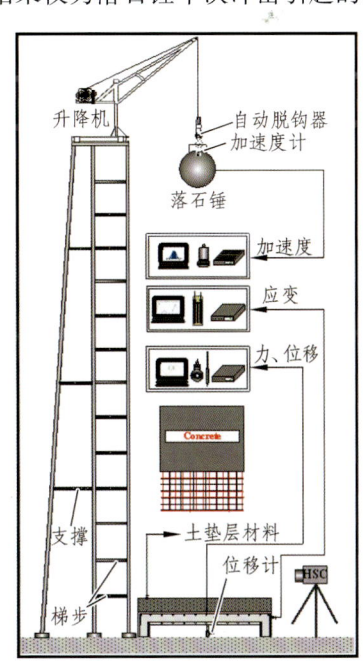

图 7-47 崩塌落石冲击试验平台

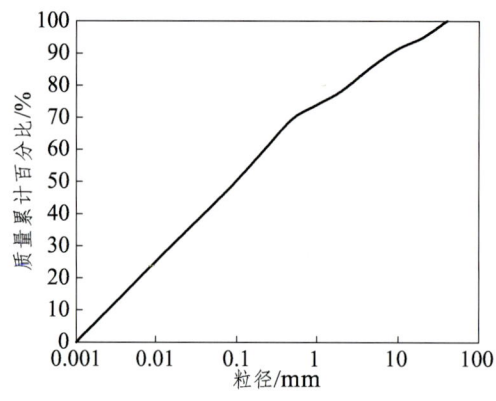

图 7-48 缓冲层土颗粒分析曲线

表 7-6 缓冲层土体基本物理力学性质参数

天然重度 /（kN/m³）	弹性模量/MPa	含水率/%	泊松比	内摩擦角/（°）	回弹系数
15.4	15	5.39	0.27	30	0

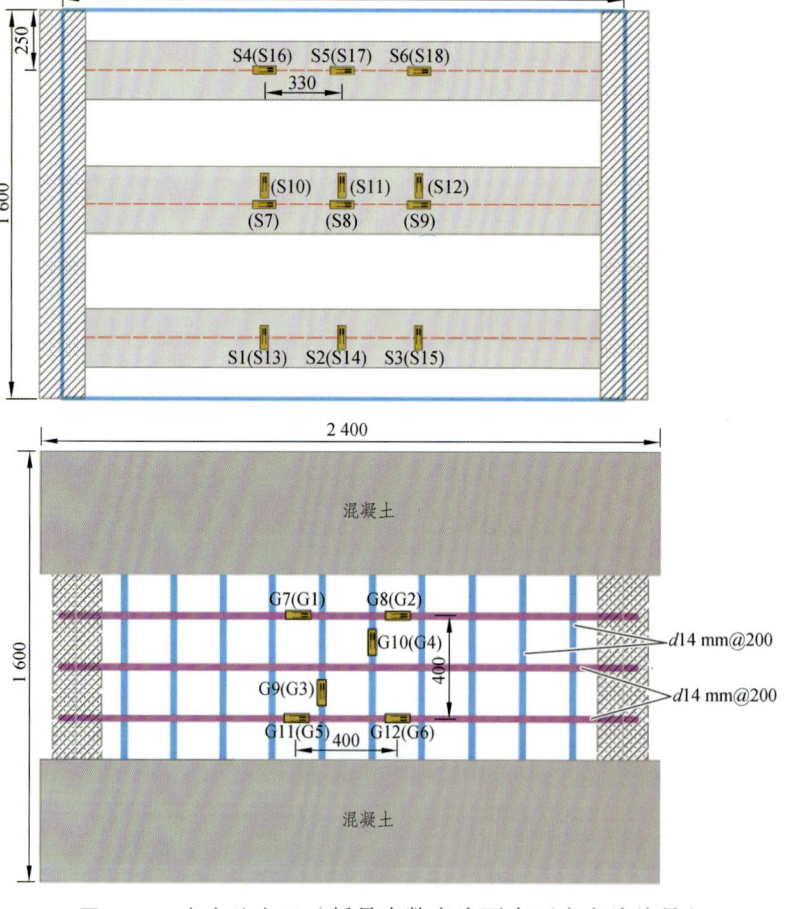

图 7-49 应变片布置（括号内数字为下表面应变片编号）

表 7-7 试验冲击工况

落石编号	缓冲层厚度/m	落石高度/m	落石质量/kg	落石体积/m³	最大能量/kJ
B1	0.1~0.6	4~7	32.4	0.014	2.2
C1	0.1~0.6	1~7	107.3	0.043	7.4
B2	0.1~0.6	4~7	70.7	0.033	4.9
C2	0.5~0.6	1~7	290.8	0.125	20.0
C2	0.4	1~6	290.8	0.125	17.1

2．试验结果

1）加速度分析

过落石锤顶部槽内放置的加速传感器定量测取冲击过程中加速度变化曲线，选取的典型试验结果表明，加速度时程曲线分为压缩加载阶段和卸荷回弹阶段，两个阶段的脉宽基本呈对称分布（图 7-50）。同一落石锤相同缓冲层厚度下，随高度增加，加速度增大；不同质量的落锤在相同的缓冲层厚度条件下，随质量的增加而增大。脉冲宽度与冲击高度负相关，与缓冲层厚度正相关，当缓冲层厚度为 0.1 m 时，脉宽迅速减小。B2 落石锤在 7 m 冲击高度，0.5 m、0.1 m 缓冲层厚度下脉宽分别为 40 ms 和 10 ms。

图 7-51 给出了试验过程中两种典型冲击弹坑形态。冲击区可划分为直接冲击区和冲击扰动区，其中落石锤外侧形成空腔，空腔外围出现圈状隆起。冲击荷载作用下，直接冲击区与扰动区变形不协调及土颗粒的流射性是形成空腔与隆起的主要原因。

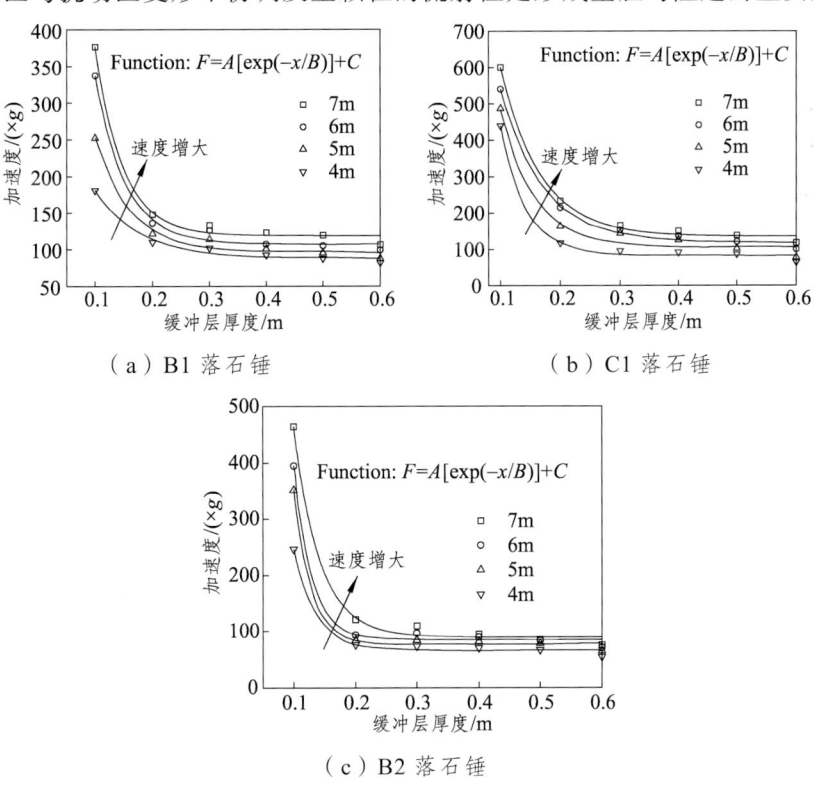

(a) B1 落石锤

(b) C1 落石锤

(c) B2 落石锤

图 7-50 峰值加速度与缓冲层厚度关系

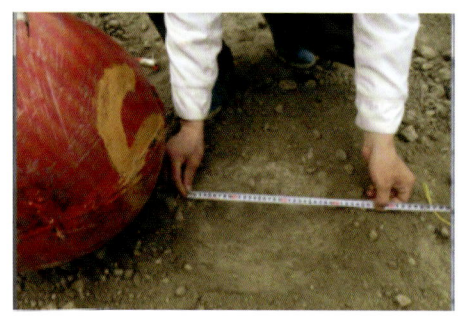

图 7-51 典型冲击弹坑形态

2)应变分析

根据试验结果,选取部分典型应变成果见图 7-52 和图 7-53,其中应变正值为拉,负值为压。混凝土及钢筋应变片的布置方式见图 7-49。图 7-52 为 C1 在缓冲层厚度 0.2 m、冲击高度 7 m 时的各位置应变曲线。其中 S1~S3、S4~S6 分别为板上表面两边侧 y 和 x 方向应变。结果表明,RC 板上表面总体受压缩,下表面受拉伸,x 向应变值明显大于 y 向,x 向应变峰值为 500~800 $\mu\varepsilon$,最终产生 100~200 $\mu\varepsilon$ 的残余应变,而 y 向的应变很小。S13~S15、S16~S18 为 RC 板下表面两边侧 y 和 x 方向应变,x 方向拉应变分别为 27.8 $\mu\varepsilon$、68 $\mu\varepsilon$、22 $\mu\varepsilon$,而 y 方向应变明显较 x 向小。S7~S9、S10~S12 为板下表面中轴线 x 和 y 方向应变,相对于两侧,中轴线 x 方向应变值迅速增大,最大值为 184 $\mu\varepsilon$,较边侧最大值增大了 170%,但 y 方向应变值仍然较小。G1~G6 为下层钢筋应变曲线,G8~G12 为上层钢筋应变曲线。其中下层钢筋应变值远大于上层,且 x 向应变值大于 y 向,下层钢筋的 G2、G5、G6 点最大应变分别为 958 $\mu\varepsilon$、770 $\mu\varepsilon$、898 $\mu\varepsilon$,对应的上层钢筋 G8、G11、G12 应变值仅为 34.1 $\mu\varepsilon$、49.6 $\mu\varepsilon$、32.3 $\mu\varepsilon$。对于不同缓冲层厚度下的应变特征下文中结合衰减理论进行分析。目前实际工程应用中,钢筋网上下层一般采用完全相同的规格,根据本次研究得出试验结果,建议对下层(外层)钢筋进行加强。

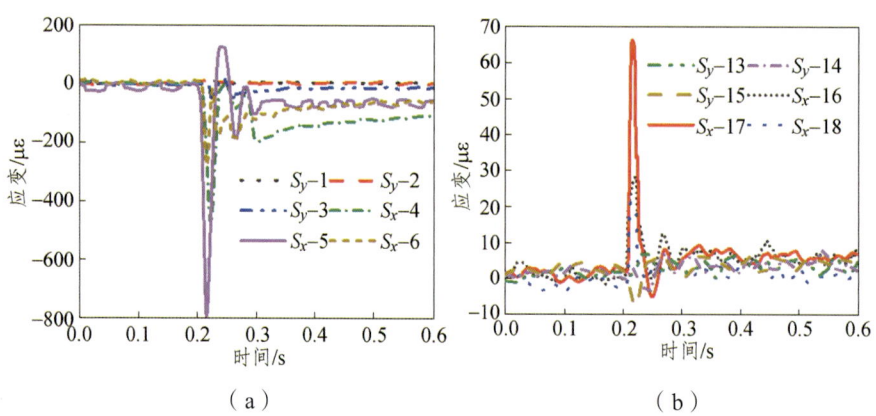

(a)　　　　　　　　　　　(b)

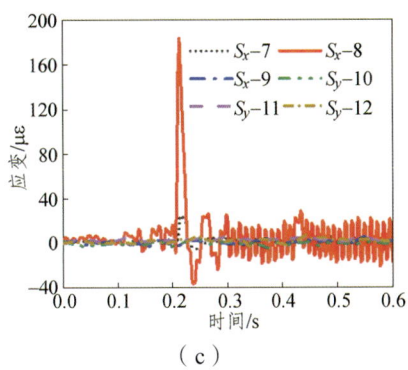

(c)

图 7-52 混凝土板不同位置应变随时间变化曲线（C1-0.2 m-7 m）

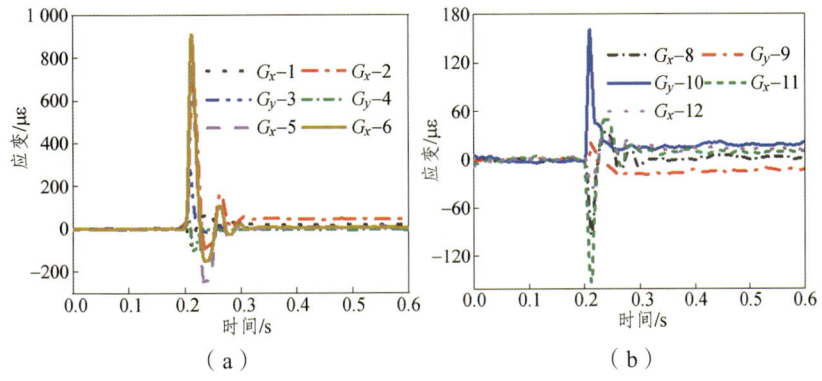

(a) （b）

图 7-53 钢筋不同位置应变随时间变化曲线（C1-0.2 m-7 m）

3）高速摄像仪捕捉动态冲击过程

利用高速摄像仪捕获落石冲击结构的动态过程，图 7-54 为球形落石锤 R6，缓冲层厚度 0.5 m，冲击高度 7 m 工况下的试验照片。总体上，落石冲击包括接触—压缩加载—卸荷回弹，这与加速度时程曲线对应一致。对于球状落石 R6 而言，高速摄像仪记录的整个冲击历程约 25 ms，以落石锤未接触缓冲层为 0 时刻，在 25 ms 时落石锤与缓冲层表面发生接触，在加载的初始阶段由于颗粒密实度较小，落石锤在压入过程中未有明显弹射飞溅。在 48 ms 时落石进一步压缩土颗粒，周围散体颗粒开始发生飞溅表现出一定的流动性。在 170 ms 时刻可见落石周围形成明显圈状空腔，空腔外围有明显隆起，混凝土板四边挡土袋被向外挤压的趋势，此阶段观察散体颗粒显现的流动效应。由于落石锤冲击能量较小，高速摄像仪并未捕捉到混凝土板裂缝明显的变化趋势。此外，落石回弹较小，冲击接触整个过程落石的冲击姿态未见明显改变，冲击结束时落石一半以上的体积陷入土体。

0 ms　　　　　　25 ms（初始接触）　　　　　　38 ms（压缩加载）

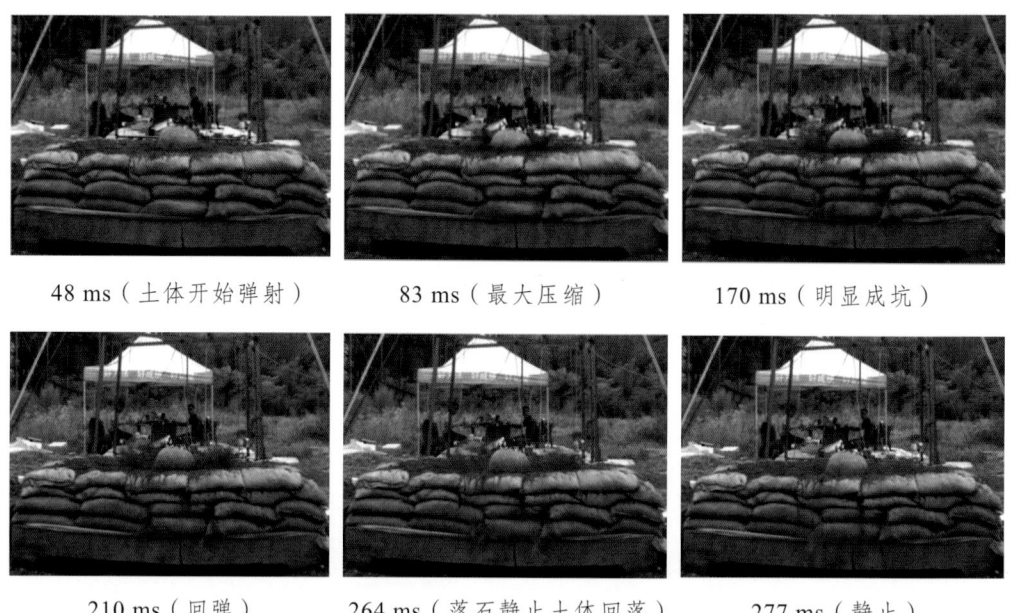

图 7-54　球形落石锤冲击过程（R6-0.5 m-7 m）

　　图 7-55 为立方体落石锤 R7 在 7 m 冲击高度下冲击 0.3 m 厚缓冲层照片。与球状落石锤冲击过程一致，但相对于 R6 落石锤来说，R7 落石锤能量更大，在加载阶段混凝土板向下挠曲明显，板裂纹经历了扩展与收缩阶段，周围土体对板边挡土袋挤压更强，落石回弹较 R6 更明显。其主要原因有两个：① 缓冲层厚度减小，冲击力增大，混凝土板对上覆缓冲层及落石产生较大的惯性力增大落石回弹幅度；② 落石锤形状可能也对反弹有一定影响。

110 ms（回弹）　　　　146 ms（第二次压缩）　　　　157 ms（最终静止）

图 7-55　立方体落石锤冲击过程（R7-0.3 m-7 m）

4）混凝土板的变形破坏分析

根据落石锤质量及冲击高度计算出整个试验共产生大约 600 kJ 能量，冲击过程中，能量一部分被缓冲层耗散，另一部分被 RC 板吸收，其中 RC 板吸收的能量可由本次研究提出的衰减理论计算得出。图 7-56 分析了随累积撞击能级逐渐增大，RC 板裂纹的形成与扩展过程：

（Ⅰ）弯曲起裂及扩展［图 7-56（a）］。初始变形由 RC 板跨中底部产生弯曲裂纹裂缝 1 开始。随着累积冲击能量的增大，裂纹竖直向上延伸至 20 cm，宽度小于 1 mm，跨中塑性变形很小，RC 板为弯曲变形模式。根据衰减率计算，累积冲击能量约 160～200 kJ，RC 板吸收能量介于 70～160 kJ。

（Ⅱ）次级弯曲裂纹的产生与扩展［图 7-56（b）］。随缓冲层厚度减小，累积能量增加的情况下，跨中弯曲主裂纹基本贯通至顶部，两侧开始产生新的次级弯曲裂纹，如图中的裂缝 2、裂缝 3，与Ⅰ相比，跨中主裂纹宽度急剧变大，由开始的 0.8 mm 增大至 12 mm。RC 板吸收的能量主要贡献于跨中弯曲裂纹变宽及次级弯曲裂纹产生，弯曲破坏仍为主要变形模式。此过程累积冲击能量 100～150 kJ，RC 板吸收的能量介于 40～80 kJ。

（Ⅲ）剪裂纹产生及弯曲裂纹贯通［图 7-56（c）］。随缓冲层厚度减小，累积能量进一步增大，裂纹裂缝 1 宽度进一步加剧，跨中两侧开始产生明显的剪切斜裂纹及旁侧羽状随机裂纹，RC 板兼有弯曲与弱剪切变形特征，RC 板下表面混凝土发生崩落。对应累积冲击能量介于 50～100 kJ，RC 板吸收能量介于 30～70 kJ。

（Ⅳ）完全破坏［图 7-56（d）］。试验后期，在 C2-0.4 m 落石锤冲击工况下，裂缝 1 宽度无明显增加，产生明显斜剪切裂纹，周围羽状随机裂纹加密变宽，弯曲裂纹与剪切裂纹连通。整体上 RC 板沿 y 向在跨中"折断"，表现出弯曲破坏特征。该过程对应累积冲击能量约 50 kJ，混凝土板吸收能量约 30 kJ。图 7-56（e）、7-56（f）为 RC 板上下表面最终破坏形态，其中板上表面由于压应力而压溃，压溃范围高度集中，对称分布跨中轴线 40 cm 范围，可观察到混凝土剥落碎屑。范围以外表面形态完整，但存在明显的残余变形，离中轴线越远残余变形越小。RC 板下表面产生纵向贯通拉裂缝。除此之外，板下表面分布多条与纵向裂缝垂直的横向裂缝，但裂缝宽度与延展程度远远不及跨中纵向裂缝。

（a）跨中弯曲主裂纹产生及扩展

（b）次级弯曲裂纹产生

（c）弯曲裂纹贯通与剪切裂纹形成

（d）最终破坏形态

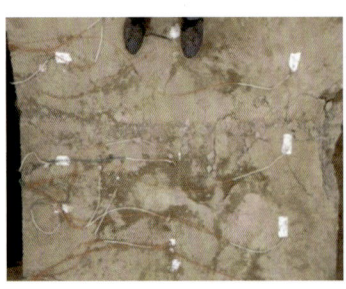

（e）RC板上表面最终形态　　（f）RC板下表面最终形态

图 7-56　RC 板破坏冲击作用下变形破坏过程

7.3.2 桩板拦石墙圬工工程拟自然化生态恢复的植物类型选择及维护

1. 桩板拦石墙等工程拟自然化处理方式和技术研究

针对"8·8"九寨沟地震震后九寨沟景区多处地质灾害治理工程的分期开展，分别进行了3次灾后治理工程的实地考察工作，并对地质灾害治理工程一期89处、二期54处和三期21处的治理措施（图7-57～7-60），依据工程措施的立地条件、所处位置、工程治理材料进行了归类和调查。在此基础上，针对以景观美学价值列入世界自然遗产的九寨沟，从治理措施对景观本体影响、景观融合度、可视性等方面首次构建定性与定量相结合的地质灾害治理工程生态和景观影响评价体系，对现有支挡工程及其拟自然化处理方式进行评价，识别现有生态恢复和拟自然方式存在的问题，提出的治理工程的景观融合度具体计算公式如下：

$$DLI = TD \times 0.5 + CD \times 0.5$$

$$TD = \left|\frac{Tc_2 - Tc_1}{Tc_1}\right|; \quad CD = \left|\frac{Cc_2 - Cc_1}{Cc_1}\right|; \quad TC = \left|\frac{Tc_r}{c_s}\right|; \quad CC = \left|\frac{Cc_r}{c_s}\right| \quad (7\text{-}4)$$

式中　DLI——景观融合度，值越大表明融合度越低；

　　　TD——纹理变化度，治理措施实施前后图像纹理差异度的变化；

　　　CD——色彩变化度，治理措施实施前后色彩差异度的变化；

　　　Tc_2，Tc_1——治理措施实施后和实施前的治理措施布设区与主体景观在图像上的纹理差异度；

　　　Cc_2，Cc_1——治理措施实施后和实施前的治理措施布设区与主体景观的图像色彩差异度；

　　　TC——纹理差异度；

　　　CC——色彩差异度；

　　　Tc_r——治理措施纹理与布设区景观纹理有差异的像元个数；

　　　Cc_r——治理措施色彩与布设区景观色彩有差异的像元个数；

　　　c_s——图像总像元个数。

从景观协调性、可视距离、景观美观度等方面，通过对九寨沟景区灾后已有的生态恢复类型拍照、线上和线下的问卷方式对支挡工程及其拟自然化处理方式进行调查，分析九寨沟现有支挡工程的景观特性（包括景观元素、形状纹理、空间布局及协调性等），提出地质灾害治理（拦、支挡）工程拟自然化处理方式和技术方案。

（a）被动网　　　　　　　　　（b）主动网

（c）泥石流停淤堤坝　　　　　　（d）棚　洞

图 7-57　九寨沟景区震后治理工程类型

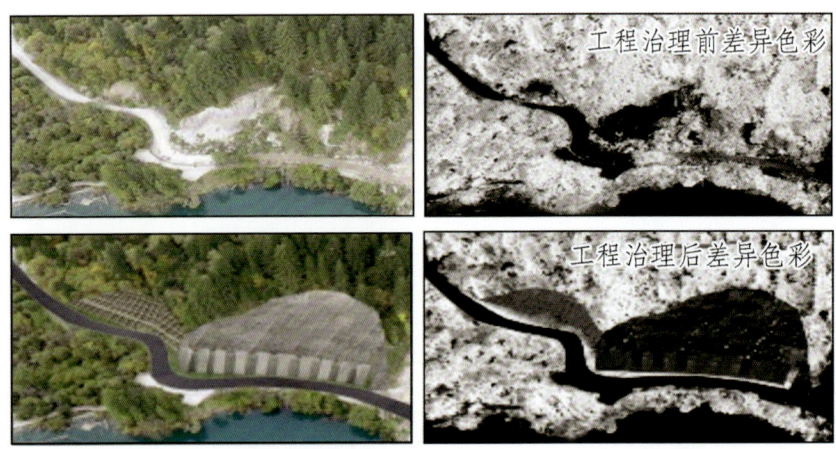

图 7-58　九寨沟景区震后治理工程景观融合度色彩提取分析结果

图 7-59　九寨沟景区震后治理工程景观融合度纹理提取分析结果

图 7-60　各类地质灾害治理工程及部分生态恢复类型

2．生态恢复及修复物种筛选与配置的野外植物样方调查

通过对灾害治理区周边自然林的植物群落和已恢复多年受损坡体的植被样方调查（图 7-61），获得九寨沟灾后生态恢复的植物物种名录以及相适宜的参考系统，并构建地质灾害治理（拦、支挡）工程生态恢复与修复物种数据库和名录（图 7-62）。为有效实现九寨灾后治理工程的拟自然化生态恢复，形成与周边景观相融合的群落景观，降低局部异质性，提高当地物种丰富度提供参考依据。具体技术方案为：一种受损坡体生态恢复的物种筛选和配置方法，首先对山地坡体的受损情况进行分析，依据受损坡体的立地条件，将坡体划分为不同类型；然后记录不同受损坡体类型周边的未受损区域的自然林以及自然恢复多年的坡体植被的物种名录；计算物种的重要值，筛选出适合不同坡体类型的物种名录；再根据物种名录中各物种的数量来确定恢复物种的种植数量和种植密度，最终确定坡体生态恢复的物种配置方案。该方法解决了现有坡体生态恢复中存在的喷播物种单一、物种种植模式简单、恢复坡体与周边自然林的融合度低等问题。

图 7-61　植物物种样方调查图

绶　草　　　　　　　商　陆　　　　　　　锦　葵　　　　　　　狼　毒
（ *Spiranthes sinensis* ）　（ *Phytolacca acinosa* ）　（ *Malva sinensis* ）　（ *Stellera chamaejasme* ）

龙　胆　　　　　　　野西瓜苗　　　　　　大火草
（ *Gentiana* spp. ）　　（ *Hibiscus trionum* ）　　（ *Anemone tomentosa*)

火绒草　　　　　　　　铁线莲　　　　　　　秦　艽
（ *Leontopodium leontopodioides* ）　（ *Clematis* spp. ）　（ *Gentiana macrophylla* ）

凤毛菊 （Saussurea spp.）　　牛蒡（Arctium lappa）　　黄花小檗（Berberis diaphana）

附：九寨沟部分植物名录表

植物类型	种 名	属 名	科 名	适种海拔范围/m
藤本	猪殃殃	拉拉藤属 Galium	茜草科 Rubiaceae	40～4 600
	甘川铁线莲	铁线莲属 Clematis	毛茛科 Ranunculaceae	
	甘青铁线莲	铁线莲属 Clematis	毛茛科 Ranunculaceae	
	须药藤	须药藤属 Stelmatocrypton	萝藦科 Asclepiadaceae	
	粗齿铁线莲	铁线莲属 Clematis	毛茛科 Ranunculaceae	400～3 200
	钝萼铁线莲	铁线莲属 Clematis	毛茛科 Ranunculaceae	
	铁线莲	铁线莲属 Clematis	毛茛科 Ranunculaceae	
	山木通	铁线莲属 Clematis	毛茛科 Ranunculaceae	
	狗枣猕猴桃	猕猴桃属 Actinidia	猕猴桃科 Actinidiaceae	800～2 900
	桦叶葡萄	葡萄属 Vitis	葡萄科 Vitaceae	650～3 600
	林生茜草	茜草属 Rubia	茜草科 Rubiaceae	
	千年不烂心	茄属 Solanum	茄科 Solanaceae	500～1 250
	盘叶忍冬	忍冬属 Lonicera	忍冬科 Caprifoliaceae	1 000～2 000
	忍冬	忍冬属 Lonicera	忍冬科 Caprifoliaceae	最高达 1 500
	柴黄姜	薯蓣属 Dioscorea	薯蓣科 Dioscoreaceae	100～1 700
	穿龙薯蓣	薯蓣属 Dioscorea	薯蓣科 Dioscoreaceae	100～1 700
乔木	褐毛稠李	稠李属 Padus	蔷薇科 Rosaceae	2 000～2 900
	棘茎楤木	楤木属 Aralia	五加科 Araliaceae	高达 2 600
	康定柳	柳属 Salix	杨柳科 Salicaceae	1 500～3 800
	红桦	桦木属 Betula	桦木科 Betulaceae	1 000～3 400
	巴山冷杉	冷杉属 Abies	松科 Pinaceae	1 500～3 700
	方枝柏	圆柏属 Sabina	柏科 Cupressaceae	2 400～4 300
	白桦	桦木属 Betula	桦木科 Betulaceae	400～4 100
	辽东栎	栎属 Quercus	壳斗科 Fagaceae	

图 7-62 野外植物调查部分成果展示

对九寨沟景区不同地质灾害治理工程区不同植被类型（森林、灌丛、草地）的土壤理化性质进行调查（表7-8），并对地灾治理区内主要物种的适宜生长条件进行室内试验分析，确定适宜土壤和养分条件，确定了地质灾害治理（拦、支挡）工程生态恢复与修复适宜物种。

表7-8 九寨灾后治理工程土壤本底调查结果

样品编号	pH	SOC/(g/kg)	TN/(g/kg)	AK$^+$/(mg/kg)	TP/(g/kg)	AP/(mg/kg)	NH$_4^+$/(mg/kg)
Ⅱ 1	7.85	7.06	0.889	111.96	0.397	3.88	2.734
Ⅱ 2	7.89	4.70	0.909	133.13	0.505	2.091	1.398
Ⅱ 3	8.02	2.53	0.454	66.91	0.733	1.664	0.379
Ⅱ 4	7.74	40.44	3.286	333.93	0.539	5.776	4.273
Ⅱ 5	7.77	25.16	1.648	85.89	0.304	3.591	1.689
Ⅱ 6	7.70	6.86	1.079	117.61	0.607	1.494	3.027
Ⅱ 7	7.87	2.10	0.487	112.74	0.489	1.137	1.423
Ⅱ 8	7.79	9.43	1.549	185.79	0.740	1.727	2.465
Ⅲ 1	7.86	6.08	0.858	150.80	0.620	4.289	1.932
Ⅲ 2	7.87	8.02	0.868	154.29	0.612	3.302	2.210
Ⅲ 3	7.94	4.79	0.614	125.20	0.632	1.007	1.790
Ⅲ 4	7.89	23.24	2.009	162.84	0.499	5.216	2.637
Ⅲ 5	7.94	5.79	0.685	135.08	0.697	6.129	2.000
Ⅲ 6	7.68	21.10	1.560	148.12	0.581	2.395	1.761
Ⅲ 7	7.86	8.52	1.170	183.89	0.613	3.764	1.392
Ⅲ 8	8.07	3.48	0.603	75.90	0.602	2.242	1.384
Ⅲ 9	7.71	47.53	3.347	149.85	0.604	11.328	6.181
Ⅲ 10	7.85	6.98	0.989	132.54	0.598	2.729	2.206
T1-1	7.47	72.57	8.655	265.71	0.910	16.170	8.002
T1-2	7.37	96.07	6.464	195.09	0.617	18.528	4.377
T1-3	7.56	66.73	5.443	451.27	1.094	19.978	9.140
T2-1	7.65	18.54	3.380	157.59	0.716	6.118	4.928
T2-2	7.52	36.16	4.389	161.94	0.606	8.792	9.867
T2-3	7.55	37.83	3.471	158.91	0.815	5.621	6.274
T3-1	7.65	26.69	4.560	157.75	0.746	6.919	5.379
T3-2	7.58	48.56	5.105	288.40	0.850	13.508	6.879
T3-3	7.61	64.36	0.773	299.28	0.996	19.189	11.782

根据支挡工程类型、立地条件及其在九寨沟所处的位置（参考系统）的不同，确定不同支挡工程的物种配置原则、标准、方法及不同物种的种植技术，提出拟自然化的物种栽种和配置技术（复试镶嵌物种配置技术），如图7-63、7-64所示。

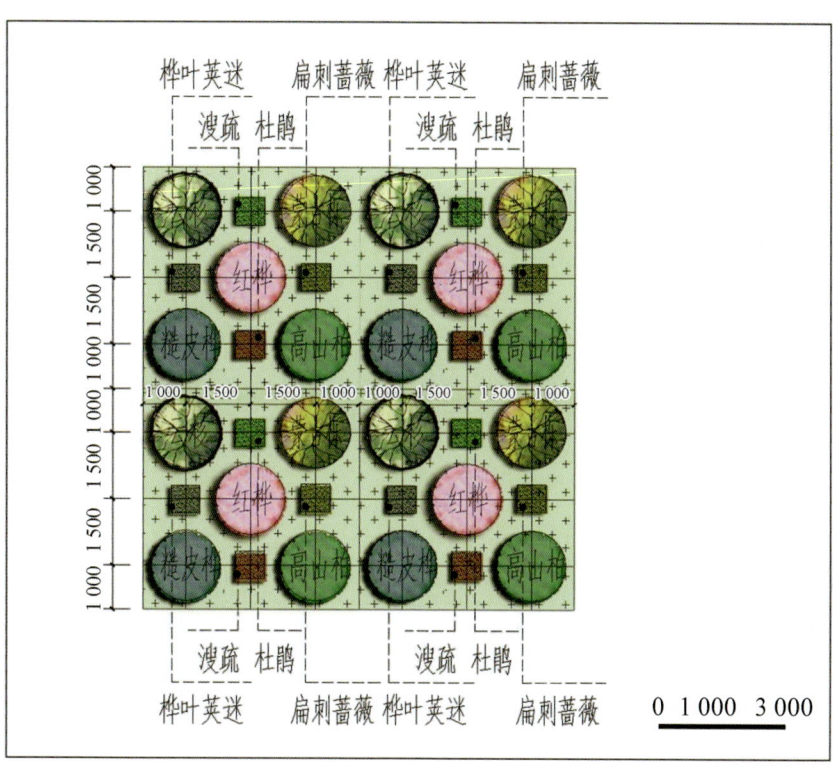

（a）乔灌草配置

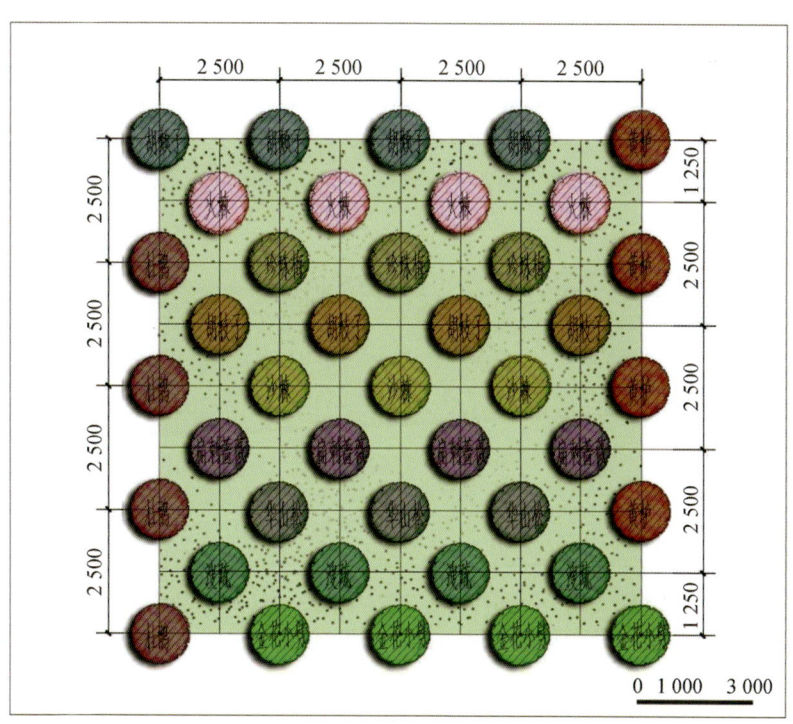

（b）灌草配置

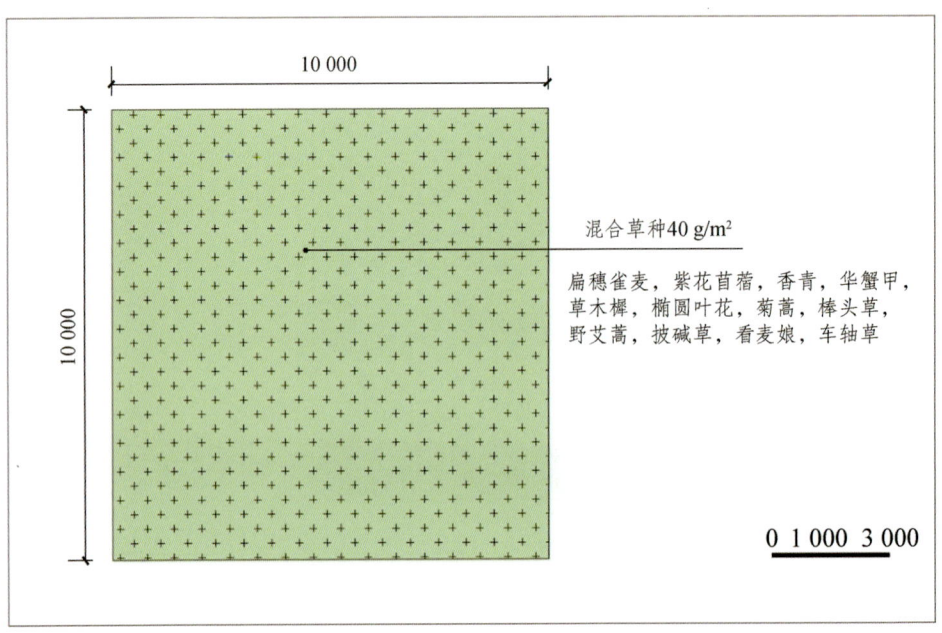

（c）草本配置

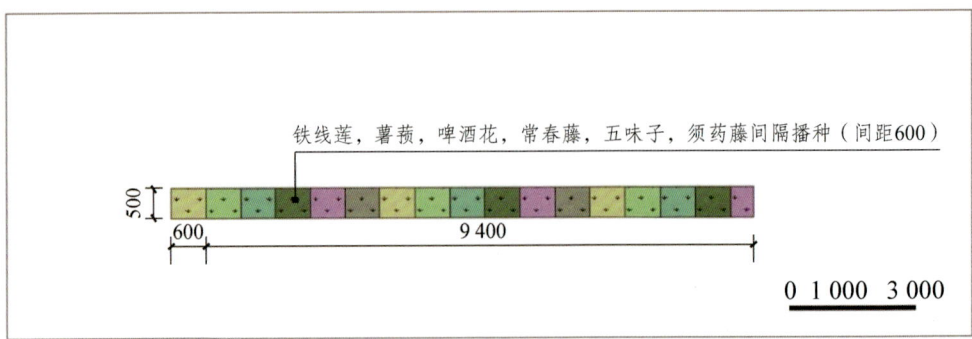

（d）藤本配置

图 7-63 物种栽种及配置技术

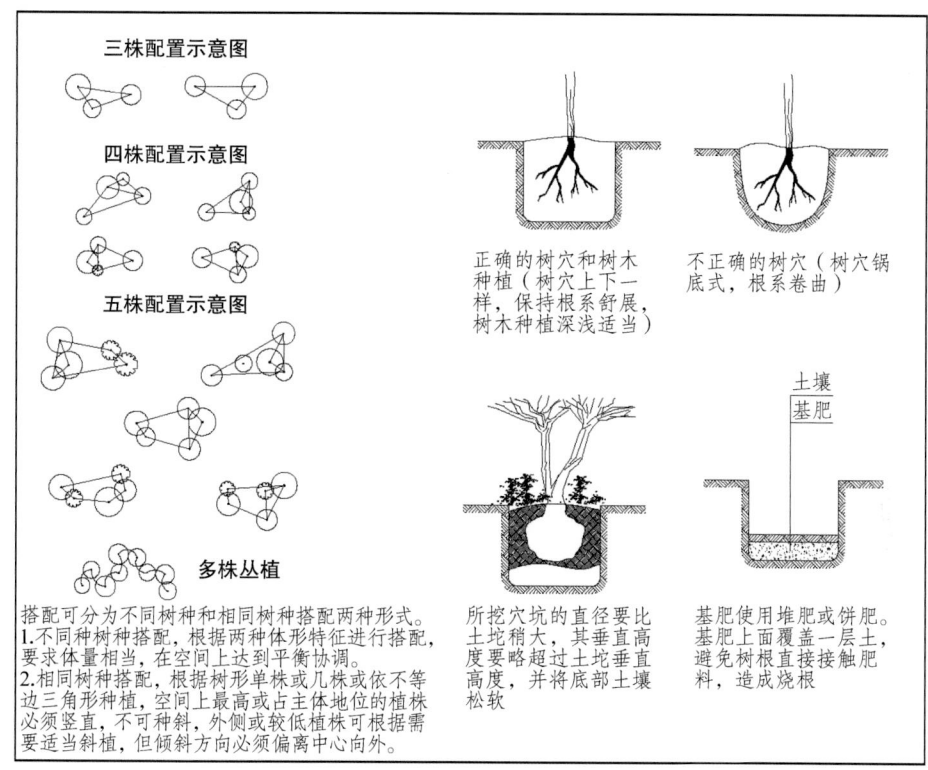

图 7-64 复试镶嵌物种配置技术

3．灾后恢复（治理工程）重建物种选择

一般来说，地震、滑坡、泥石流等地质灾害的发生会造成原有生态系统的破坏，而且后期的地质灾害治理过程也会对工程区周边的自然景观产生不同程度影响，因此需要对灾后治理区进行生态恢复。其中，生物物种的组成及其生长介质的恢复是受损生态系统恢复的关键所在。本次研究依据对九寨沟灾后重建区周边次生林的调查结果，科学合理地制订九寨生态恢复物种配置方案。

1）物种选择原则

（1）禁止使用外来树种，遵循适地适树适种源的原则

根据不同恢复地的小气候、土壤、水分、坡度和坡向条件等，选择当地种源的本地物种进行景观修复，禁止使用外来物种。

（2）以逆性强的乡土树种为主的原则

由于地质灾害区土壤和水分条件等环境条件较差，应选择抗逆性较好的乡土物种进行植被恢复。植物的抗逆性是指植物具有的抵抗不利环境的某些性状，如抗寒、抗旱、抗盐、抗病虫害等，物种抗逆性因物种而异。

（3）物种多样性的原则

在物种筛选中，应尽最大可能选择不同科、属的物种，使恢复区物种多样性增加，有利于建立稳定的植物生态系统，加快恢复灾区自然生态，从而为新的动、植物迁入或侵入创造条件，形成具有一定恢复力和抵抗力的生态系统。

（4）提高景观美学度原则

九寨沟景区的自然美景包括水体景观、钙华景观和生物生态景观。生物生态景观以丰富多彩的自然彩叶林为代表，极具观赏价值。在景观恢复时，应严格按照恢复九寨沟生物生态自然景观的标准，筛选恢复物种，选择景区内具有不同花期、果期的当地物种进行景观配置，营造与周边次生林相协调的景观，避免过度的人工园林景，增加自然生态的景观美学价值。

（5）景观融合协调原则

地质灾害治理区的生态恢复景观应与当地自然景观相互融合，与周边次生植物群落相协调，形成较为统一的恢复景观。因此，在物种配置上需要考虑乔灌草垂直结构上的物种搭配，在空间布置上应与当地自然生态系统的物种类型、栽种疏密度接近，避景观异质性。

2）物种栽种模式

根据灾后治理工程的地理位置、立地条件以及灾后治理措施等的不同，提出具有针对性的物种栽种模式，以期能够更好更快地达到景观恢复效果，以下为九寨地质灾害治理工程生态恢复的几种物种配置栽种模式。

（1）挡土墙、桩板拦石墙等墙体的遮挡绿化

主要以藤本植物种植为主，墙体后主要种植常绿或具有季相变化的垂藤，墙脚种植常绿爬藤或与常绿乔灌搭配，起到遮挡墙体的效果。常绿与落叶藤本植物可混合种植。

（2）裸露地表的绿化美化修复

根据裸地的立地条件，土质坡体面积大、坡度和缓治理区，可采用栽种乔-灌-草垂直结构的生态恢复模式，营造与周边植被群落相协调的植物群落；若为陡峭的岩质坡体，则可对其进行客土喷播，喷撒适地的草种；若为缓坡的土石坡体可采用灌草种植模式，在生态恢复的基础上，适当地栽种九寨景区的观赏树种，达到优化景观的效果。

4. 不同海拔梯度种植配置方案

通过对灾后治理工程不同海拔梯度下的次生林植物群落调查，得到灾后生态恢复的物种配置方案，见表7-9。

表 7-9 不同海拔灾后生态恢复物种配置方案

海拔	3 000 m		2 600 m		2 200 m	
类别	物种	数量	物种	数量	物种	数量
乔木	欧洲云杉	12	长尾槭	4	欧洲云杉	2
	白皮云杉	7	白皮云杉	3	白皮云杉	4
	长尾槭	2	四川红杉	2	辽椴	2
	红桦	5	紫果云杉	1	高山松	7
			四川吴萸	2	高山柏	3
			红桦	3	蒙古栎	9
			糙皮桦	5	糙皮桦	9
			辽椴	2	川西樱桃	6
灌木	箭竹	125	箭竹	240	胡枝子	24
	阔柄杜鹃	4	唐古特忍冬	6	刺槐	2
	金花小檗	6	金银木	8	鞘柄菝葜	6
	扁刺峨眉蔷薇	7	小檗	3	栾树	2
	唐古特忍冬	6	大果冬青	9	山杨	4
	花楸	3	珍珠梅	5	溲疏	5
			溲疏	5	杜鹃	3
			青荚叶	3	黄刺玫	4
			绣线菊	6	金银木	7
			花楸	3	桦叶荚蒾	9
			鹅耳枥	4	水栒子	5
				3	唐古特忍冬	7
					豆腐柴	5
					大叶小檗	3
					花楸	8
					胡颓子	2
					悬钩子	5
					沙棘	6
草本	薹草	40	黑麦草	40	高羊茅	撒播
	灯心草	60	薹草	60	薹草	撒播
	牛毛毡	70	高羊茅	撒播	黑麦草	撒播
	川赤芍	6	牛毛毡	撒播	大丁草	撒播
	紫菀	59	酢浆草	撒播	盘果菊	撒播

续表

海拔	3 000 m		2 600 m		2 200 m	
	风毛菊	17	马蹄香	撒播	野燕麦	撒播
	紫花鹿药	63	高乌头	点播	鬼灯檠	撒播
	虎尾铁角蕨	24	荨麻	30	老鹳草	点播
	碎米荠	8	盘果菊	20	唐松草	点播
	柳兰	16	支柱蓼	40	糙苏	点播
			车前紫草	36	蒙古堇菜	点播
			紫菀	撒播	华蟹甲	点播
			空心蘼	点播	香青	点播
			报春	点播	鼠尾草	点播
			柳兰	点播	琉璃草	点播
					铁线莲	点播
					马先蒿	点播
					橐吾	点播
					落新妇	点播

5．不同治理工程类型的种植方案

依据治理工程类型的不同、工程区的立地条件差异，将九寨生态恢复工程分为三大类，分别采取不同的物种配置方式，见表7-10。

表7-10　不同治理工程类型的种植方案

墙　体	岩质坡体		土质坡体
藤本	草本	草本	灌木
南蛇藤	野艾蒿	野棉花	胡颓子
铁线莲	香青	升麻	沙棘
五味子	紫花苜蓿	白芷	珍珠梅
地锦	白芷	紫花苜蓿	火棘
	升麻	柳兰	箭竹
	野棉花	雀稗	荚蒾
	扁穗雀麦	草木樨	小檗
	雀稗	车前草	平枝栒子
	草木樨	华蟹甲	
	车前草	马先蒿	
	华蟹甲	紫菀	
	马先蒿	高乌头	
	紫菀	圆头蓼	

6. 生态恢复与修复措施的管理和维护技术

通过构建工程区拟自然化处理工程维护和苗木抚育管理的生态恢复与修复措施的管理和监测维护技术，明确支挡工程生态恢复与修复措施管理和维护目标，并参考《森林抚育技术规程》（GB/T 17581—2015）等技术规程，提出拟自然化处理工程监测维护和苗木抚育管理技术方法。主要内容包括：

1）生态恢复与修复措施的监测

（1）拟自然化处理效果及持续性监测。

（2）乔灌栽植第一个月记录成活率，后期每隔一个季度记录树高、胸径、拍照记录长势；以每年为结点统计灾后生态恢复区域乔灌的成活率、生长状况。

（3）对撒种、点播的草本7天后观察出苗率，每隔1个月定期测定植株株高、覆盖率，以每个季度为一个结点，记录草本的生长情况。

（4）记录恢复区温度降水等气候条件。

2）生态恢复与修复措施的管理和维护

（1）需要进行土壤改良或配备营养土的工程区，应进行土壤喷覆，定期管护。

（2）采取多物种的配置策略，物种应保持较高的多样性，避免采用云杉等单一的针叶树种进行植被恢复。

（3）在物种选择时，需要考虑到该物种能否购买到、施工时期以及物种存活率等问题，恢复物种苗木不宜过大。

（4）物种种植时禁止使用化肥。

（5）裸露地表的绿化美化修复的物种配置应注重空间异质性。

7. 不同治理工程的生态恢复技术方案构建与示范应用效果

基于以上研究，从生态恢复与修复目标与理念、技术方法、实施流程、效果监测、评估计划等方面提出《九寨沟震区地质灾害治理区生态恢复与生态修复技术手册》，并构建地质灾害治理区支挡工程的生态恢复与生态修复示范试验方案。

挂网工程的生态化恢复设计：

（1）被动网工程恢复设计。无显著影响的挂网工程可以通过调查被动网周边的建群树种，人工种植适量的乔灌，遮挡环形网；或待其自然恢复，无需进行人工恢复。对景观有显著影响的被动网工程，如观光栈道旁的被动网可通过种植适量的当地藤本植物，营造和谐的自然生态景观。

（2）主动网工程恢复设计。依据主动网工程治理坡体的不同立地条件，将主动网的恢复设计分为两类，一类是岩质坡体，一类是土质坡体。针对岩质坡体的主动网生态恢复，首先需要给坡体喷播客土，其次需要将科学配比后的草灌种子播撒于坡体，实现坡体的快速复绿。针对坡体面积较大的土质坡体，可以设置阶梯型拦土墙，阶梯由植生袋堆砌。在植生袋内装好草本植物种子及营养物质，在阶梯围起的平台栽种乔灌，从而形成拟自然化的植物群落。

（3）桩板拦石墙等圬工墙体。结合治理工程所处的位置，可以考虑以下针对墙体外侧或坡体内侧植树或其他植物绿化遮挡方案。

① 墙体位于道路旁：可在墙体后填土栽种绿期较长，且有季相变化的垂藤，达到墙体复绿效果；或可人工营虚景墙，减小大面积硬化墙体给游客的视觉冲击。

② 墙体与道路具有一定的距离：可在挡土墙前栽种与周边自然植被相一致的乔灌物种，并栽种适量爬藤，垂藤以期起到短期的遮掩效果。

③ 桩板拦石墙工程治理后墙体及坡体：可采用栅栏+植生袋方式，形成防止水土流失的阶梯状生态恢复缓冲带，人工种植乔灌，并在植生袋中装需要播种的当地草种，形成与周边自然林在景观上相一致的人工林。

④ 棚洞可种植绿期较长的爬藤，遮挡硬化面积；洞顶的恢复，需要对棚硐周边的自然林进行调查，在将原有的乔灌移回棚顶的基础上，设计与自然林相一致的乔灌草配置方案，形成与周边景观协调的植被群落。

以下是在景区已经实施的治理工程植物种植生态化实施效果。

（1）墙体：采用墙前高大乔木遮挡或爬藤+垂藤复绿，或者墙体外表景墙设计，如图 7-65 所示。

（a）乔+藤　　　　　　　　　　（b）景　墙

图 7-65　圬工结构外部及本身植被恢复或景观打造

（2）土质坡体：对土质边坡坡度 < 45°的边坡坡表采用乔灌草，而对坡度 > 45°的斜坡建议采用灌草方案，如图 7-66 所示。

（a）乔+灌+草　　　　　　　　　（b）灌+草

图 7-66　土质边坡植被恢复植物种类选择

（3）岩质坡体：岩质边坡如果表部有覆盖层，则针对覆盖层采用灌草方案，而针对裸岩部位建议采用客土喷覆+草种方案。

（a）灌+草（表部有覆盖层）　　　　　（b）草本（裸露基岩）

图 7-67　岩质边坡植被恢复植物种类选择

7.3.3　基于改性糯米灰浆加固材料的桩板拦石墙圬工表部生态化处理技术

改性糯米灰浆生态加固材料的有效性主要依靠改性糯米灰浆对土的内聚力以及孔隙率和渗透系数的改变，使改性糯米灰浆生态加固材料具有良好的稳定性，这一论据在室内实验中已经得到验证。但是对于以桩板拦石墙外侧高陡坡面仍存在一定的挑战。对此，通过理论计算与论证，验证了其稳定性，按照其绿化美化后的坡形进行验算，稳定性系数为 1.15，在安全范围之内。

改性糯米灰浆材料是一种新型有机土壤固化材料，没有重金属等污染，亦不存在毒性。改性糯米灰浆生态加固材料在以往的实践中得到了很好的验证，诸如黄土地区、沙土地区以及黑土地区均有良好的适应性，但是九寨沟地区土壤腐殖质含量较高，且含有一定量的碎石，在实际使用中容易产生孔隙率过大的情况，在实际中可能会造成因为孔隙率过大而导致的失稳等情况的发生，故而在使用之前作为室内实验的一部分进行了检验，并通过检验数据将改性糯米灰浆生态加固材料进行了优化处理，以求能够适应九寨沟的现实条件。

1．改性糯米灰浆生态加固材料加固松散土体耐久性研究

改性糯米灰浆生态加固材料的耐久性研究对于验证加固体的长期有效性具有重要意义。松散土体作为次生灾害的物源存在一定的危险性，如加固材料短时间失效则存在在此发生灾害的风险，加固体的稳固不仅为了美化灾害点，同时也是为了减少次生灾害的发生。改性糯米灰浆生态加固材料加固体的耐久性主要分为两部分。

1）改性糯米灰浆生态加固材料具有一定的"保质期"

也就是改性糯米灰浆材料能够自然降解，当改性糯米灰浆材料完全降解之后材料的作用则完全交由植物根-土复合体来承担，在植物完全起作用之前的一段时间也是非常重要的。根据资料以及实验得出，改性糯米灰浆生态加固材料在不同的基质中的降

解年限亦不相同,集中在 3~5 年可完全降解。但九寨沟地区较其他地区不同,九寨沟地区夏季气候湿润、温和,有可能会加快改性糯米灰浆生态加固材料的降解速度。针对此类现象,进行了室内相关实验,实验中将试件模拟九寨沟地区气候条件养护,一段时间后检测试件的抗崩解能力,结果得出试件在一年半后仍具有良好的抗崩解能力。

2)植物根-土复合体的长期耐久性

大量的研究证明,根可以有效地提高土的抗剪强度,并且改善土的持水性、抗水土流失的能力。

根密度面积能够显著改变土的内摩擦角以及黏聚力等参数,其作用机理主要是由于内摩擦角的大小与根土界面的接触面积有很大关系,植物根系在土体中穿插、缠绕、延伸,随着单位体积内的根系长度和表面积增加,根土界面的接触面积和两者之间的摩擦力与咬合力将增大,导致土壤内摩擦角随之增大。而当根长和表面积密度增加到一定范围时,单位体积内的土壤变少,根土的接触面积一定,导致土壤内摩擦角将不再增大。

就黏聚力来讲,土壤黏聚力的大小取决于土壤颗粒间的各种胶结作用,除土壤本身的胶结状态还有由于根系分泌的高、低分子量分泌物可作为有机胶结剂,能够增加土壤颗粒的胶结强度。因此根长密度和根表面积密度越大,根系分泌的有机胶结剂越多所产生的结果为土壤黏聚力越大。

另外,根对土的包络也有利于土体稳定。

作为最终目的,植物根-土复合体的长期耐久性是重中之重,而植物根-土复合体长期耐久性的关键就是如何使植物完成自然的繁殖和演替,即只要保持植物根系能够接续保持稳定土体的作用,就可以保证植物根-土复合体长期耐久性。为此通过相关实验,验证了当植物结实后陡立斜坡上种子存留情况,实验表明植物的茎叶以及陡立面的凹凸足以保留 40% 的种子,能够完成自我繁殖,并可在本土原有植物种子库的代换和演替。

改性糯米灰浆生态加固材料用于加固松散土体,在前期中改性糯米灰浆材料可在土体中与土颗粒形成包络,使整个土体更加致密,增加土体的抗压、抗拉性能,从而在根-土复合体形成之前提供抗变能力。与坡面种植草本以及藤本植物相互融合,在生物技术的促进下草本植物根系更加发达,深度可达 10 余厘米,散布于 7 cm 直径范围内,并且植物根系相互交错,形成网络从而形成根-土复合体,在改性糯米灰浆材料完全降解之后可自然演替的根-土复合体将替代改性糯米灰浆材料,起到固土、持水、防止水土流失的作用。

2. 改性糯米灰浆生态加固材料固化土对植物生长的影响

研究改性糯米灰浆生态固化土对植物生长的影响是十分必要的,植物生长直接影响根-土复合体的形成。根据现有研究结论,改性糯米灰浆生态加固材料固化土在孔隙率以及渗透系数上与原本土壤具有较大差异,并且这两点也是能够直接影响植物生长的因素。

首先,孔隙率将会影响到植物根系的呼吸作用;其次,渗透系数降低将会影响植物根对离子的吸收。改性糯米灰浆生态加固材料是一种可降解的材料,其最终的目的是使植物快速演替,使改性糯米灰浆生态加固材料最终被根-土复合体所取代,从而形成人为干预最终回归自然生态的过程。

众所周知，植物生长所必需的条件为光照、温度、湿度、空气以及土壤基质。在改性糯米灰浆生态加固土中，与周围环境可能存在不同点分别为湿度和土壤基质。就土壤湿度来讲，改性糯米灰浆生态加固土在九寨沟地区适应性良好。在扎如寺路口上行 500 m 拦石墙实验中，在无人看管近两个月的自然管养条件下，植物长势良好，未出现植物因缺水枯死等情况，并且该拦石墙实验为立面结构，受雨面积较小，但依然能够看出改性糯米灰浆生态加固材料对于土壤湿度具有良好的保持性。在室内实验中的干湿循环部分中依旧可以发现，在制样结束后，与同样的素土进行比较，改性糯米灰浆生态加固材料的失水速度较慢，并且随着加量的增加持水性得到改善，同样印证了野外现场实验中的现象，见图 7-68。由图可以看出，素土在同等条件下失水速率明显快于改性糯米灰浆生态加固土失水速率。

就土壤基质来讲，改性糯米灰浆生态加固材料改变了原本土壤中的孔隙率，在某种层面来讲可能会抑制植物根部的呼吸作用，使植物生长受到抑制，并且改性糯米灰浆生态加固土中的加固成分可能抑制植物根系对于矿物离子的吸收，从而影响植物生长。但是现实中并非如此，经过改性糯米灰浆生态加固土加固后的挡墙立面具有良好的植物适应性。在室内实验中亦可以得到解释。首先，改性糯米灰浆生态加固土的孔隙率以及渗透性得到了改变，主要表现为孔隙率减小、渗透系数降低的特性，但是作为衡量土壤性质的重要指标之一的阳离子交换量有没有得到明显抑制，这一点的机理主要体现在改性糯米灰浆材料可以看作一种有机的透膜，在水的作用下反而增强了土壤中离子的交换。在透膜的存在下，离子浓度高的地方的土壤会出现吸湿的特性，在常规条件下这种情况依然存在，但是在透膜存在的条件下这种吸湿的效果会得到加强，当其他区域水分散失后改性糯米灰浆这种不理想的透膜又会向其他区域进行水和离子的补给，从而使植物养分更加均衡，如图 7-69 所示。

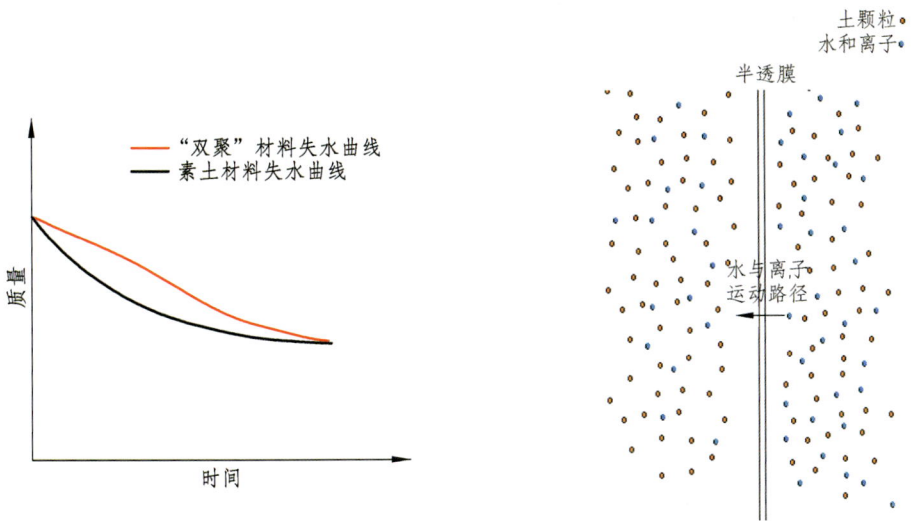

图 7-68　加固与非加固失水速率　　图 7-69　改性糯米灰浆形成半透膜水与离子运动路径

针对桩板拦石墙外表垂直绿化，主要依托现场实验，进行以下实验项目：① 改性糯米灰浆生态加固材料根-土复合体强度模拟实验；② 改性糯米灰浆生态加固材料现场施工技术工艺探究；③ 改性糯米灰浆生态加固材料部分原位样实验。

拦石墙生态修复实验位于九寨沟景区扎如寺路口上行 500 m 处以及诺日朗停车场，两处拦石墙绿化美化依据其所处地形地势不同采用了不同的方式。

扎如寺拦石墙采用下部石头堆砌，上部采用三维网配合经过改良优化的改性糯米灰浆生态加固材料堆坡，并于最外层使用改性糯米灰浆生态加固材料，进行植生层的铺设。植物采用的是经过选育的、对九寨沟地区气候等条件有较好适应性的一年生、多年生草本以及藤本植物。

诺日朗停车场拦石墙采用糯米灰浆坡面堆砌墙芯，并以改性糯米灰浆生态加固材料植生层为表面材料进行实验。其中以糯米灰浆为墙芯的主要目的是减小坡体对混凝土墙体的弯折力矩，使混凝土拦石墙可以稳定。

通过以扎如寺、诺日朗停车场桩板拦石墙外观改性糯米灰浆生态加固等系列试验，显示该材料的可行性和有效性，对以被动拦挡治理方案为主的九寨沟景区桩板拦石墙生态化提供了理论基础和应用示范。

7.4 斜坡地质灾害生态化防治技术应用示范案例

7.4.1 扎如寺桩板拦石墙墙体生态美化应用示范

1. 基本概况

桩板拦石墙作为一种垂直混凝土功能性建筑，绿化的前提是不能破坏墙体的自身稳定性，其次才是如何稳定有效地消减和美化墙体。

采用改性糯米灰浆生态加固材料垂直绿化桩板拦石墙技术，主要是依靠改性糯米灰浆材料的固土性能以及后期根-土复合体的有效繁衍和演替，能够持续保持挡墙外观的绿化性质。改性糯米灰浆材料能够有效提高土壤性能，主要体现在减小土壤本身的孔隙率以及渗透性，从而使土体在受到水流以及一定形式剪切力等外界干扰下的抵抗能力。根-土复合体亦能够有效提高土壤抗剪切以及水流冲击的能力，其主要机理是通过植物根系的包裹、加筋作用以及植物分泌物来提高和改善土壤性能。

扎如寺桩板拦石墙位于扎如寺路口上行 500 m 处，所作绿化桩板拦石墙为一长 27 m、高 4.5 m 墙体（图 7-70）。前部有约 1 m 平台，前部平坦为稳定的腐殖土堆积体，临近公路。该桩板拦石墙生态修复主要利用墙根脚处地面作为主要承载点。桩板拦石墙所受弯矩较小，对墙体稳定性不构成影响。

图 7-70 扎如寺桩板拦石墙墙体外侧生态化施工

2. 扎如寺桩板拦石墙生态修复过程及工艺

扎如寺桩板拦石墙脚部有良好的稳定性，采用 2 m 以下石头堆砌，其余上部使用改性糯米灰浆生态固化土进行堆坡，表层使用改性糯米灰浆生态固化材料植生层进行挡墙的绿化美化（图 7-71）。

（a）坡体垒砌　　　　　　　　　　（b）植生层铺设

（c）养　护

图 7-71 扎如寺桩板拦石墙施工过程及实施效果

（1）场地清理及围挡搭建。

（2）墙前坡体堆积：扎如寺桩板拦石墙墙前坡体堆积主要采用 2 m 以下石头垒砌，2 m 以上才用改性糯米灰浆生态加固材料进行堆积，堆积体坡度近似为 85°。

（3）植生层铺设：2 m 以下植生层直接铺设于垒砌的岩石粗糙面之上，上层植生层下附一层三维网。

（4）植物种植与播种：需要种植的植物主要是藤蔓植物，藤蔓植物种植坑左右间距为 60 cm，上下间距为 90 cm，采用梅花布置。需要播种的植物主要是草本植物，主要种类为九寨沟当地原生植物，经过优选改良后的生长能力较强的禾本科植物，采用一年生与多年生植物混合播种的方式进行播种。

（5）后期养护：因播种后正直九寨沟景区降雨量较少的季节，在种子发芽之前进行适当的浇灌，以利于植物种子发芽。

绿化实施效果如图 7-72。

图 7-72　扎如寺桩板拦石墙外侧绿化实施效果

3．监　测

监测主要目的是监测植物生长情况、改性糯米灰浆生态修复坡体的稳定性等。

1）植物生长情况

主要监测植物茎叶生长情况及根系生长情况。经过监测植物于 9 月初茎叶的长度达到最长，其后不再继续生长。在这一过程中植物未出现发黄、枯萎等现象，代表水、肥供给充足。根系的发展速度快于茎叶的发展，根系在未露出土表后已经长约 10 cm，在这一过程中植物根系抑制发展，但其发展具有一定的方向性。其生长方向近似于地心方向，但各个植物根系间相互交叉，穿越了三维网，在三维网内侧形成植物根系结节，认为已初步达到利用植物根系固土的目的。

2）生态修复坡体稳定性情况

改性糯米灰浆材料在失去部分水分后即发挥作用，但是也会在表面出现裂纹，并有可能影响使用效果。通过一定时间间隔下，按压植生层表面查看是否松动来确定坡体的稳定很重要。

7.4.2　诺日朗停车场拦石墙墙体生态美化示范

1．生态美化绿化方法

同扎如寺桩板拦石墙美化方案相同，诺日朗停车场桩板拦石墙脚部有良好的稳定性，上部同样使用改性糯米灰浆生态固化土进行堆坡，表层使用改性糯米灰浆生态固化材料植生层进行挡墙的绿化美化（图 7-73）。

图 7-73　诺日朗停车场崩塌桩板拦石墙外侧美化绿化施工

（1）墙前坡体堆积：桩板拦石墙墙前坡体堆积与扎如寺桩板拦石墙相似，底部采用石头垒砌，以上用改性糯米灰浆生态加固材料进行堆积，堆积体坡度近似为 85°。

（2）植生层铺设：2 m 以下植生层直接铺设于垒砌的岩石粗糙面之上，上层植生层下附一层三维网。

（3）植物种植与播种：需要种植的植物主要是藤蔓植物，藤蔓植物种植坑左右间距为 60 cm，上下间距为 90 cm，采用梅花布置。需要播种的植物主要是草本植物，主要种类为九寨沟当地原生植物，经过优选改良后的生长能力较强的禾本科植物，采用一年生与多年生植物混合播种的方式进行播种。

（4）后期养护：因播种后正直九寨沟景区降雨量较少的季节，在种子发芽之前进行适当的浇灌，以利于植物种子发芽。

2．效果评价

采用该手段生态美化绿化工程实施后见效快、效果较好，外形美观（图 7-74）。

图 7-74　诺日朗停车场崩塌桩板拦石墙外侧生态美化效果

7.4.3 荷叶寨埋植式生态美化绿化示范

1. 适用范围

一般适用于高度小于 5 m 的挡土墙、拦石墙、桩板墙等拦挡工程，且其外侧坡度较缓，存在堆放、回填填土的空间或条件。

2. 生态美化绿化方法

1）回填土石方

在拦挡工程外侧及两侧采用碎块石土进行夯实回填，回填边坡坡角按《建筑边坡工程技术规范》（GB50330—2013）坡率法取值。回填土层顶面与拦挡工程顶面一致，回填土层顶面宽一般 0.5~1.0 m。

2）坡面绿化

根据回填土质的性质及坡度，对回填边坡处于稳定状态的，直接进行坡面绿化，对稳定状态较差的边坡可先对回填边坡采用格构进行护坡，然后在进行坡面绿化。

坡面绿化采用植草、种植灌木、种植乔木等方法。草种、木种的选择根据当地林业部门的保护规定来确定选择。

3. 效果评价

埋植式生态美化绿化工程实施起来具有简便、工期短、费用低、见效快、后期维护方便的特点。绿化工程完毕后，效果好，人工痕迹不明显，易于与自然融为一体（图 7-75）。

图 7-75 荷叶寨下行 0.3 km 左边崩塌桩板拦石墙外侧土体回填美化绿化前后对比

4. 后期维护与管运

埋植式生态美化绿化工程后期服务主要包括浇灌、草皮及树木的补植，后期维护一般 3~5 年即可自然生长。

7.4.4 老虎海崩塌堆积体坡表景观生态修复示范

1. 生态美化绿化方法及步骤

采用泥砂和块石就地取材，形成统一的实验边框，在同一松散堆积物坡面上，从左到右依次排开，分别为糯米灰浆+双聚拌和坡面以及天然坡面铺设边框。"糯米灰浆+双聚"拌和区域边框内部长宽为 10 m×10 m，天然坡面对比区域长宽为 10 m×5 m。施工步骤如图 7-76 所示。

（1）防护栏搭建　　　（2）坡面整平　　　（3）边框砌筑
（4）浆液搅拌　　　（5）挂网筛土　　　（6）椰丝泡发
（7）加椰丝　　　（8）加浆液　　　（9）土浆拌和
（10）材料铺设　　　（11）点种盖膜　　　（12）脱膜自然养护

图 7-76　老虎海崩塌堆积体坡表景观生态修复施工步骤图解

（1）修整坡面：采用机械或人工清理坡面上的不稳定块石、杂物，对边坡表面的不平整区域或冲沟处进行填整修补；改造起伏面，使坡表面平直，增大加固层与原始层的接触面积；坡脚处设置排水渠道，使坡面径流由排水渠道排出。

（2）固化剂各组分配制：各组材料充分溶解均匀，各组分材料搅拌都需要边加边搅，即可配置好"糯米灰浆+双聚"溶液。

（3）纤维加筋土配制：将椰丝纤维进行简单梳理，切断至 5~10 cm，再将纤维浸泡在水中，待纤维吸水饱满（1 h）后，将纤维外的悬离水分进行脱水处理。然后按质量百分比 0.7%~1% 与边坡原地堆砌土壤（指边坡表层松散土或边坡坡脚处堆积的弃土）拌和。

（4）加固土配置：将步骤（3）得到的固化剂按质量比 1：3.8~1：5 与步骤（4）得到的纤维加筋土拌和形成固化泥浆。

（5）加固土平铺：在修整后的坡面上用自来水喷洒润湿，然后将步骤（5）配制的固化泥浆均匀平铺在坡面上，固化泥浆的摊铺厚度为 15~20 cm。然后按种植密度在固化层表面播撒草籽，播撒前草籽与干土按 1：10 混合均匀，形成最终的生态加固防护层。

（6）加固土养护：使用地膜（或无纺布）覆盖住步骤（6）中的加固层；直到草种发芽后揭掉地膜，得到养护成型的加固层。

2．应用效果

通过实际现场应用可知，"糯米灰浆+双聚+播种植物"的工程措施与生物措施相结合的方式，成功地实现了边坡加固与生态恢复的双重效果。实施效果如图 7-77、7-78 所示，可见随加固体被破坏，植物仍得到了繁衍和有效的生长。

图 7-77　崩塌堆积体"糯米灰浆+双聚+播种植物"生态化施工完成后整体结构图

图 7-78 采用"糯米灰浆+双聚+播种植物"老虎海崩塌堆积体边坡生态化处置

8 泥石流生态化防治技术与应用

8.1 泥石流生态化防治的原则与目的

8.1.1 泥石流生态化防治原则

（1）在保证安全的前提下，尽量使用生物治理措施（刘文耀等，1999）。

（2）生物治理措施应在已采取治理工程措施，或地质灾害体趋于稳定、基本稳定的前提下使用。对正在活动的崩塌和滑坡等，不宜单独或直接采用生物治理措施。

（3）生物治理措施设计中要充分考虑植物生长对地质灾害体、治理工程及周边环境的影响。生物治理措施应有益于地质灾害体的稳定，有利于地质灾害治理工程的安全。

（4）生物治理措施作为地质灾害治理工程的辅助，暂不作为防治工程稳定性定量计算的依据，不参与工程稳定性及安全计算，但可作为稳定性定性的因素在分析评价中加以考虑。

（5）生物治理措施应开展立地条件（地质、地貌、气象、水文、土壤、植被等）、社会经济、水土流失等生物治理工程相关的专项调查。

（6）生物治理措施应优先选取乡土物种。如选用外来物种，应对其对生物多样性及生态环境、生态安全的影响进行评价，经评价安全无害后方可使用。不得使用外来入侵物种。

（7）对于工程治理，应尽量选择对环境扰动小的治理措施。

（8）当沟谷中修建拦砂坝，在保证安全的前提下，尽量选择透过型拦砂坝，避免实体坝衍生的一些生态环境问题，比如阻断沟道上下游环境联系、泥石流沟流域生态失衡以及下游沟床掏蚀现象严重等。

（9）工程治理措施自身需要美化并和周边景观高度协调、融合。

8.1.2 泥石流生态化防治技术类型

1. 生物防治措施

1）生物护坡措施

对坡度适宜，有一定土层、立地条件较好的坡面，可采取造林护坡。在坡度、坡向和土质较复杂的区域，宜将造林护坡与种草护坡结合，实行乔、灌、草相结合或藤本植物护坡。

对坡比＜1∶1.5、土层较薄的沙质或土质坡面，可采取种草护坡。种草可采取单播，也可采取混播。混播宜采取禾本科牧草与豆科牧草混播，根茎型草类与疏丛型草类混播。根据坡面的坡度、完整程度和植被覆盖度，因地制宜选择种草方式。

对于泥石流形成区的山坡和自然、人工的填挖方边坡，可因地制宜采取坡面枝木捆、陡坡树枝挂网、坡面铺草挂网、草帘直铺、工程框格护坡绿化、生物网格工程和坡面压条等生物护坡措施进行治理。

对于人工填挖方边坡和采取防治工程的崩塌、滑坡边坡，可因地制宜采取铺草皮法、植生带（袋）法、三维植被网法、植物篱法、挖沟植草法、土工格室植草法、浆砌片石骨架植草法、藤蔓植物法、喷混植生法、客土喷播法、种子喷播法、栽植木本植物法、厚层基材法、蜂巢格室平铺植生法、蜂巢格室叠砌植生法、高分子团粒喷播法和类壤土基质喷播法等生物措施和方法进行治理。

2）生物排水措施

在拟实施生物治理工程和已采取防治工程的滑坡和崩塌边坡，可采取植物截、排水沟。植物截、排水沟可分为植生毯截、排水沟，草皮水道截、排水沟和土工布植物截、排水沟。

（1）植生毯截、排水沟：在已开挖形成的土质截、排水沟或自然形成的小冲沟内，可采用成品的植生毯铺设成植生毯截、排水沟。在铺设的植生毯上，分别在排水沟底部和侧壁按 20～30 cm 的间隔打入活的木丁或小木桩，固定植生毯并使之与沟床面充分贴附。

（2）草皮水道截、排水沟：在已开挖形成的土质截、排水沟或自然形成的小冲沟内，可选择适生的根茎型、匍匐型草种，采用种子直播或营养体移植（草皮移植）的方法，建植草皮水道截、排水沟。

（3）土工布植物截、排水沟：在已开挖形成的土质截、排水沟或自然形成的小冲沟内，先在沟底及侧壁铺设一层土工布，压实后，再在土工布上打孔播入适生草种或植入草本幼苗。

3）生物固床措施

在规模较小的泥石流沟及其支、毛沟和侵蚀强烈的边坡冲沟内，可采取生物固床工程措施，稳定沟床的松散堆积物，防止沟床下切和沟床物质流失。常见的生物工程固床措施有编柳土谷坊、插柳土谷坊、植生土袋谷坊、木谷坊、竹谷坊等生物谷坊（通过拦挡固体物质稳固沟床），以及栅状造林、片状造林和全面造林等造林措施（通过根系固土来稳固沟床）。

4）生物拦挡措施

在规模较小的泥石流沟及其支、毛沟和冲刷强烈的边坡冲沟内，可采取生物拦挡工程，通过拦挡松散固体物质，减少固体物质流失和下泄。常见的生物工程拦挡措施有生物谷坊、木栅栏和树枝围栏等。

5）生物护岸措施

对中小型规模的泥石流下游沟道、滩地岸坡及水库库岸坍塌，可采取生物护岸工程，稳定岸坡的坍塌体，防止岸坡失稳，减少固体物质流失。生物护岸工程一般布设在失稳沟道岸坡和塌岸的内侧，单侧或两侧布设，呈线状或带状。常见的护岸工程有活木桩、护岸林和木护岸。

2．工程防治措施

1）工程护坡措施

对于泥石流形成区的山坡和自然、人工的填挖方边坡，可通过采取相应的工程防治措施来稳固边坡，防治滑坡、崩塌的产生，从而削减泥石流物源。常见的工程措施有锚杆（索）护坡、锚杆（索）挡墙、岩石锚喷支护、重力式挡墙、悬臂式挡墙和扶壁式挡墙、桩板式挡墙、坡率法及砌体护坡等。

2）工程排水措施

水是泥石流得以形成的不可缺少的动力条件之一，排水工程旨在控制、削弱产生泥石流的水动力条件。排水工程多兴建于泥石流形成区的上方或侧方，常见的排水工程有截水沟、排水沟、急流槽、泄水隧洞等形式。

排水设施设置的位置、数量和断面尺寸应根据地形条件、降雨强度、历时、分区汇水面积、坡面径流量和坡体内渗出的水量等因素计算分析确定。

3）工程拦挡措施

拦挡措施的作用是拦蓄泥石流固体物质，稳定沟岸崩塌及滑坡，减小泥石流冲刷和冲击力，抑制泥石流发育和暴发规模。拦挡工程通常建于泥石流形成区或形成—流通区沟谷内，其主要类型为拦砂坝、停淤挡墙等。按照透水性能可将拦砂坝分为"透过性拦砂坝"和"非透过性拦砂坝"。

4）工程停淤措施

停淤工程是根据泥石流的运动和堆积机理，采取一些简易的工程措施，如导流堤、引流槽等，将运动着的泥石流引入预定地段，令其自然减速，停淤或修建拦蓄工程迫使其停淤。停淤工程主要有沟道停淤场、堆积扇停淤场和跨流域停淤场。

8.2 泥石流防治工程关键参数确定方法

透过型拦砂坝体因其结构简单、环境扰动小、机动性强、轻型化易组装、稳定性较高等优点，在风景区泥石流的治理中也得到了应用，可有效地控制降低对生态环境与景观资源的破坏与改造。本研究以格子坝、窗口坝和梁式坝等三种典型的透过型拦砂坝结构形式,选取泥石流性质、沟道条件、坝体开口尺寸等工程设计中需考虑的主要参数为影响因素,开展了不同组合工况下的系列物理模型试验 100 余组次,探究不同透过型拦砂坝对泥石流的调控性能,以确定防治工程关键参数。

8.2.1 格子坝调控泥石流性能关键参数

1. 闭塞表现分析与临界综合判据

通过水槽试验,结果表明:当格子坝拦挡容重 18~22 kN/m³ 的黏性泥石流时,格子坝均可表现为全闭塞、半闭塞、未闭塞三种类型。结合试验数据与试验现象,容重越大,黏性泥石流整体性较强,大颗粒与浆体相互咬合越紧密(即浆体包裹着粗颗粒),格子坝越容易被闭塞;格子坝相对开度越小,格子坝也越容易闭塞。具体情况如下:

格子坝拦挡容重为 18 kN/m³、19 kN/m³、20 kN/m³ 的黏性泥石流时,当 $b/d_{95} \leq 1.51$ 时,格子坝表现为全闭塞类型;当 $1.51 < b/d_{95} < 3.36$ 时,格子坝表现为半闭塞类型;当 $b/d_{95} \geq 3.36$ 时,格子坝表现为未闭塞类型。

格子坝拦挡容重为 21 kN/m³ 的黏性泥石流时,当 $b/d_{95} \leq 1.90$ 时,格子坝表现为全闭塞类型;当 $1.90 < b/d_{95} < 3.36$ 时,格子坝表现为半闭塞类型;当 $b/d_{95} \geq 3.36$ 时,格子坝表现为未闭塞类型。

格子坝拦挡容重为 22 kN/m³ 的黏性泥石流时,当 $b/d_{95} \leq 2.46$ 时,格子坝表现为全闭塞类型;当 $2.46 < b/d_{95} < 3.36$ 时,格子坝表现为半闭塞类型;当 $b/d_{95} \geq 3.36$ 时,格子坝表现为未闭塞类型。

此外,试验还研究了水槽坡度对格子坝闭塞情况的影响(图 8-1),坡度的影响比较复杂,闭塞度并非单调增减关系。结合试验结果,水槽坡度直接影响到泥石流的运动速度,水槽坡度越大,泥石流的运动速度也越大,其冲刷作用也越强烈;但同时泥石流运动速度越快,格子坝也越容易发生堵塞;故其闭塞情况受泥石流相对冲刷与堵塞两者综合影响。从结果来看,当水槽坡度为 10° 时,格子坝拦挡黏性泥石流的闭塞度最高。

国内外学者主要以 b/d_{95} 为参数指标,研究透过型拦砂坝的闭塞临界条件。本研究结合格子坝拦挡黏性泥石流的试验结果(图 8-2),提出一种考虑泥石流体积浓度 C_v、颗粒特征粒径 d_{95}、格子坝开口间距 b、沟道纵坡等因素的格子坝闭塞临界综合判据,该综合判据可表示为:

$$F = f(\gamma_c, b, d_{95}, \theta) = f\left(C_v, \frac{b}{d_{95}}, \tan\theta\right) = \frac{(b/d_{95})^2 \tan\theta}{C_v}$$

试验结果表明:当 $F \leq 0.99$ 时,格子坝表现为全闭塞类型;当 $0.99 < F < 2.92$ 时,格子坝表现为半闭塞类型;当 $F \geq 2.92$,格子坝表现为未闭塞类型。

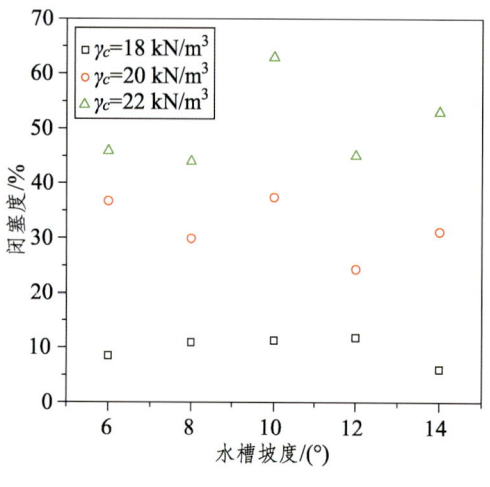
图 8-1　水槽坡度与闭塞度的关系

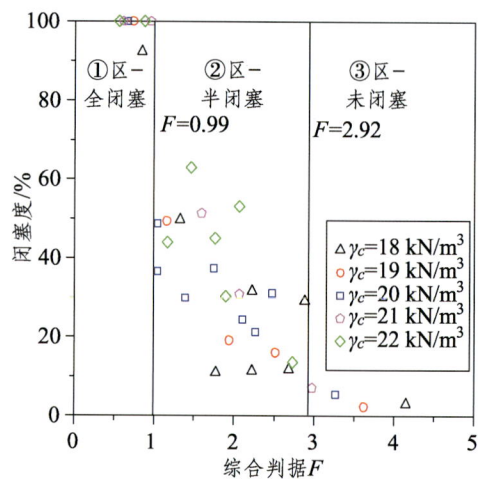
图 8-2　闭塞临界条件综合判据

2．调控性能分析

1）颗粒粒径调控

格子坝主要的性能就是拦挡泥石流中的粗颗粒，排放细颗粒和浆体。结合前人研究成果，选取 d_{50} 来评价泥石流颗粒粒径变化情况，通过与原物料级配进行对比，以泥石流容重为 20 kN/m³，格子坝开口间距为 44 mm 为例。图 8-3 表示不同坡度下的坝下游泥石流的级配情况。随着水槽坡度的增加，坝下游泥石流颗粒（d_{50}）值呈现先增大后减小趋势，水槽坡度大小直接影响泥石流的运动速度，到达坝体的速度决定着泥石流的闭塞情况与冲刷作用。受两者综合影响，泥石流运动速度越大，格子坝越容易闭塞，而后续流冲刷作用也越强烈；但不同坡度下坝下游泥石流颗粒（d_{50}）值均小于原物料颗粒（d_{50}）值，说明格子坝对黏性泥石流具有一定的"拦粗排细"效果；结合试验结果，大角度（14°）与小角度（6°）的沟道坡度下，格子坝的拦挡效果最显著，即颗粒（d_{50}）值变化最大。

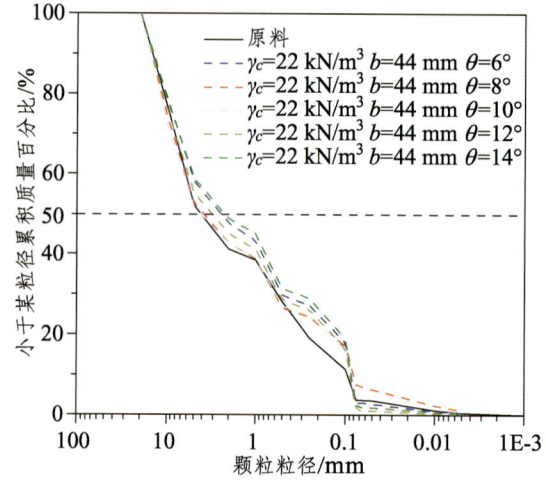
图 8-3　不同坡度下的坝下游泥石流级配曲线图

2）容重调控

对黏性泥石流过坝后的容重值进行多次取样测量，取其平均值。试验结果表明，过坝后泥石流容重均呈减小趋势：如图 8-4 表示容重降低率与泥石流容重的关系图，随着泥石流容重的增加，泥石流容重的降低率呈减小趋势，即泥石流容重越大，泥石流整体性越强，到达格子坝后泥石流水石分离现象越不明显，故泥石流容重的降低率随容重增加呈减小趋势；如图 8-5 表示容重降低率与格子坝开口间距的关系图，随着格子坝开口间距的增大，泥石流容重的降低率也呈减小趋势，即格子坝开口间距越大，格子坝对泥石流的拦粗排细效果越不显著，故泥石流容重的降低率随格子坝开口间距的增大呈减小的趋势。结合试验数据，格子坝对黏性泥石流容重具有一定的降低效果，其中泥石流容重最大降低率为 11.58%，容重最小降低率为 3.0%。

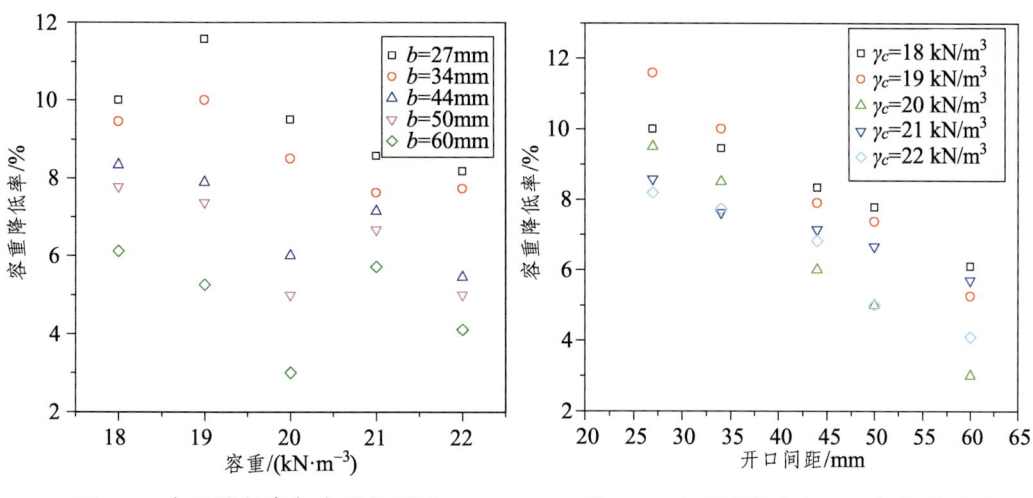

图 8-4　容重降低率与容重关系图　　　　图 8-5　容重降低率与开口间距关系图

3）流量调控

图 8-6 表示峰值流量消减率与泥石流容重之间的关系，随着泥石流容重的增大，峰值流量消减率呈现先减小后增大的趋势；图 8-7 表示峰值流量消减率与格子坝开口间距之间的关系，随着格子坝开口间距的增大，峰值流量消减率呈现减小的趋势；此外，低黏性泥石流峰值流量消减率受水槽坡度影响变化不大，高黏性泥石流随水槽坡度增加，峰值流量消减率呈减小趋势。

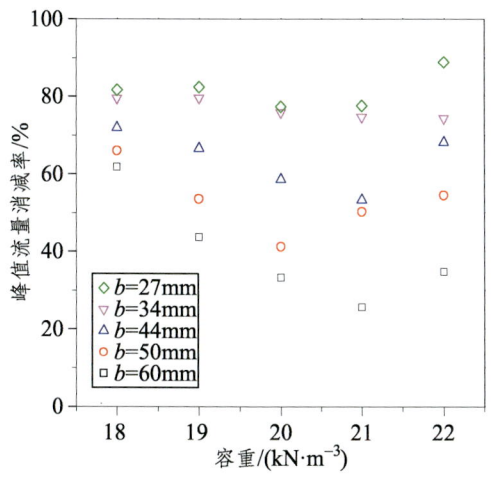 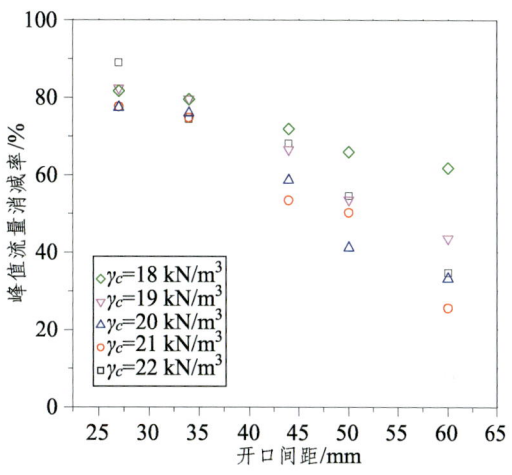

图 8-6　峰值流量消减率与容重关系图　　　　图 8-7　峰值流量消减率与开口间距关系图

8.2.2 窗口坝调控泥石流性能关键参数

1. 闭塞表现分析与临界闭塞判据

试验结果表明，窗口坝开口闭塞情况受窗口坝开口宽度影响很大（图 8-8）。在进行泥石流容重为 18.0 kN/m³ 的水槽试验时，窗口坝主要表现为部分闭塞和不闭塞类型：当窗口坝相对开口宽度 $\frac{b}{d_{max}}<1.5$ 时，窗口坝主要表现为部分闭塞；当窗口坝相对开口宽度 $\frac{b}{d_{max}} \geqslant 1.5$ 时，窗口坝主要表现为不闭塞。在进行泥石流容重为 19.6 kN/m³ 的水槽试验时，窗口坝可表现为全闭塞、部分闭塞和不闭塞三种类型：当窗口坝相对开口宽度 $\frac{b}{d_{max}}<1.25$ 时，窗口坝表现为全闭塞；当窗口坝相对开口宽度 $\frac{b}{d_{max}}>1.75$ 时，窗口坝表现为不闭塞；而当窗口坝相对开度介于 1.25~1.75 时，窗口坝表现为部分闭塞。在进行泥石流容重为 21.2 kN/m³ 的水槽试验时，窗口坝则主要表现为部分闭塞和不闭塞两种类型：当窗口坝相对开口宽度 $\frac{b}{d_{max}} \leqslant 1.25$ 时，窗口坝表现为全闭塞；当窗口坝相对开口宽度 $\frac{b}{d_{max}}>1.25$ 时，窗口坝表现为部分闭塞。

图 8-9 给出的是不同开口率条件下窗口坝拦挡黏性泥石流的闭塞表现。窗口坝开口闭塞度与窗口坝开口率主要呈负相关，即整体表现为窗口坝开口闭塞度随开口率的增加呈减小趋势，但在不同容重条件下，窗口坝开口率对窗口坝开口闭塞程度影响情况略有不同。如在较低容重时，当泥石流容重为 18.0 kN/m³ 时，除当开口率为 10% 时，其开口闭塞度达到 26.17% 外，其他开口率条件下窗口坝开口闭塞度均在 10% 以下，即表现为不闭塞，说明在该种开口宽度、开口高宽比时，容重为 18.0 kN/m³ 的泥石流对窗口坝基本不起闭塞效果。而在较高容重时，容重为 21.2 kN/m³，则具有较为显著的闭塞情况，其闭塞度均在 50% 以上。

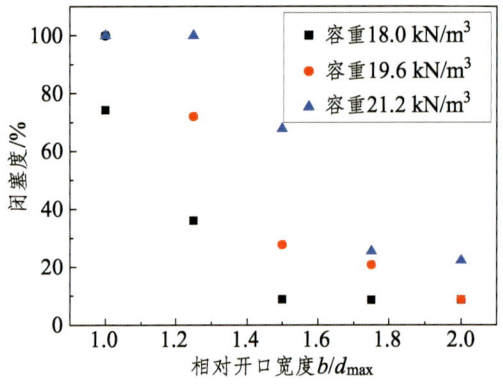

图 8-8　不同相对开口宽度条件下，窗口坝拦挡黏性泥石流的闭塞表现

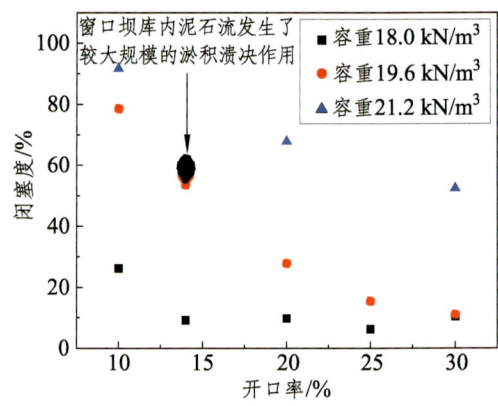

图 8-9　不同开口率下，窗口坝拦挡黏性泥石流的闭塞情况

通过上述分析，窗口坝开口的闭塞表现是一个受多因素互相影响的复杂过程，其窗口坝开口的闭塞程度不仅与窗口坝的相对开口宽度、开口高宽比、开口率等参数有关，泥石流容重对窗口坝开口闭塞情况的影响作用也较为显著，而水槽坡度对其影响不大。为此，基于上述分析，本研究尝试建立窗口坝开口闭塞度与窗口坝相对开口宽度、开口高宽比、开口率以及泥石流容重之间的关系，即：

$$B = f(\gamma_c, b, d_{max}, h, \lambda) = f(b/d_{max}, h/b, \lambda, C_v)$$

式中：γ_c 为泥石流容重，单位 kN/m³，可通过泥石流体积浓度 C_v 进行换算；γ_w 为泥石流中水的重度；γ_s 为泥石流中土体的实体重度，考虑本试验物料中细颗粒含量较多，本研究中 γ_s 取值为 26.0 kN/m³；b 为窗口坝开口宽度，单位 m；d_{max} 为物料中最大粒径，单位 m；h 为开口高度；λ 为开口率。

结合现有的试验数据，本研究提出一种综合考虑泥石流容重、窗口坝开口宽度、开口高宽比、开口率等多因素组合的窗口坝开口闭塞临界条件综合判据：

$$F = f(\gamma_c, b, d_{max}, h, \lambda) = f\left(C_v, \frac{b}{d_{max}}, \frac{h}{b}, \lambda\right) = \frac{(b/d_{max})^2 (h/b)^{1/2} \lambda^{1/4}}{C_v^2}$$

根据判据结果可知（图 8-10）：当 $F < 3.7$ 时，窗口坝表现为全闭塞类型；当 $F \geq 8.3$ 时，窗口坝表现为不闭塞类型；当 $3.7 \leq F < 8.3$ 时，窗口坝表现为部分闭塞类型。

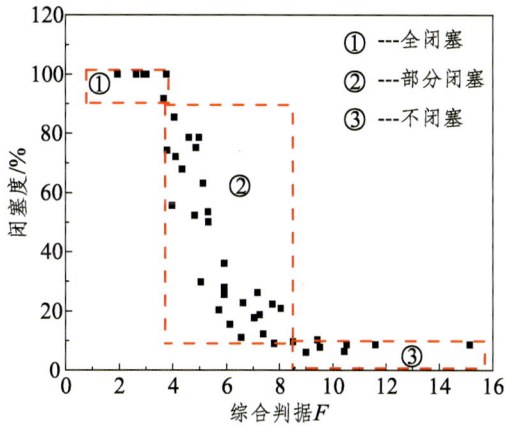

图 8-10 窗口坝拦挡黏性泥石流的闭塞临界综合判据

2．调控性能分析

1）颗粒粒径调控

图 8-11 给出的是不同开口宽度条件下，窗口坝上下游泥石流堆积物的颗粒级配曲线。从曲线整体分布形式上来看，以原始物料颗粒级配曲线为界，窗口坝上下游泥石流堆积物的级配曲线基本分别位于原始物料级配曲线的上下两侧，且开口宽度不同，其级配曲线变化情况略有差异。当窗口坝开口宽度较大或者较小时，如当窗口坝开口

宽度为 80 mm 及 40 mm 时，其级配曲线则更为"逼近"原样曲线；而当窗口坝开口宽度为 50 mm 及 60 mm 时，其级配曲线与原样曲线则较为"疏远"，且其"逼近"效果随着窗口坝开口宽度呈现先增加后减小的趋势。这说明不同宽度的窗口坝对黏性泥石流颗粒粒径均有一定的调节效果，且其调节效果与窗口坝的开口宽度有关：当窗口坝开口宽度过大或者过小时，窗口坝对黏性泥石流颗粒粒径调节效果不明显；而当开口宽度位于中间的某一宽度时，窗口坝则能较好发挥对泥石流颗粒粒径的调节作用。分析认为：当窗口坝开口宽度较小时，泥石流易将窗口坝开口堵塞，此时，泥石流过流主要以越坝过流为主，故受窗口坝开口的调控作用较小；而当窗口坝宽度过大时，泥石流又易从窗口坝开口全部出流，其固体颗粒粒径受开口限制作用也较小，故也难以起到较好的颗粒粒径调节效果。

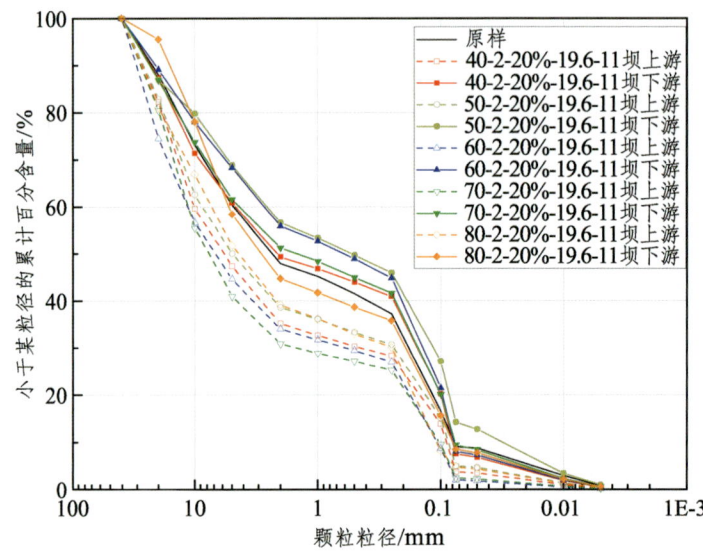

图 8-11 不同开口宽度条件下泥石流颗粒级配曲线图

考虑到泥石流容重、水槽坡度对泥石流颗粒粒径作用的影响，本研究还分析了泥石流容重、不同水槽坡度对泥石流颗粒的影响规律。如图 8-12 所示，以原始颗粒级配曲线为界，不同容重情况下，窗口坝上下游泥石流堆积物的级配曲线也分别位于原始级配曲线的上下两侧，说明窗口坝对不同容重的泥石流都能起到粒径调节效果，但受泥石流性质不同，其调节程度不同。随着泥石流容重的增加，其堆积物的曲线呈由两侧向中间原始级配曲线靠拢的趋势，且容重越大，其与原始级配的曲线越为紧密。这也说明，随着泥石流容重的增加，窗口坝对颗粒粒径的调节作用也越弱。而随着水槽坡度的增加，颗粒粒径级配曲线也基本在较窄范围内，说明水槽坡度对泥石流颗粒粒径的调节作用有限。

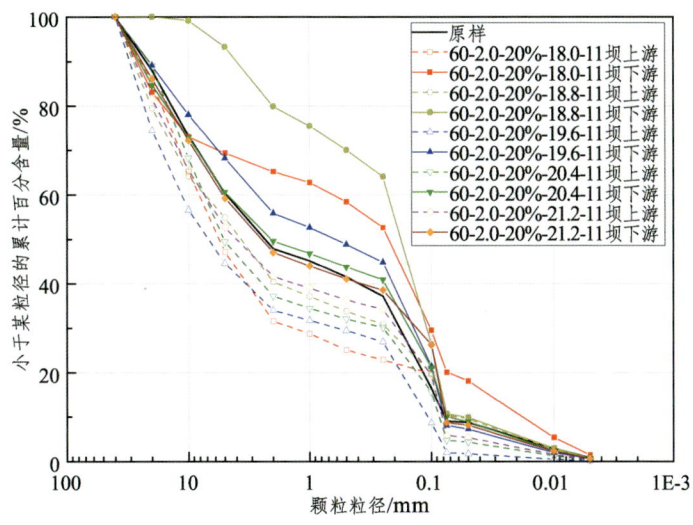

图 8-12 不同容重条件下泥石流的颗粒级配曲线图

2）容重调控

图 8-13 表示的是泥石流容重降低率与窗口坝相对开口宽度之间的关系。随着窗口坝相对开口宽度的增大，泥石流容重降低率呈现先增加后减小的趋势，且泥石流容重降低率的峰值最优宽度（泥石流容重降低率最大时所对应的窗口坝开口宽度）有随着泥石流容重的增加而增加的趋势。分析认为，泥石流容重降低率不仅受窗口坝开口的限制过流所影响，还受窗口坝开口的闭塞程度所控制。窗口坝开口宽度很小时，其开口易被泥石流所闭塞，此时窗口坝开口不再发挥泥石流的拦排功能，泥石流越坝溢流明显，故其容重降低情况不显著，而随着窗口坝开口宽度的增加，开口筛选粒径的作用开始显现，粗颗粒被拦挡，泥石流性质发生改变，进而容重得到改变；但当开口很大时，由于此时开口对泥石流已逐渐不起拦挡作用，泥石流可直接从开口过流，故此时窗口坝对泥石流颗粒粒径的筛选作用也较小。此外，随着窗口坝开口高宽比的增大（图 8-14），泥石流容重降低率主要呈现逐渐减小的趋势，且当开口高宽比大于 2 时，其容重降低效果不明显。随着泥石流容重的增大，泥石流容重降低率呈现先增加后减小的趋势，皆表现为当泥石流容重为 19.6 kN/m³ 时表现出较高的容重降低率。

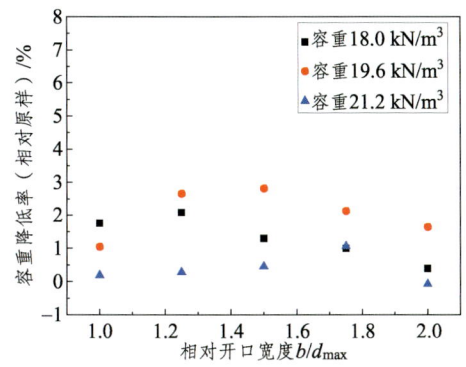 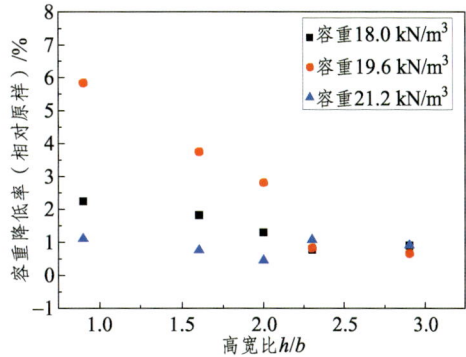

图 8-13 泥石流容重降低率与相对开口宽度关系　　图 8-14 泥石流容重降低率与高宽比关系

3）流量调控

图 8-15 给出的是不同相对开口宽度条件下泥石流峰值流量削减率的变化情况。由图可知，泥石流峰值流量削减率与窗口坝相对开口宽度主要呈负相关关系，且当相对开口宽度大于 1.5 时，窗口坝的相对开口宽度对泥石流的峰值流量削减率的影响减小。初步分析认为，窗口坝的相对开口宽度主要限制泥石流中粗颗粒的过流：当相对开口宽度小于等于 1.5 时，由于窗口坝开口宽度较小，泥石流中部分粗颗粒易因相互胶结而堵塞窗口坝开口，从而导致泥石流通过窗口坝开口排出的泥石流体积有限，而随着窗口坝开口宽度的增加，窗口坝闭塞程度减小，因而过流流量增大；但当窗口坝相对开口宽度大于 1.5 时，由于此时窗口坝开口宽度足够大，窗口坝开口对泥石流粗颗粒限制作用小，泥石流对窗口坝开口也基本不起瞬时闭塞作用，导致泥石流能迅速地从窗口坝开口排出，从而降低其流量调控效果。

图 8-16 给出的是不同容重条件下泥石流峰值流量的削减情况。可以看出，泥石流峰值流量降低率与泥石流容重呈现明显的正相关关系。分析认为，这主要是因为泥石流容重决定了泥石流泥沙的体积浓度与泥石流运动活性情况。泥石流容重越高，其体积浓度越大，黏粒对泥沙块石的胶结程度也越强，从而增大泥石流中固体颗粒的表观尺寸，进而导致开口更易堵塞。

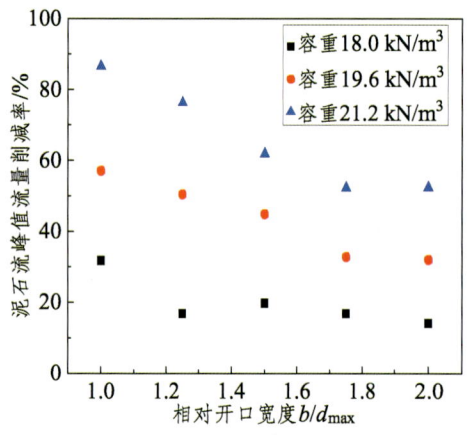

图 8-15 峰值流量削减率与相对开口宽度关系　　图 8-16 峰值流量削减率与泥石流体积浓度关系

8.2.3 梁式坝调控泥石流性能关键参数

1．闭塞表现分析与临界闭塞综合判据

试验结果表明（图 8-17），梁式格栅坝在拦截容重 13 kN/m³ 和 15 kN/m³ 的稀性泥石流时，格栅坝也表现为全闭塞、部分闭塞和未闭塞三种类型。当 $\frac{b}{d_{90}} \leqslant 0.7$ 时，格栅坝表现为全闭塞；当 $0.7 < \frac{b}{d_{90}} < 1.5$ 时，格栅坝表现为部分闭塞；当 $\frac{b}{d_{90}} \geqslant 1.5$ 时，格栅坝表现为未闭塞。

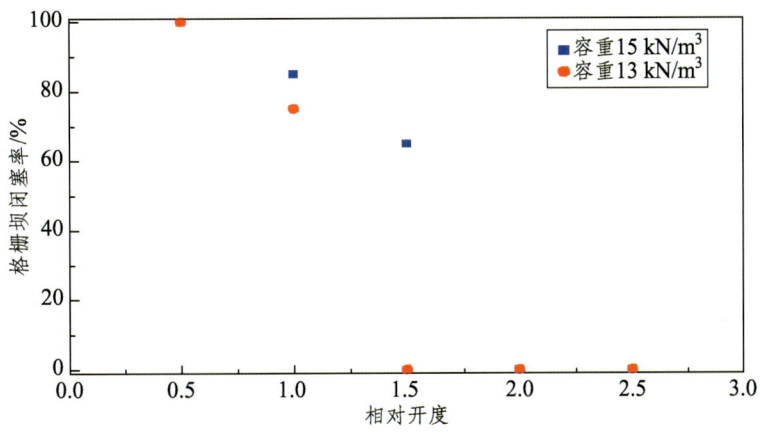

图 8-17 梁式格栅坝拦截稀性泥石流时闭塞表现

此外，试验还发现，沟道纵坡对梁式格栅坝的临界闭塞表现有一定影响，但影响有限。与泥石流容重和格栅间距比，沟道纵坡的影响相对较小。如相对开度 0.5 和 1.0 的梁式格栅坝拦截容重 21 kN/m³ 的泥石流时，在沟道纵坡为 10.5%、15.8% 和 21.2% 时均表现为全闭塞；而在其他部分条件下，虽梁式格栅坝闭塞率有一定差异，但闭塞表现差别不大，如相对开度 1.5 的梁式格栅坝在拦截容重 17 kN/m³ 的泥石流时，在沟道纵坡为 10.5% 时闭塞率为 60%，而在沟道纵坡为 15.8% 时闭塞率为 80%，但其均表现为部分闭塞的情况。

通过对试验结果的综合分析，本研究提出一种考虑泥石流容重、格栅间距、固体颗粒级配组成等因素综合影响的闭塞临界条件判据，表示如下：

$$F = f(\gamma_c, b, d_r) = f\left(C_v, \frac{b}{d_r}\right) = \frac{(b/d_{90})^2}{C_v}$$

式中：γ_c 为泥石流容重；b 为横梁间距；d_r 为表征粒径，本研究采用 d_{90} 作为表征粒径；C_v 为泥石流泥砂体积浓度，由式 $C_v = \frac{\gamma_c - \gamma_w}{\gamma_s - \gamma_w}$ 计算，γ_w 为泥石流中水的容重，γ_s 为泥石流中土体的实体容重，一般为 26～28 kN/m³，本研究取值为 26.5 kN/m³。

试验结果表明（图 8-18）：当 $F \leqslant 3.3$ 时，梁式格栅坝表现为全闭塞；当 $3.3 < F < 11$ 时，梁式格栅坝表现为部分闭塞；当 $F \geqslant 11$ 时，梁式格栅坝表现为未闭塞。此外，临时闭塞现象时的 F 值一般大于 6.0。

2．调控性能分析

1）颗粒粒径调控

为探究梁式坝对泥石流固体颗粒粒径的调节规律，本研究提出一种新的量化评价指标参数：

$$\omega_p = \frac{D_{84p}/D_{84o}}{D_{16p}/D_{16o}} = \frac{D_{84p} \cdot D_{16o}}{D_{84o} \cdot D_{16p}}$$

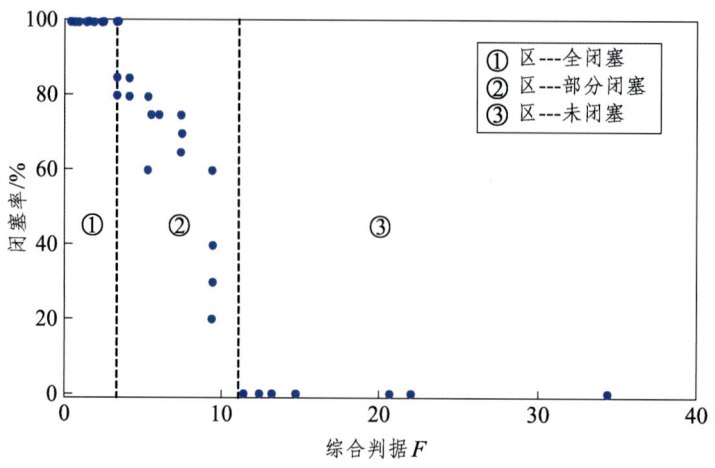

图 8-18 梁式格栅坝拦截泥石流闭塞临界条件综合判据

式中：ω_p 为颗粒分选效率，表征梁式坝拦粗排细效果的指标参数；D_{84p} 和 D_{16p} 表示泥石流原始物料土体颗粒累计百分含量小于 84% 和 16% 的对应粒径值；D_{84o} 和 D_{16o} 表示过坝后泥石流土体颗粒累计百分含量小于 84% 和 16% 的对应粒径值。

由图 8-19 可知：梁式坝在拦截高容重（21 kN/m³ 和 19 kN/m³）的泥石流时，颗粒分选效率随相对开度的增大而增大，分析其主要原因是，高容重泥石流整体性较好，流动状态基本呈现为层流，相同间距的格栅坝在拦截高容重泥石流时表现为高闭塞率和无选择性拦排，即对水石难分的高容重泥石流难以达到拦粗排细的效果；梁式格栅坝在拦截低容重（15 kN/m³ 和 13 kN/m³）的泥石流时，颗粒分选效率随相对开度的增大呈先减小后增大的趋势，在相对开度为 15 kN/m³ 左右达最小值，即此时梁式格栅坝的拦粗排细效果最佳；而梁式格栅坝在拦截容重 17 kN/m³ 的泥石流时，颗粒分选效率值为 6~8，即此时格栅坝的拦粗排细效果一般。

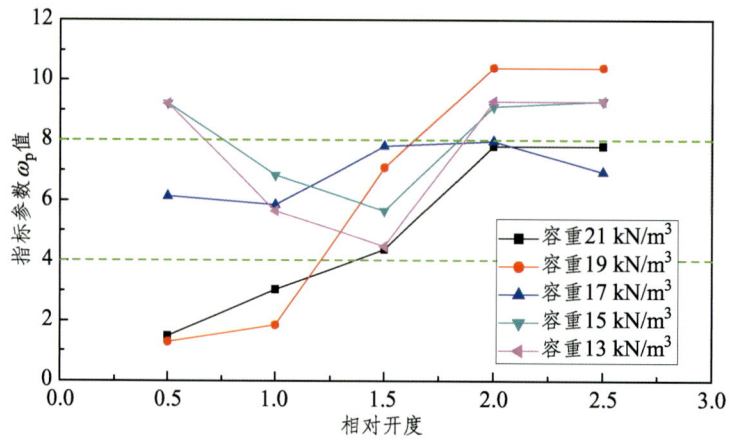

图 8-19 指标参数 ω_p 值与相对开度关系对比图

综合以上试验数据，通过最小二乘法确定可得颗粒分选效率下的参数 α_0、α_1、α_2、α_3 分别为 3.910 2、0.387 2、−0.387 4、−0.267 0，即：

$$\omega_p = 3.910\ 2(b/d_{90})^{0.387\ 2} C_v^{-0.387\ 4} F_r^{-0.267\ 0}$$

通过上式得到 ω_p 计算值，并与试验值进行比较，二者吻合度较高。且当分离效率值 ω_p 小于 6 时，计算值要略高于试验值，而大于 6 时试验值要略高于计算值。

2）容重调控

试验结果表明（图 8-20），格栅坝对过坝泥石流容重的衰减整体呈负线性相关，即相对开度越大，容重削减率越小，且容重削减率均低于 35%；而相对开度一定时，容重衰减率基本上随着容重的增大而增大，且呈增大的趋势逐渐减缓；但随着相对开度的增大，这种相对关系逐渐减弱。

综合以上试验数据及上述分析结果，根据确定的无量纲自变量 b/d_{90} 与无量纲因变量（容重衰减率）之间呈递减映射关系，而与体积浓度呈非线性递增关系，因此可写成如下形式：

$$\omega_\gamma = \alpha_0 (b/d_{90})^{\alpha_1} C_v^{\alpha_2} F_r^{\alpha_3}$$

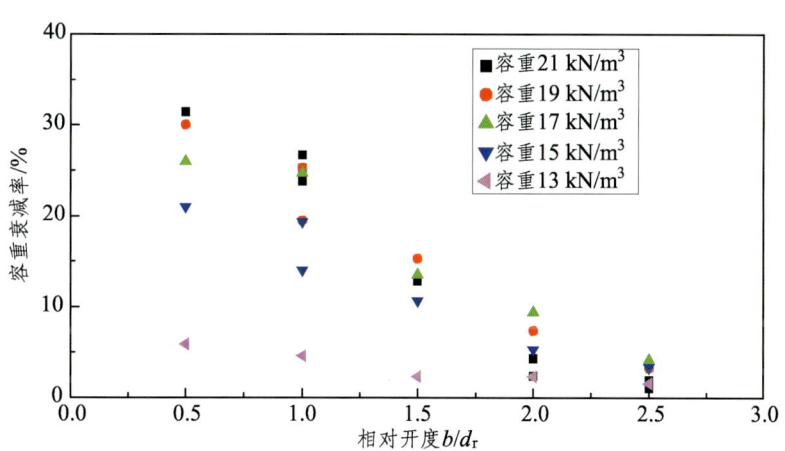

图 8-20　容重衰减率与相对开度的关系对比图

通过最小二乘法，可求得容重衰减率下的参数 α_0、α_1、α_2、α_3 分别为 0.281 5、−1.313 6、1.308 6、0.875 1，即：

$$\omega_\gamma = 0.281\ 5(b/d_{90})^{-1.313\ 6} C_v^{1.308\ 6} F_r^{0.875\ 1}$$

通过上式得到计算值，并与试验值进行比较，二者存在较好的吻合度，集中差异相对较大的点多出现在小间距格栅坝拦截低容重泥石流和大间距格栅坝拦截高容重泥石流的情况。

3）流量调控

如图 8-21 所示，试验结果表明，梁式格栅坝拦截泥石流时，峰值流量削减率随相对开度的增大，呈现先增大后减小的趋势。在拦截容重 19 kN/m³ 和 21 kN/m³ 的泥石流时，削峰率可达 70% 以上，其主要原因是高容重泥石流在运动过程表现为层流，整体性较好，格栅坝在拦截过程中基本不产生飞溅现象，且表现为高闭塞率。而在相对开度小于 2.0 时，削峰率基本在 50% 以上。此外，相同容重条件下，相对开度一般为 1.0～1.5 时削减率达到最大值（顶点）。试验结果还表明，相对开度一定的情况下，峰值流量削减率随泥石流容重的增大而增大。

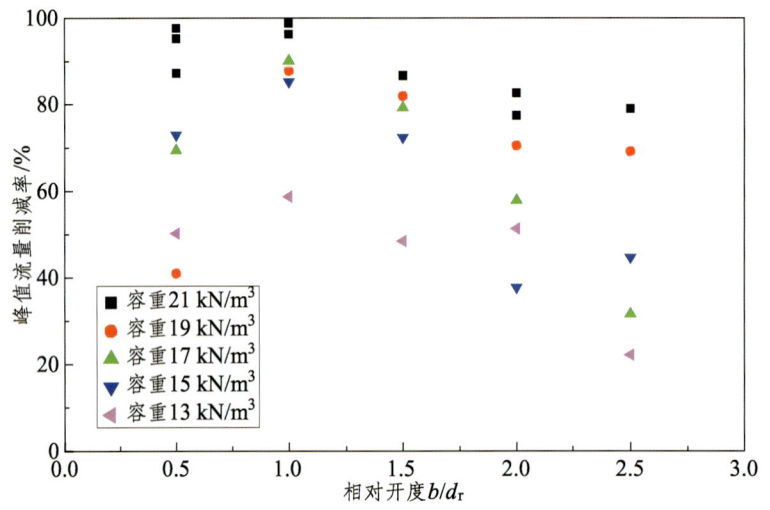

图 8-21　峰值流量削减率与相对开度的关系对比图

综合以上试验数据及上述分析可知，根据确定的无量纲自变量 b/d_{90} 与无量纲因变量（容重衰减率）之间呈非线性递减映射关系，而与体积浓度呈非线性递增关系，因此可写成下式的形式，并根据实验数据通过最小二乘法确定式中参数 α_0、α_1、α_2、α_3 分别为 1.053 5、−0.166 6、0.463 4、−0.044 8，即：

$$\omega_q = 1.053\,5(b/d_{90})^{-0.166\,6} C_v^{0.463\,4} F_r^{-0.044\,8}$$

通过上式得到 ω_q 计算值，并与试验值进行比较，二者吻合度较高。此外，研究发现，梁式格栅坝的调峰作用不仅体现在对峰值流量的削减上，而是一定程度上实现了以库容空间换时间的目的，达到了调峰的效果。

8.3　泥石流生态化防治工程技术方法

8.3.1　泥石流停淤场平面布局规划设计方法

针对目前修建停淤场缺乏合理规划设计的情况，提供一种泥石流停淤场的平面布局规划设计方法，以泥石流均衡停淤为主要目的，科学规划泥石流停淤场的平面布局，利用停淤场将泥石流停淤在指定地点，可解决停淤场与土地之间的矛盾，最大限度地优化资源配置和保护景区内的景观生态。

为实现上述目的，技术方案是：提出的一种泥石流停淤场的平面布局规划设计方法,所述泥石流停淤场由引流坝、停淤挡墙和停淤场内为均衡停淤而设置的导流、分流结构组成(图 8-22)。所述停淤场平面布局规划设计方法步骤如下:

(1)根据沿程物质能量分配的原则,确定停淤场的设计停淤总量,通过一次泥石流固体物质冲出总量 V_{Total}、主沟拦砂坝拦蓄库容总量 V_{Block} 和主沟拦砂坝稳固方量 V_{Stable} 等参数,确定停淤场的设计停淤总量 $V_{Deposit}$(单位为 m³/s),其计算表达式为 $V_{Deposit} = V_{Total} - V_{Block} - V_{Stable}$。

(2)根据泥石流堆积扇的地形地貌条件规划停淤场的平面布置形式,在大比例尺地形图上圈定停淤场的平面范围,初步确定停淤面积 $A_{Deposit}$,单位为 m²。

(3)根据步骤(1)、(2)中确定的设计停淤总量 $Q_{Deposit}$ 和停淤面积 $A_{Deposit}$,确定停淤挡墙的有效高度 h_d,单位为 m;一般情况下,采用较为简便的计算,即 $h_d = Q_{Deposit}/A_{Deposit}$,也可通过试算法确定。先假定停淤挡墙高度 h_d,然后在停淤场范围内取 n 个断面($n>1$),获取各断面的面积 A_1, A_2, A_3, $\cdots$, A_n,计算每两个断面之间的体积 V_1, V_2, V_3, $\cdots$, V_n,最后累加计算 $V_d = V_1 + V_2 + \cdots + V_n$,若 V 未接近 $V_{Deposit}$,继续试算至 V_d 接近 $V_{Deposit}$;若计算 V_d 至 $V_{Deposit}$,即可确定停淤挡墙高度 h_d。

(4)根据泥石流堆积扇上保护对象的分布情况和工程投资规模,优选停淤挡墙的结构形式。所述停淤挡墙的结构形式为重力式或仰斜式或扶壁式或土堤。其中:重力式停淤挡墙是最常用的挡墙结构,但占地面积大,所需的建筑材料多,投资成本高;仰斜式和扶壁式结构轻便,可利用结构的受力特点,占地面积小,且所需的建筑材料少,可以节省投资成本;土堤主要是利用堆积扇上的泥石流堆积体,可以就地利用。

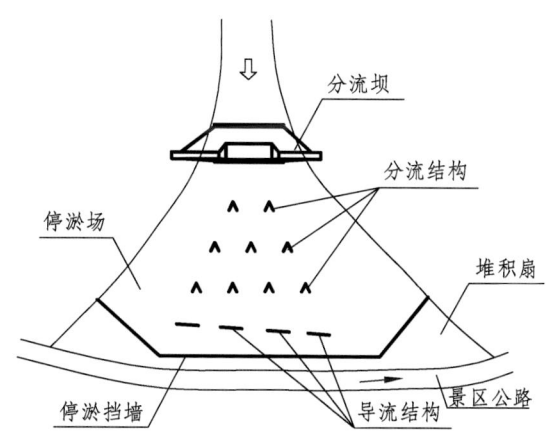

图 8-22 泥石流停淤场分流、导流结构示意图

(5)根据泥石流停淤场内的地形条件,确定停淤场内的分流、导流结构的位置、结构形式及停淤场内泥石流流动的合理纵坡。停淤场内的分流、导流结构是停淤场设计的关键构件,其目的是通过对泥石流进行调控和疏导,快速实现水土分离、减速耗能及均衡停淤,来达到合理、有效地利用停淤场停淤空间。

根据步骤(5)中所述分流、导流结构的结构形式为尖三角形,或圆角三角形,或梯形,或"一"字形,或尖三角形、圆角三角形、梯形、"一"字形配合使用。尖三角形结构是由三角形的两边组成的尖角形状,两侧墙呈一定的倾斜角度;圆角三角形结构是由顶端为圆角和三角形的两边组成的形状;梯形结构是由梯形的三边、一端开口组成的梯形形状;"一"字形是由多个"一"字形的结构组成的间断结构。其中,尖三角形、圆角三角形和梯形结构为分流结构,"一"字形是导流结构。尖三角形、圆角三角形和梯形结构呈片状设置于停淤场靠近沟口的部位或零星状设置于停淤场内;"一"字形呈一定倾斜度的线状设置于靠近停淤挡墙的部位,并且尖三角形、圆角三角形、梯形、"一"字形结构的分流、导流结构可配合使用。所述分流结构的位置设置于靠近引流坝处 2/3 范围内;所述导流结构的位置设置于靠近停淤挡墙 1/3 范围内。

所述分流、导流结构的材料为钢筋混凝土结构,或钢筋铅丝石笼结构,或利用停淤场内的泥石流堆积体。通常情况下可使用钢筋混凝土结构,为了施工快速、方便,可使用钢筋铅丝石笼组装结构,也可利用停淤场内的泥石流堆积体堆砌。

所述泥石流停淤场内泥石流流动的合理坡度为 3°~8°,即为 5%~14%。若停淤场内的坡度太陡,泥石流运动速度快,无法快速停淤,还可能会冲击停淤挡墙并冲出挡墙外;若停淤场内的坡度太缓,泥石流运动速度慢,就无法合理利用停淤场的空间。因此,必要时需进行停淤场内坡度的调整。

上述泥石流停淤场规划设计方法的主要技术思想是:以停淤场内泥石流均衡停淤为主线,防止泥石流在停淤场内出现不合理堆积情况,在停淤场内设置分流、导流结构,以分流、导流和设置停淤场内泥石流停淤的合理坡度为主要措施;通过分流结构的设置,改变泥石流的流动方向,减小泥石流的能量,使其快速停淤;再通过导流结构的设置,引导泥石流的流动方向,让泥石流在停淤场内达到快速停淤使其水土分离和均衡停淤的目的。

该方法的有益效果是:利用泥石流在停淤场内的运动特征,以泥石流均衡停淤为主线,科学合理地规划泥石流停淤场的平面布局,设置泥石流分流、导流结构及泥石流停淤的合理坡度,针对主沟沟道拦蓄方量小、堆积扇地势相对开阔的情况,将泥石流快速停淤并使其水土分离和均衡停淤,最大限度地优化资源配置和保护景区内的景观生态。

8.3.2 兼顾拦挡与景观生态美化功能的泥石流停淤挡墙

针对现有技术的不足,提供一种兼顾拦挡功能与景观生态美化功能的泥石流停淤挡墙,既能实现泥石流防治工程中停淤泥石流的拦挡功能,又能起到景观生态美化的作用,做到岩土工程措施与生物工程措施相结合。

为实现上述目的,技术方案是:提出一种兼顾拦挡与景观生态美化功能的泥石流停淤挡墙(图 8-23),所述停淤挡墙包括基础底板和设于基础底板上的挡墙主体。所述挡墙主体包括面向停淤泥石流侧的面板,背向停淤泥石流侧、在挡墙走向上按一定间距分布的若干肋板,及充填于相邻两块肋板间的浆砌块石;浆砌块石堆砌呈阶梯状,每一级阶梯的末端设有端板,每一级阶梯的顶面上、端板内填充有用于种植绿色植物的营养土，并种植花草等绿色植物。

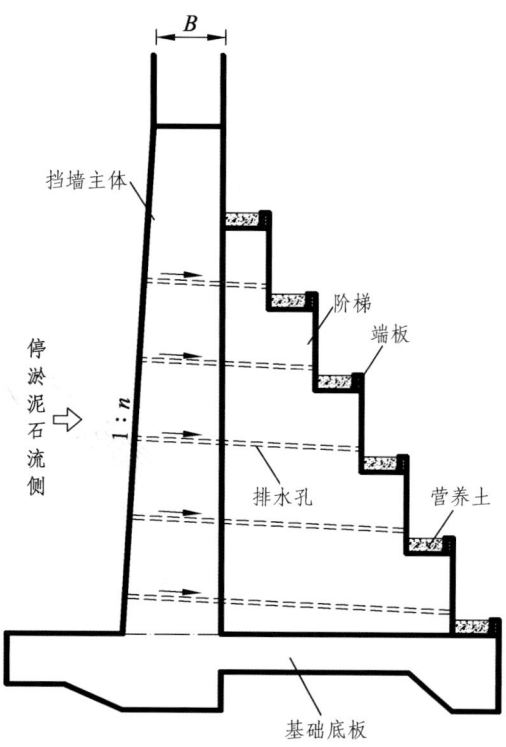

图 8-23　兼顾拦挡与景观生态美化功能的泥石流停淤挡墙

所述面板和浆砌块石内部设有若干贯穿所述挡墙主体的排水孔。排水孔可采用预埋 PVC 管，在沿泥石流流向上向下倾斜、倾斜度为 5%，排水孔直径一般为 0.03～0.05 m。排水孔在沿挡墙高度方向上分布于每一级阶梯（即每一层的阶梯状浆砌块石），在水平方向上按间距 2.0～3.0 m 布设。阶梯状浆砌块石的上一层和下一层的排水孔呈梅花状分布，交错排列。排水孔的主要作用为：将停淤场内泥石流中的孔隙水沿排水孔排至停淤场外侧，一方面减少停淤场内泥石流对挡墙的压力，维持挡墙的结构稳定，另一方面通过排水孔排出的水可以为种植的植物提供水源。

所述挡墙基础底板采用钢筋混凝土结构，挡墙墙趾和墙踵嵌入底部土体，通过基础与底部土体的交错接触，增加抗滑力，保证结构的稳定性，通常间隔 15～20 m 设置沉降伸缩缝。

所述挡墙面板采用钢筋混凝土结构，面板高度按照停淤泥石流的设计库容来确定，面板顶宽 B 一般取 0.80～1.50 m；面板顶宽 B 根据面板高度来确定，若高度较矮则 B 取小值，若高度较高则 B 取大值，以保证面板的结构稳定性。面板与泥石流的接触面面坡坡比 $1:n$ 取值为 $1:0.20\sim1:0.05$，面板与肋板和浆砌块石的接触面为垂直面。

所述肋板采用钢筋混凝土结构，肋板间间距一般为 10～15 m，肋板宽度一般为 1.0～1.5 m，肋板斜面面坡坡比 $1:m$ 取值为 $1:0.60\sim1:0.50$。所述浆砌块石可为 M7.5 或 M10 等，粒径控制在 0.50～0.80 m。每一层阶梯状浆砌块石的高度控制在 1.0～1.5 m。

在实际工程应用中,为便于检修和行人安全,挡墙肋板上设置爬梯,并在挡墙面板顶部设置护栏、高度 1 m。

该结构的有益效果是:泥石流停淤挡墙形体相对较小,建筑材料用量少,且浆砌块石就地取材,与传统的重力式钢筋混凝土结构挡墙相比,节省工程投资;结构简单、轻便,适应地基能力强;兼顾拦挡功能与景观生态美化功能,实现岩土工程措施与生物工程措施相结合。

8.3.3 生态型坝下修复加固技术

通过在坝下拦砂坝坝趾至集中冲刷区段松散层埋设小口径钢管桩(图 8-24),同时桩身开孔制作注浆孔眼,采用常注浆将桩间松散层和钢管桩结合形成固结体,避免坝下泥石流对防冲结构的集中冲刷破坏,同时提高拦砂坝基础承力范围内松散层的固结程度和抗冲刷能力,控制坝下泥石流溯源侵蚀对基础的掏蚀破坏,确保拦砂坝主体结构的安全运行,达到延长泥石流坝下防冲结构使用寿命和拦砂坝主体结构安全服役期限的目的。

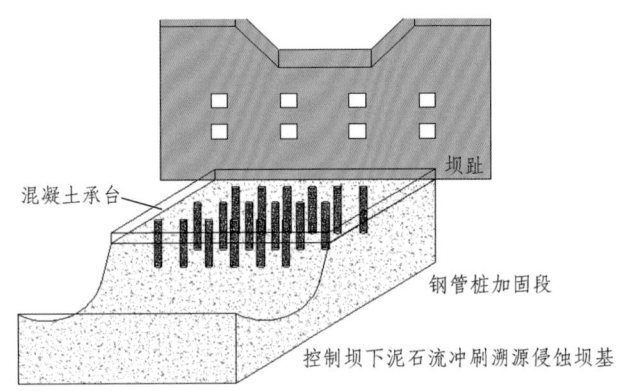

图 8-24 坝下防冲加固技术原理示意图

确定泥石流拦砂坝坝下防冲加固相关设计参数如下,结构尺寸见图 8-25 和图 8-26。

钢管桩埋置深度 H:引用借鉴前人较为成熟的三类坝下冲刷深度计算公式,取最大计算值 $H = \mathrm{Max}$(泥石流流体冲刷深度 h + 落石冲刷深度 H_s,洪流冲刷深度 $H_局$)。

泥石流流体冲刷深度 h:

$$h = 0.663 \times \frac{(v \cdot q)^{0.42}}{d_{90}^{0.2}}$$

式中 d_{90}——床质砂的标准粒径(mm);

v——坝下流速(m/s);

q——单宽流量[$m^3/(s \cdot m)$]。

落石冲刷深度 H_s：

$$H_s = 0.815 \times \frac{\gamma_H H_d H_c}{[\delta_c]}$$

式中　γ_H——泥石流中落石容重（kN/m³）；
　　　H_d——坝上下水位差（m）；
　　　H_c——溢流口泥深（m）；
　　　$[\delta_c]$——坝下游床质允许承载力（kPa）。

洪流冲刷深度 $H_局$：

$$H_局 = 3.9 \times \sqrt{q\sqrt{H_d/d_{90}}}$$

式中　q——单宽流量（m³/s）；
　　　H_d——坝上下水位差（m）；
　　　d_{90}——床质砂的标准粒径（mm）。

钢管桩桩间距 L 及桩径 R：钢管桩桩间距 L 根据室内模型研究结果，取值钢管桩桩径 R 的 7~12 倍，钢管桩桩径 R 根据实际工作环境条件确定，取值范围为 60~250 mm。

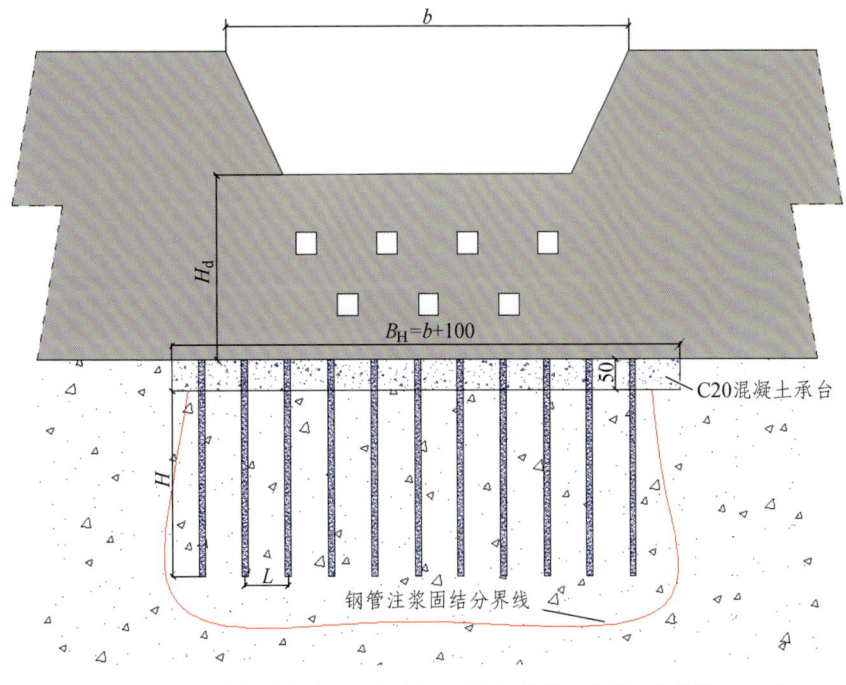

图 8-25　泥石流拦砂坝坝下防冲加固技术结构正视图（单位：cm）

钢管桩埋置区域（横向 B_H 和纵向 B_V）及排列方式：横向长度 B_H 是以溢流口宽度 b 分别延伸超过 0.5 m 为准，即 $B_H \geq b+1$，中心线与溢流口对齐；纵向长度 B_V 是以拦砂坝坝趾为端线，设计流量泥石流坝下集中冲刷坑后缘为终线，中间段为钢管桩埋置区域，即 $B_V = v_0 \times (2H_d/g)^{1/2}$，其中 v_0 是泥石流溢流口流速，H_d 是拦砂坝坝高，g

是重力加速度（9.8 m/s²）；钢管桩埋设行数 $m = 3$ 排，列数 $n = INT(B_H/L)$，采用梅花桩布局。

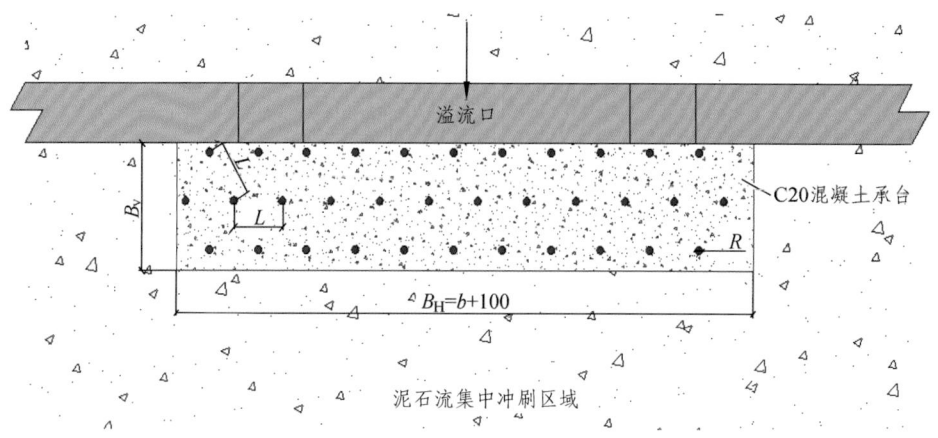

图 8-26 泥石流拦砂坝坝下防冲加固技术结构俯视图（单位：cm）

钢管注浆孔径 r 及排列方式（图 8-27）：注浆孔眼不宜设计过大，不超过 20 mm，孔眼对穿，空间角度形成 90°；根据室内模型试验研究结果，注浆孔眼沿轴线间距 l 约 2 倍钢管桩直径 R 适宜。

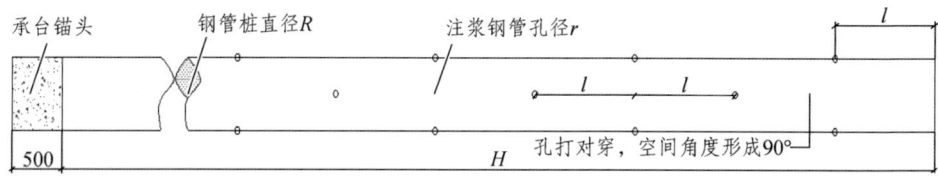

图 8-27 钢管桩注浆孔眼设计图（单位：mm）

注浆：钢管桩沉孔埋置后，采用常注浆方式，注浆水灰比 1∶1，水泥浆从钢管桩上端缓慢灌注，当端口流出的浆液为纯水泥浆时停止注浆。

承台：在钢管桩埋置区域（横向 B_H 和纵向 B_V）浇筑 C20 或 C30 混凝土承台，厚度 0.5 m，其中钢管桩桩头嵌入承台。

8.3.4 适用于沟谷型泥石流的泥沙分离与拦固"生态-岩土"工程优化配置技术

通过桩林坝拦截泥石流中的巨石或漂砾，同时削减泥石流动能，降低泥石流对下游生物工程的破坏；其次在流通区中下游布置乔、灌、草植被过滤带，用以拦截颗粒更细小的泥沙，防止泥沙出沟，进入水体。如图 8-28。本技术通过层层拦截过滤，可有效实现泥沙拦截，水沙分离。

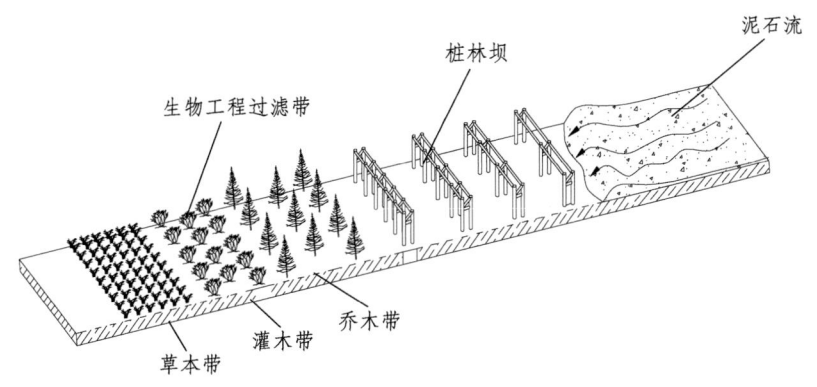

图 8-28 "生态-岩土"工程结合示意图

在泥石流沟谷流通区的上游和中游布置若干组桩林坝,每组桩林坝由两排桩构成,分别为前排桩和后排桩,前排桩为处于迎水面的桩,后排桩为处于背水面的桩。

桩林坝是常用的泥石流透过型拦沙坝之一,与透水性较差的实体坝无选择地拦蓄泥沙不同,桩林坝具有汰沙排水、拦粗排细等特点。由于泥石流中的巨石或漂砾的冲击破坏能力强,所以利用桩林坝拦粗排细的特点将巨石和漂砾拦截在沟道内,从而削弱泥石流对下游的危害,同时各组桩林坝可以逐级削减泥石流动能,减缓泥石流流速,削减泥石流对下游的危害。由于桩林坝是层层拦截,为了达到选择性拦截、调节泥石流粒径的目的,布置在流通区上游至中游的各组桩林坝的桩距可依次减小,即上游第一组桩林坝的桩距最大,最后一组桩林坝的桩距最小。在流通区下游和堆积区上部布置"生物工程过滤带",一方面可以拦截更细小的泥沙,另一方面可以增加沟床粗糙度,减缓泥石流流速,削弱泥石流动能。生物工程过滤带依次包括乔木带、灌木带、草本带,由于乔木、灌木、草本的生物形态学特性,它们拦截的泥沙粒径逐渐减小。乔木带主要用来拦截桩林坝无法拦截的小石块,灌木带拦截粒径更小的石块,草本带拦截最细小的泥沙,从而达到粒径调节、水沙分离、充分拦截的目的。

本技术所采用的泥石流生物工程过滤带,包括乔木带、灌木带和草本带。乔木带紧接着最后一组桩林坝布置,灌木带紧接着乔木带布置,草本带紧接着灌木带布置。

其中,乔木带紧接着最后一组桩林坝,布置在流通区的下游,乔木带的走向与沟道垂直。所述乔木应选择景区内常见的生长速度快、耐涝耐旱且根系发达的乔木,树种可以是粗枝云杉、川西云杉、油松和栓皮栎等。乔木采用"品"字形布置方式,呈现为等腰三角形,目的是增大乔木带的分流阻滞性能,增强对泥石流的阻力,降低泥石流的流速,从而利于泥石流中部分泥沙停淤在乔木带内,如图 8-29 所示。乔木之间的株距为 $(1.5 \sim 2.0) d_{40}$ m,但最小株距不得小于 1 m,最大株距不得大于 2 m。乔木截干后高度为 1.8~2.2 m,控制乔木高度的目的在于抑制地上部分生长而促进根系发育,一方面利用发达的根系固定土体,一方面避免过大的地上部分在外力作用下易于摇摆而对土体产生反作用。

灌木带紧接着乔木带Ⅲ布置,布置在泥石流沟堆积区的上游。灌木带的走向与沟道垂直。所述灌木带为生长速度快、适应贫瘠土壤的固氮灌木(具有一定的土体改良作用），可以是紫穗槐、华西箭竹和沙棘等物种。灌木采用"品"字形布置方式，呈现为等腰三角形，和乔木带布置方式一样，目的是增大地表粗糙度，有利于降低泥石流的流速，从而使得部分泥沙淤积在灌木带内，如图 8-30 所示。灌木之间的株距为 $(1.5 \sim 2.0) d_{20}$ m，但最小株距不得小于 0.5 m，最大株距不得大于 1.0 m。灌丛高度控制在 $0.8 \sim 1.2$ m，目的在于抑制灌丛的地上部分而促进根系的生长，利用发达的根系固定土体；如果对灌丛高度不加以控制，那么生长过度的灌丛地上部分容易在风雨中摇摆，拉松土体，对利用灌丛固土产生副作用，抑制对泥沙拦固的有效性。

草本带紧接着灌木带布置，布置在泥石流沟堆积区的中游和下游。草本带Ⅴ的走向与沟道垂直。所述草本带为生长速度快、须根发达、具有一定水土保持功效的草本植物，可以是垂穗鹅观草和大火草等物种。种植时可将草籽均匀播撒在堆积区的中游和下游，播种草籽要保证草本植物长出后将地表完全覆盖。

图 8-29 乔木带内乔木呈"品"字形布置

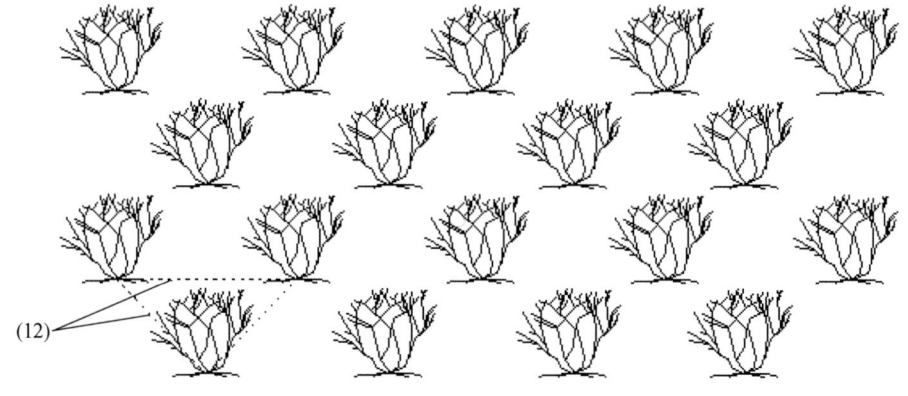

图 8-30 灌木带内灌木呈"品"字形布置

本技术在沟道上游采用桩林式透水坝,与传统重力式拦沙坝相比,桩林坝的透过式拦挡结构不仅可以拦挡固体物质,还具有逐级水沙分离、调节粒径的功效,且由于是透过型拦沙坝,不会阻断沟道上下游环境联系、造成泥石流沟流域生态失衡,将岩土工程对景区生态环境的破坏与改造降到了最低。本技术在沟道下游采用生物过滤带,充分拦截剩余泥沙,阻止泥沙进入水体破坏水体景观。而桩林坝与生物工程的配合使用,既让桩林坝在上游拦截了巨石或漂砾,保护了下游的生物工程,又令生物工程在下游遮挡了上游岩土工程,与景观融合在一起,具有较高美学价值。

本技术所述的"生态-岩土"工程优化配置技术在上游和中游布置了一系列桩林坝,能抵抗较大冲击力,可单独用于几年爆发一次的较大规模泥石流的沟谷中;对于一年爆发几次的大规模泥石流应与其他岩土工程措施结合使用;从泥石流性质来说,对于泥石流流体中固相物质级配宽、大漂砾含量高的稀性泥石流和水石流,或密度较低的碎屑流尤为适用;而高密度黏性泥石流和泥流易堵塞桩林坝,应当慎用。

8.4 泥石流生态化防治技术试验示范

8.4.1 则查洼沟泥石流治理工程试验示范

1. 泥石流的形成条件及基本特征

1)泥石流的形成条件

(1)地形条件

则查洼沟流域面积 1.96 km^2,主沟长度 2.57 km,平均沟床纵坡比降 610.89‰(图 8-31)。则查洼沟泥石流沟道整体较为顺直,沟道纵坡大,上陡下缓,上段纵坡降一般为 538.67‰~724.62‰,下段纵坡降 183.16‰~245.73‰。该流域支沟发育,有 5 条小型支沟,纵坡普遍较大,沟谷深切,沟道整体较为顺直,局部弯度较大。从主沟沟道整体来看冲刷切割较严重,沟道下游拉槽形成约 3 m 深的沟道。沟道两岸地形较陡峻,发育着多处崩塌、滑坡、不稳定斜坡等不良地质作用,为后续泥石流活动储备了大量的物源。

则查洼沟流域平面形态呈阔叶状,有利于汇流。上游沟段因长期受流水冲刷下切作用而呈"V"形沟谷,下游沟段因受流水和泥石流的侧向冲蚀塌岸及部分泥石流固体物质停淤而呈现相对宽缓的"U"形宽谷。沟域总体上为深切"V"形沟道,沟床狭窄,岸坡陡峻,切割深度较深,沟谷纵比降大。陡峻的地形条件为暴雨洪水的汇集提供良好的条件,同时较好的临空条件为沟域内不良地质现象的发育以及泥石流松散固体物源的汇集提供了有利的条件。加之沟谷纵坡大,为松散固体物质的搬运和泥石流的形成提供了有利的地形。

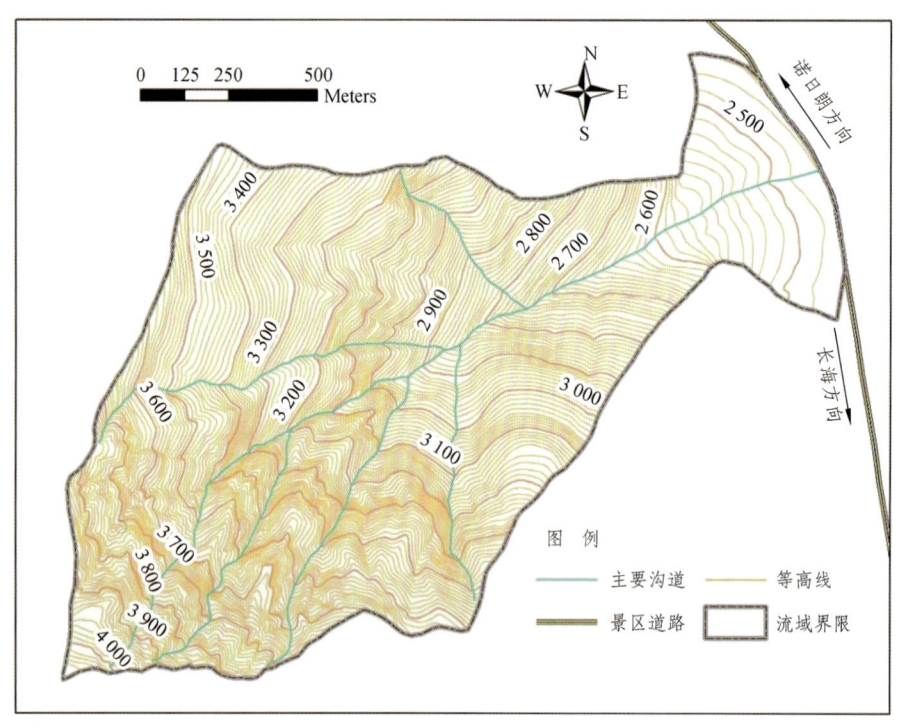

图 8-31 则查洼沟流域

（2）固体物质条件

九寨沟"8·8"地震诱发流域内形成多处崩塌和滑坡，为泥石流活动新增大量松散固体物源。根据现场调查，流域内松散固体物质丰富，但物源分布较为分散，主要有沟域内的崩滑物源（图 8-32）和沟道堆积物源（图 8-33）。

据勘查统计计算结果：沟域内坡面物源总量为 $15.87 \times 10^4 \text{ m}^3$，可能参与泥石流活动的动储量为 $5.78 \times 10^4 \text{ m}^3$；崩滑体物源总量为 $18.56 \times 10^4 \text{ m}^3$，可能参与泥石流活动的动储量为 $9.33 \times 10^4 \text{ m}^3$；沟道物源总量为 $20.28 \times 10^4 \text{ m}^3$，可能参与泥石流活动的动储量为 $8.27 \times 10^4 \text{ m}^3$。则查洼沟沟域内共有松散固体物源量 $54.71 \times 10^4 \text{ m}^3$，可能参与泥石流活动的动储量为 $23.37 \times 10^4 \text{ m}^3$。

图 8-32 崩滑物源

图 8-33 沟道物源

（3）降水条件

根据调查，则查洼沟泥石流发生在雨季，春季冰雪融水大多不会诱发泥石流。另外，沟域内地下水总体贫乏，不构成引发泥石流的主要水源。因此，暴雨形成的地表径流是引发泥石流的主要水源，暴雨是泥石流形成的主要激发因素。

则查洼沟所处的九寨沟风景区气候温和、降水适中，但在夏季时暴雨较多。景区内年平均降水量为 646 mm，降水量最多的季度是夏季（5—9 月），最多的月份是 5 月，其次是 8 月；最大月降水量为 139.6 mm（2006 年 7 月），最大日降雨量为 24.2 mm（2006 年 7 月 3 日），最大时降雨量为 8.6 mm（2007 年 5 月 23 日）。因此，勘查区气候和降雨条件满足泥石流发生的必要条件，是诱发泥石流发生的主要因素。

2）泥石流灾害史

根据调查访问，则查洼沟泥石流历史上多次发生小规模泥石流。如 2006 年 8 月爆发过一次泥石流，根据当时调查，该次泥石流沿堆积扇中部沟道运动，冲至沟口栈道位置，未冲到景区公路。通过估算，该次泥石流一次冲出总量约为 9 000 m³，为约 10 年一遇频率的泥石流规模。

则查洼沟最近发生较大规模的泥石流的时间为 2016 年 8 月 4 日（图 8-34）。2016 年 8 月 4 日则查洼沟流域遭遇暴雨，强降雨短时间在泥石流沟道汇流形成洪峰，启动泥石流固体物质，引发泥石流发生。泥石流将则查洼沟内松散物质冲出地形较缓的堆积扇，顺沟冲至景区公路，造成景区公路与步行栈道被掩埋。因地灾观测员预警及时，撤离及时，未造成人员损失，但对九寨沟景区正常运营造成了较大的影响。

根据调查访问，2016 年泥石流主要物源来源于则查洼沟主沟中上游，部分固体物质沿流路堆积于沟道较缓区段与出口堆积扇上，部分固体物质冲至景区公路，导致交通中断。通过估算，2016 年 "8·4" 泥石流一部分堆积在扇面沟道及两侧，其淤积面积约 0.77×10^4 m²，淤积厚度为 0.8～1.5 m，堆积方量约 0.89×10^4 m³；另外一部分冲至景区公路，其堆积方量约为 0.5×10^4 m³。因此，2016 年 "8·4" 泥石流总冲出方量约为 1.39×10^4 m³。由于预警预报及时，紧急实施预案，及时撤离人员，未造成人员伤亡。从泥石流堆积体固体物质颗粒成分分析，该泥石流属于黏性泥石流。

图 8-34　则查洼沟 2016 年 "8·4" 泥石流灾害

2．泥石流治理工程设计方案

采用"拦挡+停淤"的治理思路：① 紧贴原有拦砂坝、副坝的下游修建 1 座拦砂坝+副坝，主要目的是拦蓄泥石流固体物质，稳定沟床，避免已损坏拦砂坝库内拦蓄的泥石流冲出沟口；② 堆积扇上修建 1 座格栅拦挡停淤坝，主要用的是停淤泥石流。

1）拦砂坝 + 副坝

距离沟口现公路上游沿沟道方向约 651 m 处修建 1 座拦砂坝（图 8-35），其主要功能是削减泥石流峰值流量，稳固沟床、沟岸崩滑体，避免已损坏拦砂坝库内拦蓄的泥石流冲出沟口。坝的有效高度越大，拦蓄泥石流、削减泥石流峰值流量的效果越明显，综合考虑确定主沟拦砂坝有效高度为 6 m，主沟拦砂坝坝轴线全长 42.62 m，坝顶宽度 1.8 m，上游面坡为 1∶0.60，下游面坡为 1∶0.10，有效坝高 6.0 m，总坝高 10.7 m。在坝顶中部设置梯形溢流口，溢流口顶部宽度 18.0 m，底部宽度 16.0 m，高 2.0 m，两侧坡比 1∶0.5；坝体中部设计一排排水孔；溢流口底部为梳齿，梳齿深度 1.5 m，开孔宽度均为 1.0 m，孔横向净间距为 1.50 m，梳齿与排水孔纵向净间距 2.50 m。

距离沟口现公路上游沿沟道方向约 641 m 处修建 1 座拦砂坝副坝（图 8-36），其主要功能是回淤后保护主坝基础。副坝为重力坝，坝顶轴线全长 38.13 m，坝顶宽 1.20 m，上游面坡为 1∶0.60，下游面坡为 1∶0.10，有效坝高 3.00 m，总坝高 6.50 m。在坝顶中部设置梯形溢流口，溢流口顶部宽度 14.0 m，底部宽度 12.0 m，高 1.5 m，两侧坡比 1∶0.5；坝体中部设计一排排水孔。为防止坝下冲刷，主坝与副坝之间增设护坦，护坦厚度 1 m，长度 8.4 m。

2）格栅拦挡停淤坝

格栅拦挡停淤坝由左侧段、中间段、右侧段三段组成，与左右岸山体围成停淤场（图 8-37）。总长度 95.60 m，停淤面积约为 6 496 m^2，停淤有效库容约为 22 736 m^3。停淤挡墙中间段的功能是停淤冲出沟口的部分泥石流物质，避免对沟口公路造成淤埋和冲击威胁。

3．环境影响消减措施

在设计过程中贯穿与景观协调性的设计理念，采取以下措施：

（1）设计过程中对年代久远树木进行重点保护，在树前放置铅丝石笼，避免泥石流直接撞击树木；同时，铅丝石笼也起分流作用。见图 8-38。

（2）除格栅拦挡停淤坝以外，其余工程都位于沟内及树林遮蔽，不会对游客产生视觉影响，游客从沟口看不到沟内工程；公路旁格栅拦挡停淤坝背部填土采用墙顶种植花草，遮盖挡墙。见图 8-39、图 8-40。

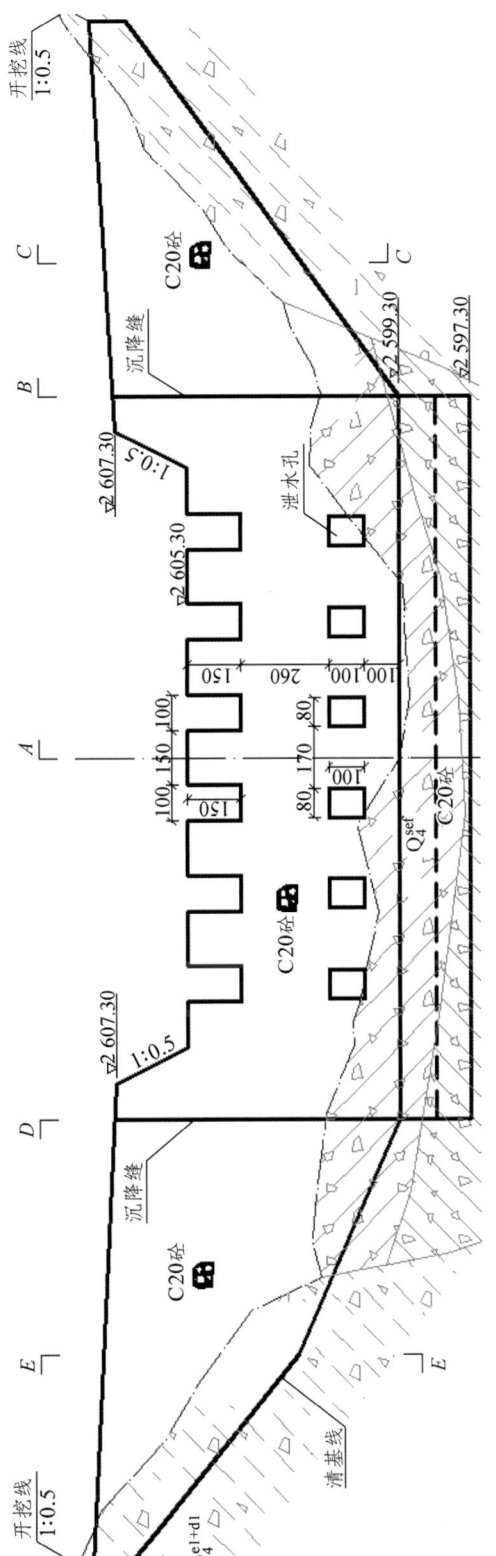

图 8-35 拦砂坝结构图

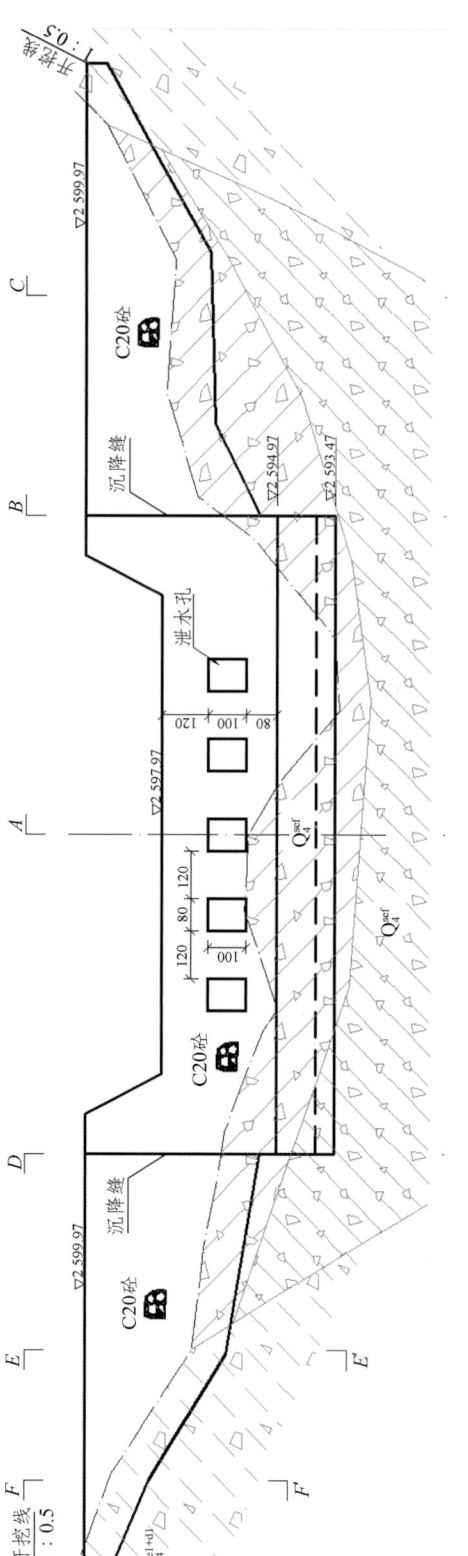

图 8-36 副坝结构图

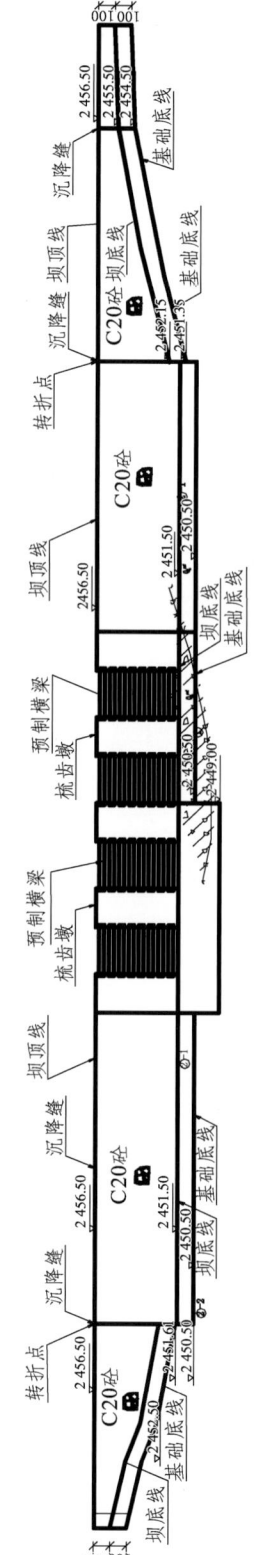

图 8-37 格栅拦挡停淤坝结构图

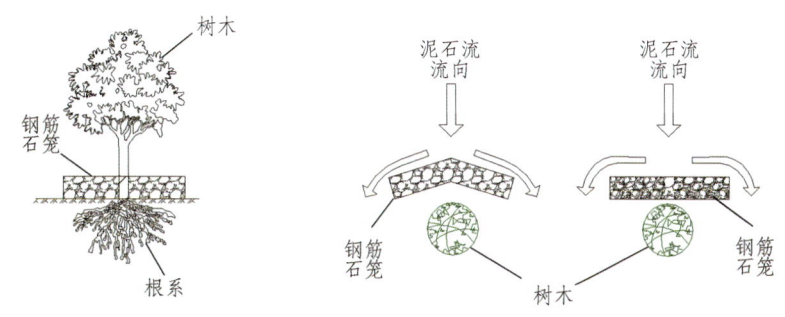

图 8-38　铅丝石笼保护年代久远树木示意图

图 8-39　格栅拦挡停淤坝效果图

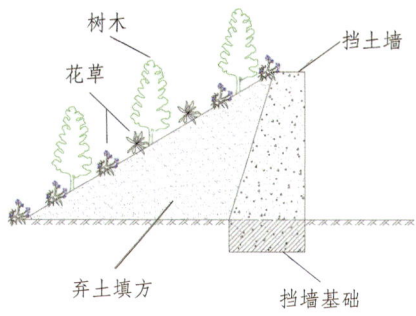

图 8-40　格栅拦挡停淤坝美化示意图

4．防治效果

该泥石流治理工程于 2018 年 4 月开始施工（图 8-41），于 2019 年 5 月基本上完成主体工程。在业主、设计、监理和施工四方的共同努力下，该工程于 2019 年 9 月 18 日至 9 月 20 日通过初步验收。

图 8-41 则查洼沟泥石流治理工程施工状况

2019 年 6 月 20 日晚 20 时至 21 日 8 时，九寨沟县普降大到暴雨，景区内多条泥石流沟暴发泥石流，6 月 21 日凌晨 3 点则查洼沟暴发泥石流，冲出总量估算约为 $2.3×10^4$ m^3，达到设计标准的方量。则查洼沟泥石流治理工程整体发挥了减灾作用，泥石流淤满沟道内修建的主坝、副坝，从拦砂坝主坝溢流口顺利通过后，冲至沟口堆积扇上的格栅拦挡停淤坝，减小了对下游景区公路的危害。

8.4.2 五花海泥石流治理工程试验示范

1．泥石流形成条件及基本特征

1）地形条件

五花海泥石流沟流域形态呈栎叶形，该流域内无支沟发育，主沟长度 3.5 km，平均宽度 0.85 km，流域面积 2.6 km²，平均纵坡降 434‰。流域内水系沿主沟道分布，最高点位于流域西侧山脊部位，高程 3 981 m，最低点位于五花海，高程 2 460 m，相对高差 1 521 m。

沟道两侧岸坡以陡坡地貌为主，中上游一般坡度为 45°～60°，局部呈陡崖状，沟谷纵坡较大，中上游段纵坡多在 300‰ 以上，有利于降雨的汇集。同时，地形陡峻为崩塌、滑坡等不良地质现象的发育提供了充足条件，特别是"8·8"地震后，流域内新增 3 处崩塌，2 处坡面侵蚀物源，1 处沟道物源，为泥石流活动增加了松散固体物源，且沟谷纵坡较大，也为松散固体物质的搬运和参与泥石流活动提供了必要的地形条件。

2）固体物质条件

五花海泥石流松散固体物源较多样，沟内物源类型主要有崩滑型物源（图 8-42）、沟道堆积型物源（图 8-43），其次为坡面型物源（图 8-44）。主要分布于沟道中游区域沟道内和沟道右岸斜坡中下部。本次共调查到物源点 6 处。

调查初步统计的结果：崩塌类固体物源总量为 $12.9 \times 10^4 \, m^3$；沟道堆积固体物源总量为 $1.1 \times 10^4 \, m^3$；坡面侵蚀固体物源总量为 $1.1 \times 10^4 \, m^3$，共计松散固体物源量 $15.1 \times 10^4 \, m^3$，可能参与泥石流活动的物源量为 $1.88 \times 10^4 \, m^3$。

五花海泥石流沟内在地震前两侧斜坡植被发育较好，水土流失轻微，两侧斜坡基本无变形破坏现象，崩滑类物源分布很少，震前沟内松散物源主要为沟道堆积物源和零星崩塌类物源，可能参与泥石流的动储量很小。震后沟内发育 3 处崩塌地质灾害，沟内泥石流物源量大大增加，据调查显示，震后流域内新增物源量大，增加了泥石流爆发的危险性。

图 8-42　崩滑物源

图 8-43　沟道物源　　　　　　　　图 8-44　坡面侵蚀物源

3）降水条件

五花海泥石流沟的水源主要来源于大气降水。由于泥石流均发生于雨季，春节冰雪融水一般不会成为引发泥石流的水源。此外，沟域内中上游地下水不丰富，不构成引发泥石流的主要水源，沟域内没有水库、湖泊等集中的地表水体，因此暴雨形成的地表径流是引发泥石流的主要水源，暴雨是泥石流的主要激发因素。

如前所述，该区属高原湿润，多年平均降雨 646 mm，降水集中在 5 月—9 月，常以暴雨的形式出现,据《四川省中小流域暴雨洪水计算手册》所附暴雨量等值线图(2009版),勘查区的 1/6 h、1 h、6 h、24 h 多年最大暴雨量平均值分别为 8.5 mm、13.5 mm、26 mm、37 mm,变异系数分别为 0.57、0.51、0.42、0.30。在 $P = 2\%$ 的条件下,1/6 h、1 h、6 h、24 h 雨强可分别达到 19.68 mm、49.0 mm、81.99 mm、130.06 mm,具备引发泥石流灾害的降雨条件。沟域呈栎叶型,沟域面积 2.6 km^2,沟内地形陡峻,沟谷上游纵坡较大,有利于地表降水的径流和汇集,这些因素为五花海泥石流的形成提供了充分的水源条件。

2. 泥石流治理工程设计方案

五花海泥石流的保护对象为位于沟口堆积区的游人及五花海景观,且考虑到冲出泥石流对五花海造成淤积并对水质景观、沟域内植被等造成破坏,因此均需尽量减少泥石流的起动,将泥石流拦截在沟域内。在深入分析泥石流沟的沟谷特征、活动现状、发育趋势、影响因素、危害特征的基础上,采用基于全过程调控的治理思路,因此,五花海泥石流治理工程采用以"拦固停为主,辅以滤水和绿化工程"的总体防控思路。具体的治理工程为"B1、B2 崩塌前缘修建 2 段格宾石笼挡墙固源 + 形成流通区陡坡 5 段潜槛护底 + 2 段停淤围堤 + 4 段拦水堤 + 绿化工程"。

1) 格宾石笼挡土墙

五花海泥石流主要物源为个崩塌堆积体和沟道物源。由于五花海泥石流主要威胁的为沟口堆积区的游人及五花海景观,尽量将物源拦截在源头将更有利于景观的保护,使景区接近原生态。因此,对于五花海泥石流防控技术主要考虑采用"固源"的思路进行防治。

"固源"工程主要有为在崩塌物源前缘设置格宾石笼挡土墙,B1、B2 崩塌体上方基岩裸露区岩体较为完整,天然及暴雨条件下再次发生大规模的崩塌可能性较小,只会发生零星的掉块。崩塌堆积体整体稳定性较好,不会发生整体滑动,在暴雨工况条件下坡表松散碎块石可能形成坡面泥石流,崩塌堆积体碎石崩落,B2 下方"舌形"堆积体即为实例。因此,为防止崩塌物源前缘进入沟道参与泥石流活动,在崩塌堆积体前缘布置格宾石笼挡土墙,5 段,共长 521 m(图 8-45 左)。其中:A1 段格宾石笼挡土墙长 78 m,高 3 m,基础埋深 0.5~1.0 m;A2 段格宾石笼挡土墙长 92 m,高 3 m,基础埋深 0.5~1.0 m;B1 段格宾石笼挡土墙长 114 m,高 3 m,基础埋深 0.5~1.0 m;B2 段格宾石笼挡土墙长 92.5 m,高 3 m,基础埋深 0.5~1.0 m;B3 段格宾石笼挡土墙长 144.5 m,高 3 m,基础埋深 0.5~1.0 m。

格宾石笼 5 段挡墙基础结构呈阶梯形布置,即基础底部 2 排格宾石笼,第二层 2 排格宾石笼,顶部 1 排格宾石笼,格宾石笼与石笼之间错位搭建。两石笼之间插入 1 m 长 Φ32HRB400 钢筋进行连接,钢筋插入各石笼深度为 0.5 m。

2) 防冲潜槛

在形成流通区侵蚀下切区域(高程 2 836~2 844 m)设置 5 道防冲潜槛,防冲潜槛采用格宾石笼,共设置 5 段(图 8-45 右),总长 42 m,分别长 6 m、8 m、7 m、7 m、

14 m。50 年一遇（$P = 2\%$）泥石流暴发时防冲潜槛位置冲刷深度为 0.48 m，为确保安全，潜槛基础埋深确定为 1 m。

潜槛采用格宾石笼结构，高度 2 m，基础埋深 1 m，3 个格宾框呈"品"字形叠置，相互间绑扎牢固。相邻两石笼之间插入 1 m 长 Φ32HRB400 钢筋进行连接，钢筋插入各石笼深度为 0.5 m；钢筋位于两相邻石笼接触面的中心点位置。

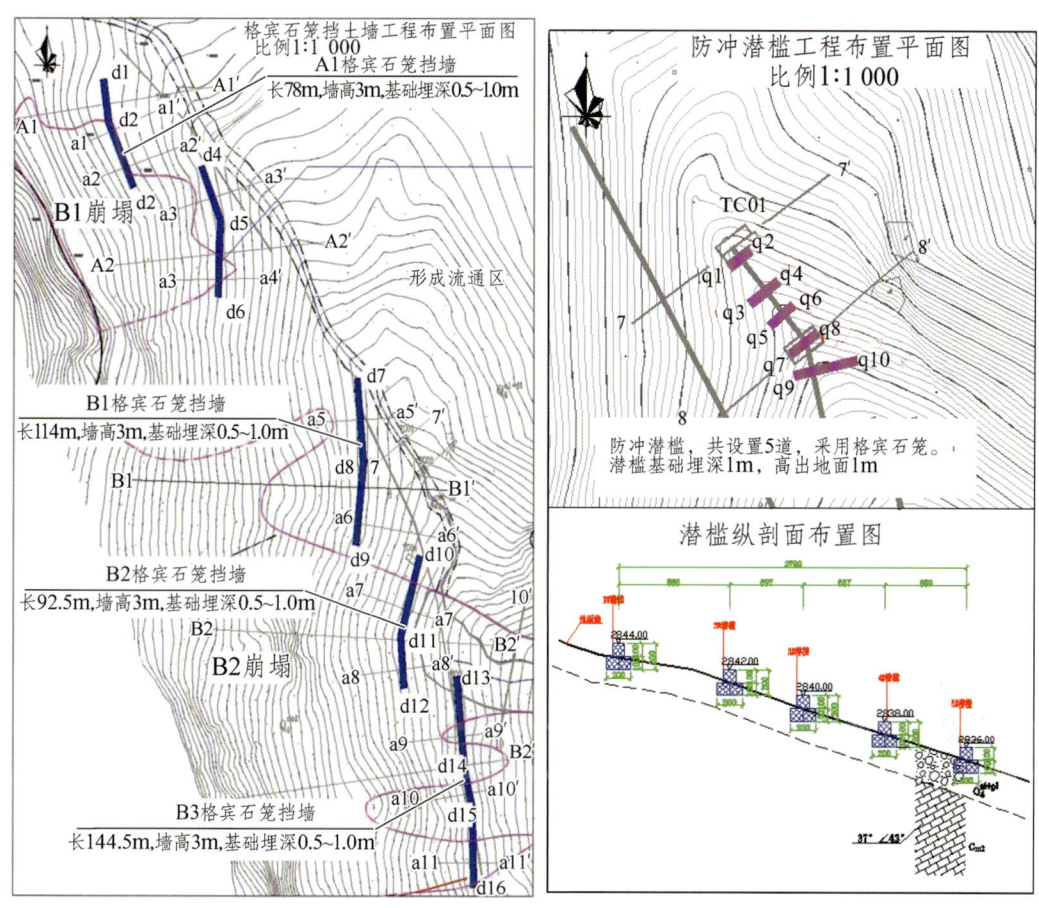

图 8-45 格宾石笼挡土墙和防冲潜槛平面布置图

3）格宾石笼停淤围堤

停淤围堤的布置应与防治工程总体布置相协调，与上游和下游的治理工程能合理地衔接；停淤围堤应布置在崩塌与滑坡等突发性灾害冲击范围之外，能保证坝自身的安全；格宾石笼停淤围堤的布置应能满足本身的防控要求，有较好的综合效益，如：有足够的拦淤库容，有足够的堤高；既能拦沙，又能利用拦截的泥沙反压崩塌等。综上，在海拔 2 675～2 710 m 沟域内库宽缓平台区域设置 2 段停淤围堤（图 8-46）。

1# 格宾石笼停淤围堤呈"品"字形布置，底部基础宽度为 4 m，上部有效堤高宽度依次为 3 m、2 m、1 m，采用 1 m×1 m 格宾石笼错位搭接。2# 格宾石笼停淤围堤呈金字塔形布置，底部基础宽度为 3 m，上部有效堤高宽度依次为 2 m、1 m，采用 1 m

×1 m 格宾石笼错位搭接；相邻两石笼之间插入 1 m 长 Φ32HRB335 钢筋进行连接，钢筋插入各石笼深度为 0.5 m；钢筋位于两相邻石笼接触面的中心点位置；停淤围堤堤肩与主轴线呈 145°夹角形成"围堤"，转角位置采用非标准格宾石笼进行搭接。

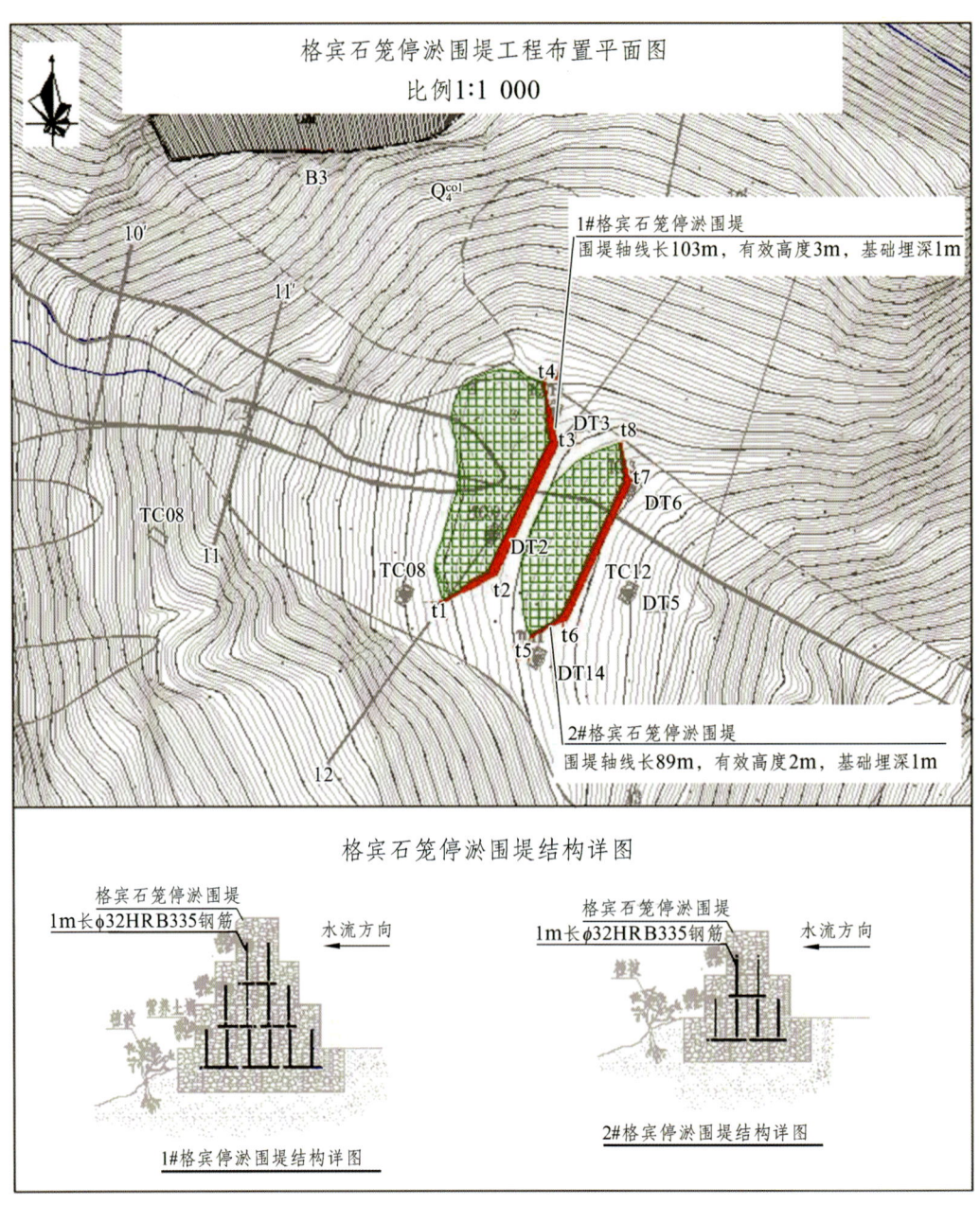

图 8-46 格宾石笼停淤围堤平面布置图、结构图

4）拦水堤

在下游设置 4 段拦水堤，拦水堤高 2 m，基础埋深 1 m。拦水堤总长 200 m，其中

1#~4#拦水堤分别长39 m、45 m、48 m、68 m（图8-47）。

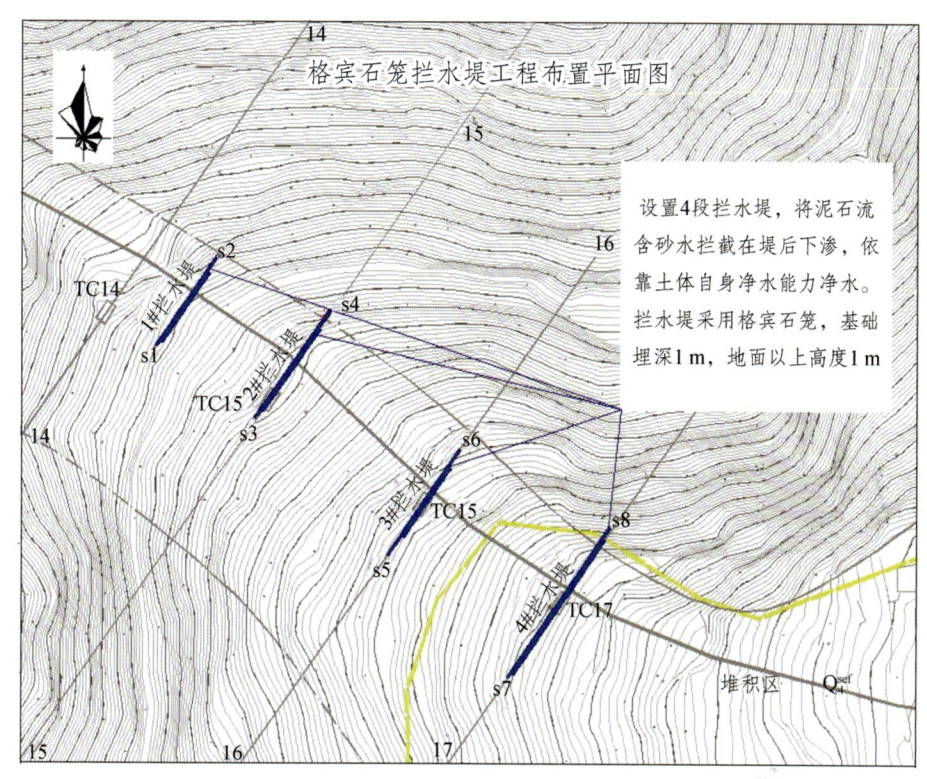

图 8-47　拦水堤平面布置图、结构图

50年一遇（$P=2\%$）泥石流暴发时拦水堤位置冲刷深度为0.19 m，为确保安全，拦水堤基础埋深确定为1 m，堤肩根据地形适当抬高。

拦水堤采用格宾石笼结构，3个格宾框呈"L"字形，迎水面高2 m，背水面高1 m，可作为护坦防止跌水冲刷基底。格宾石笼相互间绑扎牢固，相邻两石笼之间插入1 m长Φ32HRB335钢筋进行连接，钢筋插入各石笼深度为0.5 m；钢筋位于两相邻石笼接触面的中心点位置。

迎水面格宾石笼采用土工布包裹防水滤砂；土工布两端预留 50 cm 埋于拦水堤基础底部，通过基础压底，使土工布与格宾石笼包裹更严密；埋入土体内的土工布主要依靠土体的压实与格宾石笼连接；土体以上土工布横向、纵向每隔 25 cm 采用直径 2 mm 镀锌钢丝穿孔与格宾石笼网面钢丝连接，缠绕不少于 3 圈。

5）环境影响消减措施

该泥石流实体工程位于沟道中上部，因地形遮挡及树林遮蔽，不会对游客产生视觉影响，游客从沟口看不到沟内工程。工程建设所需块石料等原材料采用就地取材，选用地震后崩塌的块石，不占用土地资源，相反会减少总物源量和动储量，对节约土地资源有利。通过实体工程绿化和在实体工程前植树，可最大限度地降低工程痕迹，做到工程与周围环境自然融合、和谐共生，不会造成对九寨沟景区景观的破坏，做到工程与周边环境相协调（图 8-48）。

图 8-48 格宾石笼挡土墙环境影响消减措施效果图

3．防治效果

五花海泥石流治理工程为九寨沟"8·8"震后第一批地质灾害治理工程，于 2018 年 4 月开始施工，2019 年 6 月完成施工并通过初步验收，2020 年 6 月完成项目终验。

1）整体防治效果

五花海泥石流经过以上工程治理后，经历了 2019 年汛期强降雨的考验，未冲出较大泥石流物质，五花海海子景观未受到破坏，工程防治效果良好。

由于格宾石笼停淤围堤和防冲潜槛工程整体较矮，且较少使用钢筋、混凝土等建筑材料，工程整体隐蔽性好，和自然风光融为一体，较难发现，生态效果良好（图 8-49）。

图 8-49　五花海治理工程全貌图（无人机影像）

2）生态化格宾石笼工程

地震造成泥石流流域内松散物源丰富，尽量将物源拦截在源头将更有利于景观的保护，使景区接近原生态。同时，防治泥石流冲出沟道，进入水体景观造成危害。因此，在前缘布置了格宾石笼停淤围堤工程，从已经完工的情况看，格宾石笼外观整齐、整体稳定性好，能做到对泥石流冲出物质进行有效防护，又能透水和拦截砂子，减小对水体的污染（图 8-50）。

图 8-50　生态化格宾石笼工程

在格宾面墙台阶上覆盖土层撒草籽，或者布设营养土工包种植适宜的植被，或者通过插枝（根系延伸到回填土）等方式进行实体工程绿化，做到工程与周边环境相协调。

3）拦水堤

泥石流中部布置了4道拦水堤，从现场实施效果看，拦水堤外观完好，除了能阻挡部分沟道固体物质外，还能将泥石流含砂水拦截在堤后下渗，依靠土体自身净水能力净水，起到生态净水的目的（图8-51和图8-52）。

图 8-51　泥石流中部工程：铅丝石笼拦砂坝①　　图 8-52　泥石流中部工程：铅丝石笼拦砂坝②

4）排水工程

泥石流中部和前缘均修建排水工程，材料选用浆砌块石，排水沟沿原有斜坡低洼地区顺势修筑，减小对斜坡的开挖。采用汇集排泄和分流排泄的方法使得地表水顺利排出坡体（图8-53和图8-54）。

图 8-53　泥石流中部排水工程（汇集排泄）　　图 8-54　泥石流中部排水工程（分流排泄）

以上工程均采用人工进行材料搬运，就地取材，减小了机械运输对沿途景观的扰动和破坏。

参考文献

[1] DOMÈNECH G, FAN X M, SCARINGI G, et al. Modelling the role of material depletion, grain coarsening and revegetation in debris flow occurrences after the 2008 Wenchuan earthquake[J]. Engineering Geology, DOI: 10.1016/j.enggeo.2019.01.010.

[2] FAN X, SCARINGI G, KORUP O, et al. Earthquake-induced chains of geologic hazards: patterns, mechanisms, and impacts[J]. Reviews of Geophysics, 2019: 57.

[3] GUZZETTI F, PERUCCACCI S, ROSSI M, et al. The rainfall intensity–duration control of shallow landslides and debris flows: an update[J]. Landslides, 2009, 5(1): 3-17.

[4] HUANG R, FAN X. The landslide story[J]. Nature Geoscience, 2013, 6(5): 325-326.

[5] KEEFER D K. The importance of earthquake-induced landslides to long-term slope erosion and slope-failure hazards in seismically active regions[J]. Geomorphology, 1994, 10(1): 265-284.

[6] PEARCE, AJ, WATSON. Effects of Earthquake-induced Landslides on Sediment Budget and Transport over a 50-yr Period[J]. Geology, 1986, 14(1)(-): 52-55.

[7] SHEN P, ZHANG L M, CHEN H X, et al. Role of vegetation restoration in mitigating hillslope erosion and debris flows[J]. Engineering Geology, 2016.

[8] SIMONETT D S. Landslide distribution and earthquakes in the Bewani and Torrecelli Mountains. New Guinea-A statistical analysis, 1967.

[9] WISCHMEIER W H, SMITH D D. Predicting Rainfall Erosion Losses[M]//Agricultural Handbook 537. Washington D C, USDA, 1987.

[10] ZHANG L M, ZHANG S. Approaches to Multi-Hazard Landslide Risk Assessment[C]//Geo-risk, 2017.

[11] 陈晓清, 李智广, 崔鹏, 等. 5·12汶川地震重灾区水土流失初步估算[J]. 山地学报, 2009（1）: 122-127.

[12] 崔鹏, 庄建琦, 陈兴长, 等. 汶川地震区震后泥石流活动特征与防治对策[J]. 四川大学学报（工程科学版）, 2010, 42（5）: 10-19.

[13] 黄润秋. 汶川地震地质灾害后效应分析[J]. 工程地质学报, 2011（2）: 145-151.

[14] 黄炎和, 卢程隆, 付勤, 等. 闽东南土壤流失预报研究[J]. 水土保持学报, 1993, 7（4）: 13-18.

[15] 刘丽娜. 芦山地震区泥石流易发性评价[D]. 北京: 中国地质大学, 2015.

[16] 王娇, 程维明, 祁生林, 等. 基于USLE和GIS的水土流失敏感性空间分析：以河北太行山区为例[J]. 地理研究, 2014, 33（4）: 614-624.

[17] 卜兆宏, 李全英. 土壤可蚀性（K）值图编制方法的初步研究. 农业生态环境, 1994, 11（1）: 5-9.

[18] 赵磊, 袁国林, 张琰. 基于GIS和USLE模型对滇池宝象河流域土壤侵蚀量的研究[J]. 水土保持通报, 2007（3）: 46-50.

[19] 周伏建, 陈明华, 林福兴, 等. 福建省土壤流失预报研究. 水土保持学报, 1995, 9（1）: 25-36.

[20] 周正朝, 上官周平. 土壤侵蚀模型研究综述[J]. 中国水土保持科学, 2004（1）: 54-58.

[21] 孙鸿烈. 我国水土流失问题与防治对策[J]. 中国水利, 2011（6）: 16.